袋式除尘器工艺优化设计

刘 瑾 张殿印 编著

化学工业出版社
·北京·

本书共八章，分别介绍了袋式除尘器的分类、结构、工作原理、性能，袋式除尘器设计原则、程序和内容，袋式除尘器工艺设计，特种袋式除尘器工艺设计，袋式除尘器设计技术措施与禁忌，袋式除尘器结构设计，除尘器气流组织均布和设计，袋式除尘器升级改造设计等内容。

本书具有较强的技术性和实用性，可供从事大气污染控制的设计人员、科研人员和管理人员参考，也可供高等学校环境科学与工程及相关专业师生参阅。

图书在版编目（CIP）数据

袋式除尘器工艺优化设计/刘瑾，张殿印编著．—北京：化学工业出版社，2019.6（2023.1重印）
ISBN 978-7-122-34192-1

Ⅰ.①袋… Ⅱ.①刘…②张… Ⅲ.①滤袋除尘器-工艺设计 Ⅳ.①TM925.312

中国版本图书馆CIP数据核字（2019）第055237号

责任编辑：刘兴春　刘兰妹　　装帧设计：刘丽华
责任校对：王鹏飞

出版发行：化学工业出版社（北京市东城区青年湖南街13号　邮政编码100011）
印　　装：北京建宏印刷有限公司
787mm×1092mm　1/16　印张16½　字数423千字　　2023年1月北京第1版第5次印刷

购书咨询：010-64518888　　售后服务：010-64518899
网　　址：http://www.cip.com.cn
凡购买本书，如有缺损质量问题，本社销售中心负责调换。

定　　价：86.00元　

前言

环境保护相关产业是指国民经济结构中为环境污染防治，生态保护与修复，有效利用资源，满足人居环境需求，为社会、经济可持续发展提供产品和服务支持的产业，它为我国环境保护事业的发展提供了重要的物质资源和技术保障。除尘设备作为有代表性的大气污染治理设备，在环境保护产品的生产中占有重要地位。

袋式除尘器是治理大气污染物的高效环保设备，是净化细颗粒物和超低排放的重要装备。袋式除尘器是各种除尘设备中应用数量最多、应用范围最广的环保设备。袋式除尘器设计制作是否优良，应用维护是否得当直接影响除尘工程的除尘效果。针对大气污染物治理的环保要求，设计好袋式除尘器，对有效推动节能减排、促进环境保护工作具有重要的意义。

为了满足除尘设备设计与开发的需要，笔者结合多年科研成果及一线工作的经验，参考国内外新技术的发展方向，编著了《袋式除尘器工艺优化设计》一书，系统阐述了袋式除尘器的设计原理及优化工艺。本书共八章，分别介绍了袋式除尘器的分类、结构、工作原理、性能，袋式除尘器设计原则、程序和内容，袋式除尘器工艺设计，特种袋式除尘器工艺设计，袋式除尘器设计技术措施与禁忌，袋式除尘器结构设计，除尘器气流组织均布和设计，袋式除尘器升级改造设计等内容。

本书特点：①针对性强，是一本专门介绍袋式除尘器工艺优化设计的技术应用型图书；②内容新颖，书中许多内容是同类书籍中所缺少的；③联系实际，书中包含了许多编著者实际工作的经验和成果。

本书由刘瑾、张殿印编著；另外，本书在编著过程中得到了知名企业苏州协昌环保科技股份有限公司的支持，得到环保专家刘伟东、高华东、肖春等的帮助，在此深表谢意。

限于编著者水平及编著时间，书中不足和疏漏之处在所难免，诚请广大读者、专家和朋友不吝指正。

编著者

2019 年 6 月

目录

袋式除尘器分类和性能

袋式除尘器是利用由过滤介质制成的袋状或筒状过滤元件来捕集含尘气体中粉尘的除尘设备。袋式除尘器的除尘性能不受尘源的粉尘浓度和气体量的影响。捕集对象的粉尘粒径超过 0.2μm，捕集效率一般可达 99%以上；粒径在 1μm 以上的，捕集效率几乎达 100%。因此，出口气体的粉尘浓度可比国家规定的排放标准还要低，例如能降低到（标准状态）0.01g/m^3 以下。另外，压力损失的大小与操作条件和机种有关，一般在 500～2000Pa，因此袋式除尘器在除尘工程中有广泛应用。

第一节　袋式除尘器分类

现代工业的发展对袋式除尘器的要求越来越高，因此滤料材质、滤袋形状、清灰方式、箱体结构等也不断更新发展。在除尘器中，袋式除尘器的类型最多，根据其特点可进行不同的分类。

一、按除尘器结构分类

除尘器的分类，主要是依据其结构特点，如滤袋形状、过滤方向、进风口位置、除尘器内的压力以及清灰方式。袋式除尘器如图 1-1 所示。

1. 按过滤方向分类

按过滤方向分类，可分为内滤式袋式除尘器和外滤式袋式除尘器两类。

（1）内滤式袋式除尘器　图 1-1（b)、(d）所示为内滤式袋式除尘器，含尘气流由滤袋内侧流向外侧，粉尘沉积在滤袋内表面上。其优点是滤袋外部为清洁气体，便于检修和换袋，甚至不停机即可检修。一般机械振动、反吹风等清灰方式多采用内滤式。

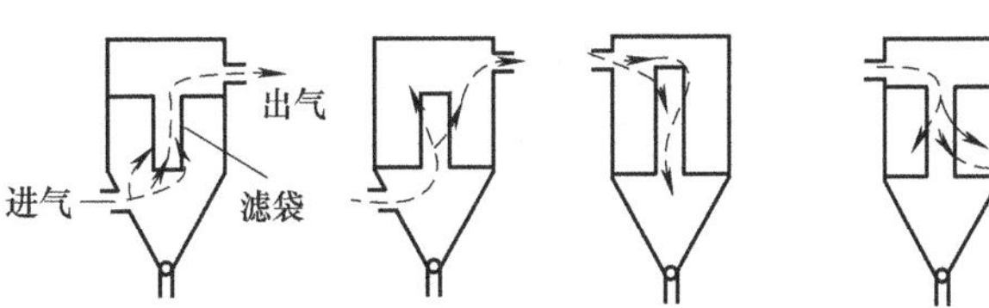

(a) 外滤式下进风 (b) 内滤式下进风 (c) 外滤式上进风 (d) 内滤式上进风

图 1-1　袋式除尘器

（2）外滤式袋式除尘器　图 1-1（a)、(c）所示为外滤式袋式除尘器，含尘气流由滤袋外侧流向内侧，粉尘沉积在滤袋外表面上，其滤袋内要设支撑骨架，因此滤袋磨损较大。脉冲喷吹、回转反吹等清灰方式多采用外滤式。扁袋式除尘器大部分采用外滤式。

2. 按进风口位置分类

按进风口位置分类，可分为下进风袋式除尘器和上进风袋式除尘器两类。

（1）下进风袋式除尘器　图1-1（a）、（b）所示为下进风袋式除尘器，含尘气体由除尘器下部进入，气流自下而上，大颗粒直接落入灰斗，减少了滤袋磨损，延长了清灰间隔时间，但由于气流方向与粉尘下落方向相反，容易带出部分微细粉尘，降低了清灰效果，增加了阻力。下进风袋式除尘器结构简单，成本低，应用较广。

（2）上进风袋式除尘器　图1-1（c）、（d）所示为上进风袋式除尘器，含尘气体的入口设在除尘器上部，粉尘沉降与气流方向一致，有利于粉尘沉降，除尘效率有所提高，设备阻力也可降低15%～30%。

3. 按除尘器内的压力分类

按除尘器内的压力分类，可分为正压式除尘器、负压式除尘器和微压式除尘器三类，见表1-1。

表1-1　袋式除尘器按器内压力分类

类　别	图　形	说　明
正压式（压入式）	滤袋 风机吹入	烟气由风机压入，除尘器呈正压，粉尘和气体可能逸出，污染环境，外壳可视情况考虑密闭或敞开，适用于含尘浓度很低的工况，否则风机磨损
负压式（压出式）	风机吸出 滤袋	烟气由风机吸出，除尘器呈负压，周围空气可能漏入设备，增加了设备和系统的负荷，外壳必须密闭，负压式是最常用的形式
微压式	风机吸出 滤袋 风机吹入	除尘器进出口均设风机，烟气由前风机压入，后风机吸出，除尘器呈微负压，有少量空气漏入设备，设备和系统的负荷增加不大。设计中应注意两台风机的匹配

（1）正压式除尘器　正压式除尘器，风机设置在除尘器之前，除尘器在正压状态下工作。由于含尘气体先经过风机，对风机的磨损较严重，因此不适用于高浓度、粗颗粒、高硬度、强腐蚀性的粉尘。

（2）负压式除尘器　负压式除尘器，风机置于除尘器之后，除尘器在负压状态下工作。由于含尘气体经净化后再进入风机，因此对风机的磨损很小，这种方式采用较多。

（3）微压式除尘器　微压式除尘器在两台除尘器中间，除尘器承受压力低，运行较稳定。

二、按滤袋形状分类

按滤袋形状将袋式除尘器分为四类，即圆袋除尘器、扁袋除尘器、双层圆筒袋除尘器和菱形袋除尘器，袋形及特点见表1-2。

表 1-2　袋式除尘器按滤袋形状分类

袋形	图形	特点
圆袋		普通型，普遍使用，清灰较易，外滤式其直径为 ϕ120～160mm，内滤式其直径为 ϕ200～300mm 或更大，它是应用最广泛的滤袋形式
扁袋		袋宽 35～50mm，面积 1～4m^2，可以排得较密，单位体积内过滤面积较大，为外滤式，有框架，主要用于回转反吹清灰方式和侧插袋安装方式
双层圆筒袋		在圆袋基础上增加过滤面积将长袋折成双层，可增加面积近 1 倍（主要用在脉冲袋上）。主要用于反吹清灰方式
菱形袋		较普通圆形滤袋体积小，可在同样箱体内增加过滤面积，只适用于外滤式

三、按清灰方式分类

清灰方式是决定袋式除尘器性能的一个重要因素，它与除尘效率、压力损失、过滤风速及滤袋寿命均有关系。国家颁布的袋式除尘器的分类标准就是按清灰方式进行分类的。按照清灰方式，袋式除尘器可分为自然落灰人工拍打、机械振动、反向气流清灰、脉冲喷吹、喷嘴反吹 5 大类。各类袋式除尘器的特点见表 1-3。

表 1-3　各类袋式除尘器的特点

类别		优点	缺点	说明
自然落灰人工拍打		设备结构简单，容易操作，便于管理	过滤速度低，滤袋面积大，占地大	滤袋直径一般为 300～600mm，通常采用正压操作，捕集对人体无害的粉尘，多用于中小型工厂
机械振动	机械凸轮（爪轮）振动	清灰效果较好，与反气流清灰联合使用效果更好	不适于玻璃布等不抗折的滤袋	滤袋直径一般大于 150mm，分室轮流振打
	压缩空气振动	清灰效果好，维修量比机械振动小	不适于玻璃布等不抗折的滤袋，工作受气流限制	滤袋直径一般为 220mm，适用于大型除尘器
	电磁振动	振幅小，可用玻璃布	清灰效果差，噪声较大	适用于易脱落的粉尘和滤布
反向气流清灰	下进风大滤袋	烟气先在斗内沉降一部分烟尘，可减少滤布的负荷	清灰时烟尘下落与气流逆向，又被带入滤袋，增加滤袋负荷	大型的低能反吸（吹）清灰为二状态清灰和三状态清灰，上部可设拉紧装置，调节滤袋长度，袋长 8～12m
	上进风大滤袋	清灰时烟尘下落与气流同向，避免增加阻力	上部进气箱积尘必须清灰	低能反吸，双层花板，滤袋长度不能调，滤袋伸长要小
	反吸风带烟尘输送	烟尘可以集中到一点，减少烟尘输送	烟尘稀相运输动力消耗较大，占地面积大	长度不大，多用笼骨架或弹簧骨架高能反吸
	回转反吹	用扁袋过滤，结构紧凑	机构复杂，容易出现故障，需用专门反吹风机	用于中型袋式除尘器，不适用于特大型或小型设备，忌袋口漏风
	停风回转反吹	离线清灰效果好	机构复杂，需分室工作	用于大型除尘器，清灰力不均匀
脉冲喷吹	中心喷吹	清灰能力强，过滤速度大，不需分室，可连续清灰	要求脉冲阀经久耐用	适于处理高含尘烟气，滤袋直径 120～160mm，长度 2000～6000mm 或更大，需笼骨架
	环隙喷吹	清灰能力强，过滤速度比中心喷吹更大，不需分室，可连续清灰	安装要求更高，压缩空气消耗更大	适于处理高含尘烟气，滤袋直径 120～160mm、长度 2250～4000mm，需笼骨架

续表

类别		优点	缺点	说明
脉冲喷吹	低压喷吹	滤袋长度可加大至6000mm，占地减少，过滤面积加大	消耗压缩空气量相对较大	滤袋直径120～160mm，可不用喷吹文氏管，安装要求严格
	整室喷吹	减少脉冲阀个数，每室1～2个脉冲阀，换袋检修方便，容易	清灰能力稍差	喷吹在滤袋室排气清洁室，滤袋直径以<3000mm为宜，且每室滤袋数量不能多
喷嘴反吹	气环移动清灰	与其他清灰方式比，滤袋过滤面积处理能力最大	滤袋和气环摩擦损坏滤袋，传动箱和软管存在耐温问题	适用于含尘大的烟气，烟气走向为内滤顺流式，滤袋直径一般为200～450mm，不分室，应用很少

第二节　袋式除尘器结构

袋式除尘器由框架、箱体、清灰装置、滤袋和压缩空气装置、差压装置和电控装置组成。图1-2所示为脉冲袋式除尘器构造。

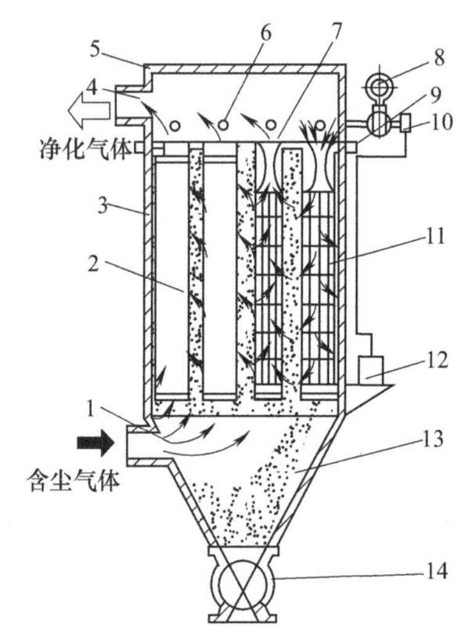

图1-2　脉冲袋式除尘器构造

1—进气口；2—滤袋；3—中部箱体；4—排气口；5—上箱体；6—喷射管；7—文氏管；8—空气包；9—脉冲阀；10—控制阀；11—框架；12—脉冲控制仪；13—灰斗；14—排灰阀

一、袋式除尘器框架

袋式除尘器的框架由梁、柱、斜撑等组成，框架设计的要点在于要有足够的强度和刚度支撑箱体、灰重及维护检修时的活动荷载，并防范遇到特殊情况如地震、风、雪等灾害的损坏。

二、袋式除尘器箱体

袋式除尘器的箱体分为滤袋室和洁净室两大部分，两室由花板隔开。在箱体设计中主要是确定壁板和花板。

箱体外形有各种形状，如圆形、方形、长方形。其典型箱体外形如图1-3所示。除尘器的不同形状是由除尘工艺条件和除尘器大小决定的，其中以长方形居多。

三、袋式除尘器清灰装置

不同除尘器的主要区别在清灰装置。各种清灰装置将在本章后面各节详述。

图 1-3　除尘器典型箱体外形

四、袋式除尘器滤袋

1. 常用滤袋形式

滤袋是将纤维织制滤料采用缝纫或热熔等方式制作而成的柔性过滤元件，也是袋式除尘器最常用的过滤元件。袋式除尘器的工作温度、除尘效率以及滤袋使用寿命主要是由滤料特性决定的。

滤袋可按其滤尘面分为内滤式和外滤式；圆袋的基本构造形式如图 1-4 所示。

（1）内滤式圆袋　内滤式圆袋一般采用机织无缝圆筒布，也可采用平幅滤料缝制或热熔黏合。圆袋直径通常为 ϕ130～300mm，袋长一般为 2～10m，最长 12m。

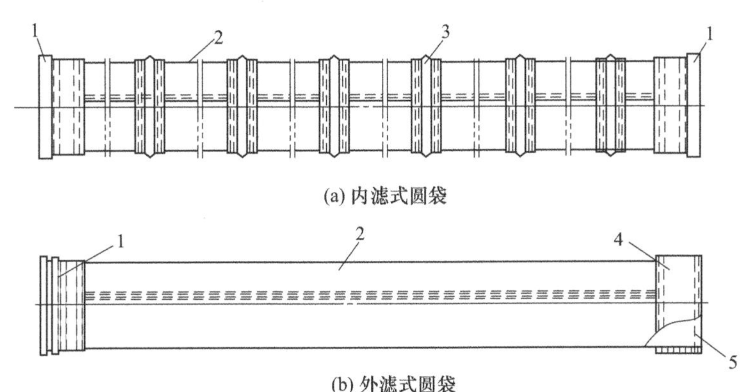

图 1-4　圆袋的基本构造形式

1—袋口；2—袋身；3—防瘪环；4—加强层；5—袋底

（2）外滤式圆袋　外滤式圆袋一般采用平幅滤料缝制或热熔黏合。圆袋直径可为 ϕ80～200mm，最常用的为 ϕ115～160mm，袋长一般为 2～6m，最长达 8m。

（3）外滤异形袋　除圆袋之外的各种形状的过滤袋都称为异形袋，如扁袋、腰圆形袋、菱形袋、梯形袋等。这些滤袋都是外滤式，故称为外滤式异形袋。

2. 滤袋的材料

滤袋的材料取决于处理气体的温度、气体的酸碱度、尺寸稳定性、透气性以及滤袋的使用寿命等。滤袋的寿命与使用条件和材料有关，短者几个月，长者几年。

滤袋一般采用天然纤维棉、动物纤维的羊毛，化学纤维的尼龙（聚酰胺类）、涤纶（聚酯类）、聚丙烯丝（聚丙烯类）、聚四氟乙烯（聚四氟乙烯类），无机纤维的玻璃纤维、石墨纤维等材料。

3. 滤布的编织方法

滤布的编织方法有平纹织、斜纹织、缎织以及针刺毡等。玻璃纤维主要以拉丝多的缎织为主，这是因为缎织法容易剥落尘饼，并且不容易堵眼。这些滤布的孔眼为 10～50μm。针刺毡孔眼的大小为 5～25μm。针刺毡织造有针刺和水刺之分。

第三节　袋式除尘器工作原理

袋式除尘器工作原理就是一个过滤过程和一个清灰过程。脉冲喷吹袋式除尘器工作原理如图 1-5 所示。

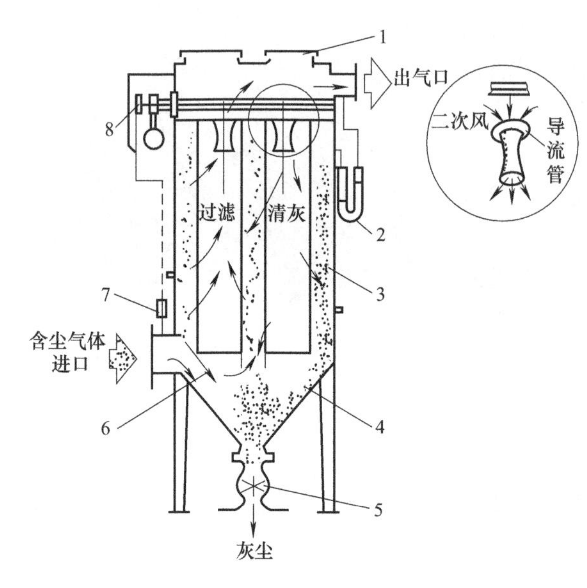

图 1-5　脉冲喷吹袋式除尘器工作原理

1—上箱体；2—压力计；3—中箱体；4—下箱体；5—排灰系统；6—导流板；7—控制仪；8—喷吹清灰系统

一、过滤机理

当含尘气体进入袋式除尘器通过滤料时，粉尘被阻在滤料表面，干净空气则透过滤料的缝隙排出，完成过滤过程。完成过滤的主要有纤维过滤、薄膜过滤和粉尘层过滤。袋式除尘器是纤维过滤、薄膜过滤与粉尘层过滤的组合，它的除尘机理是筛滤、惯性碰撞、钩附、扩散、重力沉降和静电作用等效应综合作用的结果。

（1）筛滤效应　当粉尘的颗粒直径较滤料纤维间的孔隙或滤料上粉尘间的孔隙大时，粉尘被阻留下来，称为筛滤效应。对织物滤料来说，这种效应是很小的，只是当织物上沉积大量的粉尘后筛滤效应才充分显示出来。

（2）惯性碰撞效应　当含尘气流接近滤料纤维时，气流绕过纤维，但 1μm 以上的较大颗粒由于惯性作用而偏离气流流线，但仍保持原有的方向，撞击到纤维上，粉尘被捕集下来，称为惯性碰撞效应。

（3）钩附效应　当含尘气流接近滤料纤维时，细微的粉尘仍保留在流线内，这时流线比较紧密。如果粉尘颗粒的半径大于粉尘中心到达纤维边缘的距离，粉尘即被捕获，称为钩附效应，又称拦截效应。

（4）扩散效应　当粉尘颗粒极为细小（0.5μm 以下）时，在气体分子的碰撞下偏离流线做不规则运动（亦称布朗运动），这就增加了粉尘与纤维的接触机会，使粉尘被捕获。粉尘颗粒越小，运动越剧烈，从而与纤维接触的机会也越多。

碰撞、钩附及扩散效应均随纤维的直径减小而增加，随滤料的孔隙率增加而减少，因而采用的滤料纤维越细，纤维越密实，滤料的除尘效率越高。

（5）重力沉降效应　颗粒大、相对密度大的粉尘，在重力作用下沉落下来，这与在重力除尘器中粉尘的运动机理相同。

（6）静电作用效应　如果粉尘与滤料的电荷相反，则粉尘易于吸附于滤料上，从而提高除尘效率，但被吸附的粉尘难以剥落。反之，如果两者和电荷相同，则粉尘受到滤料的排斥，效率会因此而降低，但粉尘容易从滤袋表面剥离。

1. 不同滤料除尘机理的差异

1）织物滤料的孔隙存在于经纱、纬纱之间（一般捻线直径为300～700μm，间隙为100～200μm），以及纤维之间，而后者占全部孔隙的30%～50%。开始滤尘时，气流大部分从经纱、纬纱之间的小孔通过，只有小部分粉尘穿过纤维间的缝隙，粗尘颗粒被嵌进纤维间的小孔内，气流继续通过纤维间的缝隙，此时滤料即成为对粗、细粉尘颗粒都有效的过滤材料，而且形成称为“初次粉尘层”或“第二过滤层”的粉尘层，于是粉尘层表面出现以强制筛滤效应捕集粉尘的过程。此外，在气流中粉尘的直径比纤维细小时碰撞、钩附、扩散等效应增加，除尘效率提高。

2）针刺毡或水刺毡滤料，由于本身构成厚实的多孔滤床，可以充分发挥上述效应，但“第二过滤层”的过滤作用仍很重要。

3）覆膜滤料，其表面上有一层人工合成的、内部呈网格状结构的、厚50μm、每平方厘米含有14亿个微孔的特制薄膜，显然其过滤作用主要是筛滤效应，故称为表面过滤。

2. 合理的清灰周期

袋式除尘器在实际运行中，随着滤袋粉尘层的增加，需要对滤料进行周期性的清灰。随着捕集粉尘量的不断增加，粉尘层不断增厚，其过滤效率随之提高，除尘器的阻力也逐渐增加，而通过滤袋的风量则逐渐减小，这时，需要对滤袋进行清灰处理，既要及时、均匀地除去滤袋上的积灰，又要避免过度清灰，使其保留“初次粉尘层”，保证工作稳定和高效率，这对于孔隙较大的或易于清灰的滤料更为重要。

二、过滤过程

外滤式除尘器在每个滤袋里面装有圆筒形状的支承袋笼，含有粉尘的气体从滤袋的外侧向内侧流动。所以，粉尘被滤袋的外侧面过滤捕集，洁净气体通过内侧从上部排出。洁净室设有压缩空气管，靠压缩空气管喷出来的脉冲气流抖落粉尘。壳体、漏斗等振动式相同，处于封闭状态。从漏斗上部送进来的含尘气体，分路升至各个滤袋，被过滤捕集。内滤式除尘器过滤情况与外滤式除尘器近似。

新滤袋在运行初期主要捕集1μm以上的粉尘，捕集机理是惯性作用、筛分作用、遮挡作用、静电沉降和重力沉降等。粉尘的一次黏附层在滤布面上形成后也可以捕集1μm以下的微粒，并且可以控制扩散。这些作用力受粉尘粒子的大小、密度、纤维直径和过滤速度的影响。

袋式除尘器处理空气的粉尘浓度为0.5～100g/m^3，因此，在开始运动的几分钟内就在滤布的表面和里面形成一层粉尘的黏附层。这层黏附层又叫作一次黏附层或过滤膜。如果形成一次黏附层，那么该黏附层就起过滤捕集的作用，其原因是粉尘层内形成许多微孔，粉尘层的孔隙率为0.8～0.9，这些微孔产生筛分效果。过滤速度越低，微孔越小，粉尘层的孔隙率越大。所以，高效率捕集过程在很大程度上取决于过滤速度。

三、清灰过程

随着过滤工况的继续进行，滤料表面的粉尘层越积越厚，除尘器的运行阻力越来越大，处理风量越来越小，此时必须进入清灰工况，利用振动、反吹风或脉冲喷吹等方式对滤袋进行清灰，使大部分粉尘从滤料表面剥离，仅残留部分嵌入纤维层内部或牢固黏附于纤维层表面的粉尘，滤料得以再生。

滤料表面的粉尘层分为一次粉尘层和二次粉尘层。一次粉尘层是指在正常清灰后，仍依附在纤维层，与纤维层一起构成过滤体，不再脱落的粉尘层。二次粉尘层是指在正常清灰后，能从纤维层表面有效剥离脱落的粉尘层。通常需要经过数千次的过滤-清灰动作，历时数月运行才能建立稳定的一次粉尘层。

对于分室结构的袋式除尘器，清灰工况是依序逐室进行的，使除尘器的过滤效率、运行阻力以及系统运行风量不至于发生太大的波动。

第四节　袋式除尘器性能

一、处理气体流量

处理气体流量是表示除尘器在单位时间内所能处理的含尘气体流量，一般用体积流量 Q（单位为 m^3/s 或 m^3/h）表示。

实际运行的除尘器由于不严密而漏风，使得进出口的气体流量往往不一致。通常用两者的平均值作为设计除尘器的处理气体流量，即

$$Q=\frac{1}{2}(Q_1+Q_2) \tag{1-1}$$

式中，Q 为处理气体流量，m^3/h；Q_1 为除尘器进口气体流量，m^3/h；Q_2 为除尘器出口气体流量，m^3/h。

在选用除尘器时，其处理气体流量是指除尘器进口的气体流量，不考虑漏风率；在选择风机时，其处理气体流量对于正压系统（风机在除尘器之前）是指除尘器进口气体流量，对于负压系统（风机在除尘器之后）是指除尘器出口气体流量，此时已考虑漏风率。

二、除尘效率

总除尘效率是指在同一时间内除尘装置捕集的粉尘质量占进入除尘装置的粉尘质量的百分数，通常以“η”表示。

对于正在运行的袋式除尘器，除尘效率定义为

$$\eta=1-\frac{C_2}{C_1} \tag{1-2}$$

式中，η 为除尘效率；C_2 为通过除尘器后的清净气体含尘浓度，g/m^3；C_1 为除尘器进口含尘气体的浓度，g/m^3。

除尘器的除尘效率关系式有三种：一种是经理论推导的除尘效率与孤立粉尘捕集体综合捕集效率的计算式；另一种是根据实验数据而建立的半理论半经验的关系式；第三种是实测关系式。

1. 理论公式

（1）综合捕集效率　当过滤器内所填充的为圆柱形纤维捕尘体时，纤维层过滤除尘器的除尘效率与单一纤维捕尘体的综合捕尘效率关系式为：

$$\eta=1-\exp\left[\frac{4(\varepsilon-1)\delta}{\pi d_D\varepsilon}\eta_\Sigma\right] \tag{1-3}$$

式中，η 为纤维过滤除尘器的除尘效率；ε 为过滤层空隙率；δ 为过滤层厚度，m；d_D 为纤

维直径，m；η_{Σ} 为单位纤维的综合捕尘效率。

（2）纤维体总捕集效率　单根纤维体的总捕集效率受制于各单项捕集效应的综合作用，可用下式计算：

$$\eta_{\Sigma}=1-(1-\eta_{\mathrm{I}})(1-\eta_{\mathrm{R}})(1-\eta_{\mathrm{D}})(1-\eta_{\mathrm{E}}) \tag{1-4}$$

式中，η_{I} 为惯性效应产生的捕集效率；η_{R} 为拦截效应产生的捕集效率；η_{D} 为扩散效应产生的捕集效率；η_{E} 为静电效应产生的捕集效率。

各种作用产生的捕集效率与粉尘粒径的关系如图 1-6 所示。

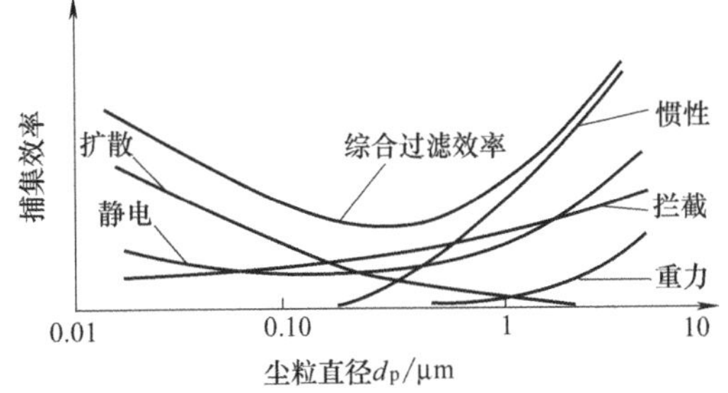

图 1-6　捕集效率与粉尘粒径的关系

（3）单根纤维体的单项捕集效率

① 惯性效率：对势流中的圆柱捕集体，Landau 导出惯性效率半经验理论计算公式为

$$\eta_{\mathrm{I}}=\frac{S^3}{S^3+0.77S^2+0.22} \tag{1-5}$$

$$S=\rho_{\mathrm{d}}d_{\mathrm{p}}^2v_{\mathrm{o}}/18\mu d_{\mathrm{c}}$$

式中，S 为 Stokes 数或称惯性碰撞系数；ρ_{d} 为尘粒密度，kg/m^3；d_{p} 为尘粒直径，m；v_{o} 为流体特征速度，m/s；μ 为气体黏度，Pa·s；d_{c} 为捕集体直径，m。

② 拦截效率：对围绕圆柱体的黏性流，Langmuir 导出拦截效率计算公式为：

$$\eta_{\mathrm{R}}=\frac{1}{La}\left[(1+R)\ln(1+R)-\frac{R(2+R)}{2(1+\mathrm{R})}\right] \tag{1-6}$$

式中，R 为截留系数，$R=d_{\mathrm{p}}/d_{\mathrm{c}}$；$La$ 为拉氏系数，$La=2.002-\ln Rec$；Rec 为黏性流流经捕集体的雷诺数，$Rec=\rho_{\mathrm{g}}d_{\mathrm{c}}v_{\mathrm{o}}/\mu_{\mathrm{o}}$；$\rho_{\mathrm{g}}$ 为气体密度，kg/m^3；μ_{o} 为气体黏度，Pa·s；其他符号意义同前。

③ 扩散效率：对纤维层过滤器，Langmuir 导出扩散效率计算公式为：

$$\eta_{\mathrm{D}}=\frac{1}{2La}\left[2(1+x)\ln(1+x)-(1+x)+\frac{1}{(1+x)}\right] \tag{1-7}$$

式中，$x=1.308(La/pe)^{1/3}$；pe 为贝克来数（Peclet），$pe=v_{\mathrm{o}}d_{\mathrm{c}}/D$；$D$ 为扩散系数。

④ 静电效率：过滤体的静电效应分为三种情况：一是捕集体荷电，尘粒中性，此时粉尘感应产生反相镜像电荷而相互吸引；二是尘粒荷电，捕集体中性，此时捕集体感应产生反相镜像电荷而相互吸引；三是粉尘、捕集体都荷电，此时视荷电性状，异性相吸，同性相斥。

第一种情况（即捕集体荷电，尘粒中性）是最容易发生的。这种情况的静电效率（η_{E}）计算公式为：

$$\eta_{\mathrm{E}}=1.68N^{\frac{1}{3}} \tag{1-8}$$

式中，N 为静电力无因次参数，$N=\frac{4}{3\pi}\left(\frac{\varepsilon_{\mathrm{p}}-1}{\varepsilon_{\mathrm{p}}+2}\right)\frac{cd_{\mathrm{p}}^2Q_{\mathrm{o}}^2}{d_{\mathrm{c}}^3\mu v_{\mathrm{o}}\varepsilon_{\mathrm{o}}}$；$Q_{\mathrm{o}}$ 为单位长度捕集体电荷量，C；ε_{p} 为尘粒介电常数，F/m；ε_{o} 为捕集体介电常数，F/m；c 为 Cunningham 修正系数；μ 为含尘气体黏度，Pa·s；v_{o} 为气体速度，m/s；其他符号意义同前。

2. 经验公式

基尔什、斯捷奇金和富克思等提出纤维过滤器的除尘效率经验公式为：

$$\eta=1-\exp\left(\frac{-d_{\mathrm{D}}\eta_{\Sigma}\Delta p}{v_{\mathrm{g}}\mu_{\mathrm{g}}F}\right) \tag{1-9}$$

$$F=\frac{4\pi}{K_r}=4\pi[-0.5\ln(1-\varepsilon)-0.52+0.64(1-\varepsilon)+1.43K_n\varepsilon]^{-1} \tag{1-10}$$

式中，Δp 为过滤除尘器的阻力，Pa；v_g 为粉尘粒子相对于捕集体的速度，m/s；μ_g 为含尘气体黏度，Pa·s；F 为过滤除尘器结构不完善参数；K_r 为气动因素；K_n 为克努德森准数；其他符号意义同前。

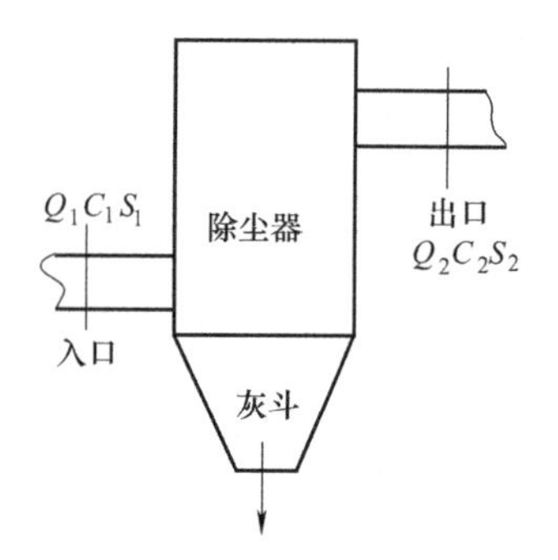

图 1-7 除尘效率计算示意

3. 实测关系式

在许多场合，袋式除尘器的除尘效率是现场实测得到的。

如图 1-7 所示，根据实测若除尘器进口的气体流量为 Q_1、粉尘的质量流量为 S_1、粉尘浓度为 C_1，除尘器出口的相应量为 Q_2、S_2、C_2，除尘器捕集的粉尘质量流量为 S_3，则有：

$$S_1=S_2+S_3$$
$$S_1=Q_1C_1$$
$$S_2=Q_2C_2$$

根据除尘效率的定义有：

$$\eta=\frac{S_3}{S_1}\times100\%=\left(1-\frac{S_2}{S_1}\right)\times100\% \tag{1-11}$$

$$\eta=\left(1-\frac{Q_2C_2}{Q_1C_1}\right)\times100\% \tag{1-12}$$

若除尘器本身的漏风率为零，即 $Q_1=Q_2$，则上式可简化为

$$\eta=\left(1-\frac{C_2}{C_1}\right)\times100\% \tag{1-13}$$

利用上式通过称重可求得除尘效率，这种方法称为质量法，用这种方法测得的结果比较准确，主要用于实验室。在现场测定除尘器的除尘效率时，通常先同时测量除尘器前后的空气含尘浓度，再利用上式求得除尘效率，这种方法称为浓度法。

4. 影响除尘效率因素

通常，袋式除尘器的除尘效率超过 99.5%（见图 1-8）。因此，在选择袋式除尘器时，一般不需要计算除尘效率。影响除尘效率的因素主要有以下几方面：①粉尘的性质，包括被过滤粉尘的粒径、性状、形状、分散度、静电荷、含湿量等，对于有外静电场的除尘器，还要考虑粉尘的比电阻；②滤料性质，包括滤料原料、纤维和纱线的粗细，织造和黏合方式，滤料后处理工艺，滤料厚度、质量，空隙率等；③运行参数，包括过滤速度、阻力、气体温度、湿度、清灰方式、频率、强度等；④清灰方式，包括机械振打、反向气流、压缩空气脉冲和气环等；⑤气体参数，烟气的湿度、含尘浓度、湿度等。

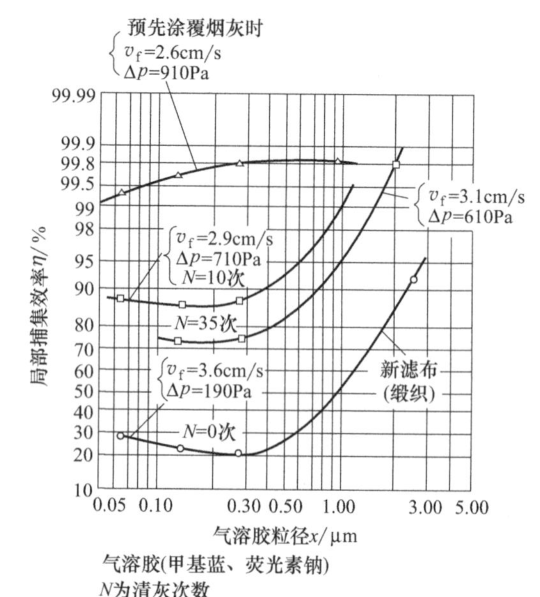

图 1-8 新滤布和预先涂覆烟灰的滤布对气溶胶的分级捕集效率

而对粉尘排放浓度增高主要有两个方面。

（1）直通机制　在过滤中粉尘不被阻留而直接通过，尘粒通过时可能绕一条曲折的路线而过，也可能直接通过滤料表面的针孔而过，一般高的过滤速度可使针孔直通量增加。

（2）渗漏机制　起初被滤料阻留的灰尘，由于清灰后变得松散而被吹过滤袋；或当过滤阻力增大时，一些已被捕集的灰尘又被挤压过去，有一些粉尘则从针孔漏去。在高滤速或织物受振动时渗漏可能加重。

三、压力损失

1. 压力损失及计算式

除尘器的压力损失 Δp 不仅包含过滤物体本身的阻力，而且还包括气体进入滤袋前后的黏附性和紊流的摩擦阻力。假设摩擦阻力很小，在此只考虑过滤前后的压力差。即 Δp 是指在一定过滤速度 v 和一定粉尘负荷 m_d 下的过滤阻力。

预先涂覆烟灰时 $v=2.6\text{cm/s}$，$\Delta p=910\text{Pa}$。

如前所述，粉尘清灰后的过滤阻力可用 Δp_0 表示。Δp_0 中包括残留粉尘（一次黏附层）的阻力。粉尘抖落后重新运行。经过时间 t 之后，在过滤面积 A（m^2）上又黏附一层新粉尘。假设粉尘的厚度为 L，孔隙率为 ε_p 时沉积的粉尘质量为 M_d（kg），那么 $M_d/A=m_d$（kg/m^2）就叫作粉尘负荷或表面负荷。因此，（$\Delta p-\Delta p_0$）是负荷 m_d 相对应的压力损失，用 Δp_d 表示，即 $\Delta p_d=\Delta p-\Delta p_0$。经过清灰之后，$\Delta p_d$ 值可以达到零。此时，压力损失可用下式表示：

$$\Delta p=\Delta p_0+\Delta p_d \tag{1-14}$$

式中，Δp 为滤料压力损失，Pa；Δp_0 为清灰后滤料压力损失，Pa；Δp_d 为粉尘层压力损失，Pa。

图 1-9 所示为上述关系示意。

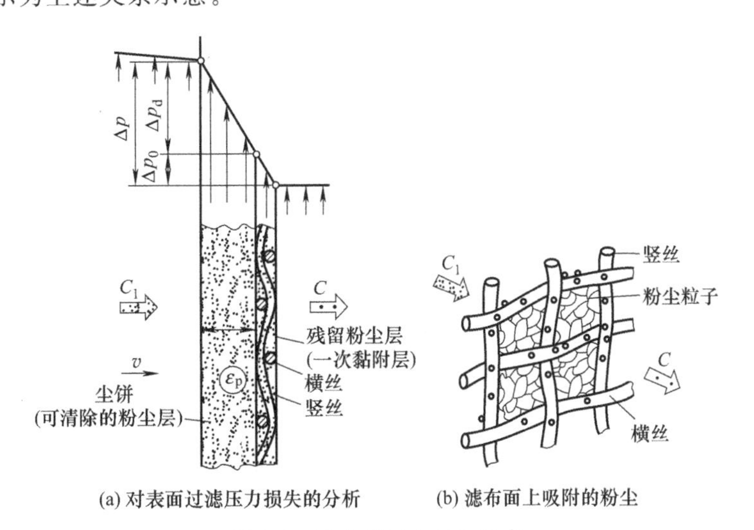

图 1-9　除尘器压力损失示意

如果把通过滤料的气流看作层流，那么 Δp_0 和 Δp_d 均应与气体的黏度 μ 和透过速度（v/ε_p）成正比。但是，如前所述，粉尘层的孔隙率 ε_p 随表观过滤速度 v 的大小而变化，压力损失一般与 v^n 成正比。

Δp_d 与粉尘沉积层的厚度 L 成正比。设粉尘粒子的密度为 ρ_p（kg/m^3），则

$$m_{\mathrm{d}}=\frac{M_{\mathrm{d}}}{A}=\frac{AL(1-\varepsilon_{\mathrm{p}})\rho_{\mathrm{p}}}{A}=\rho_{\mathrm{p}}(1-\varepsilon_{\mathrm{p}})L \tag{1-15}$$

式中，m_{d} 为粉尘负荷，$\mathrm{kg/m^2}$；M_{d} 为粉尘质量，kg；A 为过滤面积，$\mathrm{m^2}$；L 为粉尘层厚度，m；ε_{p} 为粉尘孔隙率，%；ρ_{p} 为粉尘粒子密度，$\mathrm{kg/m^3}$。

根据此式可以算出粉尘层的厚度

$$L=\frac{m_{\mathrm{d}}}{\rho_{\mathrm{p}}(1-\varepsilon_{\mathrm{p}})} \tag{1-16}$$

式中，ε_{p} 不仅与速度 v 有关，还与粒径 d_{p} 和负荷 m_{d} 有关。根据以上关系，将式（1-14）改为下式：

$$\Delta p=(\xi_0+\alpha_{\mathrm{m}}m_{\mathrm{d}})\mu v \tag{1-17}$$

式中，Δp 为滤料压力损失，Pa；ξ_0 为滤料阻力系数；α_{m} 为粉尘层的平均比阻力，m/kg；μ 为含尘气体黏度，Pa·s；m_{d} 为粉尘负荷，$\mathrm{kg/m^2}$；v 为过滤速度，m/s。

根据式（1-14）和式（1-15）得：

$$\xi_0=\frac{\Delta p_0}{\mu v}$$

式中，ξ_0 为黏有残留粉尘的滤布的阻力系数，1/m。

同样，由式（1-14）和式（1-17）得出下式：

$$\alpha_{\mathrm{m}}=\frac{\Delta p_{\mathrm{d}}}{m_{\mathrm{d}}\mu v}=\frac{\Delta p_{\mathrm{d}}}{\rho_{\mathrm{p}}(1-\varepsilon_{\mathrm{p}})L\mu v} \tag{1-18}$$

设粉尘的比表面积粒径为 d_{ps}（m），那么粒子填充层压力梯度 $\Delta p_{\mathrm{d}}/L$ 可用科兹尼-卡曼公式表示：

$$\frac{\Delta p_{\mathrm{d}}}{L}=\frac{K(1-\varepsilon_{\mathrm{p}})^2}{d_{\mathrm{ps}}^2\varepsilon_{\mathrm{p}}^3}\mu v \tag{1-19}$$

式中，K 是取决于粒子大小、形状和气体中水分的无因次常数。当 $\varepsilon_{\mathrm{p}}<0.7$ 时，可以使用这个公式。将式（1-19）代入式（1-18）中，得：

$$\alpha_{\mathrm{m}}=\frac{K(1-\varepsilon_{\mathrm{p}})}{\rho_{\mathrm{p}}d_{\mathrm{ps}}^2\varepsilon_{\mathrm{p}}^3} \tag{1-20}$$

从式（1-20）中可以清楚地看出 α_{m} 的物理意义。α_{m} 又称为粉尘层的平均比阻力（m/kg）。根据式（1-18）可以求出 α_{m} 的实验值。α_{m} 值一般为 $\alpha_{\mathrm{m}}=10^9\sim10^{12}$ m/kg。

与之比较，不带粉尘的滤布阻力系数则为 $\xi_0=10^7\sim10^{10}$（1/m）。

袋式除尘器所处理的气体，一般为含尘空气。在这种情况下，式（1-17）中的黏滞系数 μ 必须移到括号内，而且用关系式 $v=Q/A$，可以把它改写成下式：

$$\Delta p=(K_0+K_{\mathrm{d}}m_{\mathrm{d}})\frac{Q}{A} \tag{1-21}$$

式中，$K_0=\xi_0\mu$；$K_{\mathrm{d}}=\alpha M\mu$。

μ 的单位为 Pa·s，也可以写为 $\mathrm{N\cdot s/m^2}$ 和 kg/(m·s)，因此

$$K_0=\left[\frac{1}{\mathrm{m}}\right]\times\left[\frac{\mathrm{N\cdot s}}{\mathrm{m^2}}\right]=\left[\frac{\mathrm{N\cdot s}}{\mathrm{m^3}}\right]$$

$$K_{\mathrm{p}}=\left[\frac{\mathrm{m}}{\mathrm{kg}}\right]\times\left[\frac{\mathrm{kg}}{\mathrm{m\cdot s}}\right]=\left[\frac{1}{\mathrm{s}}\right]$$

在常温下，空气的黏滞系数 $\mu=1.81\times10^{-5}$ [kg/(m·s)]，所以 $K_d=(10^9\sim10^{12})\times1.81\times10^{-5}=10^4\sim10^7(1/s)$。

同样，$K_0=10^3\sim10^6[(N\cdot s)/m^3]$

清灰之后，式（1-21）中的 $m_d=0$，式（1-21）变成：

$$\Delta p=\Delta p_0=K_0\frac{Q}{A} \tag{1-22}$$

测量清灰后的压力损失 Δp_0 和气体量 Q，便可算出 K_0 值。据美国的实验数据报道，K_0 值的范围为 $K_0=12000\sim120000$，式（1-21）中的 m_d 等于抖落的粉尘量 M_d 除以过滤面积 A 的值。如前所述，在料斗中由于惯性分离而沉积很多未经过滤的粉尘，所以事先要把这些粉尘取出来，然后进行清灰，测量 M_d 值。若测出 m_d 值，则根据式（1-21）可推导出下式：

$$K_d=\frac{\frac{\Delta pA}{Q}-K_0}{m_d} \tag{1-23}$$

当 m_d 为一定值时，根据总的阻力值 Δp，可以求出 K_d。

和 K_d 的情况一样，根据式（1-18），可用实验方法求出比阻力 α_m 值。

2. 过滤阻力随时间的变化

随着运行时间的推移，除尘器滤料的过滤性能和强度下降。例如，运行 4～6 个月，过滤性能下降到新滤布的 1/6，强度下降到 60%，其下降程度决定于粉尘的性状和浓度、过滤速度、处理气体的温度、湿度或腐蚀性等。掌握滤料性能和强度随运行时间推移的变化情况，不仅是制订计划的需要，而且在运行、维修方面也需要。由于老化影响比过滤性能值的影响更加直观。

如果粉尘细、浓度高而且过滤速度快，则滤布的孔隙就容易堵塞。堵塞程度与滤布的编织方法和表面处理有关。据说，清灰后的压力损失 Δp_0 达到稳定值时通常至少需要运行 50d。如果损失值急剧增加，就意味着滤布不能再使用。图 1-10 表示滤布用于厚毛毡的逆喷吹式除尘器时，压力损失 Δp 随运行时间而增加的情况。在图 1-10 中的运行条件下，处理的粉尘粒径非常粗。鉴于这种情况，Δp 大概需要 20d 才能达到稳定值。但是，总的压力损失按指数函数规律增加，运行 40d 后 Δp 值大约是运行初期的 3 倍。

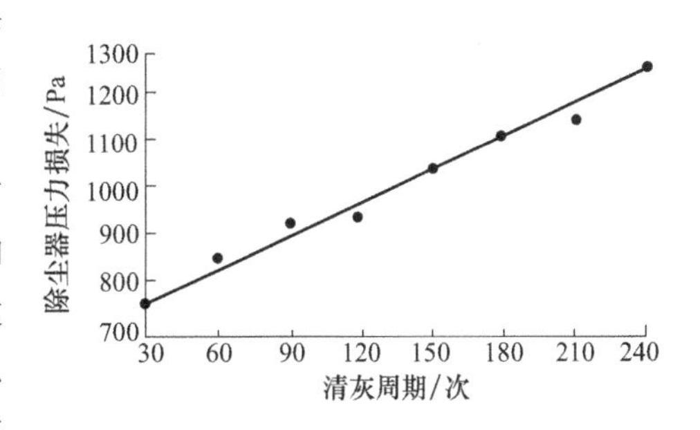

图 1-10　逆喷吹式除尘器的压力损失随时间的变化

四、除尘器排放浓度

1. 排放浓度

对于袋式除尘器来说，除尘效率或者分级除尘效率是重要的性能指标；但是，从实用上考虑，只有出口浓度低才算达到了目的。对各种粉尘的出口含尘浓度，国家标准规定有最高容许浓度的要求。出口含尘浓度可由实测得出，也可根据入口含尘浓度及除尘器在该条件下的除尘效率来计算。

当排放口前为单一管道时取排气筒实测排放浓度为排放浓度。

丹尼斯（Dennis）和克莱姆（Klemm）提出计算袋式除尘器排放浓度的计算式如下：

$$C_2=[p_{ns}+(0.1-p_{ns})e^{-\alpha w}]\times C_1+C_R \tag{1-24}$$

$$p_{ns}=1.5\times10^{-7}\exp[12.7\times(1-e^{1.03v_F})]$$

$$\alpha=3.6\times10^{-3}v_F^{-4}+0.094$$

式中，C_2 为除尘器排放浓度，g/m^3；p_{ns} 为无量纲常数；v_F 为过滤速度，m/s；C_1 为除尘器入口浓度，g/m^3；C_R 为脱落浓度（常数），g/m^3，一般取 $0.5g/m^3$；w 为粉尘负荷，g/m^2。

根据作者多年的实践经验，袋式除尘器的正常排放浓度多为 $3\sim18mg/m^3$，凡排放浓度较高者应从除尘器设计和制造缺陷方面找原因并加以分析，如花板漏、袋口松、滤料品质差、设计参数不合理等。

2. 粉尘透过率和排放速率

除尘效率是从除尘器捕集粉尘的能力来评定除尘器性能的，在《煤炭工业污染物排放标准》(GB 20426—2006) 中是用未捕集的粉尘量（即 1h 排出的粉尘质量称为排放速率）来表示除尘效果的。未捕集的粉尘量占进入除尘器粉尘量的百分数称为透过率（又称为穿透率或通过率）。

可见，除尘效率与透过率是从不同的方面说明同一个问题，但在某些情况下，特别是对高效除尘器，采用透过率可以得到更明确的概念。例如，有两台在相同条件下使用的除尘器，第一台除尘效率为 99.9%，第二台除尘效率为 99.0%；从除尘效率比较，第一台比第二台高 0.9%；但从透过率来比较，第一台为 0.1%，第二台为 1%，相差达 10 倍，说明从第二台排放到大气中的粉尘量要比第一台多 10 倍。因此，从环境保护角度来看，用透过率来评价除尘器的性能更为直观，用排放速率表示除尘器效果更实用。

对袋式除尘器，粉尘的透过率 P 有和烟气量的 m 次方成正比的趋势，即

$$\frac{P}{P_n}=\frac{100-\eta}{100-\eta_n}=\left(\frac{Q}{Q_n}\right)^m \tag{1-25}$$

由此得到

$$\eta=100-(100-\eta_n)\left(\frac{Q}{Q_n}\right)^m \tag{1-26}$$

使用粒径 d_p 为 5μm 以下、密度 $s=1.8g/cm^3$ 的染料粉尘，标准状态装置进口浓度 $C_i=6.25\sim7.5g/m^3$ 的运行操作条件下，则 $m=2.71$。

五、除尘器漏风率

袋式除尘器的漏风率可用式 (1-27) 表示：

$$\varphi=\frac{Q_2-Q_1}{Q_1}\times100\% \tag{1-27}$$

式中，φ 为除尘器的漏风率，%；Q_1 为除尘器的进口气体量，m^3/h；Q_2 为除尘器的出口气体量，m^3/h。

漏风率是评价除尘器结构严密性的指标，它是指设备运行条件下的漏风量与入口风量的比值。应指出，漏风率因除尘器内负压程度不同而各异，国内大多数厂家给出的漏风率是在任意条件下测出的数据，因此缺乏可比性，为此，必须规定出标定漏风率的条件。袋式除尘

器标准规定：以净气箱静压保持在－2000Pa时测定的漏风率为准。其他除尘器尚无此项规定。

除尘器漏风率的测定方法有风量平衡法、碳平衡法等。

六、壳体耐压强度

耐压强度作为指标在国内外产品样本并不罕见。由于除尘器多在负压下运行，往往由于壳体刚度不足而产生壁板内陷情况，在泄压回弹时则“砰砰”作响。这种情况凭肉眼是可以察觉的，故袋式除尘器规定耐压强度即为操作状况下发生任何可见变形时滤尘箱体所指示的静压值，是除尘器设计必须考虑的问题。

除尘器耐压强度应大于风机全压值的1.2倍和最大负载压力的1.2倍。这是因为除尘器工作压力虽然没有风机全压值大，但是考虑到除尘管道堵塞等非正常工作状态，所以设计和制造除尘器时应有足够的耐压强度。如果除尘器中粉尘、气体有燃烧、爆炸可能，则耐压强度还要更大。在标准中没有这些规定，在设计和使用中则应注意这些问题。

七、设备钢耗

钢耗量是指除尘器本体每1m^2过滤面积的钢材消耗量，也称钢耗率（单位为kg/m^2）。钢耗量对不同的袋式除尘器是不一样的，钢耗量的多少与除尘器结构设计、耐压程度、清灰方式等因素有关。但笔者认为应从工程实际出发，根据设计需要确定合适的钢耗量指标。因除尘器单薄引发的事故屡见不鲜。例如，某重机厂电炉投运一台除尘器，在试车时因壳体单薄强度不够被吸瘪，不仅造成经济损失，而且影响工程投产。

第二章

袋式除尘器设计条件

许多除尘设备制造厂都是以定型产品为主，但是要使除尘设备更加适合使用工况，特别是大型除尘设备，要做到量体裁衣，这样才能真正达到产品优良的效果。目前，许多行业的产品一是根据用户的需求，量身定做，二是不断进行产品技术创新。所以针对具体使用条件进行袋式除尘器设计不可或缺，势在必行。

第一节　设计原则和依据

基本设计条件包括设计原则、设计程序和方法、设计要点和技术文件等内容。

一、设计原则

工业除尘设备应具备“高效、优质、经济、安全”的设备特性；袋式除尘器的设计、制造、安装和运行时必须符合以下设计原则。

1. 技术先进

根据《职业病防治法》和《大气污染防治法》的规定，按作业环境卫生标准和大气环境排放标准确定的工业除尘目标，瞄准国内外工业除尘先进水平，围绕“高效、密封、强度和刚度”做文章，科学确定其除尘方法、形式和指标，设计和发展具有自主知识产权的工业除尘设备。具体要求：①技术先进、造型新颖、结构优化，具有显著的“高效、密封、强度、刚度”等技术特性；②排放浓度符合环保排放标准或特定标准的规定，其粉尘或其他有害物的落地浓度不能超过卫生防护限值；③主要技术经济指标达到国内外先进水平；④具有配套的技术保障措施。

2. 运行可靠

保证除尘设备连续运行的可靠性，是工业除尘设备追求的终极目标之一。它不仅决定设备设计的先进性，也涉及制造与安装的优质性和运行管理的科学性。只有设备完好、运行可靠，才能充分发挥除尘设备的功能和作用，用户才能放心使用，而不是虚设；与主体生产设备具有同步的运转率，才能满足环境保护的需要。具体要求：①尽量采用成熟的先进技术，或经示范工程验证的新技术、新产品和新材料，奠定连续运行、安全运行的可靠性基础；②具备关键备件和易耗件的供应与保障基地；③编制工业除尘设备运行规程，建立工业除尘设备有序运作的软件保障体系；④培训专业技术人员和岗位工人，实施岗位工人持证上岗制度，科学组织工业除尘设备的运行、维护和管理。

3. 经济适用

根据我国生产力水平和环境保护标准规定，在“简化流程、优化结构、高效除尘”的基点上，把设备投资和运行费用综合降低为最佳水准，将是除尘设备追求的“经济适用”目标。具体要求：①依靠高新技术，简化流程，优化结构，实现高效除尘，减少主体重量，有效降低设备造价；②采用先进技术，科学降低能耗，降低运行费用；③组织除尘净化的深加工，向综合利用要效益；④提升除尘设备完好率和利用率，向管理要效益。

4. 安全环保

保证除尘设备安全运行，杜绝粉尘二次污染和转移，防止意外设备事故，是除尘设备的安全环保准则。具体要求如下。

1）贯彻《生产设备安全卫生设计总则》和有关法规，设计和安装必要的安全防护设施：①走台、扶手和护栏；②安全供电设施；③防爆设施；④防毒、防窒息设施；⑤热膨胀消除设施；⑥安全报警设施。

2）贯彻《大气污染防治法》，杜绝二次污染与转移：①除尘器排放浓度必须保证在环保排放标准以内，作业环境粉尘浓度在卫生标准以内；②粉尘污染治理过程，不能有二次扬尘，也不能转移为其他污染；③除尘设备噪声不能超过国家卫生标准和环保标准；④除尘器收下灰（粉尘）应配套综合利用措施。

二、设计程序和方法

设计条件分析可参照图 2-1 进行。

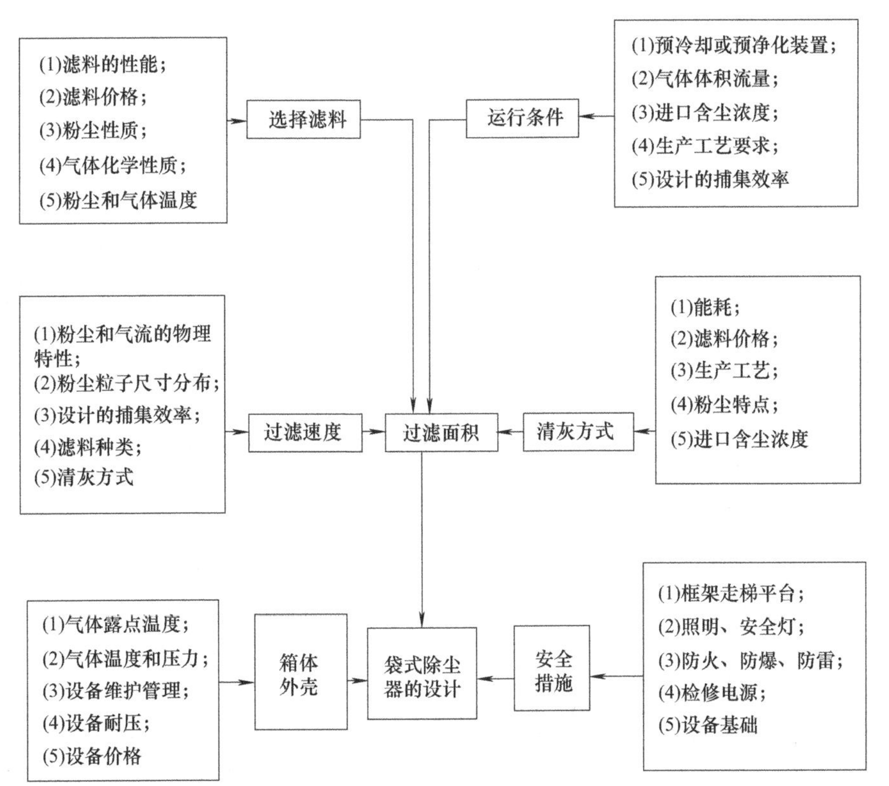

图 2-1　袋式除尘器基本设计条件分析

袋式除尘器的设计方法如图 2-2 所示。

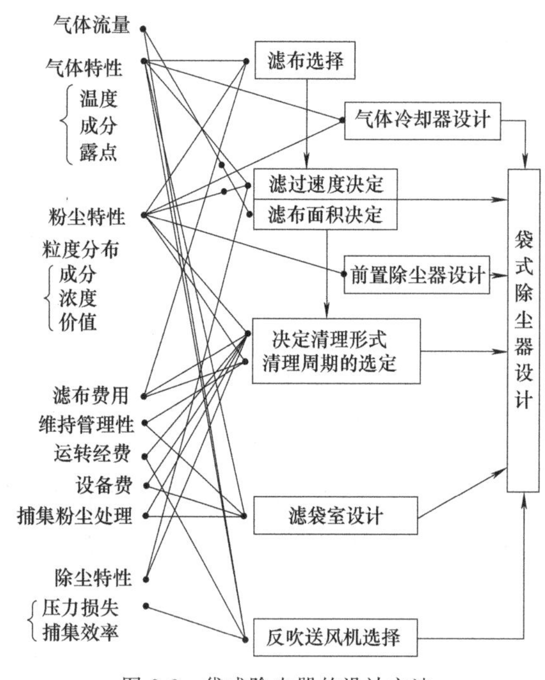

图 2-2　袋式除尘器的设计方法

三、设计要点

1. 设计依据

袋式除尘器的设计依据主要是国家和地方的有关标准以及用户与设计者之间的合同文件。在合同文件中应包括除尘器规格大小、装备水平、使用年限、备品备件、技术服务等项内容。

袋式除尘器是一种为生产工艺服务的环保设备，为此袋式除尘器的设计必须充分了解生产工艺流程、工艺流程布置的现状和发展、生产中的突发事故、烟尘特性及其对除尘器的要求。

袋式除尘器的设计，主要根据进入除尘器的烟气特性来确定各项参数。但是，烟气特性只是一种相对稳定的参数，实践证明，它会随着生产工艺操作的运行经常出现一些变化。为此，在实际应用中，应充分、全面地了解生产工艺流程的运行动态，使除尘器的设计能适应生产的各种变化，避免由于生产上的特殊性，造成除尘器运行中的故障，影响正常运行。

2. 设计原始参数

袋式除尘器工艺设计计算所需要的原始参数主要包括烟气性质、粉尘性质和气象地质条件3部分。

(1) 烟气性质　包括：①需净化的烟气量及最大量 (m^3/h)；②进出除尘器的烟气温度 (℃)；③进出除尘器的烟气最大压力 (Pa)；④烟气成分的体积百分比，对电厂要明确烟气含氧量；⑤烟气的湿度，通常用烟气露点值表示；⑥烟气进口的一般及最大含尘浓度 (g/m^3)；⑦烟气出口除尘器要求的最终含尘浓度 (g/m^3)。

(2) 粉尘性质　包括：①粉尘成分质量的百分比；②粉尘常温和操作温度时的比电阻 ($\Omega \cdot cm$)；③粉尘粒度组成的质量百分比；④粉尘的堆积密度 (kg/m^3)；⑤粉尘的自然安息角；⑥粉尘的化学组成；⑦用于发电厂锅炉尾部的袋式除尘器，特别要提供燃煤含硫量，用于煤粉制备系统的除尘器，要提供煤粉的组成。

(3) 气象地质条件　包括：①最高、最低及年平均气温 (℃)；②地区最大风速 (m/s)；③风载荷、雪载荷 (N/m^2)；④设备安装的海拔及各高度的风压力 (kPa)；⑤地震烈度 (级)；⑥相对湿度。

四、技术文件

设备设计方有必要向用户提供如下技术文件：①集尘罩技术设计案例；②除尘系统技术设计资质、案例；③除尘器本体设计资质、案例；④除尘器清灰设计方案；⑤除尘器入风口箱体及出风口气流分布模拟试验结果；⑥现场实测粉尘化学性质测试报告；⑦现场实测粉尘浓度测试报告；⑧现场实测烟气温度、相对湿度、压力测试报告；⑨现场实测粉尘颗粒粒径分布测试报告；⑩给定合理的处理风量设计报告。

五、设计前期工作

1. 调查研究

除尘器设计前，必须做好科技查新和现场调研等前期工作，保证除尘器技术特性与粉尘特性相适应。

（1）科技查新

科技查新应当重点明确以下几个方面：①除尘器的主要除尘方法、形式及技术经济指标；②工业应用信息及代表性论文；③专利分布及知识产权保护；④存在问题及攻关方向。

（2）现场调研

除尘器设计前，必须深入现场，做好原始资料调研，主要内容包括：①粉（烟）尘种类、产生过程及数量；②粉（烟）尘特性，包括粉（烟）尘密度、化学成分、安息角、粒度分布、含水率、电阻率及爆炸性等；③气体处理量、压力、温度、湿度、成分、爆炸性等；④粉（烟）尘回收利用方向。

2. 技术经济指标

除尘器设计采用的主要技术经济指标应当力求先进、可靠、经济、安全，杜绝技术上的高指标与浮夸风。

除尘器设计采用的主要技术经济指标，如袋式除尘器的过滤速度（m/min）、袋室气体的上升速度（m/s）、壳体钢结构的强度（MPa）与稳定性等，一定要有实用案例或中试基础，不能任意提高设计指标，影响设备设计质量。

3. 提高技术装备水平

广泛吸收风洞技术、计算机技术、控制技术、过滤技术和预处理技术等相关成果，完善与改造除尘器的设计、制造、安装、运行与服务，提高工业除尘器技术装备水平。

（1）计算机技术　应用风洞技术和计算机仿真技术，嫁接与模拟实验技术，研究除尘器内部气体运动规律，优化除尘器结构设计及其在复杂边界条件下计算机仿真技术与环境影响评价。

（2）控制技术　应用计算机技术与自动控制技术，实施除尘器的远程控制与自动控制，实现无接触安全作业。

（3）过滤技术　应用纺织技术，研发新型过滤材料，拓宽过滤材料品种和功能，提升气体过滤除尘功能，实现袋式除尘器在高温、高湿、高浓度、高腐蚀性和高风量工况下的广泛应用。

（4）预处理技术　应用水技术、嫁接工业除尘技术，发展工业气体脱硫除尘的前处理和湿法除尘新方法、新工艺。

4. 满足生产需要

工业除尘器的设计与应用一定要全方位服从于、服务于工艺生产；以工艺需要为中心，研发具有自主知识产权的工业除尘器，建立工业除尘器运行体系，满足生产过程工业除尘和工业炉窑烟气除尘的需要。

（1）满足生产工艺需要　根据生产工艺需要科学确定其除尘工艺与方法，是除尘器设计的第一要素。要根据生产工艺流程和作业制度，确定除尘工艺流程和除尘器运行制度；要根据生产工艺过程产生的工业气体成分、温度、湿度、烟尘浓度、烟尘成分和烟气流量，确定除尘器的主要参数和装备规模；要根据生产工艺过程的有害物种类和数量，确定烟尘的回收与利用方案。

（2）*满足生产工艺除尘需要* 把握生产工艺特点，科学确定其进气方式和最佳排气（处理）量，是除尘器设计的重要原则之一。只有把握生产工艺特点，抓住烟气除尘的主要矛盾，才能科学确定除尘工艺方法，合理确定烟气最佳处理量，正确确定除尘器的装备规模，获得最佳除尘效能，实现烟气除尘与生产工艺的统一。

（3）*满足生产工艺操作需要* 围绕生产工艺操作，把除尘器的设计、安装与运行融入生产工艺运行过程之中，科学配置远程控制系统和检测系统，做到既保持除尘器的功能又不妨碍生产工艺操作与维修，这样除尘器才能正常发挥作用；否则，除尘器的使用寿命将缩短。

（4）*满足安全生产、职业卫生和环境保护需要* 除尘器既要在生产过程发挥除尘功能，还应按《工业企业设计卫生标准》《工作场所有害因素职业接触限值》和相关环境保护排放标准的规定，设计与配备安全、职业卫生和环保的相关设施。保证在复杂的生产工艺条件下，除尘器具有防火、防爆和自身保护的功能，配有安全预警设施，除尘效能符合职业卫生标准和环保排放标准的规定。

第二节 设计内容和注意事项

一、设备设计委托书

具有批准的《除尘器设备设计委托书》是科学组织除尘器设备设计的法律依据。《除尘器设备设计委托书》至少应当包括下列内容：①生产工艺设备名称、规格及产能；②安装地点及其相关的平面图、立面图、断面图；③处理风量、设备阻力的要求值；④除尘器气体入口温度、湿度及粉尘质量浓度；⑤除尘器按排放标准或设备保护标准约定的粉尘出口质量浓度限值；⑥工业气体特性与工业粉尘特性（资料）；⑦除尘器输灰设施的设计要求；⑧安装地点的除尘器外形尺寸限值（长×宽×高）；⑨使用地点的气象条件；⑩设计工期；⑪其他。

二、设计内容

1. 基本数据

基本数据是指基本参数、主要尺寸、总的设计数据和原则、初步的设备表、载荷值以及进行基本设计所必须的其他参数和条件等。

基本数据用于建立设备的基本概念、项目的范围以及工业介质的输入、输出。

例如，基本数据可为参考项目的总布置图、数据表、介质耗量、TOP 点等。

基本数据还包括应用由设备使用方提供的与现有车间的布置、设备、公辅、电源等级和建筑物有关的资料；由设备制造方提供的有关设备的参考资料和参考图。

2. 基本设计

基本设计的目的是确定除尘设备的结构，并确定与质量和产量相关的重要设计数据。

基本设计是指基本的数据，含主要尺寸的初步装配图、系统图、布置图、示意图、设备构成以及必要的计算。基本设计还应包括参考功能描述、初步的用电设备和部件清单、参考资料以及标准和通用件的含技术数据的样本。基本设计应当使有设计资质和经验的设计制造公司在各自的技术领域开展详细设计，以完成主体设备和整套装置设计。基本设计也包括部件参考图及使用材料的参考清单。

参考资料和参考图应为与设备相当或类似的同类型设备的参考资料和参考图。

3. 详细设计

详细设计包括与施工和制造相关的最终设计。

设备的详细设计包括所有必要的计算、布置图、制造详图、材料清单、相关的标准和样本、消耗件和备品备件清单，以及设备组装、检验、安装、操作和维护的说明。

详细设计应能使有设计资质、有经验的公司完成设备制造和设备组装，同时详细设计也能使有资质、有经验技术人员开展整套设备的土建、电气和其他相关专业的设计、施工及安装工作。

(1) 绘制施工图文件　包括：①封面，内容有项目名称、设计人、审核人、单位技术负责人、设计单位名称、年月日等；②图纸目录，先列新绘制设计图纸，后列选用的本单位通用图、重复使用图；③首页，内容包括设计概况、设计说明及施工安装说明、设备表、主要材料表、工艺局部排风量表、图例；④立面图；⑤剖面图；⑥平面图；⑦系统图；⑧施工详图（即设备安装，零部件、罩子加工安装图，以及所选用的各种通用图和重复使用图）；⑨其他。

(2) 编制设计文件　设计文件应当包括：①设计说明书；②设计计算书（供内部使用）；③安装施工要领书；④运行操作说明书；⑤易损件明细表。

(3) 附属设施文件　附属设施应当按实际需要及有关规范的规定设置，包括：①卸灰阀的规格及数量；②输灰设施的规格及数量；③分气包的规格及数量；④强力喷吹装置的规格及数量；⑤电磁脉冲阀的规格及数量；⑥脉冲喷吹程序控制仪的规格及数量；⑦空气炮振动器的规格及数量；⑧储气罐及其控制设施的规格及数量；⑨检测设施的规格及数量；⑩其他。相关配件的设计按相关产品样本（说明书）规定计算。

三、设计注意事项

1. 设备环境

1）袋式除尘器的设置地点以室外居多，只有少数小型袋式除尘器设置在室内，应根据室内外设置情况，考虑采取何种电气系统及是否设立防雨棚。设在室内，还要考虑室内允许排放浓度。设置场所无论是在室内还是室外，或在高处，都需要进行安装前的勘测；对到达安装现场前所经路径、各处障碍以及装配过程中必须使用的起吊搬运机械等，都应事先做好设计和安排。

2）如果袋式除尘器是设在腐蚀性气体或有腐蚀性粉尘的环境中，应充分考虑袋式除尘器的结构材质和外表面的防腐涂层。对受海水影响的海岸和船上的情况，亦应考虑相应的涂装方案。

3）把袋式除尘器设置在高出地面 20～30m 的高处位置时，必须按其最大一面的垂直面、能充分承受强风时的风压冲击来设计。设在地震区的除尘器必须考虑地震烈度的影响。

4）使用压缩空气清灰的袋式除尘器以及使用气缸驱动的切换阀，由于压缩空气中的水分冻结会发生动作不灵，甚至无法运转。设计中应把压缩空气质量作出规定。同时需要考虑积雪处理措施。

5）大型袋式除尘器必须在现场组装，一般采用组合式的解体方式为好；小型袋式除尘器可以在制造厂装配好，再整机搬运到现场装上。

6）脉冲袋式除尘器更换滤袋都在除尘器顶部进行，如旧滤袋放置不当会因扬尘污染环境，设计中应考虑卸下滤袋的落袋管及地面放置场所。

2. 尘源工况

在袋式除尘器的设计中，必须应考虑尘源工况。若尘源机械在24h连续运转，而且无一日间断者，就必须做到能在设备运转过程中从事更换滤袋和进行其他维护检修工作。对于在短时间运转后必须停运一段时间的间歇式机械设备，则应充分利用停运期间开动清灰装置，以防滤袋堵塞。

在用袋式除尘器处理高湿气体中的吸湿性和潮解性粉尘时，应采用防水滤袋并设计防止结露的措施，以防止出现停运故障。

在尘源装置运转过程中，如果气体温度、粉尘浓度、粉尘性状发生周期性变化，这要求设计的参数应当以最高负荷为基础，否则将不适应过负荷条件下的正常运转。

3. 粉尘的性质

因为粉尘的各种性质对袋式除尘器的设计有很大的影响，所以对粉尘的一些特殊性质，需根据经验采取有效的设计措施。

（1）*附着性和凝聚性粉尘*　进入袋式除尘器的粉尘稍经凝聚就会使颗粒变大，堆积于滤袋表面的粉尘被抖落掉的过程中，也能继续进行凝聚。清灰效能和通过过滤布的粉尘量也与凝聚性和附着性有关。因此在设计时，对凝聚性和附着性非常显著的粉尘，或者对几乎没有凝聚性和附着性的粉尘，必须按粉尘的种类、用途的不同，根据经验采取不同的处理措施。

（2）*粒径分布*　粒径分布对袋式除尘器的主要影响是压力损失和磨损。粉尘中微细部分对压力损失的影响比较大，因此，表示粒度分布的方法要便于了解微细部分的组成。粗颗粒粉尘对滤袋和装置的磨损起决定性作用，但是只有入口含尘浓度高和硬度大的粉尘，其影响才比较大。

（3）*粒子形状*　一般认为，针状结晶粒子和薄片状粒子容易堵塞滤布的孔隙，影响除尘效率，实际上究竟有多大影响还不十分明了。所以，除了极特殊的形状以外，设计袋式除尘器时，对此不必详加考虑。例如，能够凝聚成絮状物的纤维状粒子，如采取很高的过滤速度，就很难从滤袋表面脱落，虽然脉冲除尘器属于外滤方式，滤袋的间距也必须加大。

（4）*粒子的密度*　粒子的密度对设计袋式除尘器的关系并不大，因为出口浓度要求用mg/m^3表示，所以像铅和铅氧化物等密度特别大的粉尘，若用计重标准表示出口浓度时则应加以注意。

粉尘的堆积密度与粉尘的粒径分布、凝聚性、附着性有关，也与袋式除尘器的压力损失与过滤面积的大小有关。堆积密度越小，清灰越困难，从而使袋式除尘器的压力损失增大，这时必须考虑较大的过滤面积。

此外，粉尘的堆积密度对设计除尘器排灰装置能力至关重要。

（5）*吸湿性和潮解性粉尘*　吸湿性和潮解性的粉尘，在袋式除尘器运转过程中，极易在滤布表面上吸湿而固化，或因遇水潮解而成为稠状物，造成清灰困难、压力损失增大，以致影响袋式除尘器正常运转。例如，对KCl、$MgCl_2$、NaCl、CaO等强潮解性物质的粉尘有必要采取相应的对策。

（6）*荷电性粉尘*　容易荷电的粉尘在滤布上一旦产生静电就不易清落，所以，确定过滤速度时，原则上要以同一粉尘在类似工程实践的使用经验为根据。

对非容易带电的粉尘，虽然也有使用导电滤布的，但效果究竟如何，尚未得到定量的确认。但是在粉尘有可能发生爆炸的情况下，即使清灰没有问题，也应在箱体设计、配件选取等方面采取防止静电的措施，以免因静电发生的火花而引起爆炸。

(7) 爆炸性和可燃性粉尘　处理有爆炸可能的含尘空气时，设计要十分小心。爆炸性粉尘均有其爆炸界限。袋式除尘器内粉尘浓度是浓稀不均匀的，浓度超过爆炸界限的情况完全可能出现，这时遇有火源就会发生爆炸。这种事例屡见报道。

对于可燃性粉尘，虽然不一定都引起爆炸，但如果在除尘器以前的工艺流程中出现火花，且能进入袋式除尘器内时，就应采用防爆安全措施。

4. 入口气体含尘浓度

入口气体含尘浓度以 mg/m^3 或 g/m^3 表示，但在气力输送装置的场合，不用浓度表示，而采用每小时输送量为若干千克（kg/h）的方法表示。

入口含尘浓度对袋式除尘器设计的影响有以下 4 项。

(1) 压力损失和清灰周期　入口含尘浓度增大，同一过滤面积上的损失也随之增加，其结果不得不缩短清灰周期，这是设备设计中必须考虑的。

(2) 滤布和箱体的磨损　在粉尘具有强磨损性的情况下，可以认为磨损量与含尘浓度成正比。铝粉、硅砂粉等硬度高且粒度粗的粉尘，当入口含尘浓度较高时，由于滤袋和壳体等容易磨损，有可能造成事故，所以应予以密切注意。

(3) 预除尘器　在入口含尘浓度很高的情况下，应考虑设置预除尘器。但有经验的设计师往往会改变袋式除尘器的型式而不是首先设置预除尘器。工程上有入口含尘浓度在每立方米数百克而不设预除尘器的实例。

(4) 排灰装置　排灰能力是以能否排出全部除下的粉尘为标准，其必须排出的粉尘量等于入口含尘浓度乘以处理风量，排灰量变化时要考虑排灰装置的适应能力。

5. 气体成分

在除尘工程中，许多工况的烟气中多含有水分。随着烟气气体中水分量的增加，袋式除尘器的设备阻力和风机能耗也随之变化。这虽然和处理温度有关，但露点的高低也成为与设计袋式除尘器有关的重要因素。

含尘空气中的含水量，可以通过实测来确定；也可以根据燃烧、冷却的物质平衡进行计算。空气中含水量的表示方法如下：①体积分数（%）；②绝对湿度，即 1kg 干空气的含湿量，以 H（kg/kg）表示；③相对湿度，以 $\varphi=\frac{p}{p_s}\times100\%$表示；④水分总量，以每小时若干千克水（kg/h）来表示。

除特殊情况外，袋式除尘器所处理的气体，多半是空气或窑炉的烟气。通常情况下，袋式除尘器的设计按处理空气来计算，只有在密度、黏度、热容等参数有关的风机动力性能和管道阻力的计算及冷却装置的设计时才考虑气体的成分。

此外，有无腐蚀性气体是决定滤布和除尘器壳体的材质以及防腐方法等的选择时必须考虑的因素。在袋式除尘器所处理的含尘空气组成中，存在有害气体，一般是微量的，所以对装置的性能没有多大的影响。不过在处理含有害气体的含尘空气时，袋式除尘器必须采取不漏气的结构措施，而且要经常维护，定期检修，避免泄漏有害、有毒气体，造成安全事故。

6. 处理风量

在袋式除尘器的设计中，小型除尘器处理风量只有每小时几立方米，大中型除尘器风量可达每小时上百万立方米，所以确定处理风量是最重要的因素。一般情况下，袋式除尘器的尺寸与处理风量成正比。设计时的注意事项有以下 5 点。

1）风量单位用 m^3/min、m^3/h 表示，但一定要注意除尘器使用场所及烟气温度，高温气体多含有大量的水分，故风量不是按干空气而是按湿空气量表示的，其中水分则以体积分数表示。

2）因为袋式除尘器的性能取决于湿空气的实际过滤风速，因此，如果袋式除尘器的处理温度已经确定，而气体的冷却又采取稀释法时，那么这种温度下的袋式除尘器的处理风量还要加算稀释空气量。在求算所需过滤面积时，其滤速即实际过滤速度。

3）为适应尘源变化，除尘器设计中需要在正常风量之上加若干备用量时，可按最高风量设计袋式除尘器。如果袋式除尘器在超过规定的处理风量和过滤速度条件下运转，其压力损失将大幅度增加，滤布可能堵塞，除尘效率也要降低，甚至能成为其他故障频率急剧上升的原因。但是，如果备用风量过大，则会增加袋式除尘器的投资费用和运转费用。

4）由于尘源温度发生变化，袋式除尘器的处理风量也随之变化。但不应以尘源误操作和偶尔出现的故障来推算风量最大值。

5）处理风量一经确定，即可依据确定的过滤速度来决定所必需的过滤面积。过滤速度因袋式除尘器的型式、滤布的种类和生产操作工艺的不同而有很大差异。过滤速度的大小可以查阅相关资料或类似的生产工艺，根据经验加以推定。

7. 使用温度

脉冲袋式除尘器的使用温度是设计的重要依据，出现误差会酿成严重的后果。这是因为温度受下述 2 个条件所制约：①不同滤布材质所允许的最高承受温度（瞬间忍耐温度和长期运行温度）；②为防止结露，气体温度必须保持在露点以上，一般要在 30℃以上。

对于高温尘源，就必须将含尘气体冷却至滤布能承受的温度以下。处理高温气体所用的袋式除尘器，其投资费用颇高，而且空气冷却也需要经费。

高温气体应当按照生产工艺形成的温度、风量来决定冷却方法，并且考虑袋式除尘器的大小尺寸，制定出最经济的处理温度。普通温度的气体由于含有大量水分和硫的氧化物，不能冷却到最低温度，这是因为 SO_x 的酸露点较高。

袋式除尘器的处理温度与除尘效率的关系并不明显，多数情况下出口浓度是按 mg/m^3 来要求的，要注意到这与高温时以 g/m^3 计算的含尘浓度存在着很大差别。

在处理温度接近露点的高湿气体时，如果捕集的粉尘极易潮解，反而应该混入高温气体以降低气体的相对湿度。

8. 烟气的露点

气体中含有一定数量的水分和其他成分，通称烟气。当烟气温度下降至一定值时就会有一部分水蒸气冷凝成水滴形成结露现象。结露时的温度称作露点。高温烟气除含水分外，往往含有 SO_3 或其他酸性气体，这就使得露点显著提高，有时可提高到 100℃以上。因含有酸性气体而形成的露点称为酸露点。露点的出现给袋式除尘带来困难，它不仅使除尘效率降低，运行阻力上升，还会腐蚀结构材料，必须予以充分注意。

气体中水蒸气多时，水蒸气的分压力就高，所对应的饱和温度（即露点）也高；反之，空气中的水蒸气少时，水蒸气分压力就低，所以露点也低。露点可实测求得，也可用以下方法计算。

（1）根据含湿量求露点　根据气体的含湿量从图 2-3 和图 2-4 中可直接查得露点。

（2）根据焓-湿图（h-d 图）求露点　焓-湿图包括定焓线、定含湿量线、定温线、定相对湿度线以及水蒸气分压 p_s 与含湿量 d 的关系曲线 $p_s=f(d)$，如图 2-4 所示。

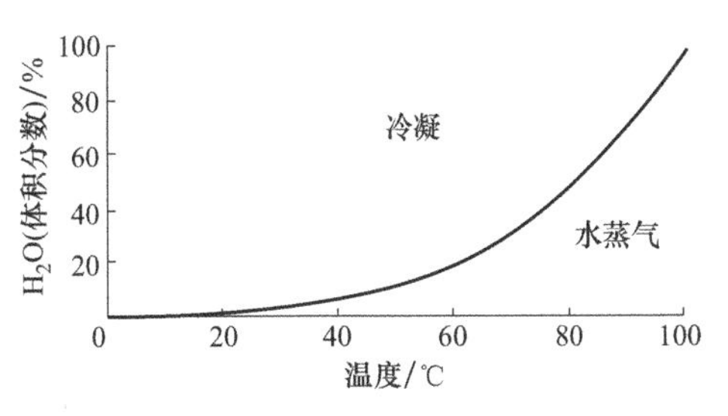

图 2-3　气体的 H_2O 与露点关系

从图 2-4 可以看出，定含湿量线是一组平行于纵坐标轴的直线：定焓线是一组相互平行与含湿量线 d 成 135°夹角的直线；定相对湿度线是一组上凸的曲线，其中饱和湿气体线（$\phi=100\%$）称为临界曲线。临界曲线将 h-d 图分为两部分，$\phi=100\%$以上为气体的未饱和区，$\phi=100\%$以下为气体的饱和区，表示水蒸气开始凝结为水。$\phi\geqslant100\%$表示进入雾区，$\phi=0$ 即 $d=0$ 时为干气体，含湿量线与纵坐标轴重合。从已知的状态点引垂线与 $\phi=100\%$曲线相交，交点处的温度即为露点。

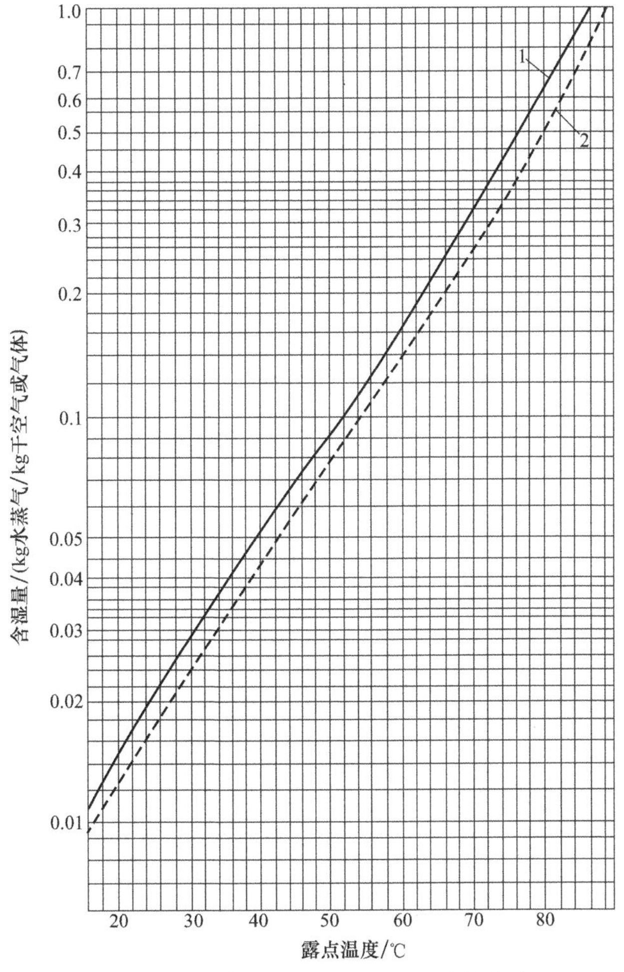

图 2-4　湿气体的露点温度和含湿量的关系

1—大气；2—含 30% CO_2 的干气体

【例 2-1】　已知湿气体 $\phi=80\%$，温度 $t=40$℃，应用 h-d 图求湿气体的含湿量 d 和露点 t_p。

解： 在图 2-5 中，$\phi=80\%$与$t=40$℃两条线相交，以此交点的横坐标d，即含湿量$d=38.6$g 水蒸气/kg 干气体，从交点向下作垂线与$\phi=100\%$曲线的交点即为露点t_p，$t_p=36$℃。

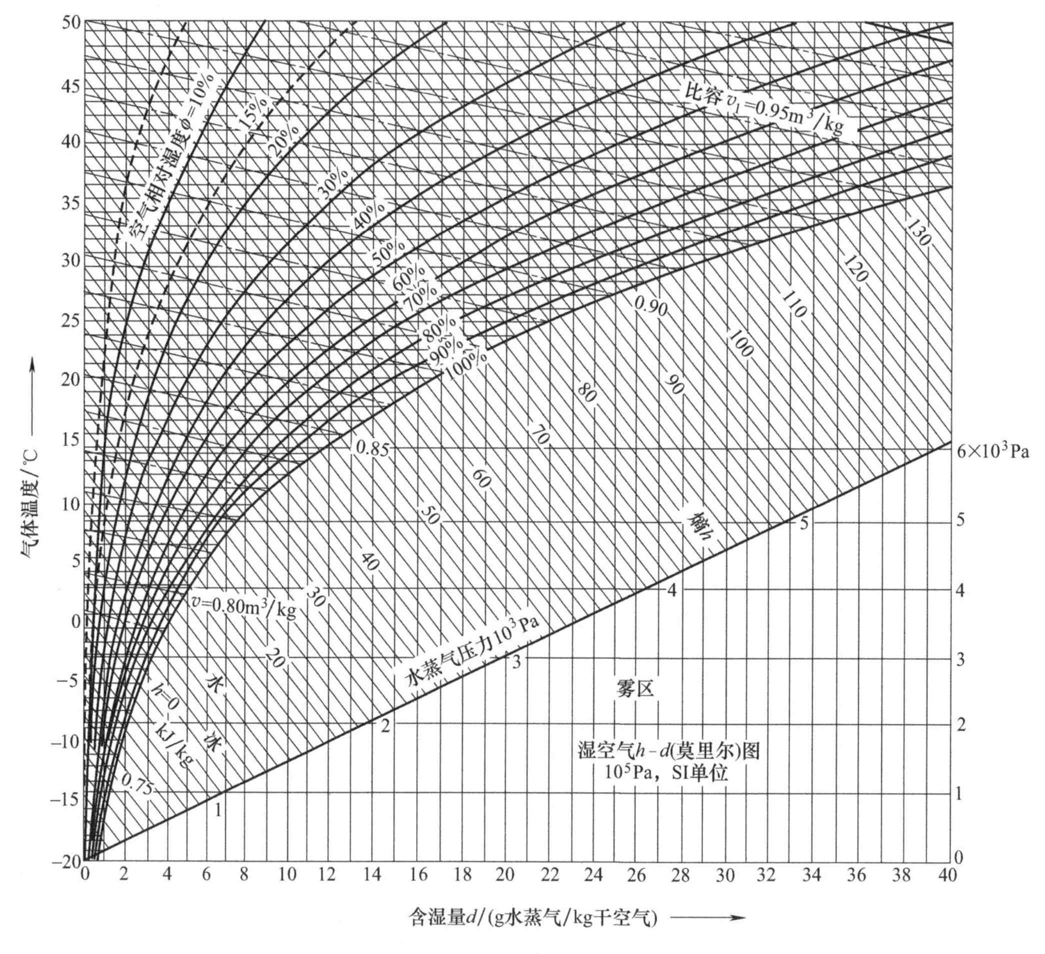

图 2-5 湿气体的含湿量（h-d 图）

（3）计算湿气体中含有 SO_3 的露点 当湿气体中含有 SO_2 时，只要有过剩氧存在，SO_2 将向 SO_3 转化，SO_3 占到百万分之几就会变成硫酸蒸汽，而使露点显著提高。气体含有水蒸气和 SO_3 的露点可由 A. H. bapaHoBa 公式求得，即

$$t_p=186+210\lg V_{H_2O}+26\lg V_{SO_3} \tag{2-1}$$

式中，t_p 为露点，℃；V_{H_2O}、V_{SO_3} 分别为气体中 H_2O、SO_3 的体积含量，%。

按式 2-1 绘制的列线图如图 2-5 所示。

【例 2-2】 湿气体中水蒸气体积浓度为 5%，SO_3 的浓度为 1.19/m³，已知设备的压力≈0.1MPa，试确定气体的露点。

解： 在图 2-6 中，将 SO_3 的浓度 1.19g/m³ 和水蒸气 5%（体积）的两点连直线，与露点温度标尺的交点，就得到露点 $t_p=161$℃。

应用图 2-6 时，烟气中水蒸气的含量很容易在燃料燃烧计算中获得，但是烟气中的硫酸含量的确定就比较困难。困难的原因是烟气中 SO_2 有多少转化为 SO_3 难以确定。

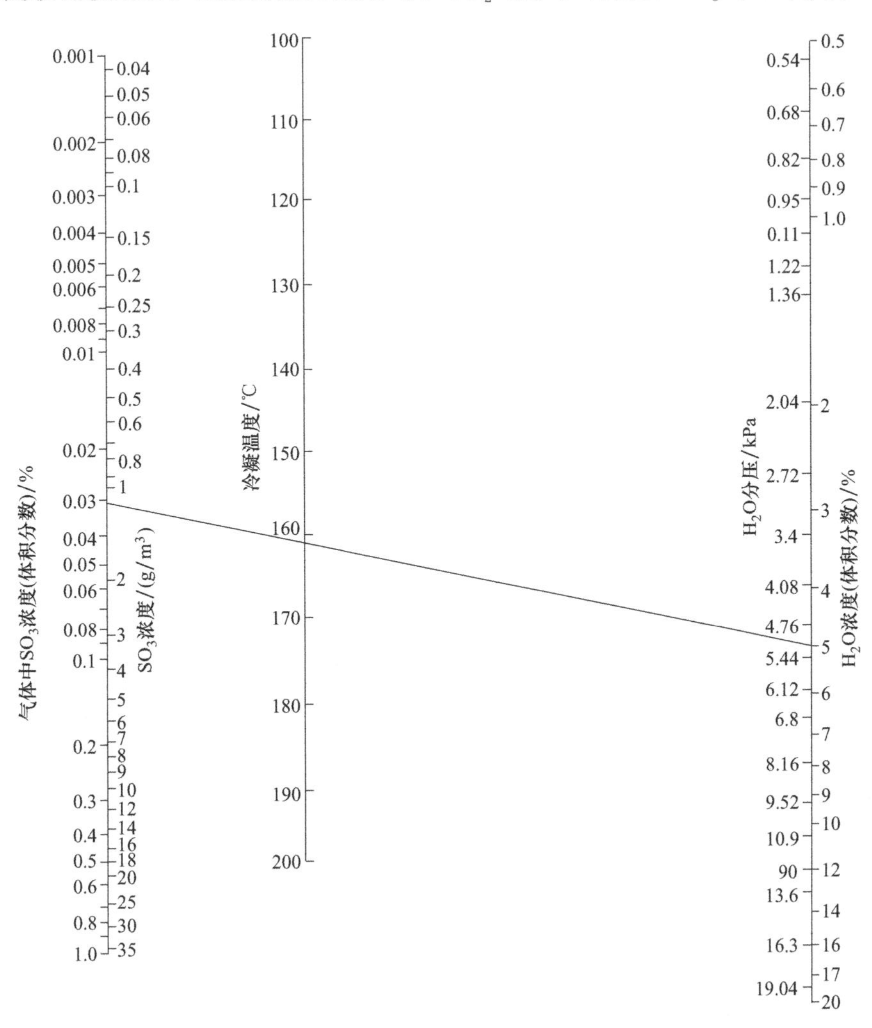

图 2-6 露点与气体中的水蒸气含量和 SO_3 含量的关系

(4) 燃煤锅炉烟气的露点 锅炉烟气中一般含有 5%～10%(体积分数)的水蒸气，其来源一部分是煤所含的结晶水以及煤所吸附的雨雾或人工加给煤的水，一部分是煤中的氢燃烧后生成的水，同时烟气中还含有硫氧化物(二氧化硫)，这是因为煤中的可燃硫燃烧时氧化成 SO_2 [一般情况下，燃烧含硫 1%(质量分数)的煤，在烟气中形成的 SO_2 约为 0.06%]，一部分 SO_2 又慢慢地与氧结合成 SO_3。通常烟气中 1%～2%的 SO_x 以三氧化硫的形态存在，98%～99%以二氧化硫的形态存在。SO_2 转化为 SO_3 的百分数视许多因素而定，如燃烧的火焰温度、燃烧时有多少氧、烟气中颗粒物的化学成分等。SO_3 和水有极大的亲和力，两者很容易结合成硫酸。气体中低浓度的硫酸就足以把酸露点提升到显著高于水露点的水平。

根据实际工业应用情况，《锅炉机组热力计算标准方法》(1973 年版)提供的燃煤锅炉烟气露点温度计算公式如下。

$$t_{\mathrm{s1d}}=\frac{\beta\sqrt[3]{S^{\mathrm{II}}}}{1.05^{(\alpha_{\mathrm{fh}}A^{\mathrm{II}})}}+t_{\mathrm{1d}} \tag{2-2}$$

$$S^{II}=\frac{4187S_{ar}}{Q_{ar,net}} \tag{2-3}$$

$$A^{II}=\frac{4187A_{ar}}{Q_{ar,net}} \tag{2-4}$$

$$t_{1d}=42.4332p_{H_2O}^{0.13434}-100.35 \tag{2-5}$$

$$p_{H_2O}=101325\times\frac{V_{H_2O}}{V_{gy}+V_{H_2O}} \tag{2-6}$$

$$V_{H_2O}=V_{H_2O}^0+0.0161(\alpha-1)V^0 \tag{2-7}$$

$$V_{gy}=V_{RO_2}+V_{N_2}^0+(\alpha-1)V^0 \tag{2-8}$$

式中，t_{sld} 为烟气酸露点温度，℃；β 为与炉膛过量空气系数有关的常数，一般取值 125；S^{II} 为燃料的折算硫分，%；A^{II} 为燃料的折算灰分，%；$Q_{ar,net}$ 为燃料的收到基低位发热值，kJ/kg；t_{1d} 为烟气中水蒸气露点温度，℃；p_{H_2O} 为烟气中水蒸气分压，Pa；V_{H_2O} 为烟气中总的水蒸气体积，m^3/kg（标准状态）；V_{gy} 为烟气中干烟气体积，m^3/kg（标准状态）；α_{fh} 为烟气中带走灰分的份额，即烟气飞灰中的灰分质量与总灰量的比值，一般煤粉锅炉取 0.9～0.95；A_{ar} 为燃料中收到基灰分的质量百分数含量，%；S_{ar} 为燃料中收到基硫分的质量百分数含量，%；$V_{H_2O}^0$ 为烟气中水蒸气体积，m^3/kg（标准状态）；V^0 为 1kg 煤完全燃烧所需的理论空气量，m^3/kg（标准状态）；V_{RO_2} 为燃烧烟气中 CO_2 和 SO_2 的体积，m^3/kg（标准状态）；$V_{N_2}^0$ 为随理论空气量 V^0 和燃烧代入的 N_2 体积，m^3/kg（标准状态）；α 为除尘器入口过量空气系数。

把式（2-3）～式（2-8）代入式（2-2）即可得到烟气酸露点值。

烟气酸露点与其滤料材质的选择关系密切，准确掌握酸露点温度，获取最大降温幅度，而又使运行温度控制在酸露点以上。

图 2-7 和图 2-8 是知道 SO_3 后可直接查得锅炉烟气酸露点图。一般来说，燃煤锅炉烟气的酸露点在 120℃左右，进入除尘器的烟气温度最好保持在超过露点 25℃左右。

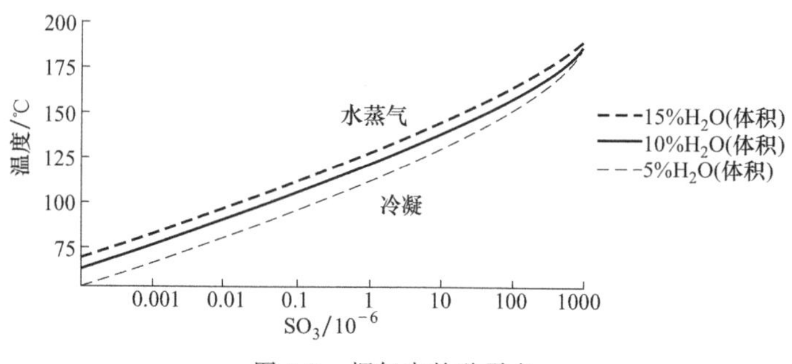

图 2-7　烟气中的酸露点

（5）**吸入冷空气后的露点**　吸入空气冷却高温气体，除能使高温气体的温度和风量发生变化外，还会影响气体的组成和气体的湿度。当空气的湿度低于被冷却气体的湿度，吸入空气后混合气体的湿度降低，相应气体的露点也随之降低。当吸入空气湿度很大时，也会提高被冷却气体的露点。所以吸入冷空气后露点需要计算。降低露点，有利于除尘器的工作，因为除尘器和管道被粉尘堵塞以及糊袋和被腐蚀的危险均会减少。

利用图 2-9，根据气体的最初露点（或含湿量）和空气吸入量（%），即可计算出混合气体的露点。

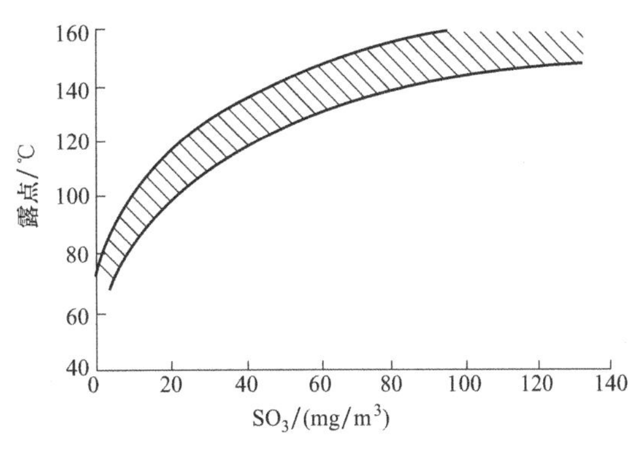

图 2-8 SO_3 浓度与酸露点

【例 2-3】 已知被冷却烟气最初的露点为 60℃；空气吸入量为 100%；空气的湿度为 15g/kg。求从 *A* 点到 15g/kg 曲线上 *B* 点的修正值和混合气体的露点。

解： ① 在图 2-9 右下部，从吸入空气 100%的 *A* 点向上引垂线与曲线相交于湿度为 15g/kg 的 *B* 点处，再向左引水平线与纵坐标相交于湿度 2.5g/kg 处，即得 *B* 点上的修正值为＋2.5g/kg。

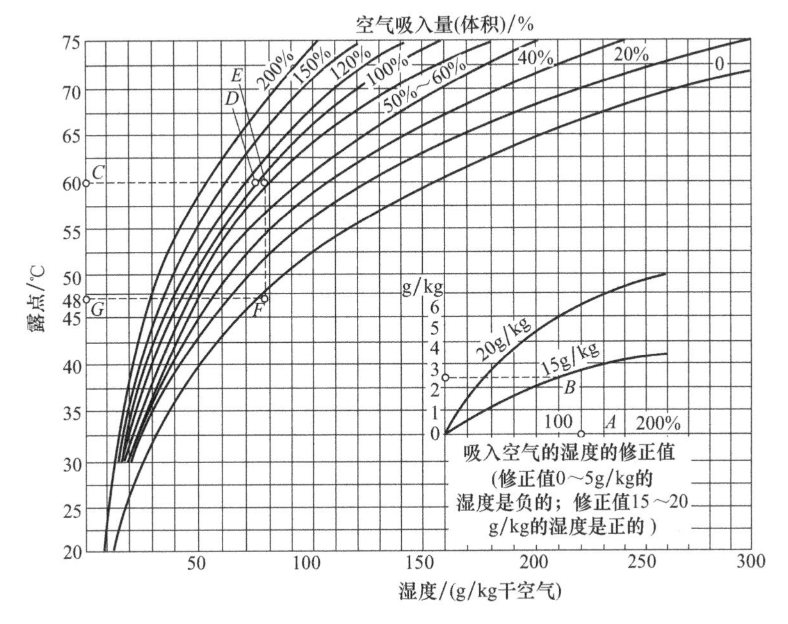

图 2-9 求解混合气体露点图

② 在图 2-9 中露点 60℃的 *C* 点处，向右引水平线与吸入空气量 100%的曲线相交于 *D* 点，把修正值加到 *D* 点上得到 *E* 点，从 *E* 点向下引垂线与 0 的曲线相交于 *F* 点，由 *F* 点向左引水平线与纵坐标轴露点相交与 *G* 点，该点的露点温度为 48℃，即得到所求的混合气体露点。

(6) 含有水蒸气和 HCl 气体的露点温度　含有水蒸气和 HCl 气体露点温度可从图 2-10 查出。

【例 2-4】 已知气体中水蒸气的分压 $p_{H_2O}=5.44\times10^3$Pa，$p_{HCl}=2.72\times10^3$Pa，要求出冷凝温度和冷凝液浓度。

解： 从纵坐标轴上 $p_{H_2O}=5.44\times10^3$Pa 的点引水平线与 $p_{HCl}=2.72\times10^3$Pa 的线相交于一点，交点盘的横坐标给出了冷凝温度值 50℃，由点 *d* 继续作垂线到点 *b* 与 $p_{HCl}=2.72\times10^3$Pa 的线相交（图 2-10 的上面部分），求得冷凝液浓度为 26.3%。

(7) 含有 H_2O 及 HF 气体的酸露点温度　含有 H_2O 及 HF 气体的露点温度可从图 2-11 中查得。

【例 2-5】 已知：水蒸气的分压力在气体中 $p_{H_2O}=8.16\times10^3$Pa；HF 的分压力 $p_{HF}=680$Pa。

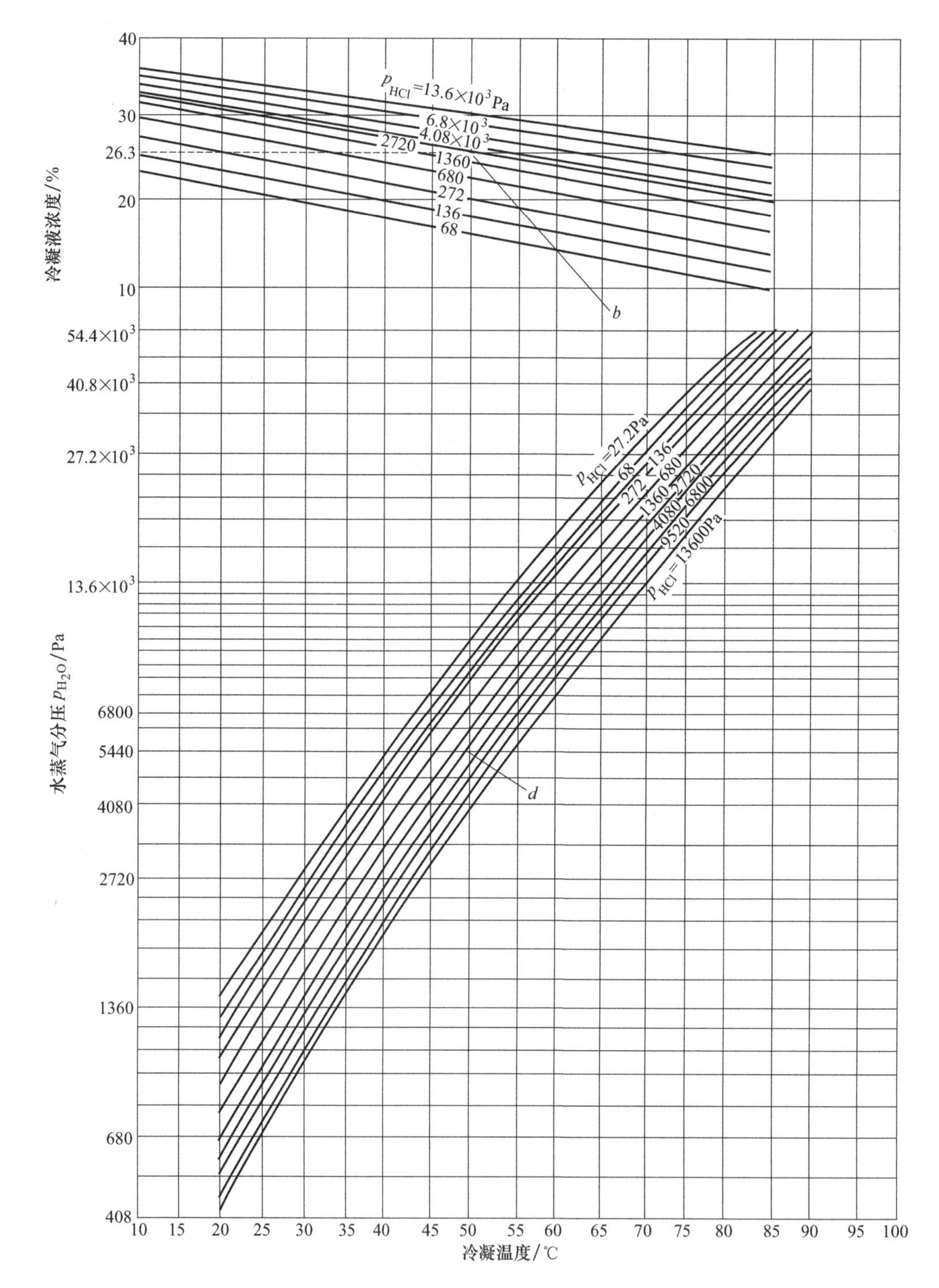

图 2-10 含有水蒸气和 HCl 气体露点温度列线图

求：气体的露点温度。

解： 由图 2-11 中查得：酸露点温度 $t_p \approx 49$℃；冷凝液的最初浓度约为 24%。

9. 压力损失和设备耐压力

(1) 压力损失　除尘器的压力损失有两种表示方法：一种是指具有除尘作用的装置本身及与之相连的管道和冷却器的压力损失的总和；另一种是指除尘器本身的压力损失。由于管

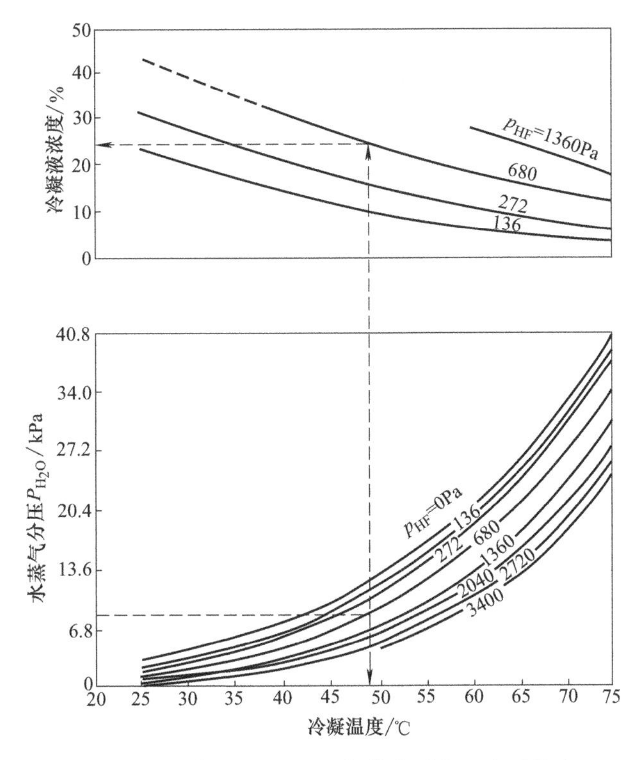

图 2-11　含有 H_2O 和 HF 气体的露点温度列线表

道布置千差万别，压力损失所受影响较多。所以，一般标准规定的压力损失只限除尘装置本身的阻力。

袋式除尘器的压力损失通常在 1000～2000Pa 之间。

仅从袋式除尘器本身来讲，如果它是在根据其形式所决定的压力损失范围内工作，那么，就认为它的技术性能和经济性能都是合适的。但是，压力损失的确定是按袋式除尘器前后装置及风机性能考虑的。就应允许压力损失有某种变动范围。当然，这时应对过滤面积、滤布种类以及清灰周期等做适当的调整。

（2）设备耐压力　袋式除尘器的耐压力是根据器前与器后装置和风机的静压及其位置而定。必须按照袋式除尘器正常使用的压力来确定外壳的设计耐压度。袋式除尘器、壳体的设计耐压度虽然也按正常运转时的静压计算，但是要考虑到出现错误操作所出现的风机最高静压。

作一般用途的袋式除尘器，其外壳的耐压度，正负压一起多为 4000～5000Pa。对于采用以罗茨鼓风机为动力的吸引型空气输送装置，其除尘器的设计耐压度为 15000～50000Pa 负压。

另外，某些特殊的处理过程，也有在数个大气压下运转的。要求较高耐压度的袋式除尘器，一般将其外壳制成圆筒形。

10. 尘源装置的运转状态

在袋式除尘器的设计中，必须考虑尘源装置的运转状态。例如，尘源有关机械若是昼夜连续运转，而且无一日间断者，就必须做到能在设备运转过程中从事更换滤袋和进行其他维护检修工作。反之，对于在短时间运转后必须停运一段时间的间歇式机械设备，则应充分利用停运期间开动清灰装置，以防滤布堵塞。

在用袋式除尘器处理高湿气体中的吸湿性和潮解性粉尘时，应预先设计好相应的防止结露和沾湿布袋的措施，以防出现停运故障。

在尘源装置运转过程中，如果气体温度、粉尘浓度、粉尘性状发生周期性变化，这就要求设计的参数应当以最高负荷为基础，否则将不适应过负荷条件下的正常运转。

袋式除尘器工艺设计

袋式除尘器工艺设计包括工艺布置、参数计算以及不同型式除尘器清灰装置设计和计算。

第一节　袋式除尘器工艺布置和参数计算

一、袋式除尘器型式

在各种的除尘器中，袋式除尘器是种类最多、应用最广泛的除尘设备。随着袋式除尘技术的不断提高和发展，袋式除尘器在大气污染治理中作用越来越重要，其中脉冲袋式除尘器的应用尤为重要和普遍。

通常袋式除尘器主要由箱体、框架、走梯、平台、清灰装置和控制系统组成。在除尘器设计中首先应选定袋式除尘器的型式，即选定清灰方式、滤袋形状、滤尘方向、压力方式、进出口位置等，通常可按表 3-1 进行组合。

表 3-1　袋式除尘器的型式

型　式	名　称	型　式	名　称
按清灰方式	机械式振打	按滤尘方向	内滤式
	逆气流清灰		外滤式
	脉冲喷吹清灰	按压力方式	吸出式(负压式)
	喷嘴反吹清灰		压入式(正压式)
按滤袋形状	圆形滤袋式	按进口位置	上进风式
	扇形滤袋式		下进风式
	菱形滤袋式		中间进风式

袋式除尘器按滤袋的清灰方式通常分为振动式、反吹风式、脉冲喷吹式和复合式四种，如图 3-1 所示。

二、袋式除尘器布置

(1) 除尘设备要针对具体的使用工况，进行除尘器布置

1) 除尘器本体的占地面积可用下式进行估算：

$$S = kn\phi^2 \tag{3-1}$$

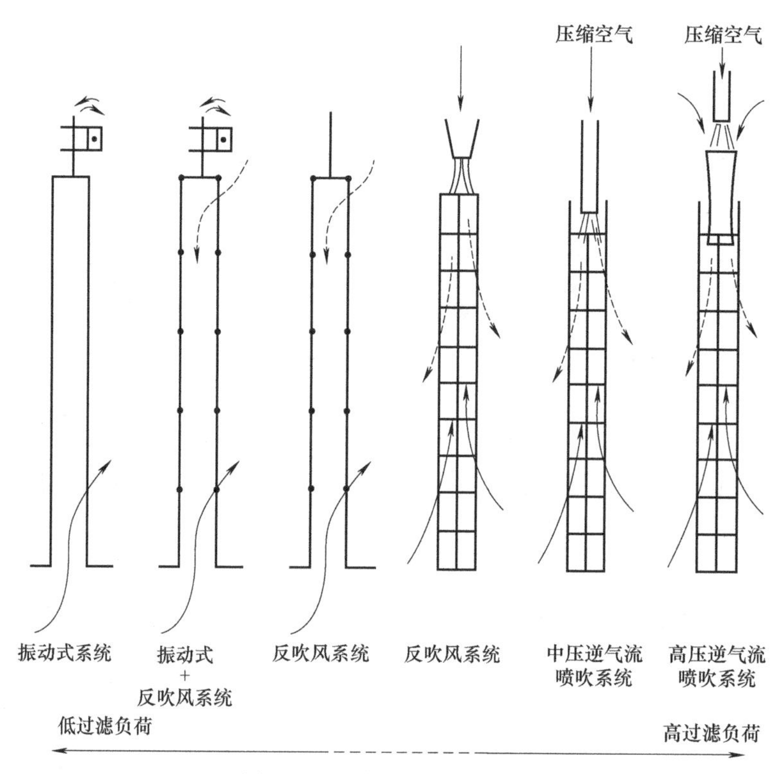

图 3-1 不同形式的清灰方式

式中，S 为除尘器本体占地面积，m^2；k 为系数，一般取值 3～5，其大小与除尘器大小有关，除尘器大，k 值小；n 为滤袋数量，条；ϕ 为每条滤袋直径，m。

根据用户的场地情况确定除尘器的高度，而确定除尘器高度，一要考虑足够更换滤袋的空间，二要考虑灰斗排灰装置的空间，以便使排灰系统有足够的位置。

2）根据平面位置情况，要尽可能使清灰装置发挥能力，也就是说要合理选择一个单元清灰装置所配的滤袋面积、滤袋的长度和滤袋的数量。

3）箱体的上升流速设计，设计中要充分留足流体上升的方向和速度，对磨损性强的粉尘，上升速度要低些。

4）灰斗的落灰功能和灰斗的气流设计，包括气流组织均匀，除尘器灰斗大小分割合理，除尘器灰斗壁板倾斜角度小于安息角，灰斗密闭性能好，配备灰斗清堵空气炮或振打装置以不产生灰堵为前提等。

5）除尘器花板孔中心距滤袋间距设计要合理。振动清灰和反吹清灰时滤袋间距一般不小于 80mm，脉冲清灰时滤袋间距一般取 0.5 倍滤袋直径，最少不小于 40mm。

6）除尘器的滤袋更换方便及除尘器检修门密封要良好。

7）除尘器气包及其清灰系统结构设计要有成功案例。

8）除尘器壳体要全面考虑壳体材质、厚度，壳体加强筋方式，壳体防腐措施，壳体抗结露方法，壳体保温措施等。

（2）除尘器卸灰阀　除尘器灰斗用哪一种卸灰阀是袋式除尘器设计的一个要点，反吹风清灰的袋式除尘器灰斗一定要配双层卸灰阀，脉冲除尘器往往采用星形卸灰阀，但实际使用常出现星形卸灰阀容易损坏的情况，特别是对于细粉尘和琢磨性强的粉尘，还有间歇排灰的情况，容易产生漏风和损坏。有些行业还采用风动溜槽及密封箱来取代星形卸灰阀，但不适用于大型袋式除尘器。

三、袋式除尘器箱体设计

1. 设计要点

1）袋式除尘器的箱体结构主要包括箱体（净气室、尘气室、灰斗）、过滤元件（滤袋和滤袋框架）、清灰装置、卸灰和输灰装置、安全检修设施。

2）规格较小的袋式除尘器根据运输条件的许可，把箱体、灰斗等制作成整体发运；在现场进行组装的大、中型袋式除尘器，应在制造厂将主要零部件加工成符合公路及铁路运输限定尺寸的单元，并经过标识和包装，再运往现场。

3）一般大型的袋式除尘器的壳体钢结构外壳可以采用标准模块设计，每个仓室都是一个独立的过滤单元体。可以设计成标准型和用户型两种类型：在工厂组装成单元箱体，再运往现场，称为标准型；在工厂将壳体等主要零部件制造完后，在现场进行组装，称为用户型。

2. 箱体形式

依滤袋布置不同，滤袋室有方形滤袋室布置、圆形滤袋室布置、矩形滤袋室布置和塔形滤袋室布置等，分别如图 3-2～图 3-5 所示。

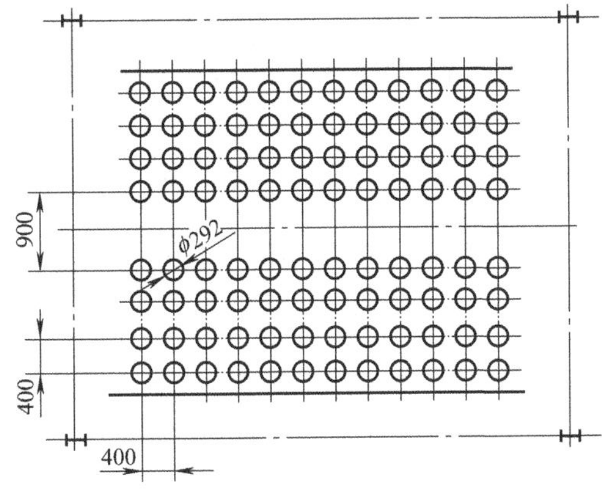

图 3-2 方形滤袋室布置（单位：mm）

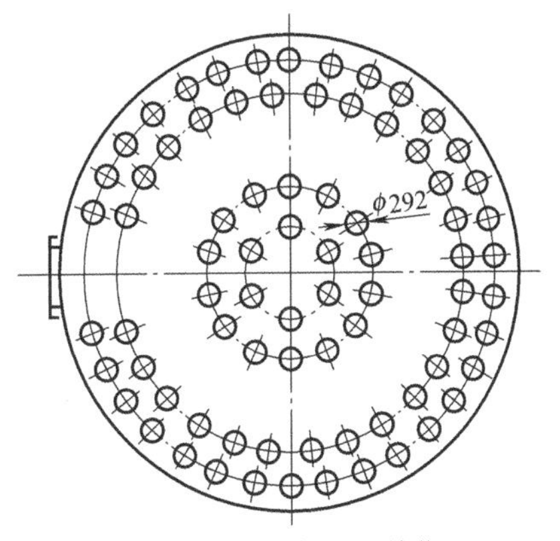

图 3-3 圆形滤袋室布置（单位：mm）

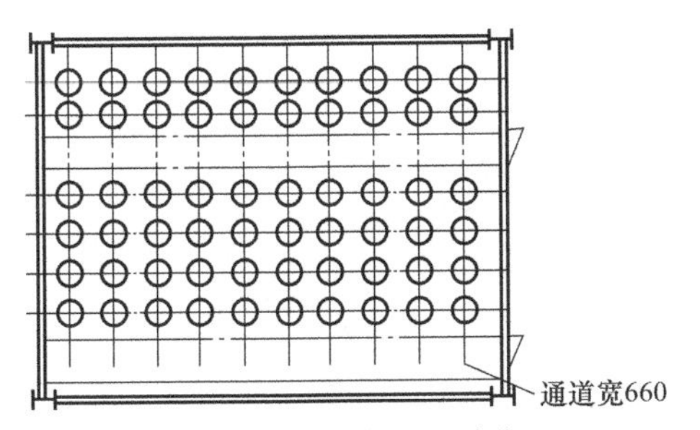

图 3-4 矩形滤袋室布置（单位：mm）

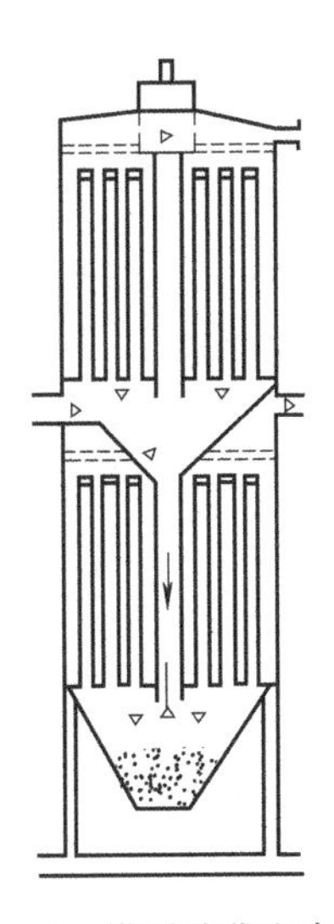

图 3-5 塔形滤袋室布置

3. 设计注意事项

1）箱体的耐压强度应能承受系统压力，一般情况下，负压按引风机铭牌全压的1.2倍来计取，按＋6000Pa进行耐压强度校核。

2）检修门的布置以路径便捷、检修方便为原则。花板的厚度一般不小于5mm，并在加强后应能承受两面压差、滤袋自重和最大粉尘负荷。大型袋式除尘器的花板设计一定要考虑热变形问题。花板边部袋孔中心与箱体侧板的距离应大于孔径。净气室的断面风速取值以4～6m/s为宜，<4m/s最佳。

3）袋式除尘器结构、支柱和基础设计应考虑恒载、活载、风载、雪载、检修荷载和地震荷载，并按危险组合进行设计。

4）大型高温袋式除尘器在设计中必须考虑整体热应力的消除，以及材料的膨胀变形等问题。

四、袋式除尘器灰斗设计

1. 灰斗设计要点

主要包括：①灰斗的耐压强度应按满负荷工况下风机全压的120%设计，并能长期承受系统压力和积灰的重量，灰斗的容积应考虑输灰设备卸灰间隔时间内的储灰量；②除单机袋式除尘器外，灰斗应设置检修门；③卸灰阀与灰斗之间应装手动插板阀；④处理易结露烟气或捕集黏性较大的粉尘时，宜在灰斗设料位计、伴热和保温装置、破拱装置；⑤宜采取措施防止滤袋脱落时堵塞卸灰口，损坏卸灰设备；⑥灰斗料位计与破拱装置不宜设置在同一侧面；⑦卸灰设备应符合机电产品技术条件，满足最大卸灰量和确保灰斗锁气的要求，避免粉尘外逸。

2. 灰斗形式设计

除尘器灰斗的形式有锥形灰斗、船形灰斗、平底灰斗、抽屉式灰斗及无灰斗除尘器几种。

（1）锥形灰斗（见图3-6） 锥形灰斗是袋式除尘器最常用的一种灰斗。

锥形灰斗的锥角应根据处理粉尘的安息角决定，一般不小于55°，常用60°，最大为70°。

锥形灰斗的壁应采用5～6mm的钢板。

（2）船形灰斗（见图3-7） 一般除尘器多室合用一个灰斗时，可采用船形灰斗，有时单室灰斗为降低灰斗高度，也会采用船形灰斗。

船形灰斗一般具有以下特点：

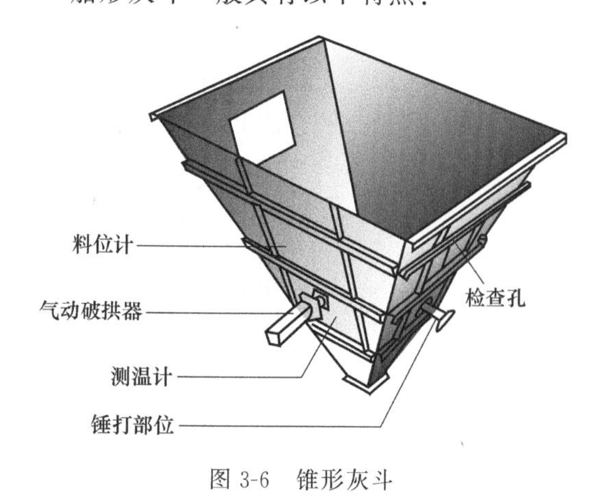

图3-6 锥形灰斗

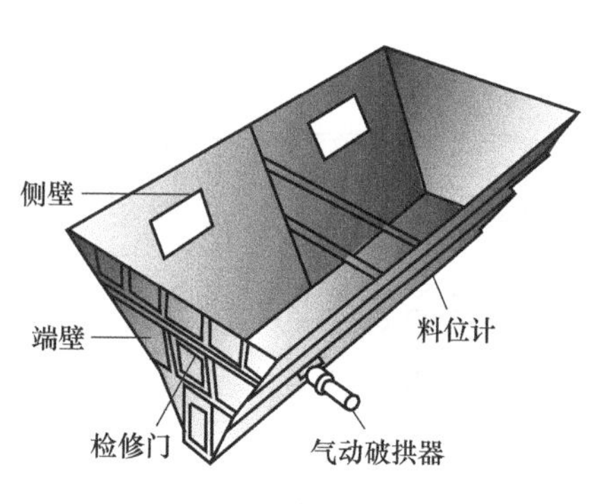

图3-7 船形灰斗

①船形灰斗与锥形灰斗相比，高度较矮；②船形灰斗的侧壁倾角较大，与锥形灰斗相比它不容易搭桥、堵塞；③船形灰头底部通常设有螺旋输送机或刮板输送机，并在端部设置卸灰阀卸灰，也有配套空气斜槽进行气力输灰。

(3) 平底灰斗（见图 3-8）　平底灰斗一般用于安装在车间内高度受到一定限制的除尘器上。

平底灰斗一般具有以下特点：①平底灰斗可降低除尘器的高度；②平底灰斗的底部设有回转形的平刮板机，它可将灰斗内的灰尘刮到卸灰口，然后通过卸灰阀排出；③平底灰斗的平刮板机转速一般采用 47r/min。

(4) 抽屉式灰斗（见图 3-9）　抽屉式灰斗一般用于小型除尘机组的袋滤器，灰尘落入抽屉（或桶）内定期由人工进行清理。

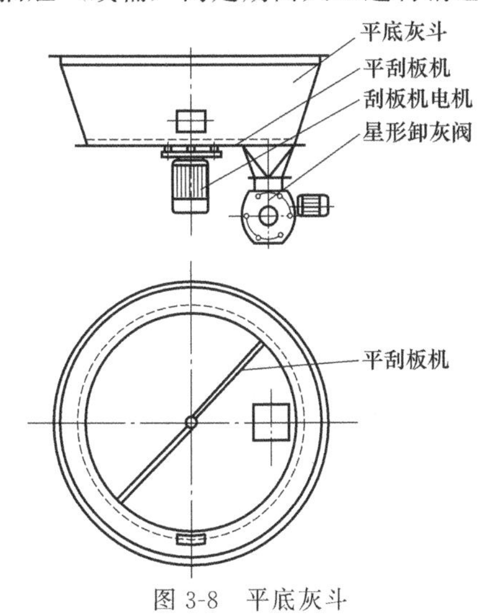

图 3-8　平底灰斗

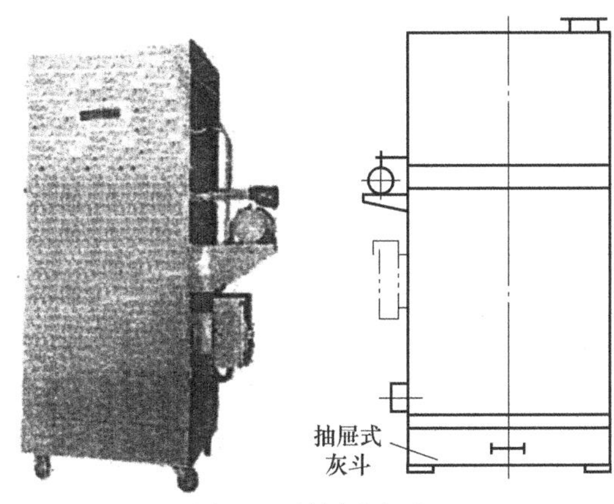

图 3-9　抽屉式灰斗

(5) 无灰斗除尘器（见图 3-10）　一般仓顶除尘器及扬尘设备的就地除尘用的除尘器可不设灰斗，除尘器箱体可直接坐落在料仓顶盖或扬尘设备的密闭罩上。

常用的仓顶除尘器有振打式袋式除尘器、脉冲袋式除尘器及回转反吹扁袋除尘器等类型。

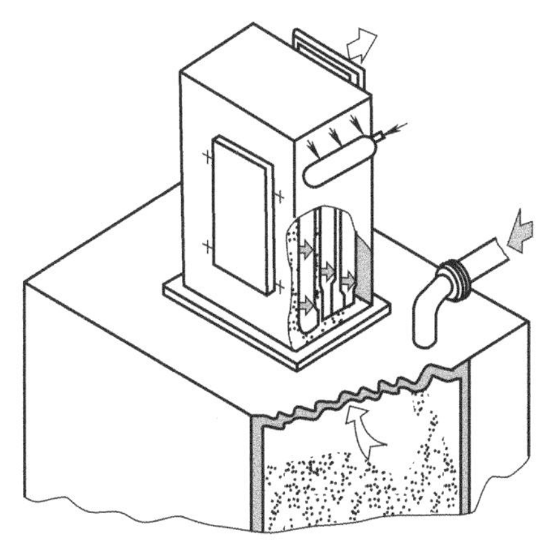

图 3-10　无灰斗除尘器

3. 灰斗设计注意事项

① 灰斗壁板一般用 6mm 钢板制作。

② 灰斗强度应能满足气流压力、风负荷以及当地的地震要求。

③ 为确保除尘器的密封性，不宜将灰斗内的灰尘完全排空，以免造成室外空气通过灰斗下部的排灰口吸入，影响除尘器的净化效率。一般在灰斗下部排灰口以上，应留有一定高度的灰封（即灰尘层），以保证除尘器排出口的气密性。

灰斗灰封的高度（H，mm）可按下式计算：

$$H=\frac{0.1\Delta p}{\Gamma}+100 \tag{3-2}$$

式中，Δp 为除尘器内排出口处与大气之间的压差（绝对值），Pa；Γ 为粉尘的堆积密度，g/cm^3。

④ 灰斗的有效储灰容积应不小于 8h 运行的捕灰量。

五、除尘器进风方式设计

1. 灰斗进风设计

(1) 灰斗进风的特征　灰斗进风是袋式除尘器最常用的一种进风方式，通常反吹风清灰、振动清灰及脉冲清灰袋式除尘器的含尘气流，都是采用从滤袋底部灰斗进入。

灰斗进风的主要特点为：①结构简单；②灰斗容积大，可使进入的高速气流分散，使大颗粒粉尘在灰斗内沉降，起到预除尘作用；③灰斗容积大，有条件设置气流均布装置，以减少进入气流的偏流。

(2) 灰斗进风导流板　归纳灰斗导流板的形式目前主要有 3 种：①栅格导流板（见图 3-11)，主要是在进风口加挡板或是由百叶窗组成挡板；②梯形导流板（见图 3-12)，起到改变气流方向，使流场在除尘器内部分布均匀的作用；③斜板导流板（见图 3-13)，除了改变气流方向、使流场分布均匀以外，还能使气流上升过程有个缓冲。

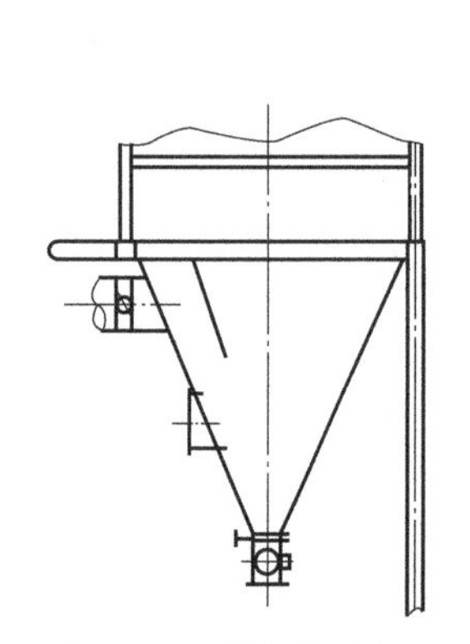
图 3-11　栅格导流板

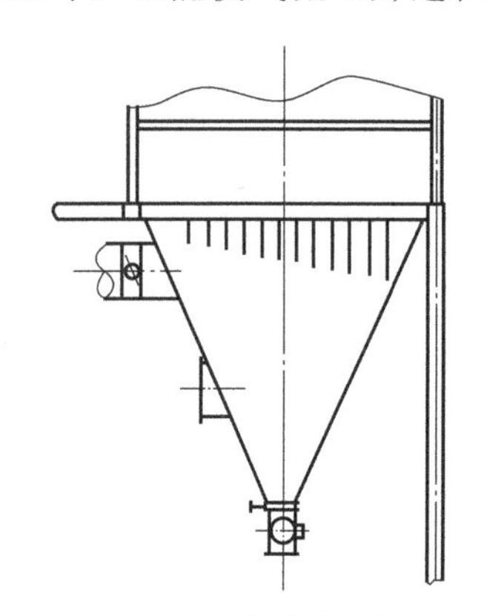
图 3-12　梯形导流板

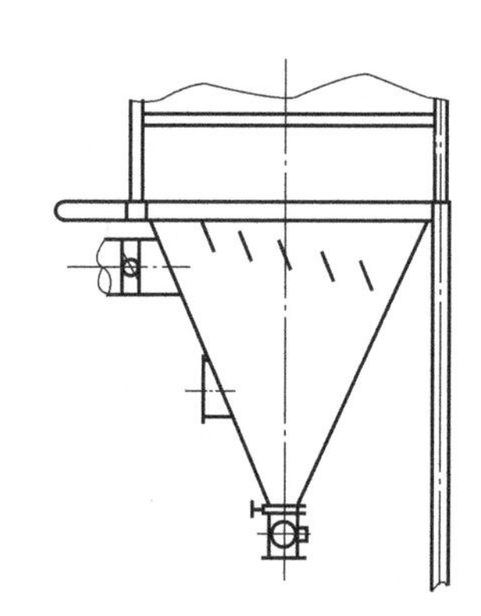
图 3-13　斜板导流板

对灰斗进气的除尘器用以上 3 种灰斗导流板进行试验，试验结果表明：当除尘器未加装气流均布装置时，内部气流分布相当不均匀，气流进入箱体后直接冲刷到除尘器后壁，在后壁的作用下，大部分气流沿器壁向上进入布袋室，这样就导致了在除尘器内部、后部的气流速度明显高于其他部分的气流速度，导致后部滤袋负荷过大容易损坏，即上升气流不匀，后部滤袋负荷大，并受到气流冲刷；而前部滤袋负荷小，造成局部少数滤袋受损，寿命大打折扣，这样不利于除尘器长期稳定达标。安装导流板后，除尘器内部的流场得到了显著均化。测试最优的情况下，斜板导流板比梯形导流板阻力降低 27%，比栅格导流板阻力更是降低 33%，而且该种形式的导流板加工安装方便，成本低。

(3) 防磨除尘器入口设计　除尘器入口是除尘器本体中最易磨损的部位，因此对磨琢性强的粉尘，宜采取特殊措施。通常将入口做成下倾状，使粗粒尘顺势沉降，并可在底板敷贴耐磨衬，如图 3-14 (a)、(b) 所示；也可在水平入口设多孔板或阶梯栅状均流缓冲装置，如图 3-14 (c) 所示。

2. 箱体进风设计

(1) 箱体底部进风的特点　包括：①气流从除尘器箱体下部侧向进入滤袋室，进口处应设有挡风板，以避免冲刷滤袋，影响滤袋的寿命；②由于挡风板的作用，气流向上流动进入滤袋室上部，再向下流动，使气流在滤袋室内分布均匀；③气流进入滤袋室后，向下流动的

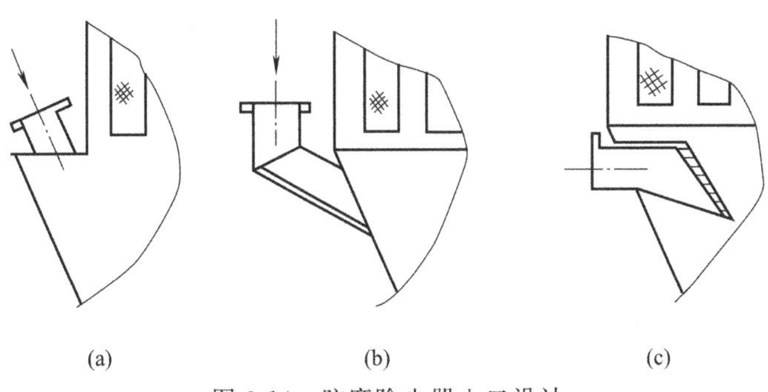

图 3-14 防磨除尘器入口设计

气流中的粗颗粒粉尘沉降落入灰斗，具有一定的预除尘作用，减轻了滤袋的过滤负荷，一般适用于高浓度烟气除尘；④由于挡风板占据滤袋室一定空间，影响了除尘器的结构大小及设备重量。

（2）箱体进风方式

① 箱体底部进风如图 3-15 所示。

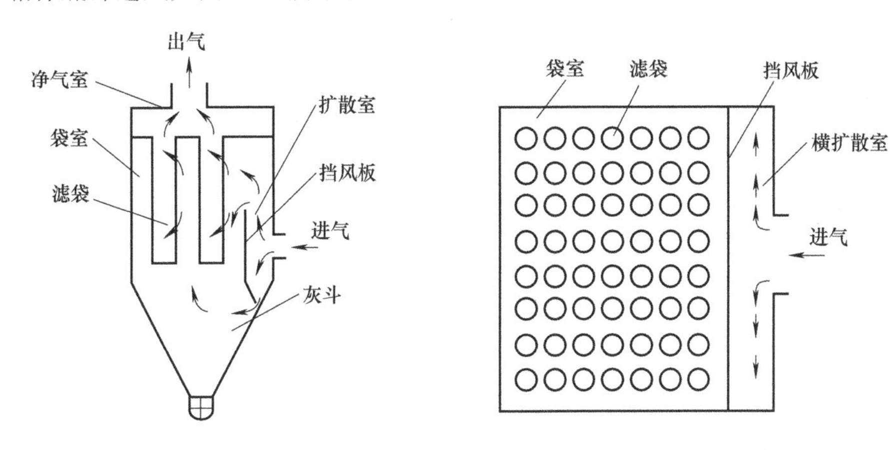

图 3-15 箱体底部进风

② 箱体中部进风如图 3-16 所示。

③ 圆筒形箱体的旋风式进风如图 3-17 所示。

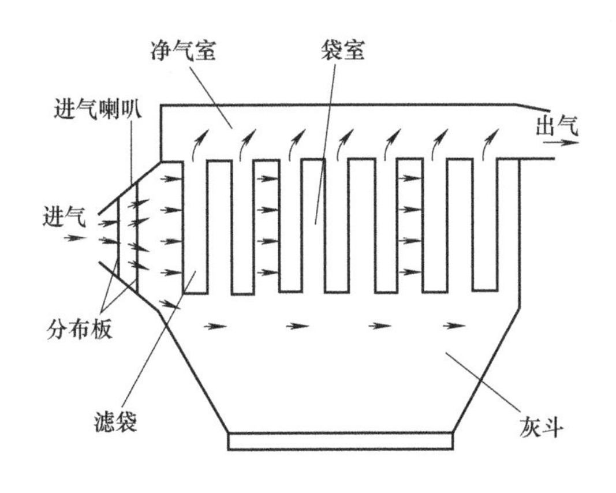

图 3-16 箱体中部进风

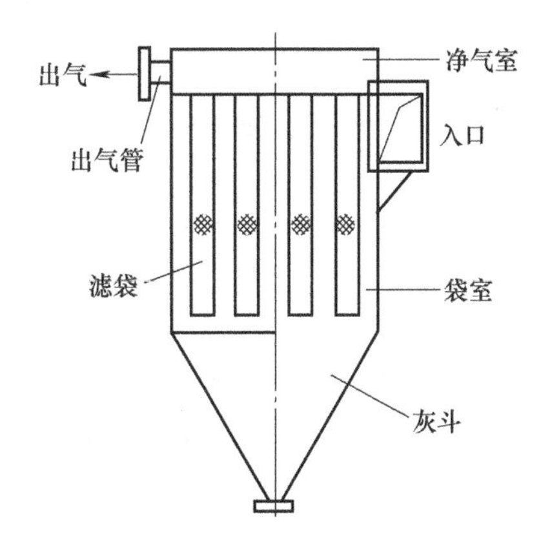

图 3-17 圆筒形箱体的旋风式进风

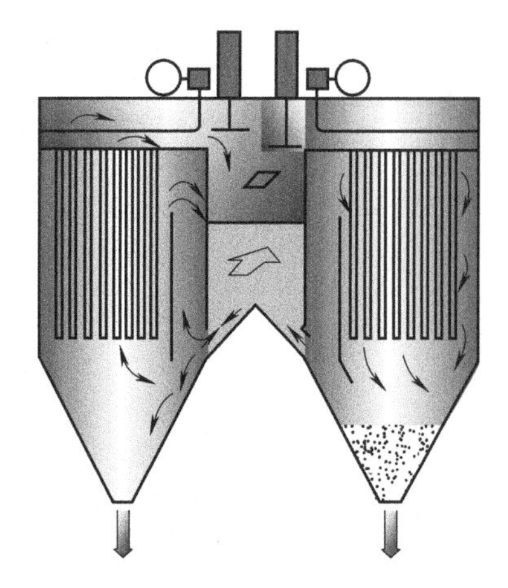

图 3-18　箱体与灰斗结合式进风

④ 箱体与灰斗结合式进风如图 3-18 所示。

六、进风总管设计

1. 进风总管配置

大型除尘设备进风总管配置关系到除尘设备的气流分布，各过滤袋室阻力是否均匀，如果仅仅是简单的并联，往往受粉尘的惯性作用，出现沿气流方向进入后端过滤袋室比前端过滤袋室粉尘浓度大的现象。如果采用风管调节阀，对于磨琢性强的粉尘，运行中很容易造成阀板磨损，从而起不到调节风量的作用。为了解决进风总管风量分配问题，推荐采用降低总管风速（<12m/s）和设特殊导流装置，减小粉尘的惯性作用，有利于气流均匀分布，同时采用防积灰进风支管措施，避免粉尘沉积。因此，除尘器总管风量分配应依据除尘器入风气流分布模拟实验报告进行，同时在除尘器各箱体入风管道要装设可调节的风量阀门，在除尘器各箱体出风管安装离线阀门。

2. 进风总管的结构形式

烟道总管有喇叭型斜坡进气口烟道、带有挡流板喇叭型斜坡进气口烟道和台阶式进气口烟道几种形式，如图 3-19 所示。

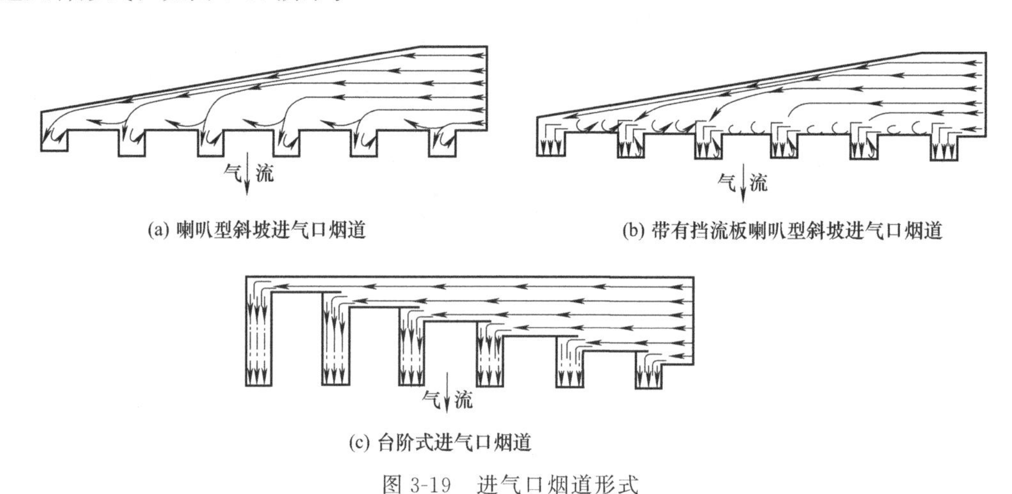

图 3-19　进气口烟道形式

3. 进气总管设计要求

在多室组合的袋式除尘器中，为将烟气均匀地分配至各室，烟道总管的设计应满足以下要求：①使系统的机械压力降最小；②使各室之间的烟气及灰尘分布达到平衡；③使灰尘在进口烟道里的沉降达到最小。

七、走梯平台设计

走梯平台是为工作人员通行、维护、检修相关设备所提供的高于相对基准面的通道及水平场所，使相关人员能安全方便地到达设备和管道部件的各个操作、检查地点，并满足运行、维护和检修的需要。

走梯平台往往不受设计者的重视，但是它对袋式除尘器的操作维护至关重要。一般情况下，走梯斜度应按45°设计，最大角度不大于60°，并尽可能少用直爬梯。除尘器的平台有钢格板、钢板网和花纹钢板。设计要点在于选对厚度，而不在于用哪种材料。走梯平台的栏杆应符合国家标准和用户的特殊要求。

走梯平台的设置应符合人体工程学原理，其最基本的要求是保证安全，兼顾舒适和美观。因此，走梯平台的设计必须严格按照国家标准和行业标准的要求，主要标准如下：①GB 4053.1—2009《固定式钢梯及平台安全要求　第1部分：钢直梯》；②GB 4053.2—2009《固定式钢梯及平台安全要求　第2部分：钢斜梯》；③GB 4053.3—2009《固定式钢梯及平台安全要求　第3部分：工业防护栏杆及钢平台》；④YB/T 4001.1—2007《钢格栅板及配套件　第1部分：钢格栅板》。

八、主要技术参数设计计算

在设计袋式除尘器过程中要计算的主要技术参数包括过滤面积、滤袋规格、过滤速度、气流上升速度、设备阻力和清灰周期估算等。

1. 过滤面积　过滤面积是指起滤尘作用的滤料有效面积，以m^2计。过滤面积按下式计算

$$S_1=\frac{Q}{60v_F} \tag{3-3}$$

式中，S_1为除尘器有效过滤面积，m^2；Q为处理风量，m^3/h；v_F为过滤速度，m/min。

（1）处理风量　计算过滤面积时，处理风量指进入袋式除尘器的含尘气体工况流量，而不是标准状态下的气体流量，有时候还要加上除尘器的漏风量。

（2）总过滤面积　计算出的过滤面积是除尘器的有效过滤面积。但是，滤袋的实际面积要比有效面积大，因为滤袋进行清灰作业时这部分滤袋不起过滤作用。如果把清灰滤袋面积加上去则除尘器总过滤面积按下式计算

$$S=S_1+S_2=\frac{Q}{60v_F}+S_2 \tag{3-4}$$

式中，S为总过滤面积，m^2；S_1为滤袋工作部分的过滤面积，m^2；S_2为滤袋清灰部分的过滤面积，m^2；Q为通过除尘器的总气体量，m^3/h；v_F为过滤速度，m/min。

求出总过滤面积后，就可以确定袋式除尘器总体规模和尺寸。

（3）单条滤袋面积　单条圆形滤袋的面积，通常用下式计算

$$S_d=\pi DL \tag{3-5}$$

式中，S_d为单条圆形滤袋的公称过滤面积，m^2；D为滤袋直径，m；L为滤袋长度，m。

在滤袋加工过程中，因滤袋要固定在花板或短管上，有的还要吊起来固定在袋帽上，所以滤袋两端需要双层缝制甚至多层缝制，双层缝制的这部分因阻力加大已无过滤作用，同时有的滤袋中间还要加固定环，这部分也没有过滤作用，故上式可改为

$$S_j=\pi DL-S_x \tag{3-6}$$

式中，S_j为滤袋净过滤面积，m^2；S_x为滤袋未能起过滤作用的面积，m^2；其他符号意义同前。

（4）滤袋数量　根据总过滤面积和单条滤袋面积求滤袋数量

$$n=\frac{S}{S_d} \tag{3-7}$$

式中，n为滤袋数量，条；其他符号意义同前。

2. 滤袋规格

滤袋尺寸是除尘器设计中重要数据，决定滤袋尺寸的有以下因素。

(1) *清灰方式* 袋式除尘器清灰方式不同，所以滤袋尺寸是不一样的。自然落灰的袋式除尘器一般长径比为(5∶1)～(20∶1)，其直径为200～500mm，袋长为2～5m。大直径的滤袋多用单袋工艺。人工振打的袋式除尘器、机械振动袋式除尘器滤袋长径比为(10∶1)～(20∶1)，其直径为100～200mm，袋长为1.5～3.0m。反吹风袋式除尘器滤袋长径比为(15∶1)～(40∶1)，其直径为150～300mm，袋长为4～12m。脉冲袋式除尘器滤袋长径比为(12∶1)～(60∶1)，其直径为120～200mm，袋长为2～9m。

(2) *过滤速度* 袋式除尘器过滤速度不同，直接影响滤袋尺寸大小。较低过滤速度的滤袋一般直径较大，长度较短。

(3) *粉尘性质* 确定滤袋尺寸时要考虑烟尘性质，黏性大、易水解和密度小的粉尘不宜设计较长的滤袋。

(4) *滤布的强度* 在使用中应考虑滤袋的实际载荷(即滤袋自重、被黏附在滤袋上粉尘质量及其他力的总和)与滤布之间的关系。当实际载荷超过滤布的允许强度时，滤袋将因强度不够而破裂。很明显，最主要的是滤布的抗拉强度是否能满足使用要求。

(5) *反吹风除尘器入口气流速度* 当含尘气体进入每条滤袋时，入口速度 v_i 过大，一方面会加速清灰降尘的二次飞扬，另一方面是由于粉尘的摩擦使滤袋的磨损急速增加，一般工况气体进入袋口的速度不能大于1.0m/s。

袋式除尘器的过滤速度 v_F 与入口速度 v_i 有一定的关系，通过计算，其长度与直径的关系式如下：

设：单条滤袋气体的流量为 q

按过滤速度计算
$$q=\frac{\pi DLv_F}{60} \tag{3-8}$$

按入口速度计算
$$q=\frac{\pi D^2v_i}{4} \tag{3-9}$$

两式相等
$$\frac{\pi DLv_F}{60}=\frac{\pi D^2v_i}{4} \tag{3-10}$$

即
$$L/D=\frac{15v_i}{v_F} \tag{3-11}$$

式中，q 为单条滤袋气体流量，m^3/s；D 为滤袋直径，m；L 为滤袋长度，m；v_F 为滤袋过滤速度，m/min；v_i 为滤袋入口速度，m/s。

从上式可得出：当 v_F 较高时，L/D 应在一个较小的范围内；当 v_F 较低时，L/D 在一个较大的范围内。根据有关资料介绍，袋式除尘器的 L/D 一般为15～40，而玻璃纤维袋式除尘器 L/D 可达40～50。

3. 过滤速度

袋式除尘器的过滤速度 v_F 是被过滤的气体流量和滤袋过滤面积的比值，单位为m/min，简称为过滤速度。它只代表气体通过织物的平均速度，不考虑有许多面积被织物的纤维所占用，因此，亦称为“表观气流速度”。

过滤速度是决定除尘器性能的一个很重要的因素。过滤速度太高会造成压力损失过大，降低除尘效率，使滤袋堵塞和损坏。但是，提高过滤速度可以减少需要的过滤面积，以较小的设备来处理同样体积的气体。

袋式除尘器在选择过滤速度这一参数时，应慎重细致。其理由是：在通常情况下，烟气含尘浓度高、粉细，而且气体含有一定的水分。所以，对反吹风袋式除尘器而言，其过滤速度以小于1m/min为好；当除尘器用于炼焦、水泥、石灰炉窑等场所时其过滤速度应更低。

（1）过滤速度计算　过滤速度可以按下式做出对实际应用足够准确的计算：

$$q_f = q_n C_1 C_2 C_3 C_4 C_5 \tag{3-12}$$

式中，q_f 为气布比，$m^3/(m^2 \cdot min)$；q_n 为标准比气布比，$m^3/(m^2 \cdot min)$，该值与要过滤的粉尘种类、凝集性有关，一般对黑色和有色金属升华物质、活性炭采用 $1.0m^3/(m^2 \cdot min)$，对焦炭、挥发性渣、金属细粉、金属氧化物等取值 $1.7m^3/(m^2 \cdot min)$，对铝氧粉、水泥、煤炭、石灰、矿石灰等取值为 $2.0m^3/(m^2 \cdot min)$，有的 q_n 值根据设计者经验确定；C_1 为考虑清灰方式的系数，脉冲清灰（织造布）取1.0，脉冲清灰（无纺布）取1.1，反吹加振打清灰取0.7～0.85，单纯反吹风取0.55～0.7；C_2 随含尘浓度变化的曲线，如图3-20所示；C_3 与粉尘中位径大小的关系，见表3-2，以粉尘质量中位径 d_m 为准，将粉尘按粗细划分为5个等级，越细的粉尘其修正系数 C_3 越小；C_4 为考虑气体温度的修正系数，其值见表3-3；C_5 为考虑气体净化质量要求的系数，以净化后气体含尘量估计，其含尘浓度大于 $30mg/m^3$ 时系数 C_5 取1.0，含尘浓度低于 $10mg/m^3$ 以下时 C_5 取0.95。

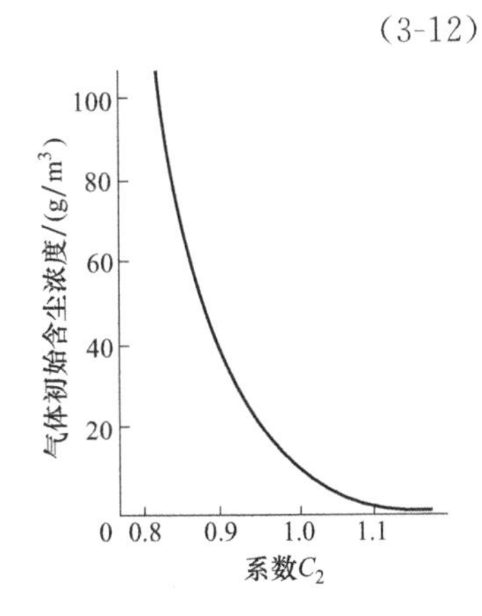

图3-20　系数 C_2 随含尘浓度变化的曲线

表3-2　C_3 与粉尘中位径大小的关系

粉尘中位径 $d_m/\mu m$	>100	100～50	50～10	10～3	<3
修正系数 C_3	1.2～1.4	1.1	1.0	0.9	0.9～0.7

表3-3　温度的修正系数

温度 t/℃	20	40	60	80	100	120	140	160
系数 C_4	1.0	0.9	0.84	0.78	0.75	0.73	0.72	0.70

（2）过滤速度推荐值　袋式除尘器常用的过滤速度见表3-4。因计算方法和排放要求不同，有的资料推荐值大。

表3-4　袋式除尘器常用的过滤速度　　单位：m/min

等级	粉　尘　种　类	清灰方式		
		机械振动	脉冲喷吹	反吹风
1	炭黑①、氧化硅(白炭黑)，铅①、锌①的升华物以及其他在气体中由于冷凝和化学反应而形成的气溶胶，化妆粉，去污粉，奶粉，活性炭，由水泥窑排出的水泥①	0.4～0.6	0.5～1.2	0.3～0.4
2	铁①及铁合金①的升华物，铸造尘，氧化铝①，由水泥磨排出的水泥①炭化炉的升华物①，石灰①，刚玉，安福粉及其他肥料，塑料，淀粉	0.5～0.7	0.6～1.4	0.4～0.5
3	滑石粉，煤，喷砂清理尘，飞尘①，陶瓷生产的粉尘，炭黑(二次加工)，颜料，高岭土，石灰石①，矿尘，铝土矿，水泥(来自冷却器)①，搪瓷①	0.6～0.8	0.7～1.6	0.5～0.9

续表

等级	粉 尘 种 类	清灰方式		
		机械振动	脉冲喷吹	反吹风
4	石棉，纤维尘，石膏，珠光石，橡胶生产中的粉尘，盐，面粉，研磨工艺中的粉尘	0.8～1.2	0.9～1.8	0.6～1.0
5	烟草，皮革粉，混合饲料，木材加工中的粉尘，粗植物纤维（大麻、黄麻等）	0.9～1.3	1.0～2.0	0.8～1.0

① 指基本上为高温粉尘，多采用较低过滤速度。

（3）气布比　工程上还使用气布比 g_f [$m^3/(m^2 \cdot min)$]的概念，它是指每平方米滤袋表面积每分钟所过滤的气体量（m^3），气布比可表示为：

$$g_f = \frac{Q}{A} \tag{3-13}$$

显然有

$$g_f = v_f \tag{3-14}$$

过滤速度（气布比）是反映袋式除尘器处理气体能力的重要技术经济指标，它对袋式除尘器的工作和性能都有很大影响。在处理风量不变的前提下，提高过滤速度可节省滤料（即节省过滤面积），提高了过滤滤料的处理能力。但过滤速度提高后设备阻力增加，能耗增大，运行费用提高，同时过滤速度过高会把积聚在滤袋上的粉尘层压实，使过滤阻力增加。由于滤袋两侧压差大，会使微细粉尘渗入到滤料内部，甚至透过滤料，使出口含尘浓度增加。过滤风速高还会导致滤料上迅速形成粉尘层，引起过于频繁的清灰，增加清灰能耗，缩短滤袋的使用寿命。在低过滤速度下，压力损失少，效率高，但需要的滤袋面积也增加了，则除尘器的体积、占地面积、投资费用也要相应增大。因此，过滤速度的选择要综合烟气特点、粉尘性质、进口含尘浓度、滤料种类、清灰方法、工作条件等因素来决定。一般而言，处理较细或难于捕集的粉尘、含尘气体温度高、含尘浓度大和烟气含湿量大时宜取较低的过滤速度。

4. 气流上升速度

在除尘器内部滤袋底端含尘气体能够上升的实际速度，就是气流的上升速度，也可称可用速度。气流上升速度的大小对滤袋被过滤的含尘气体磨损以及因脉冲清灰而脱离滤袋的粉尘随气流重新返回滤袋表面有重要影响。气流上升速度是除尘器内烟气不应超过的最大速度，达到和超过这个速度烟气中的颗粒物就会磨坏滤袋或带走粉尘。甚至导致设备运行阻力偏大。

袋式除尘器用滤袋进行过滤时分为内滤式和外滤式两种，前者含尘气流由滤袋内部流向外部，后者含尘气流由滤袋外部流向滤袋内部。

（1）内滤式　在内滤的袋式除尘器中，气流上升速度以滤袋的滤料面积乘以过滤速度再除以滤袋底部的敞口面积来计算。即烟气进入滤袋口时的速度按下式计算：

$$v_K = \frac{f v_F}{F} \tag{3-15}$$

式中，v_K 为除尘器气流上升速度，m/min；f 为单条滤袋滤料面积，m^2；v_F 为过滤速度，m/min；F 为滤袋底部敞口面积，m^2。

（2）外滤式　外滤式气体入口在灰斗上迫使气流进入灰斗。外滤袋式除尘器的气流上升速度按与滤袋底部等高的平面上气体上升流速来衡量，如图 3-21 所示。计算方法是用一个

分室的气体流量，除以该室截面积减去滤袋占有面积之差，按下式计算

$$v_K=\frac{Q}{A-nf} \tag{3-16}$$

式中，v_K 为除尘器气流上升速度，m/min；A 为滤袋室截面积，m^2；n 为滤袋室滤袋数量，个；f 为每个滤袋占有的面积，m^2；Q 为滤袋室的气体流量，m^3/min。

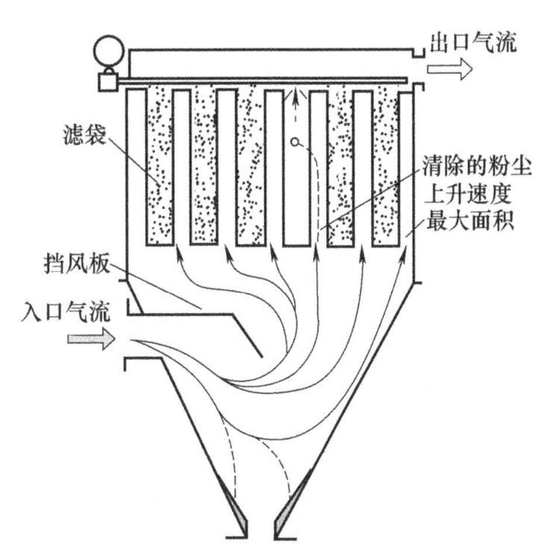

图 3-21　外滤袋式除尘器气流上升速度

过滤速度和气流上升速度二者的数值在袋式除尘器内都应保持在一定的范围内。如果按 1.2m/min 的过滤速度设计的袋式除尘器中气流分布不均匀，致使一个分室以不到 1m/min 的过滤速度运行，而另一分室以超过 2m/min 的过滤速度运行，则该系统是不会成功的。同样，如果设计的气流上升速度平均值为 70m/min，但因入口气体分布不均，袋式除尘器的某些部分达到 150m/min 或更高的气流上升速度，而其他部分则是空气死区或有逆流，这样就会导致滤袋过早损坏。因此，在袋式除尘器内部采取某些使气流分布均匀的措施和适当的袋间距离都是很重要的。气流上升速度的取值与粉尘的粒径、浓度、袋室大小等因素有关，应用于锅炉除尘时最大气流上升速度一般是 60～75m/min。应用于其他场合，可根据设计者的经验和工程成功案例确定。

5. 设备阻力和清灰周期估算

袋式除尘器的阻力 Δp 由设备本体结构阻力 Δp_c 和过滤组件阻力 Δp_f 叠加而成

$$\Delta p=\Delta p_c+\Delta p_f \tag{3-17}$$

本体结构阻力由气体入口和出口的局部阻力以及从总风管向单元分室气流的阻力组成

$$\Delta p_c=\xi\frac{\rho v_{in}^2}{2} \tag{3-18}$$

式中，ξ 为阻力系数；v_{in} 为入口连接管的速度，m/s，通常取 10～15m/s；ρ 为气体密度，kg/m^3。在正确设计袋式除尘器结构的情况下，ξ 为 1.5～2.5。

过滤组件的阻力 Δp_f 可按两项之和计算

$$\Delta p_f=\Delta p'+\Delta p''=A\mu v_F+B\mu v_F M_1 \tag{3-19}$$

式中，$\Delta p'$为清灰之后带有余留粉尘的过滤件自身的阻力，认为它是常数；$\Delta p''$为在滤袋表面积附、但在清灰时能清除掉的粉尘阻力，是常数变化着的数量；A、B 为系数；μ 为气体动力黏度系数，Pa·s；M_1 为单位过滤面积上的粉尘质量，kg/m^2。

一些粉尘的系数 A、B 值列于表 3-5。

表 3-5　一些粉尘的系数 A、B 值（滤布涤纶）

$d_m/\mu m$	粉尘种类	A/m^{-1}	$B/(m/kg)$
10～20	石英、水泥	$(1100\sim1500)\times10^6$	$(6.5\sim16)\times10^9$
2.5～3.0	炼钢、升华尘	$(2300\sim2400)\times10^6$	80×10^9
0.5～0.7	硅及升华尘	$(1300\sim15000)\times10^6$	330×10^9

在进行粗估时，可参照表 3-5 不同粉尘品种选取系数 A 与 B 值。在给定滤袋组件的最佳压力差 Δp_{op} 之后可以求得清灰周期，也就是滤袋组件连续进行过滤的 t_f 时间内过滤面积上积累的粉尘数量近似地等于

$$M_1 = Z_1 v_F t_f \tag{3-20}$$

式中，Z_1 为气体初始含尘浓度，kg/m^3；v_F 为过滤速度，m/min；t_f 为清灰周期，min。

将式（3-20）代入式（3-19）得

$$\Delta p_f = \Delta p' + \Delta p'' = \mu v_F (A + B Z_1 v_F t_f) \tag{3-21}$$

$$t_f = \frac{(\Delta p_f / \mu v_F) - A}{B Z_1 v_F}$$

过滤组件阻力 Δp_f 如果取的过高或过低都会影响过滤效率，存在着 Δp_f 的最佳值（Δp_{op}），它对应着袋式除尘器的最佳过滤效率和最佳的连续过滤时间 t_f。这个值只能通过试验办法寻求。

简化的做法是给出变化着的粉尘层的阻力 $\Delta p''$。对于细尘 $\Delta p''$取值以 400～800Pa 为宜，<400Pa 最佳，对于中位径 d_m>20μm 的粗尘，$\Delta p''$取值为 250～350Pa。

如此，有了 Δp_f、Δp_c 即可按式 $\Delta p = \Delta p_c + \Delta p_f$ 求得袋式除尘器阻力 Δp（Pa），同时也可求得最佳清灰周期 t_f 值。

除尘器的压力损失是指除尘器本身的压力损失。由于管道布置千差万别，压力损失所受影响较多。所以，一般标准规定的压力损失只限除尘装置本身的阻力。所谓本身阻力指除尘器入口至出口在运行状态下的压力差。袋式除尘器的压力损失通常在 1～2kPa 之间。脉冲袋式除尘器压力损失通常小于 1.5kPa。

仅从袋式除尘器本身来讲，如果它是在根据其形式所决定的压力损失范围内工作，那么，就认为它的技术性能和经济性能都是合适的。由于压力损失是按袋式除尘器前后装置及风机性能考虑的，所以在设备运行过程中允许压力损失有某种变动范围。此时应对压力和清灰周期等做适当的调整。设计时必须考虑这种调整的可能。

6. 外壳耐压力

袋式除尘器内的耐压力是根据器前与器后装置和风机的静压及其位置而定。必须按照袋式除尘器正常使用的压力来确定外壳的设计耐压力。袋式除尘器壳体的设计耐压力虽然也按正常运转时的静压计算，但是要考虑到一旦出现错误操作所出现的风机最高静压。

作为一般用途的袋式除尘器，其外壳的耐压度，对长袋和气箱脉冲除尘器为 5～8kPa，对其他形式脉冲袋式除尘器为 4～6kPa。对于采用以罗茨鼓风机为动力的负压型空气输送装置，除尘器的设计耐压度为 15～50kPa。

另外，某些特殊的处理过程，也有在数百千帕的表压下运转的。要求较高耐压度的袋式除尘器，一般将其外壳制成圆筒形，例如高炉煤气净化用脉冲袋式除尘器。

7. 压缩空气耗量

脉冲除尘器压缩空气耗量主要取决于喷吹压力、喷吹周期、喷吹时间、脉冲阀形式和口径以及滤袋数等因素。

图 3-22 所示为在实验室模拟一个脉冲喷吹系统中脉冲阀的喷吹压力。电控脉冲宽度在 0～100ms 区间，气包容量满足喷吹后气包内压降小于 30% 的要求，阀门阻力大概是

140kPa，气包原压力是 670kPa，整个脉冲过程在 300ms 内完成。图 3-22 中曲线所包围的面积即是喷吹耗气量。

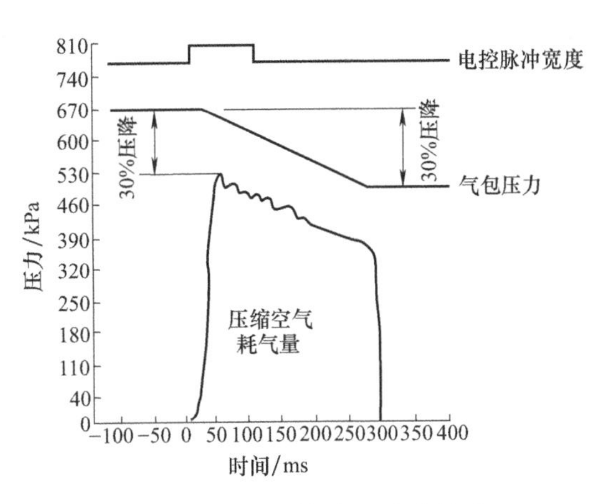

图 3-22　喷吹时间与压力的关系

脉冲除尘器的总耗气量 Q 按下式计算

$$Q=a\cdot\frac{nq}{T} \tag{3-22}$$

式中，Q 为总耗气量，m^3/min；n 为脉冲阀数量，个；T 为喷吹周期，min；a 为附加系数，一般取 1.2；q 为每个脉冲阀一次喷吹的耗气量，$m^3/(阀·次)$。

单个脉冲阀的耗气量，完全是根据清灰系统中的所有其他物理参数而定，这些参数包括：气包压力；喷吹管长度和口径；阀门出口到喷吹管之间的弯头数量；脉冲宽度（电磁阀启动时间）；喷吹管上开多少孔，口径大小；受喷吹的滤袋尺寸，长度；设备的过滤风速；滤料的阻力；需要用多大的袋底清灰压力；清灰方式（在线/离线）；烟尘的特性（黏度/粒径）；操作环境（温度/湿度/露点）变化；气包容量，补气流量和时间；压缩气供应系统流量等。

以上任何一个参数的变化，将直接影响到脉冲阀每次喷吹的气量。

如果用耗气量来衡量脉冲阀的质量，并假设耗气量越大，阀门阻力就越小，那么不能关闭的脉冲阀将具有最大的耗气量。因此，仅仅利用耗气量来选用脉冲阀是不正确的观念。

专业的脉冲阀制造厂家和除尘器开发机构都设立有实验室对其生产的各种型号阀门进行喷吹实验，然后记录各型号阀门的喷吹特性。图 3-23 所示为两个同尺寸但不同型号的脉冲阀在同等条件下喷吹耗气量的比较。

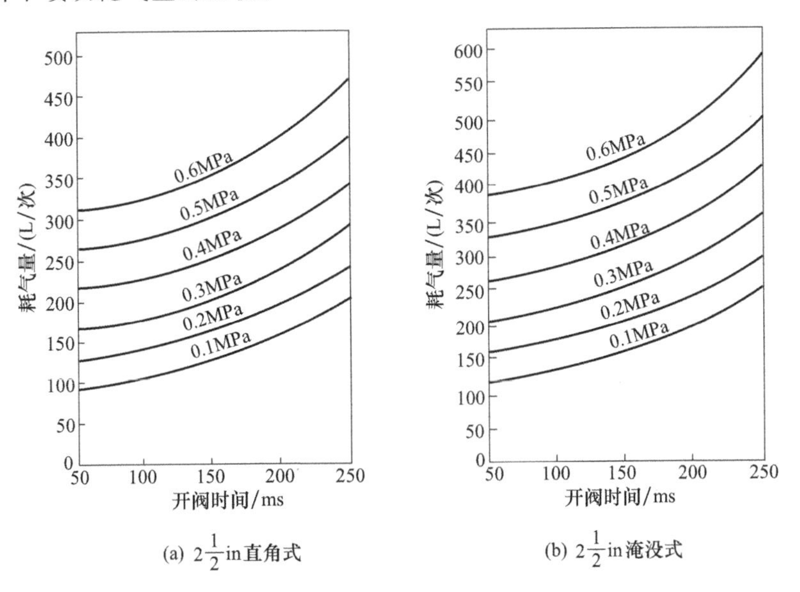

图 3-23　不同型号脉冲阀在同等条件下喷吹耗气量比较

第二节 振动袋式除尘器工艺设计

人工振动和机械振动袋式除尘器是指无专用清灰装置或振动清灰的除尘设备。人工振动和机械振动袋式除尘器的优点是结构简单、寿命长、维护管理方便，防尘效率能满足一般使用要求；缺点是过滤风速低，占地面积大。简易袋式除尘器可因地制宜地设计成各种形式，如图 3-24 所示。这类袋式除尘器适用于中、小型除尘系统。

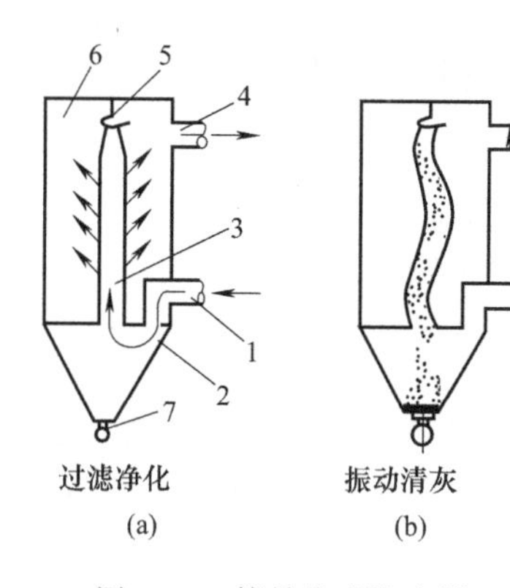

图 3-24 简易袋式除尘器

1—气体入口；2—灰斗室；3—滤袋；4—净气出口；5—吊架；6—箱体；7—卸灰装置

一、简易袋式除尘器设计

简易袋式除尘器由气体入口、灰斗、箱体、滤袋、气体出口和卸灰装置组成。设计时主要确定滤袋规格和滤袋布置。

1. 滤袋的长径比

滤袋的长径比即滤袋长度与滤袋直径的比值 ε，在袋式除尘器的设计中是一个重要的参数，ε 的大小表明每个滤袋处理风量的能力。当滤袋直径一定时，ε 大，每个滤袋的处理能力大，因而除尘设备的结构就紧凑。长径比的选择，应考虑过滤风速、气体含尘浓度、清灰方式、滤袋材质和工艺布置的空间条件等因素。

当过滤风速一定时，每个滤袋入口处的含尘空气流速可用下式表示

$$v=4\varepsilon v_{F} \tag{3-23}$$

式中，v 为滤袋入口处的含尘气体流速，m/min；ε 为长径比；v_F 为滤袋过滤风速，m/min。

入口速度大，袋口阻力就大，特别是含尘浓度高时更容易磨损滤袋。因此，当过滤风速高时长径比不能太大。

长径比大时，滤袋负荷大，特别是含尘浓度高时滤袋负荷更大，所以必须考虑滤袋材质，即滤袋径向抗折强度。径向抗折强度小的长径比值不宜过大，反之可取大的长径比。

长径比的大小还应考虑清灰方式，采用简易滤袋清灰的清灰方式，长径比不宜过大，否则滤袋下部清灰效果不好。

长径比的大小直接影响除尘器的外形结构。长径比大，占地面积可以小，高度需增加。长径比小，高度可以降低，而袋数和占地面积需要增加，管理维护也较复杂。因此，在选择长径比时必须综合考虑以上因素。根据现有实际除尘器使用情况，人工振动袋式除尘器推荐长径比为 10～20。

2. 滤袋材质

人工振动袋式除尘器材质多用薄型滤料，较少用针刺滤料。在薄型滤料中如果用于糖厂、奶粉厂和面粉厂等食品行业，尽可能用棉、麻、丝机织织物，以免化纤品进入食品影响人体健康，在其他行业则可用化纤织物。

3. 滤袋的悬挂

滤袋都是采用将端头固定的办法安装的。因此，滤袋的端头要求有足够的抗拉和抗折强度。对于玻璃纤维滤袋的端头处理方法是在滤袋端头做成双层布或三层布，加层后使用效果较好。

(1) **上口的安装方法** 除尘器一般较高，为悬挂和更换滤袋的方便，滤袋上口安装方法如图 3-25 所示。

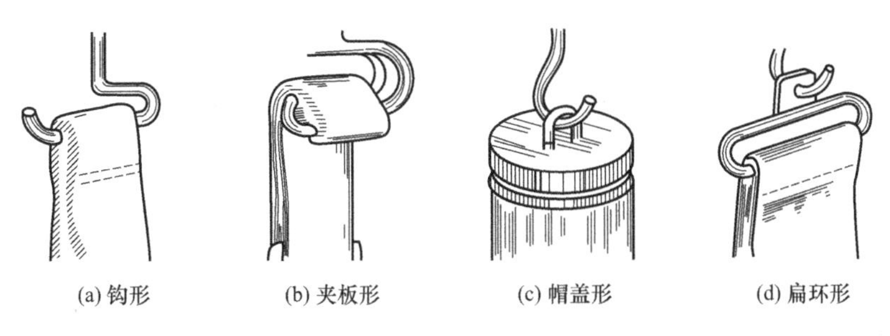

图 3-25 滤袋上口安装方法

(2) **下口的安装方法** 上口悬挂完毕的滤袋要适当用力拉紧后才能安装下口。一般安装完毕的滤袋要呈垂直状态，用卡箍把下垂的滤袋固定在筒形花板即可，如图 3-26 所示。

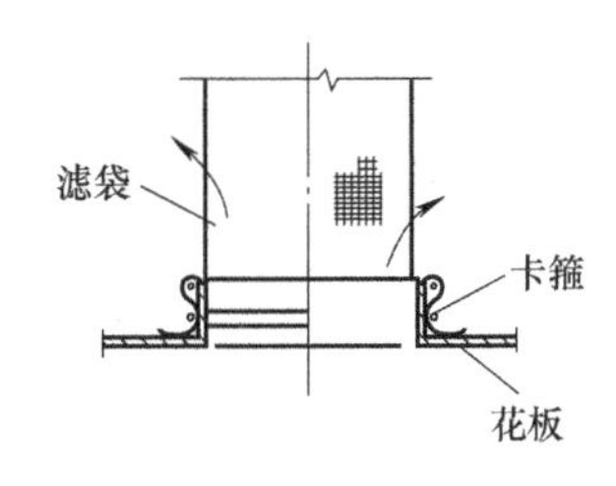

图 3-26 滤袋下口安装方法

滤袋安装机构及安装实例，如图 3-27、图 3-28 所示。

滤袋的安装方法不当就会出现阻力降低或增高，向外冒烟排放超标，滤袋破损或助长滤袋破损，从滤袋安装部位漏尘，滤袋脱落掉下，吸风作用变差，清灰作用变坏等现象。

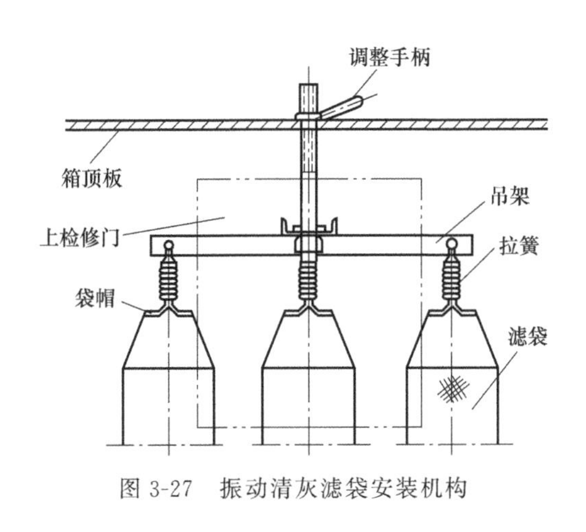

图 3-27 振动清灰滤袋安装机构

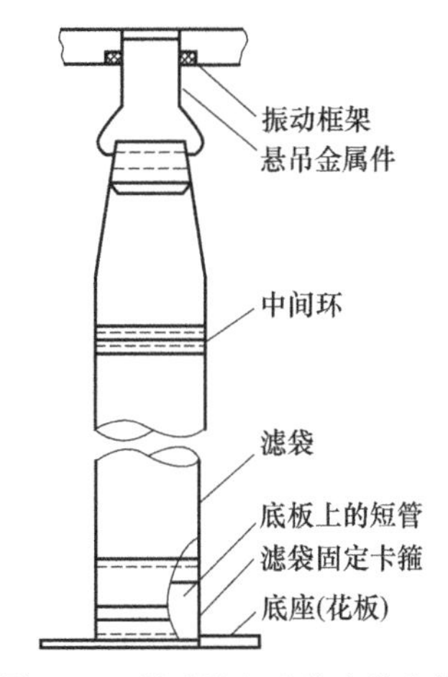

图 3-28 振动清灰滤袋安装实例

4. 过滤面积

除尘器过滤面积取决于处理风量和过滤速度。人工振动袋式除尘器过滤面积按过滤风速确定，过滤速度一般为 0.25～0.5m/min，当含尘浓度高或不易脱落时的粉尘过滤速度应取低值。

过滤面积按下式计算：

$$A=\frac{Q}{v_F} \tag{3-24}$$

式中，A 为过滤面积，m^2；Q 为处理风量，m^3/min；v_F 为过滤速度，m/min。

滤袋条数计算如下：

$$N=\frac{A}{\pi dL} \tag{3-25}$$

式中，N 为滤袋数量，条；A 为过滤总面积，m^2；d 为滤袋直径，mm，一般取 120～300mm；L 为滤袋长度，m，一般取 2～4m。

5. 操作制度的选择

简易袋式除尘器正压操作比较多，这是因为正压操作对围护结构严密性要求低，但气体含尘浓度高时存在着风机磨损的问题。如果风机并联，当一台停止运行时会产生倒风冒灰现象。负压操作要求有严密的外围结构。

清灰方式都靠间歇操作停风机时滤袋自行清灰，必要时也可辅以人工拍打清灰或者设计手动清灰装置。

6. 除尘器的平面布置

袋式除尘器滤袋平面结构布置尺寸如图 3-29 所示。

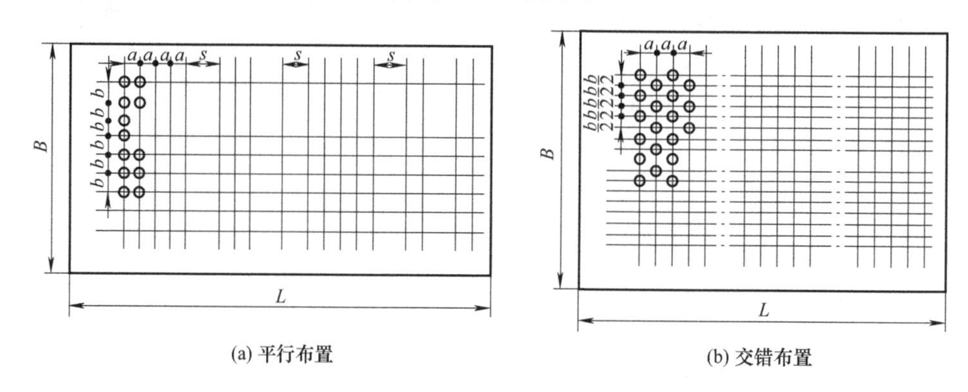

(a) 平行布置　　(b) 交错布置

图 3-29　袋式除尘器滤袋平面结构布置尺寸

a，b—滤袋间的中心距，取 $d+(40\sim60)$，mm；s—相邻两组通道宽度 $s=d+(600\sim800)$，mm

除尘器总高度 H，可按下式计算：

$$H=L_1+h_1+h_2 \tag{3-26}$$

式中，H 为除尘室总高度，m；L_1 为滤袋层高度，一般为滤袋长度加吊挂件高度，m；h_1 为灰斗高度，m，一般需保证灰斗壁斜度不小于 50°；h_2 为灰斗粉尘出口距地坪高度，m，一般由粉尘输送设备的高度所确定。

(a) L-3HCI圆袋除尘机组　(b) L-5.5HCI圆袋除尘机组

图 3-30　圆袋除尘机组的外形

技术性能：初含尘浓度可达 $5g/m^3$；净化效率大于 99%；压力损失为 200～600Pa。

7. 设计注意事项

设计时应在注意以下几点：①滤袋室与气体分配室应设检修门，检修门尺寸为 600mm×1200mm；②除尘器内壁和地面应涂刷涂料，以利清扫；③除尘器设置采光窗或电气照明；④正压操作时除尘室排出口的排风速度为 3～5m/s，负压操作时排风管的设置应使气流分布均匀；⑤除尘室的结构设计应考虑滤袋容尘后的质量，一般取 2～3kg/m^2。

8. 简易袋式除尘器应用实例

(1) 圆袋除尘机组 圆袋除尘机组的外形如图 3-30 所示，其性能分别见表 3-6 和表 3-7。

表 3-6 L-3HCI 圆袋除尘机组性能

处理风量/(m^3/h)	1500	噪声/dB(A)	≤80
资用压力/Pa	>200	除尘效率/%	>99.9
功率/kW	2.2	体积(长×宽×高)/(mm×mm×mm)	823×560×2720
吸入口直径/mm	ϕ140		

表 3-7 L-5.5HCI 圆袋除尘机组性能

功率/kW	3	资用压力/Pa	2000
转速/(r/min)	2900	除尘效率/%	>99.0
布袋过滤面积/m^2	6	噪声/dB(A)	≤80
电压/V	380	体积(长×宽×高)/(mm×mm×mm)	500×1350×2000
吸入口直径/mm	ϕ160		
风量/(m^3/h)	2000		

(2) 便携式扁袋除尘机组 便携式扁袋除尘机组是利用微型汽油机为动力和扁形手动清灰滤袋组成的机组，其主要特点是质量较轻、携带方便，可以清洁公园、街道、院落、车站等处散落的垃圾、树叶、纸屑和某些尘土、杂物等。其主要组成如图 3-31 所示。该机组采用单汽缸二冲程发动机，油箱容积 400cm^3。

使用注意事项：①操作者应掌握机组性能，按要求操作；②除尘机组应经常维护，使用前、后保持清洁；③操作时应穿紧身工作服，戴好帽子，穿上安全靴子；④不得在通风不良的场所操作，吸入的垃圾中不应有尚热的灰烬和正燃的烟头，在公园使用时不要把受保护的蝴蝶、蜜蜂等吸入机组；⑤机组技术性能见表 3-8。

图 3-31 便携式扁袋除尘机组
1—吸尘管；2—风机；3—手柄；4—滤袋

表 3-8 便携式扁袋除尘机组技术性能

机型	风量/(m^3/h)	吸入口速度/(m/s)	功率/kW	声压级 L_p/dB	振动/(m/s)	质量/kg
BG55	730	63	0.7	91	4.1	4.1
BG65	730	78	0.7	90	4.0	4.1
BG85	780	82	0.8	89	4.0	4.2
SH55	730	63	0.7	91	4.0	5.1
SH85	780	82	0.8	90	4.0	5.4

(3) 自然落灰袋式除尘器 这种袋式除尘器（见图 3-32）结构简单，管理方便，易于施工，适用于小型企业，但过滤速度小，占地面积大。

滤袋室一般为正压式操作，外围可以敞开或用波纹板围挡。为了便于检查滤袋和通风，在若干滤袋间设人行通道。滤袋上部固定在框架上，下部固定在花板的系袋圈上，滤袋直径可做成上下一样大；为了便于落灰，也可做成上小下大（相差一般小于 50%），长度为 3～6m，滤袋间距为 80～100mm。滤袋上部设天窗或排气烟囱，以排放经过滤后的干净气体，粉尘经灰斗直接排出。灰斗排出的粉尘可用手推车拉走。

(4) 手摇振动袋式除尘器 简易袋式除尘器主要是依靠粉尘粒自重或风机启动、停止时

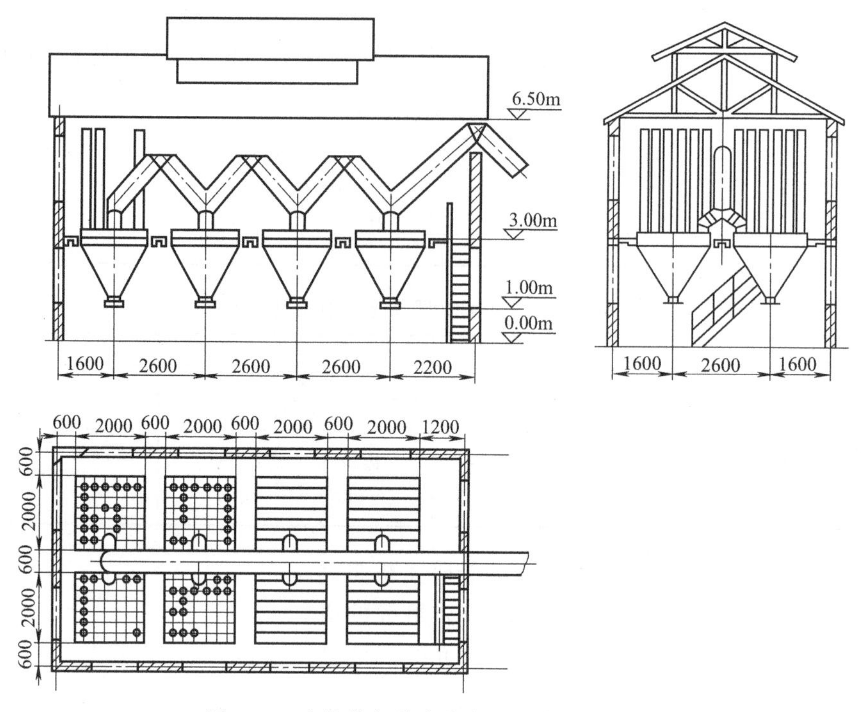

图 3-32 自然落灰袋式除尘器（单位：mm）

滤袋的变形，而使粉尘自行脱落清灰，也有的使用人工定期拍打或设手工摇动机构抖动而清灰，也有利用空气振动来清灰的。清灰操作只能在产尘装置停止工作后进行。如图 3-33 所示是用手摇振动机构进行清灰的袋式除尘器，滤袋下部固定在花板上，上部吊挂在水平框架上并与手柄机构相连。含尘气体由下部进入除尘器，通过花板分配到各滤袋内部，经净化后由上部排出。清灰时，通过手摇振动机构，使上部吊挂滤袋的框架做水平往复运动，使袋上粉尘脱落至灰斗中。

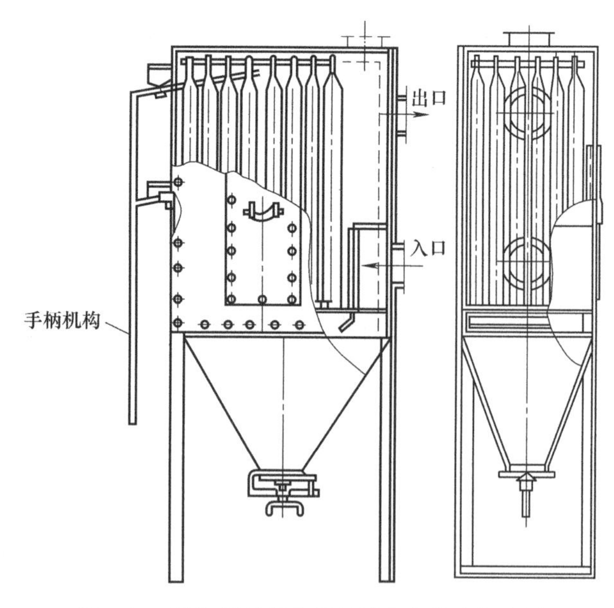

图 3-33 手摇振动机构进行清灰的袋式除尘器

简易袋式除尘器的过滤风速比其他形式都低，一般采用0.2～0.8m/min，入口含尘浓度不易太高，通常不超过3～5g/m^3。简易袋式除尘器的压力损失一般控制在600～1000Pa，设计、使用得好时，除尘效率可大于99%。滤袋直径一般取100～400mm，长度取2～4m，滤袋间距取40～80mm，各滤袋组之间留有宽度不小于800mm的检修通道，以便检查布袋泄漏情况和及时更换布袋。

简易袋式除尘器的特点是结构简单、安装操作方便、投资省、维修工作量少、对滤料要求不高（布或玻璃丝布均可）、维修量小、滤袋寿命长。主要缺点是由于过滤风速小，使得除尘器庞大，占地面积大。

二、机械振动袋式除尘器设计

机械振动袋式除尘器是指采用机械振动装置周期性地振动滤袋，用于清除滤袋上的粉尘的除尘器，称为机械振动袋式除尘器。它有两种类型：一种为连续型；另一种为间歇型。其区别是：连续使用的除尘器把除尘器分隔成几个分室，其中一个分室在清灰时，其余分室则继续除尘；间歇使用的除尘器只有一个室，清灰时就要暂停除尘，因此，除尘过程中是间歇性的。机械振动袋式除尘器是常用的袋式除尘器之一，以微型和小型除尘器为主要形式。

1. 分类

（1）*按清灰方式分类*　机械振动袋式除尘器按清灰方式分为7类，见表3-9。

表3-9　机械振动袋式除尘器按清灰方式的分类

序号	名称	定义
1	低频振动	振动频率低于60次/min，非分室结构
2	中频振动	振动频率为60～700次/min，非分室结构
3	高频振动	振动频率高于700次/min，非分室结构
4	分室振动	各种振动频率的分室结构
5	手动振动	用手动振动实现清灰
6	电磁振动	用电磁振动实现清灰
7	气动振动	用气动振动实现清灰

表3-9中低频振动是指凸轮机构传动的振动式清灰方法，振动频率不超过60次/min；中频振动是指以偏心机械传动的摇动式清灰方法，摇动频率一般为100次/min；高频振动是指用电动振动器传动的微振幅清灰方法，一般配用8级、6级、4级和2级电动机（或者使用电磁振动器），其频率均在700次/min以上。

（2）*按其他方法分类*　按滤袋形状可以把机械振动袋式除尘器分为扁袋机械振动袋式除尘器、圆袋机械振动袋式除尘器和滤筒机械振动袋式除尘器，其中以扁袋机械振动袋式除尘器应用较多。按分室与否分为单体袋式除尘器和多室袋式除尘器。按振动动力分为手工振动袋式除尘器和自动振动袋式除尘器。

2. 振动袋式除尘器工作原理

图3-34是袋式除尘器的结构简图。含尘气体进入除尘器后，通过并列安装的滤袋，粉尘被阻留在滤袋的内表面，净化后的气体从除尘器上部出口排出。随着粉尘在滤袋上的积聚，含尘气体通过滤袋的阻力也会相应增加，当阻力达到一定数值时要及时清灰，以免阻力过高，造成除尘效率下降。图3-34所示的除尘器是通过凸轮振动机械进行清灰的。

含尘气体中的粉尘被阻留在滤袋表面上的这种过滤作用通常是通过筛滤、惯性碰撞、直接拦截和扩散等几种除尘机理的综合作用而实现的。

清灰工作原理如下：机械振动清灰是指利用机械振动或摇动悬吊滤袋的框架，使滤袋产生振动而清灰的方法。常见的3种基本方式如图3-35所示。图3-35（a）是水平振动清灰，有上部振动和中部振动两种方式，靠往复运动装置来完成；图3-35（b）是垂直振动清灰，它一般可利用偏心轮装置振动滤袋框架或定期提升滤袋框架进行清灰；图3-35（c）是机械扭转振动清灰，即利用专门的机构定期地将滤袋扭转一定角度，使滤袋变形而清灰。也有将以上几种方式复合在一起的振动清灰，使滤袋做上、下、左、右摇动。

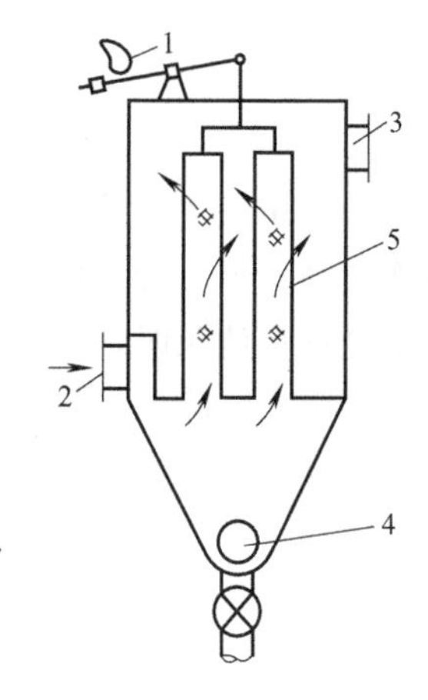

图3-34　袋式除尘器结构简图

1—凸轮振动机构；2—含尘气体进口；
3—净化气体出口；4—排灰装置；5—滤袋

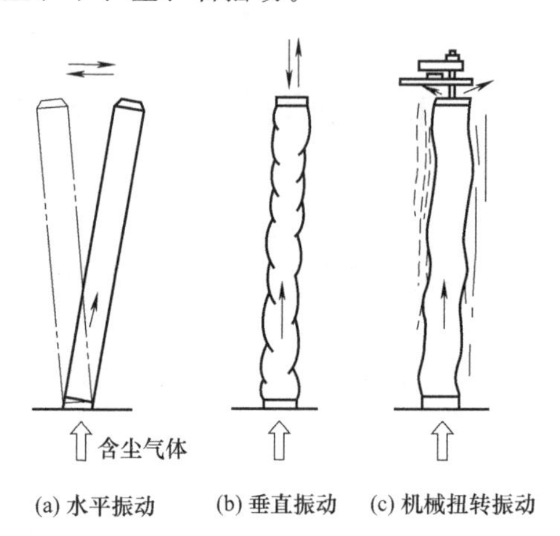

图3-35　机械清灰的振动方式

机械清灰时为改善清灰效果，要求停止过滤情况下进行振动。但对小型除尘器往往不能停止过滤，除尘器也不分室。因而常常需要将整个除尘器分隔成若干袋组或袋室，顺次地逐室清灰，以保持除尘器的连续运行。

机械清灰方式的特点是构造简单，运转可靠，但清灰强度较弱，故只能允许较低的过滤风速，例如一般取0.6～1.0m/min。振动强度过大会对滤袋有一定的损伤，增加维修和换袋工作量。这正是机械清灰方式逐渐被其他清灰方式所代替的原因。

机械清灰原理是靠滤袋抖动产生弹力使黏附于滤袋上的粉尘及粉尘团离开滤袋降落下来的，抖动力的大小与驱动装置和框架结构有关。驱动装置动力大，框架传递能量损失小，则机械清灰效果好。

荷尘滤布的阻力是滤布和残留粉尘层阻力的总和，这些粉尘的残留量和比率是由滤布、粉尘性质和数量、清除灰尘的能量等决定的。机械振动清灰时振动机构的振动次数和残留粉尘量的关系，如图3-36所示。振动次数一次，振动幅度小的话，则滤袋残留粉尘量大，则阻力也大。振动清灰压降周期如图3-37所示。

清灰时间延长可以使滤布上的粉尘层稳定在一定数值而不再增加，图3-38所示为振动时间与清灰量之间的关系。Stephan等测定了上、下振动时滤布上残留的粉尘分布后绘出图3-39。

3. 振动清灰结构设计

微型机械振动袋式除尘器的结构与其他清灰方式的袋式除尘器一样，由箱体、框架、滤袋、灰斗等组成，其区别在于清灰装置不同。机械振动袋式除尘器清灰装置有手工振动装置、电动装置和气动装置，其中电动类装置用得最多。设计要点是选用振动装置。

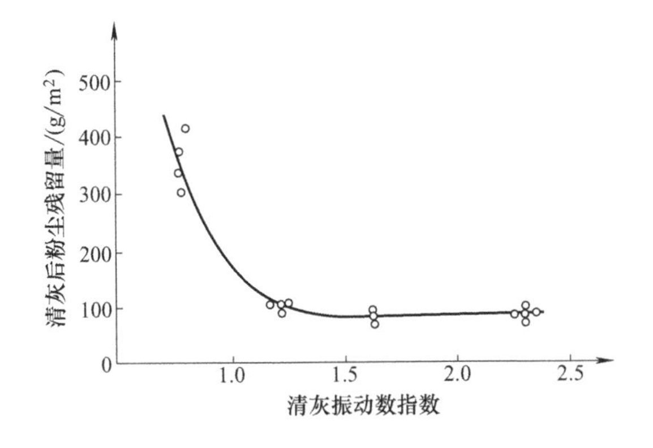

图 3-36 振动次数和残留粉尘量的关系

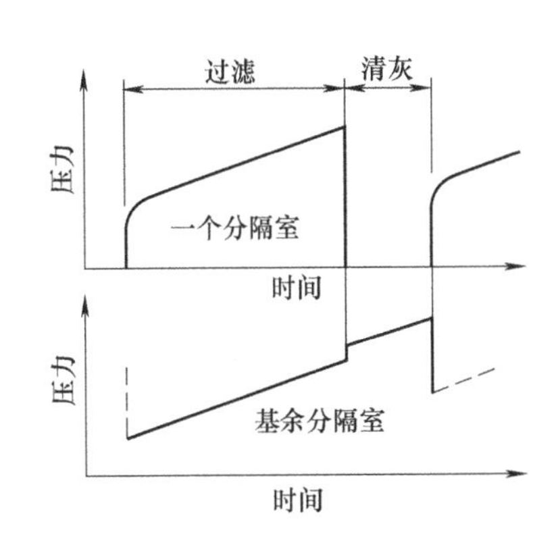

图 3-37 振动清灰压降周期

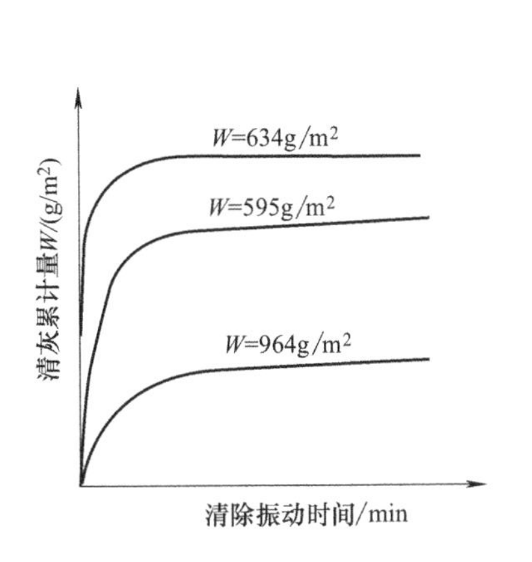

图 3-38 振动时间与清灰量之间的关系

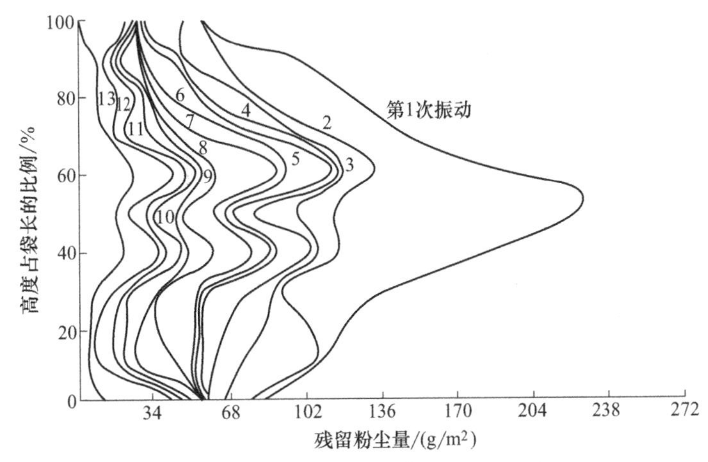

图 3-39 上、下振动时滤布上残留粉尘的分布

(1) 凸轮机械振动装置 依靠机械力振动滤袋，将黏附在滤袋上的粉尘层抖落下来，使滤袋恢复过滤能力。对小型滤袋效果较好，对大型滤袋效果较差。其参数一般为：振动时间 1～2min；振动冲程 30～50mm；振动频率 20～30 次/min。

凸轮机械振动装置结构如图 3-40 所示。

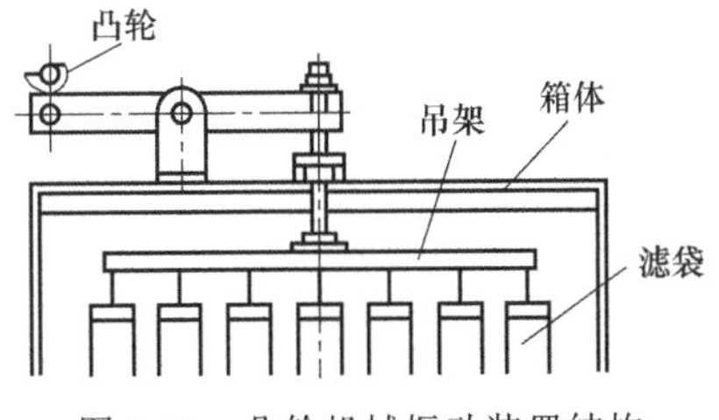

图 3-40 凸轮机械振动装置结构

(2) 压缩空气振动装置 以空气为动力，采用活塞上、下运动来振动滤袋，以抖落粉尘。其冲程较小而频率很高，压缩空气振动装置结构如图 3-41 所示。此装置耗气大，清灰力大，因消耗压缩空气，应用较少。

(3) 电动机偏心轮振动装置 以电动机偏心轮作为振动器，振动滤袋框架，以抖落滤袋上的烟尘。由于无冲程，所以常与反吹风联合使用，适用于小型滤袋，其结构如图 3-42 所示。

(4) 横向振动装置 依靠电动机、曲柄和连杆推动滤袋框架横向振动。该方式可以安装滤袋时适当拉紧，不致因滤袋松弛而使滤袋下部受积尘冲刷磨损，其结构如图 3-43 所示。

(5) 振动器振动装置 振动器振动清灰是最常用的振动方式（见图 3-44）。这种方式装置简单，传动效率高。根据滤袋的大小和数量，只要调整振动器的激振力大小就可以满足机械振动清灰的要求。

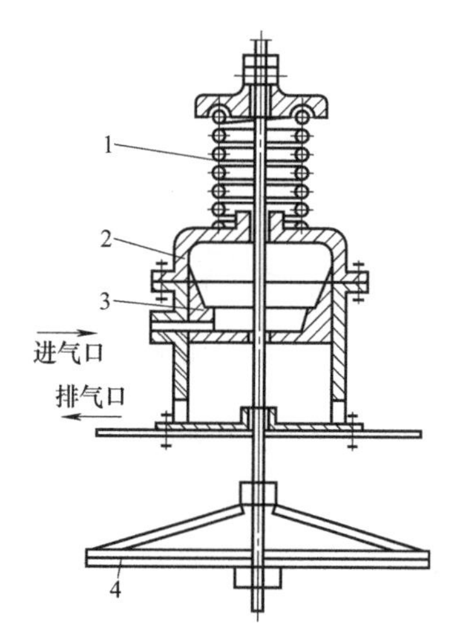

图 3-41 压缩空气振动装置结构

1—弹簧；2—气缸；3—活塞；4—滤袋吊架

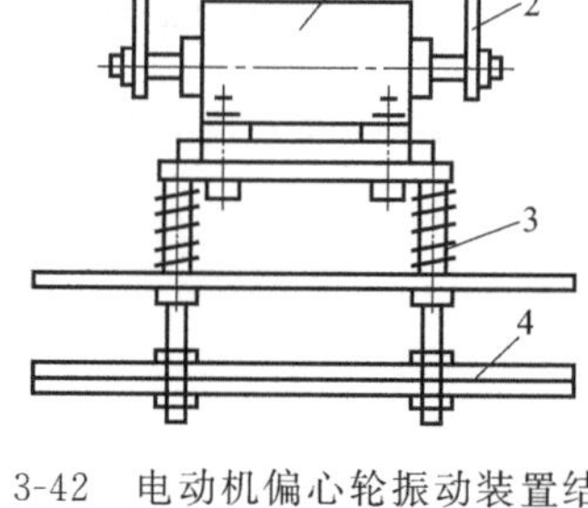

图 3-42 电动机偏心轮振动装置结构

1—电动机；2—偏心轮；3—弹簧；4—滤袋吊架

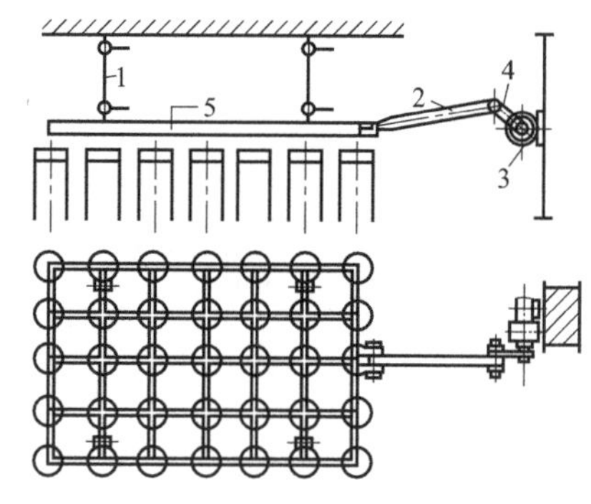

图 3-43 横向振动装置结构

1—吊杆；2—连杆；3—电动机；4—曲柄；5—框架

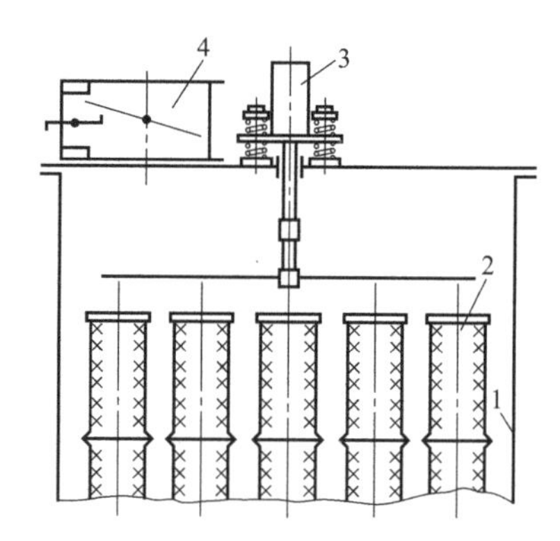

图 3-44 振动器振动清灰装置

1—壳体；2—滤袋；3—振动器；4—配气阀

4. 实例：微型机械振动袋式除尘器

（1）主要设计特点 微型机械振动袋式除尘器的主要设计特点是过滤面积小于 $20m^2$，因此采用机械振动或手动振动清灰十分合理。如果把它设计成脉冲喷吹或反吹风清灰显然是不合理的。图 3-45 是这种除尘器的应用实例图。

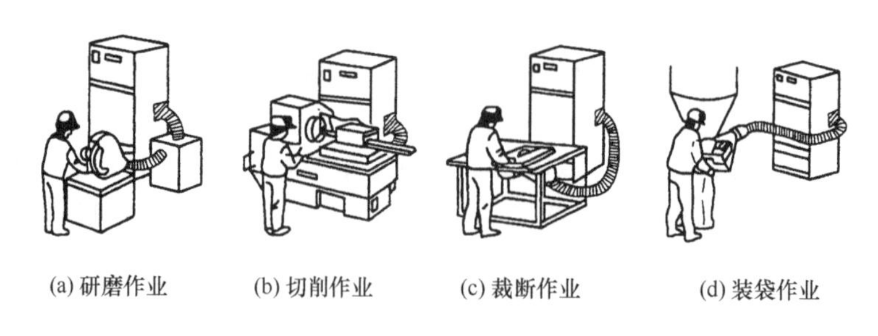

(a) 研磨作业 (b) 切削作业 (c) 裁断作业 (d) 装袋作业

图 3-45 微型机械振动袋式除尘器实例

(2) 工作原理　微型机械振动袋式除尘器都是把除尘器滤袋、振动机构和风机装在一个箱体内，组成除尘机组。工作时风机起动，吸入口依靠风机静压把尘源灰尘吸进除尘机组。含尘气体经滤袋过滤，干净气体从机组上口排出。滤袋靠手动振动机构定时清灰。

(3) 性能和外形尺寸　VNA 型微型机械振动袋式除尘器性能见表 3-10 和图 3-46。

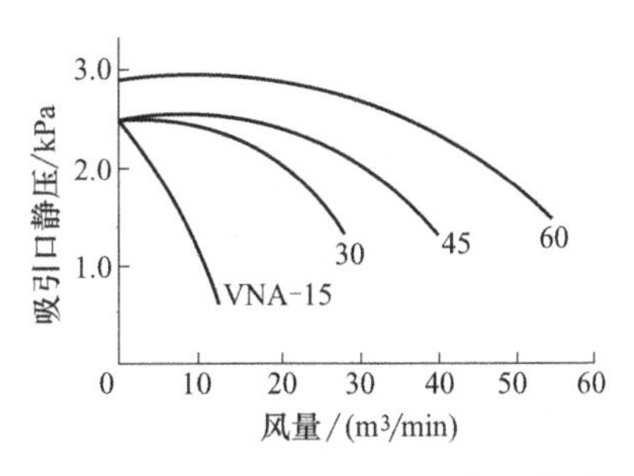

图 3-46　VNA 型微型机械振动袋式除尘器性能曲线

表 3-10　VNA 型微型机械振动袋式除尘器性能表

型式		VNA-15			VNA-30			VNA-45			VNA-60		
功率/kW		0.75			1.5			2.2			3.7		
除尘机	风量/(m^3/min)	0	7.5	12	0	15	28	0	22	40	0	30	55
	静压/kPa	2.55	1.77	0.69	2.55	2.26	1.27	2.55	2.35	1.37	2.94	2.65	1.47
噪声/dB(A)		65±2									68±2		
过滤面积/m^2		4.5			9			13.5			18		
组数/个		1			2			3			4		
形状		编制扁袋											
振动方式		手动振动			手动振动(自动振动)								
储灰量/L		18			25			36			50		
吸入口直径/mm		ϕ127			ϕ150			ϕ200			ϕ200		
外形尺寸($W\times D\times H$)/(mm×mm×mm)		650×400×1205			127×650×1492			850×650×1542			1100×700×1652		
质量/kg		90			140			175			260		

第三节　反吹风袋式除尘器工艺设计

尽管脉冲喷吹袋式除尘器具有过滤风速高、清灰能力强等优点，但是在处理大烟气量且无压缩空气气源时仍需采用反吹风袋式除尘器。

一、反吹风袋式除尘器分类

1. 按进气方式分类

反吹风袋式除尘器按进气方式分为上进风反吹风袋式除尘器（上进风袋式除尘器）和下进风反吹风袋式除尘器（下进风袋式除尘器）。

1）上进风反吹风袋式除尘器的进风总管在除尘器的上部。气流进到袋室后在滤袋内自上向下流动。与粉尘落下方向一致，如图 3-47 所示。

2）下进风反吹风袋式除尘器的进风总管在除尘器灰斗位置，气流进到袋室后在滤袋内自下向上流动，与粉尘落下方向相反，如图 3-48 所示。

2. 按清灰方式分类

按清灰方式反吹风袋式除尘器分为以下 3 类。

(1) 分室反吹风清灰　分室反吹风清灰袋式除尘器是应用较多的除尘器，其特点是把除

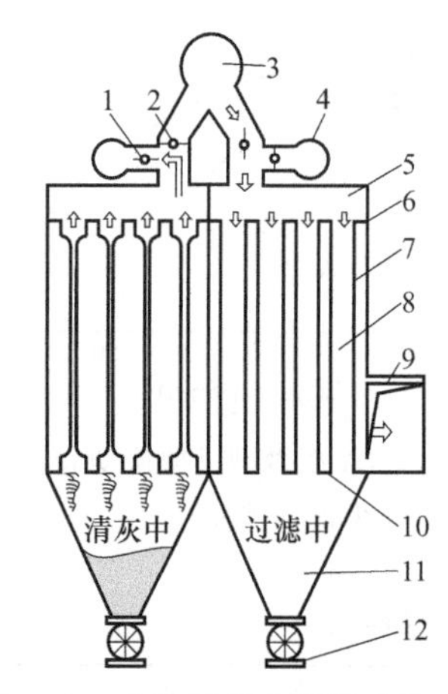

图 3-47　上进风反吹风袋式除尘器

1—反吹风阀；2—进风阀；3—进风管道；4—反吸风管；5—进风室；6—上花孔板；7—袋室；8—滤袋；9—排风管道；10—下花孔板；11—灰斗；12—星形卸灰阀

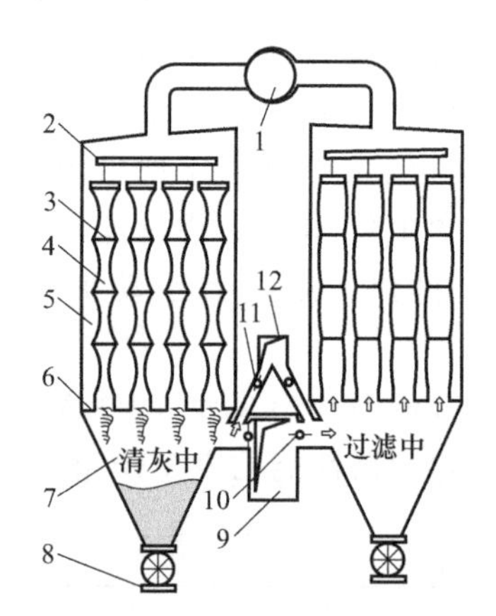

图 3-48　下进风反吹风袋式除尘器

1—排风总管；2—滤袋吊架；3—防瘪环；4—滤袋；5—袋室；6—下花板孔；7—灰斗；8—星形卸灰阀；9—进风总管；10—进风阀；11—反吸风阀；12—反吸风管

尘器分成若干室，当一个室反吹清灰时其他室正常过滤运行。分室反吹风除尘器分为正压式和负压式两种，其中负压式优点较多。这两种除尘器的清灰和过滤状态如图 3-49 和图 3-50 所示。分室反吹风袋除尘器通常采用圆袋内滤式工作。

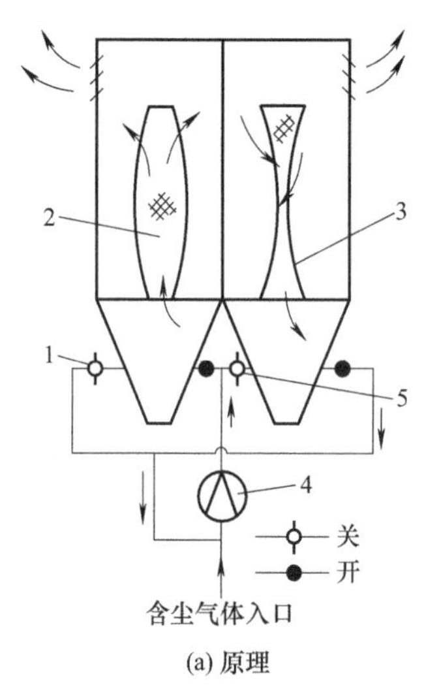

(a) 原理

(b) 外形

图 3-49　正压式反吹风袋式除尘器

1—二次蝶阀；2—布袋（过滤时）；3—布袋（清灰时）；4—引风机；5—一次蝶阀

（2）气环反吹风清灰　这种清灰方式是在内滤式圆形滤袋的外侧，贴近滤袋表面设置一个中空带缝隙的圆环，圆环可上下移动并与压气或高压风机管道相接。由圆环内向的缝状喷嘴喷出的高速气流，将沉积于滤袋内侧的粉尘清落，如图 3-51 所示。

（3）回转脉动反吹风清灰　这是使反吹清灰方式的反向气流产生脉动动作的清灰方式（见图 3-52）。其构造较复杂，要设有能产生脉动作用的机构，清灰作用较强。这种反吹风袋式除尘器扁袋外滤式较多。

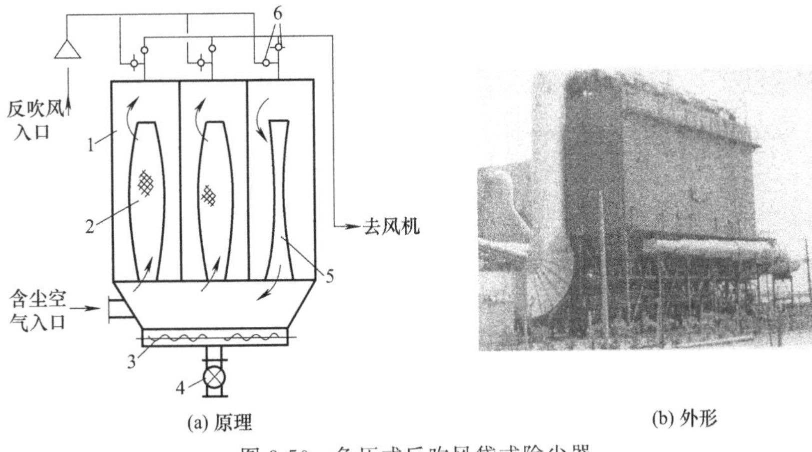

图 3-50 负压式反吹风袋式除尘器

1—除尘器壳体；2—布袋（过滤时）；3—螺旋输送机；
4—旋转卸灰；5—布袋（清灰时）；6—反吹风切换阀

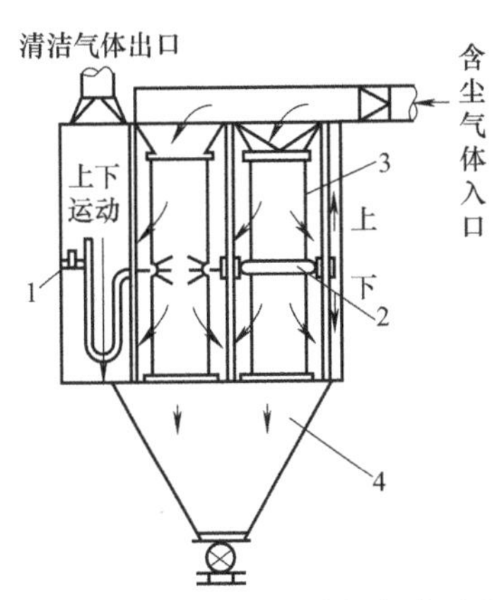

图 3-51 气环反吹风清灰方式示意

1—反吹风机；2—气环；
3—滤袋；4—灰斗

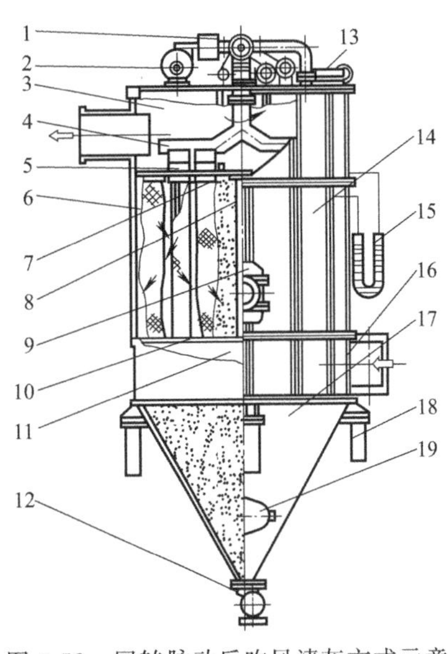

图 3-52 回转脉动反吹风清灰方式示意

1—反吹清灰机构；2—反吹风机；3—清洁室；4—回转臂；
5—切换阀机构；6—扁布袋；7—花板；8—撑柱；
9—中人孔门；10—固定架；11—旋风圈；12—星形卸灰阀；
13—上人孔门；14—过滤室；15—U 形压力计；16—蜗形入口；
17—集灰斗；18—支柱；19—观察孔

二、反吹风袋式除尘器工作原理

负压下进风反吹风袋式除尘器工作原理如图 3-53 所示。

从集尘罩吸入的含尘气体由下部进入袋室，经过滤料过滤后的气体由上部排风管经风机和烟囱排入大气。经过一定时间过滤后，阻力达某一设定值便进行反吹清灰，使滤布“再生”。反吹风清灰称逆气流清灰，也可称缩袋清灰。它主要是通过三通换向阀门的启闭组合来改变滤袋内外压力，即产生与过滤气流方向的反吹气流。由于反向气流作用，将圆筒形滤

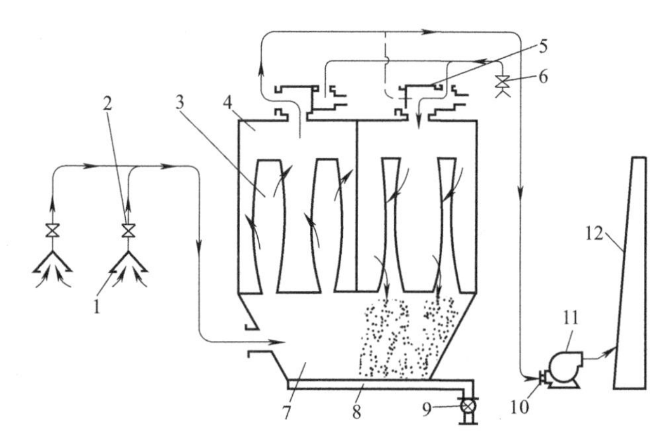

图 3-53　负压下进风反吹风袋式除尘器工作原理
1—集尘罩；2—调风阀；3—滤袋；4—袋室；5—换向阀；6—调节阀；7—灰斗；
8—输灰阀；9—卸灰阀；10—风机阀；11—风机；12—排气筒

袋压缩成星形断面或一字形断面，当重新恢复过滤时产生的振动而使附积的粉尘层脱落。反吹气流的静压作用是使滤袋变形引起滤袋附积粉尘脱落，反吹气流的速度也是导致粉尘层崩落的因素。这种清灰方法有时会产生局部脱落，即斑状剥落。

三、分室反吹风袋式除尘器工艺设计

反吹风袋式除尘器构造如图 3-54 所示，由箱体、框架、反吹机构、走梯、平台、控制装置等部分组成，其结构特点如下所述。

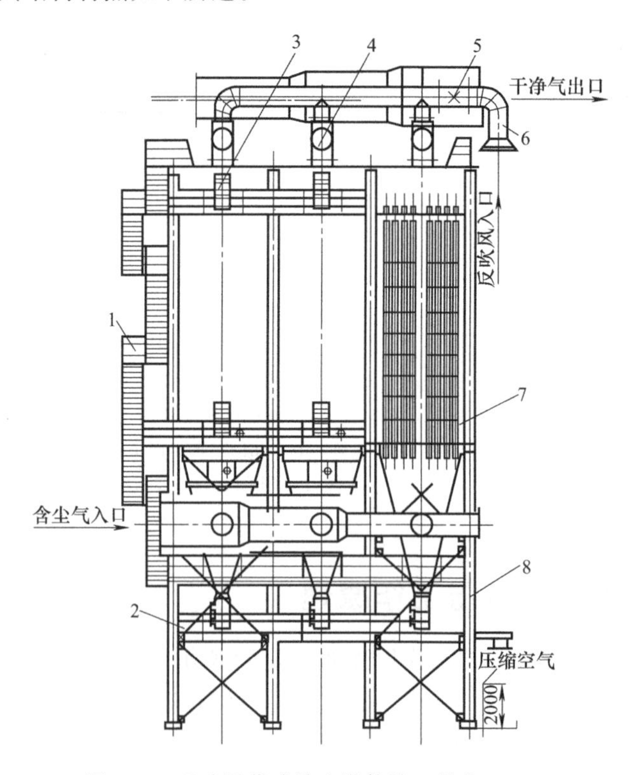

图 3-54　反吹风袋式除尘器构造（单位：mm）
1—走梯；2—平台；3—检修门；4—三通换向阀；5—气动密封阀；6—反吹机构；7—箱体；8—框架

1. 滤袋室的布置

(1) 袋室的分室　反吹风袋式除尘器为了在清灰时仍然工作，采用将除尘器分为若干小室，实行逐室停风反吹。分室时 4～8 室为单排布置，6～20 室采用双排布置。

(2) 袋室的布置　滤袋室的布置首先必须满足过滤面积的要求。在过滤面积满足要求的前提下，主要考虑在维修方便的条件下尽量使滤袋布置紧凑，以减少占地面积。

滤袋的中心距如下：①ϕ200mm 滤袋，中心距取 250～280mm；②ϕ250mm 滤袋，中心距取 300～350mm；③ϕ300mm 滤袋，中心距取 350～400mm。

滤袋的排数按滤袋的直径大小确定，当袋室中间有检修通道时，对于 ϕ200mm 直径滤袋，一般不超过三排；对于 ϕ300mm 直径滤袋，则不超过两排；当滤袋室两侧设有检修通道时，滤袋排数可采用四排或六排。每排滤袋横向根数，可根据实际需要确定。检修通道通常取 300～600mm（滤袋间净距离或滤袋到壁板净距离）。

矩形滤袋室布置如图 3-55 所示。图 3-55 (a) 仅设边部通道，图 3-55 (b) 在中间和边部均有通道。

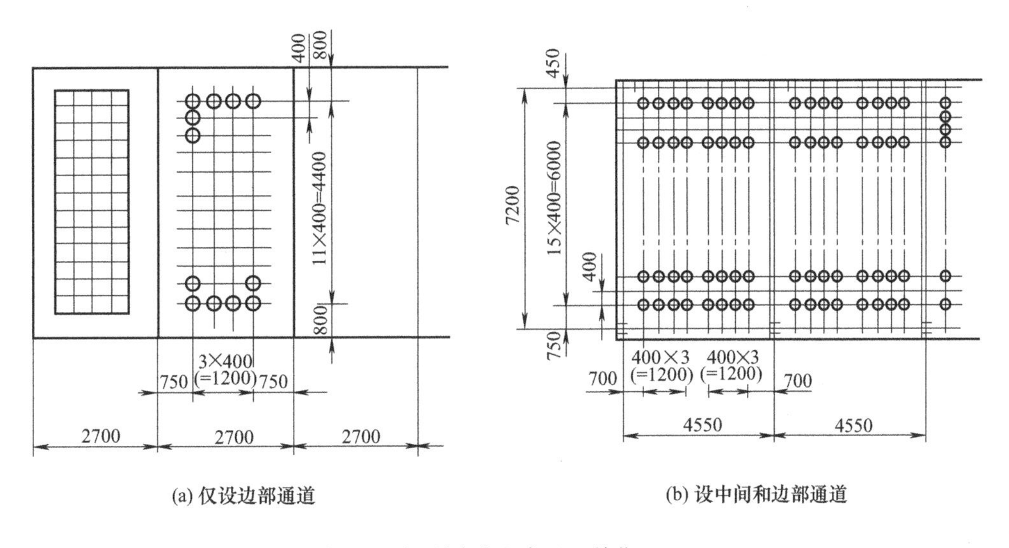

图 3-55　矩形滤袋室布置（单位：mm）

(3) 滤袋尺寸　滤袋尺寸主要确定直径和长度，滤袋直径一般都在 ϕ100～400mm 范围内。内滤式滤袋的长度按滤袋长度与直径的比即长径比确定。长径比一般可取 (5～40)∶1，常用的为 (15～35)∶1。长径比取值较高时可使除尘器高度增加，减少占地面积。

滤袋长径比除考虑平面布置，还应考虑到袋口风速。因为对于一定直径的滤袋，滤袋越长，每根滤袋的风量越大，气流上升速度大，滤袋粉尘不容易降落下来，从而造成对滤袋的磨损。锅炉除尘袋口风速取 1～1.2m/s。

滤袋长径比 (L/D) 与袋口风速的关系为：

$$v_r=4v_c\left(\frac{L}{D}\right) \tag{3-27}$$

式中，v_r 为袋口风速，m/s；v_c 为过滤风速，m/s；L 为滤袋长度，m；D 为滤袋直径，m。

(4) 过滤面积　反吹（吸）布袋除尘器的过滤面积 A 可用下式计算，按总风量的 10%～15%选取。

$$A=A_{p}+A_{c}=\frac{Q_{1}+Q_{2}}{v_{f}}+A_{c} \tag{3-28}$$

式中，A_p 为各滤袋室同时工作时的过滤面积，m^2；A_c 为处理清灰状态的滤袋室的过滤面积，m^2；Q_1 为考虑漏风在内的含尘气体量，m^3/h；Q_2 为反吹风量，m^3/min；v_f 为过滤风速，m/min，一般不大于 1m/min。

2. 灰斗

反吹风袋式除尘器的灰斗与其他形式除尘器灰斗有 3 点不同：①装在灰斗上的花板要设防涡流接管（见图 3-56），对进到滤袋的气流进行导流；②在灰斗的下部设防搭棚板（见图 3-57）预防灰斗粉尘出现搭桥现象；③反吹风袋式除尘器灰斗的卸灰阀应采用双层卸灰阀，以防卸灰阀漏风造成反吹清灰效果欠佳。此外，有经验的设计者往往把灰斗进气口对面的壁板加厚，避免浓度或磨损性强的粉尘把该处的壁板磨损坏影响正常使用。

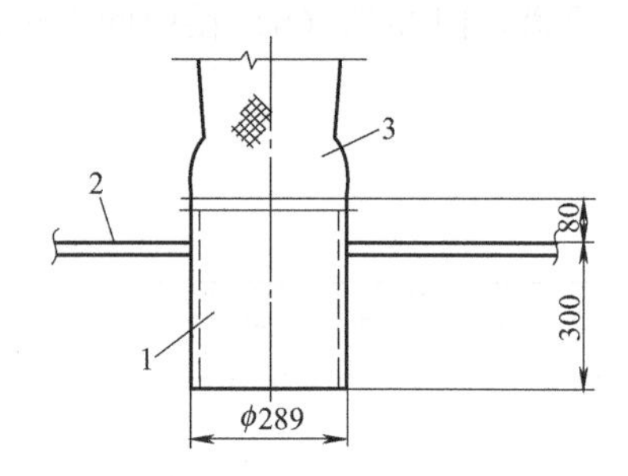

图 3-56 防涡流接管（单位：mm）

1—防涡流短管；2—花板；3—布袋

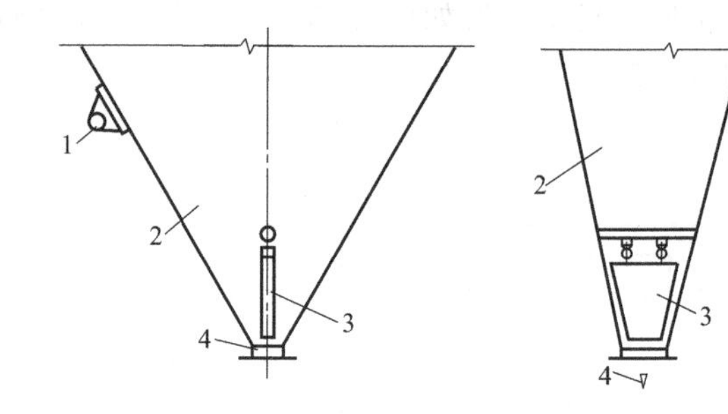

图 3-57 防搭棚板

1—振动电机；2—灰仓；3—防搭棚板；4—排灰口

3. 反吹风清灰装置

反吹风清灰机构是除尘器正常运行的重要环节。装置清灰机构由切换阀门及其控制系统组成。清灰机构设计的原则是：与除尘器匹配，机构简单可靠，动作速度快，清灰效果好。

对切换阀门的基本要求是：阀座密封性好，切换速度快。在正常工况条件下，大都采用平板阀，依靠用硅橡胶密封圈，实现弹性密封；在高温工况条件（>150℃）下，宜采用鼓形阀，利用鼓形曲面与平面阀座刚性密封。切换时间与动力装置及阀体大小有关，一般以 2～5s 为宜。气动装置的推杆速度快，所以多采用气动方式，随着高速电动缸产品的成熟也有用电动方式。

反吹风袋式除尘器的清灰机构有以下 4 种型式。

(1) 三通换向阀　三通换向阀有三个进出口，除尘器滤袋室正常除尘过滤时，气体由下口至排气口，反吹口关闭。反吹清灰时，反吹风口开启，排气口关闭，反吹气流对滤袋室滤袋进行反吹清灰。三通换向阀工作原理如图 3-58 所示。三通换向阀是最常用的反吹风清灰机构型式。这种阀的特点是结构合理，严密不漏风（漏风率<1%），各室风量分配均匀。

(2) 一、二次挡板阀　图 3-59 所示利用一次挡板阀和二次挡板阀进行反吹风袋式除尘器的清灰工作是清灰机构的另一种型式。除尘器某袋滤室除尘工作时，一次阀打开，二次阀关闭，吹清灰时，一次阀关闭，二次阀打开，相当于把三通换向阀一分为二。一、二次挡板阀的结构型式有两种：一种与普通蝶阀类似，但要求阀关闭后严密，漏风率小于 5%；另一种与三通换向阀类似，只是把 3 个进出口改为 2 个进出口，这种阀的漏风率小于 1%。

(3) 回转切换阀　回转切换阀由阀体、回转喷吹管、回转机构、摆线针轮减速器、制动

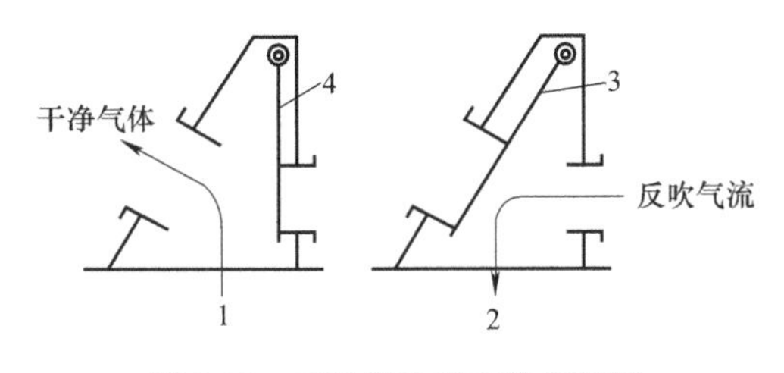

图 3-58 三通换向阀工作原理图

1，2—滤袋室 3，4—阀板

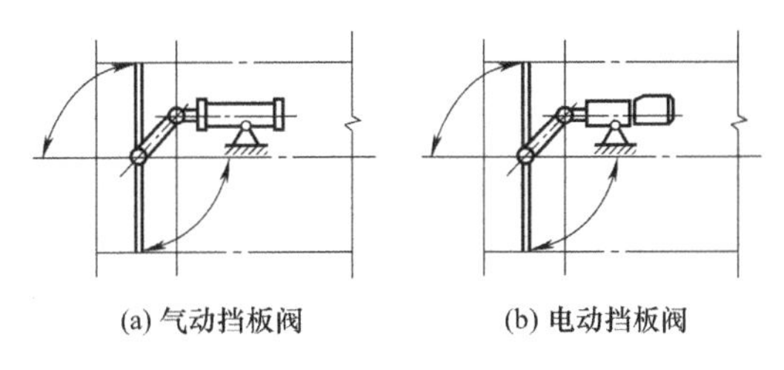

图 3-59 一、二次挡板阀

器、密封圈及行程开关等组成。回转切换阀工作原理如图 3-60 所示。当除尘器进行分室反吹时，回转喷吹管装置在控制装置作用下，按程序旋转并停留在清灰布袋室风道位置。此时滤袋处于不过滤状态，同时反吹气流逆向通过布袋，将粉尘清落。

(4) 盘式提升阀 用于反吹风袋式除尘器的盘式提升阀有两类：一类是负压反吹风袋式除尘器，结构同脉冲除尘器提升阀，其外形如图 3-61 所示；另一类是正压反吹风袋式除尘器，有 3 个出进口。这两类阀的共同特点是靠阀板上下移动开关进出口，构造简单，运行可靠，检修维护方便。

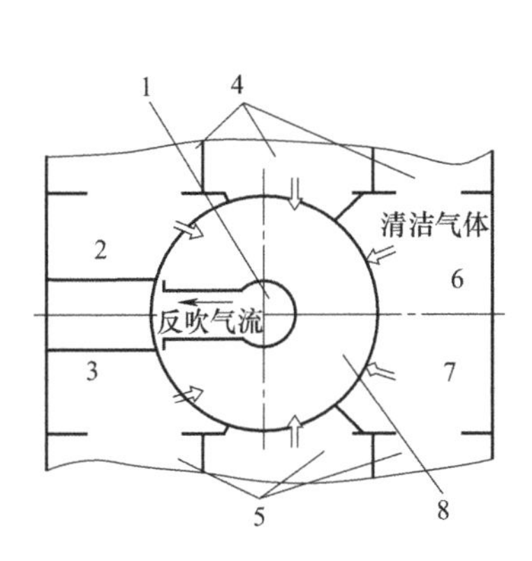

图 3-60 回转切换阀工作原理

1—回转切换阀；2，3，6，7—风道；4，5—滤袋室；8—阀体

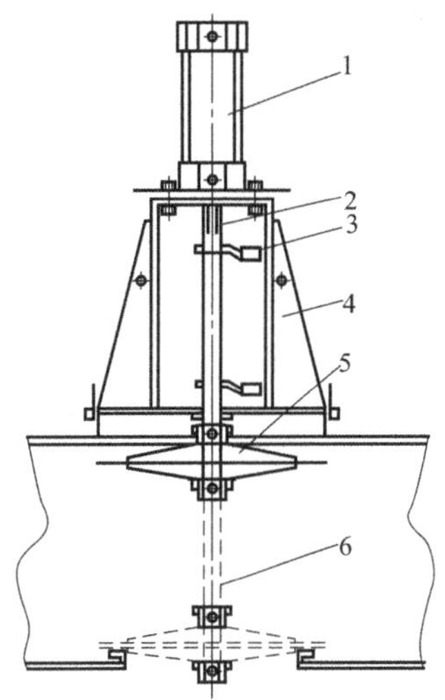

图 3-61 盘式提升阀外形

1—气缸；2—连杆；3—行程开关；4—固定板；5—阀；6—导轨

4. 清灰机理

反吹风清灰的机理，一方面是由于反向的清灰气流直接冲击尘块；另一方面由于气流方向的改变，滤袋产生胀缩变形而使尘块脱落。反吹气流的大小直接影响清灰效果。

反吹风清灰方式如图 3-62 所示。

反吹风清灰在整个滤袋上的气流分布比较均匀。振动不剧烈，故过滤袋的损伤较小。反吹风清灰多采用长滤袋（4～12m）。由于清灰强度平稳过滤风速一般为 0.6～1.2m/min，且都是采用停风清灰，此时滤袋不规则进行过滤除尘。

采用高压气流反吹清灰，如回转反吹袋式除尘器清灰方式在过滤工作状态下进行清灰也可以得到较好的清灰效果，但需另设中压或高压风机。这种方式可采用较高的过滤风速。

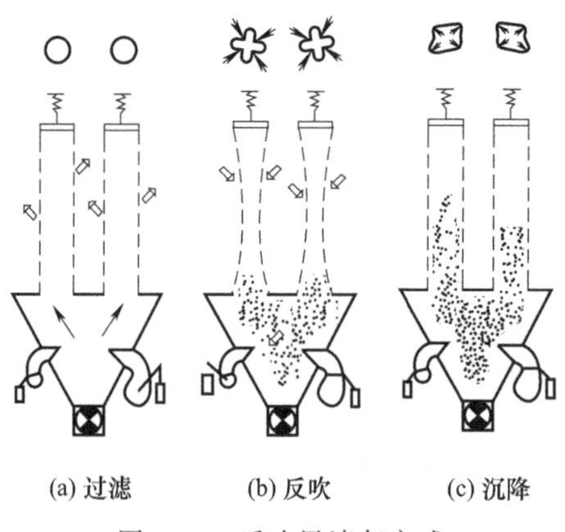

图 3-62 反吹风清灰方式

5. 反吹风清灰设计计算

(1) *反吹清灰风量计算方法* 反吹清灰风量的确定有多种方法，现分述如下。

1) 按过滤风量计算反吹风量

$$q_f = \frac{kAv_F}{N} \tag{3-29}$$

式中，q_f 为反吹风量，m^3/min；A 为总过滤面积，m^2；v_F 为过滤风速，m/min；k 为反吹风系数，$k \approx 0.2 \sim 0.5$；N 为除尘器室数，个。

2) 反吹风量 q_f 确定方法：设除尘器一室内滤袋的气体量在 10s 内被抽净作为反吹风量 q_f（m^3/h），即

$$q_f = (Vn/t) \times k \times 3600 \tag{3-30}$$

式中，V 为每个滤袋的容积，m^3；n 为每个室的滤袋，个；t 为抽净清灰滤袋内的气体量所需时间，s，一般取 $t=10s$；k 为考虑反吹风阀门关闭时的漏风系数，一般取 1.3。

3) 反吹风量可取被清灰的滤袋室的过滤风量的 1/4～1/2。

4) 反吹风量还有以下的确定方法：①反吹风量与除尘器各室的处理风量相等；②反吹风量取各室处理风量的 1/2；③反吹风的过滤风速取 0.45～0.6m/min。

综合上述的方法，建议反吹风量可取与每室的处理风量大致相同的风量，如粉尘的颗粒较细而富有黏性，则反吹风量可取每室处理风量的 1.5 倍的风量。

(2) *反吹风压力确定* 反吹风压力主要是克服滤袋在清灰过程的压力损失和反吹风管路阀门压力损失。当分室反吹风袋式除尘器前管道压力大于反吹风压力时，一般不设反吹风机。

当选用反吹风机时压力取 $q_f \approx 3050Pa$（压表），风机克服滤布和阀门的压降，只需约 3050Pa，多余的压头用于将净气管内的气体吹入滤袋的外侧（内滤式），并穿过滤袋进入未净化气体的总管道。如反吹风机的进口与除尘器的排气相连，风机的出口与进气总管相连，反吹风压首先要克服其汇合点的全压和反吹风管网的流体阻力，则反吹的全压取袋式除尘器阻力的 1.5 倍。设滤袋和管网阻力之和为 1470～1960Pa，则反吹的全压取 2205～2940Pa。如果除尘器的主排风机的压头大于 4500Pa，即除尘器阻力损失小于前除尘器管网压力损失 500Pa 以上则可不设置专用反吹风机，由主排风机吸净气总管内气体或大气进行反吹。

(3) *反吹风周期和反吹时间* 反吹风周期的确定一般有两种方法，即压差法和容尘量法。

1) 压差法：反吹风袋式除尘器在反吹清灰后的初期阻力一般为 1500Pa。随着滤袋的连续工作，粉尘在滤袋内表面不断堆积，阻力逐渐增加，当设备运行阻力达到 2000Pa 时开始

第二次反吹风清灰。在这一过程中所需要的时间即为反吹风周期。

2）容尘量法：根据每平方米滤袋表面上允许的容尘量（即粉尘堆积负荷）来计算反吹风周期。一般可按下式计算：

$$T=\frac{60W}{\frac{Q_iC_i}{1000A_i}}=\frac{1000A_i}{v_fC_i} \tag{3-31}$$

式中，T 为反吹风周期，min；W 为允许容尘量，kg/m^2，通常为 0.1～1.0kg/m^2，对细粉尘采用 0.1～0.3kg/m^2，对粗粉尘采用 0.3～1.0kg/m^2；Q_i 为单个滤袋小室的过滤风量，m^3/h；C_i 为除尘器入口含尘浓度，g/m^3；A_i 为单个滤袋小室的过滤面积，m^2；v_f 为过滤风速，m/min。

采用压差法确定反吹风周期是比较科学的，可以在各种条件波动的情况下（如入口含尘量的波动）保持滤袋的正常工作状态。但是，压差法必须通过试验或生产时间来确定。因此，当缺乏上述条件时，可用称量法进行推算，然后在实际生产过程中进行调整。

3）反吹时间：一般为滤袋的“三状态”或“二状态”清灰所需的时间以及间歇时间之和。以“三状态”吸瘪三次为例，如吸瘪时间取 18s，静止自然沉降时间取 43s，鼓胀时间取 5s，则吸瘪清灰一次的时间为（18＋43＋5）s＝66s，吸瘪清灰三次的总时间为 198s（即 3.3min）。当为“二状态”时，则吸瘪清灰一次的时间为（18＋5）s＝23s，吸瘪清灰三次的总时间为 69s（即 1.1min）。

【例 3-1】 已知一台玻纤袋式除尘器的处理烟气量 Q_1 为 375000m^3/h；标准状态下进口含尘浓度 C_1 为 80g/m^3；出口含尘浓度 $C_2<100mg/m^3$；烟气温度 t 为 230℃；系统漏风率为 15%。试确定除尘器的规格。

解：（1）主要参数计算

1）过滤风速的选择：根据普通玻纤材质的使用温度和烟气温度，并考虑滤袋的使用寿命，净过滤风速 v_j 取 0.6m/min。

2）所需总过滤面积 A 的计算：初步取室数 $N=12$，漏风量 $Q_2=375000\times15\%m^3/h=56250m^3/h$，反吹风量 Q_3 近似为（375000/12）$m^3/h=31250m^3/h$，总处理风量 $Q_z=Q_1+Q_2+Q_3=(375000+56250+31250)m^3/h=462500m^3/h$，则总过滤面积：

$$A=Q_z/60v_j=462500/(60\times0.6)=12847m^2$$

3）求所需滤袋数 n：滤袋规格为 ϕ300mm×9296mm 每个滤袋过滤面积 $f=0.3\pi\times(9.296-0.038-0.076-4\times0.051)m^2\approx8.46m^2$，则 $n=A/f=12847/8.46=1519$ 条。

4）确定实际室数 N：设每个室袋数为 140 条，则 $N=n/140=1519/140=10.85$ 个，考虑 1 个室清灰，取 12 个室。

5）计算实际总过滤面积 A_1：每条长度为 9.296m 滤袋的过滤面积 f_1 为 $f_1\approx8.46m^2$，共有 1664 条；每条长度为 7.162m 滤袋的过滤面积 f_2 为 $f_2=\pi\times0.3\times(7.162-0.038-0.076-4\times0.051)m^2\approx6.45m^2$，共有 36 条（每室只有 3 条），则实际总过滤面积 A_1 为

$$A_1=(8.46\times1644+6.45\times36)m^2=14140m^2$$

6）计算实际过滤风速：当 12 室同时工作时的毛过滤风速 v_m 为

$$v_m(Q_1+Q_2)/A_s=(375000+56250)/(14140\times60)=0.51(m/min)$$

当 1 个室清灰 11 个室工作时的净过滤速度 v_j 为

$$v_j=Q_z/[A_s\times(N-1)/N\times60]=462500/[60\times14140\times(12-1)/12]=0.59(m/min)$$

$$v_j = 0.59\text{m/min} < 0.6\text{m/min}$$

故可满足要求。

根据计算结果进行结构工艺设计，也可从选型图册选用相应规格的产品。

(2) 反吹风机选型

1) 确定反吹风机的风量和风压：反吹风量 $q_f = Q_3 \times 1.15 = 31250 \times 1.15 = 35938\text{m}^3/\text{h}$；风机风压 p_f 为 3050Pa。

2) 反吹风机选型：根据已知的 q_f 和 p_f 从风机样本中选择锅炉引风机

① 型号：Y5-47Ⅱ No12D。

② 主轴转速：1480r/min。

③ 风机流量：$37483\text{m}^3/\text{h}$。

④ 全压：3619Pa。

⑤ 配用电机：型号 Y280S-4，功率 75kW。

四、回转反吹袋式除尘器工艺设计

回转反吹袋式除尘器，是应用空气喷嘴，分环采用回转方式，逐个对滤袋进行逆向反吹清灰的袋式除尘器。20 世纪 60 年代中期，上海机修总厂研发并首次在铸造车间成功应用回转反吹袋式除尘器；基于结构简单、性能稳定、反吹气源取用方便和维护工作量小等特点，受到用户青睐，得到广泛应用。

1. 除尘器分类

回转反吹袋式除尘器采用外滤式原理设计。按其滤袋断面的不同，回转反吹袋式除尘器分为回转反吹扁袋除尘器、回转反吹圆袋除尘器和回转反吹椭圆袋除尘器。

(1) 回转反吹扁袋除尘器　回转反吹扁袋除尘器，其花板孔洞和滤袋外形为梯形，滤袋边长 320mm，短边分别为 80mm 和 40mm，滤袋长度 3～5m。花板孔洞按环呈辐射状分布，最大限度利用除尘器内的空间，即钢材利用率最高。多用于中小容量的干式除尘。

(2) 回转反吹圆袋除尘器　回转反吹圆袋除尘器，其滤袋形状为圆形，圆袋直径 ϕ120mm、ϕ130mm、ϕ140mm、ϕ150mm、ϕ160mm；滤袋长度 3～5m；花板孔间距 50～60mm，花板厚度 6～10mm。花板孔分环呈辐射状分布，除尘器空间利用率虽然低于扁袋除尘器，但其有加工方便、质量高、滤袋利用弹簧片与孔壁张紧密封性强等特点，综合功能好。多用于中小容量的干式除尘。

(3) 回转反吹椭圆袋除尘器　回转反吹椭圆袋除尘器，是在回转反吹扁袋除尘器的应用基础上，将纵向排列的梯形袋改为横向排列的椭圆袋除尘器。该类除尘器既发扬了滤袋空间布置的利用优势，又以分室排列的组合方式，扩大了整机过滤能力，为燃煤锅炉烟气脱硫除尘提供了大型除尘装置。多用于大型、特大型烟气脱硫除尘工程，工业炉窑除尘工程和二次烟气除尘工程。

2. 工作原理

含尘气体由进气口沿切线方向进入除尘器后，气流在下部圆筒段旋转；在离心力和重力的作用下，粒度较大的粉尘分离，沿筒壁下移进入灰斗；而较细的粉尘随气流一起上升，经过辐射状布置的梯形（圆形或椭圆形）滤袋过滤，粉尘被阻留在滤袋外侧；净化气体穿过滤袋从滤袋口上方进入净气室，由出气管排出。阻留在滤袋外侧的粉尘层不断增厚，阻力达到设定值时，自动启动反吹风机，具有足够动量的反吹风，由悬臂风管经喷嘴吸入滤袋，引起滤袋振动抖落滤饼；当滤袋阻力降至下限时，反吹风机自动停止工作。

3. 构造设计

回转反吹袋式除尘器的构造如图 3-63 所示。回转反吹袋式除尘器大致由下列基本单元组成；分体制作，总体组合。

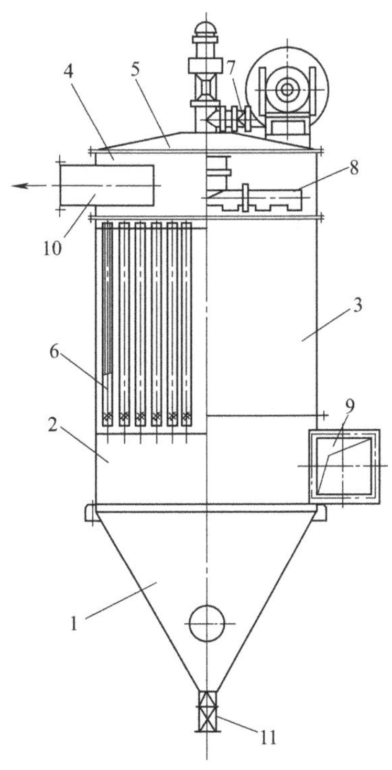

图 3-63 回转反吹袋式除尘器的构造

1—灰斗；2—下部箱体；3—中部箱体；4—上部箱体；5—顶盖；6—滤袋；7—反吹风机；8—回转反吹装置；9—进风口；10—出风口；11—卸灰装置

(1) 下部箱体 下部箱体包括下部筒体、灰斗、人孔、底座和星形卸料器，进风管定位焊接在下部筒体上。底座直接焊接在灰斗上，其螺栓孔位置按设计定位；设备支架按用户需要配设。

(2) 中部箱体 中部箱体部分包括中部筒体、花板、滤袋和滤袋定位板。滤袋定位板，待花板定位焊接后，按滤袋实际位置找正并焊接固定在中箱体下部筒壁上。

(3) 上部箱体 上部箱体部分包括上部筒体、顶盖、出风管、护栏与立梯。顶盖为回转式，上部设有滤袋更换与检修人孔；顶盖外侧设有升降式辊轮和围挡式密封槽（见图 3-64），方便滤袋更换与筒体密封兼容。在顶盖上设护栏，沿筒身下沿设有立梯或环形爬梯。

4. 反吹风系统

反吹风系统分为上进式和下进式两种形式。推荐应用上进式反吹风系统，反吹风机直接安装在除尘器顶盖上，抽取大气空气或净室气体，循环组织反吹清灰；但应注意防止雨雪混入，特别注意反吹气体可能引起爆炸。

5. 工艺设计计算

1) 过滤面积：

$$S=\frac{Q_{\mathrm{vt}}}{60v_{\mathrm{t}}} \tag{3-32}$$

式中，S 为过滤面积，m^2；Q_{vt} 为工况状态下处理风量，m^3/h；v_{t} 为工况状态下滤袋过滤

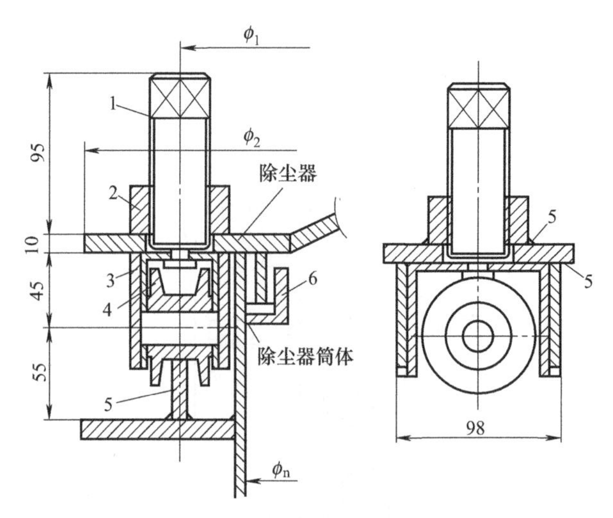

图 3-64 升降式辊轮和围挡式密封槽（单位：mm）

1—丝杠；2—螺母；3—护套；4—辊轮；5—轨道；6—环形密封槽

速度，m/min。

2）单袋过滤面积：

$$S_1=\pi dL_1 \tag{3-33}$$

式中，S_1 为单条滤袋过滤面积，m^2；π 为圆周率，π 取值 3.1416；d 为滤袋直径，m；L_1 为滤袋有效工作长度，m。

3）滤袋条数：

$$n=\frac{S}{S_1} \tag{3-34}$$

式中，n 为滤袋条数；其他符号意义同前。

4）按排列组合修订滤袋条数、长度和过滤面积。

5）按设备强度、刚度和最小安全尺寸，确定设备外形尺寸。

6）设备阻力：

$$\Delta p=\Delta p_1+\Delta p_2+\Delta p_3+\Delta p_4+\Delta p_5 \tag{3-35}$$

式中，Δp 为除尘器总阻力，Pa；Δp_1 为入口管阻力，Pa；Δp_2 为花板孔板阻力，Pa；Δp_3 为出口管阻力，Pa；Δp_4 为滤料阻力，Pa；Δp_5 为粉尘阻尼层阻力，Pa。

一般按经验 Δp＝1200～1500Pa。

6. 清灰工艺设计

回转反吹袋式除尘器反吹风清灰系统（见图 3-65），包括反吹风机、风量调节阀、反吹风管、机械回转装置和反吹喷嘴以及风机减振设施。

（1）*反吹风机* 反吹风机是回转反吹袋式除尘器的重要配套设备。9-19 系列高压离心通风机、9-26 系列高压离心通风机，是常用的反吹风机；主要是利用其低风量、高风压和结构紧凑的技术特性，非常适合回转反吹袋式除尘器的反吹风清灰需要。在大型燃煤锅炉烟气脱硫除尘应用长袋低压回转反吹除尘器时，多选用叶式鼓风机。

反吹风量占处理风量的 15%～20%。反吹风压按高压风机全压取值。

（2）*风量调节阀* 风量调节阀，安装在反吹风机出口管道上，用以调节反吹风量的大小。

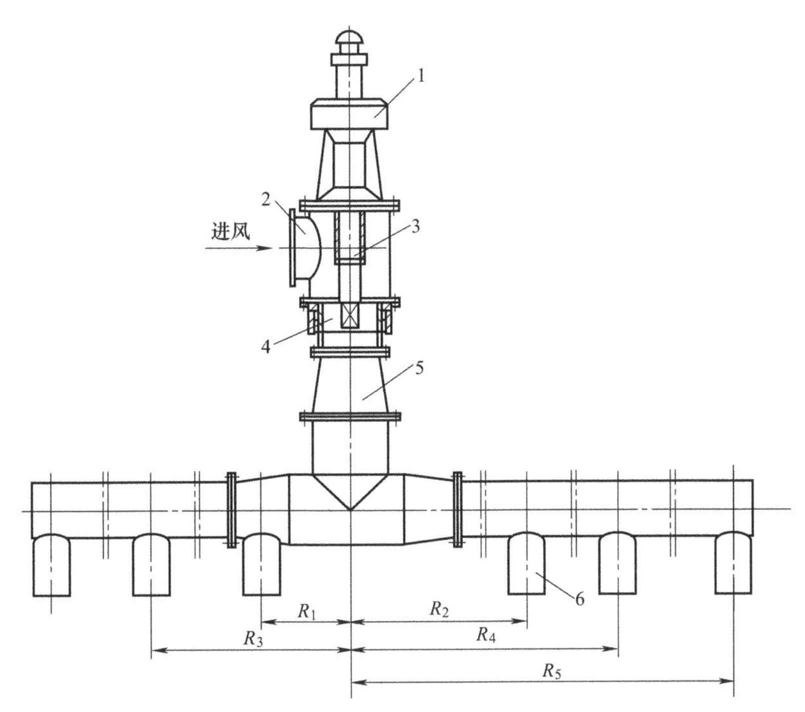

图 3-65 回转反吹袋式除尘器反吹风清灰系统

1—立式减速机；2—三通管；3—传动轴；4—转动盘；5—反吹风管；6—喷嘴

(3) 反吹风管 反吹风管分为吸入段和压出段。用以大气空气反吹的，可不设吸入管；户外安装时应在风机入口加设防护网，防止雨雪和异物吸入风机。

(4) 机械回转装置和反吹喷嘴 机械回转装置有拨叉式和转动式，推荐应用转动式，由无油轴承传递反吹风喷嘴的机械回转。

(5) 风机减振设施 反吹风机进出口设帆布接口，风机底座设减振器。

7. 安全设施

(1) 安全阀 当除尘器用于处理可燃粉尘和可燃气体时，每台设备要设计与安装泄爆安全阀或防爆片。

(2) 除尘器梯子、栏杆及走台 设计与安装时，必须符合《固定式钢梯及平台安全要求 第1部分：钢直梯》(GB 4053.1—2009)、《固定式钢梯及平台安全要求 第2部分：钢斜梯》(GB 4053.2—2009)、《固定式钢梯及平台要求 第3部分：工业防护栏杆及钢平台》(GB 4053.3—2009)、《固定式工业钢平台》(GB 4053.4—1983) 规定。

(3) 运行控制 设计与安装除尘器时，应科学组织温度控制，保证除尘器内部烟气温度在酸露点以上运行，防止袋式除尘器结露和结垢。

8. 实例：ZC型系列回转反吹袋式除尘器

(1) ZC型系列回转反吹袋式除尘器设计特点

1) 除尘器壳体按旋风除尘器流线型设计，能起局部旋风作用，以减轻滤袋负荷，圆筒拱顶的体形、受力均匀，抗爆炸性能好。大颗粒粉尘经旋风离心作用，首先分离；小颗粒粉尘则通过滤袋过滤而清除。由于本除尘器进行二级除尘减轻了滤袋的负荷，从而增加了滤袋的寿命。

2) 采用悬臂回转对环状布置的每个布袋轮流、分圈反吹清灰，除尘器只有一个滤袋在

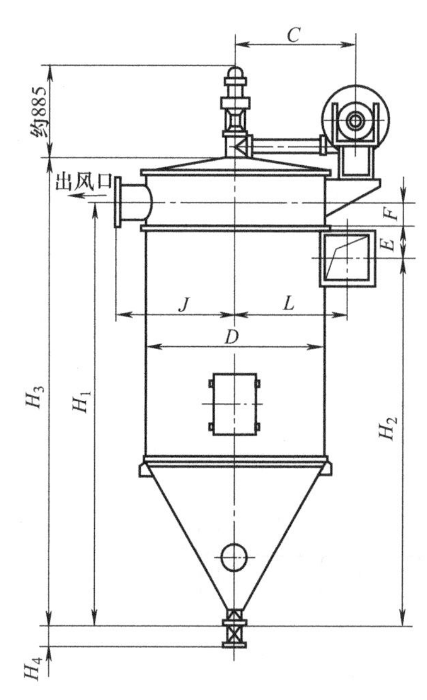

图 3-66　ZC 型系列回转反吹袋式除尘器外形（单位：mm）

清灰，因此再生工况并不影响除尘器的整体净化效果。

3）设备自带高压风机反吹清灰，不受现场气源条件的限制，具有反吹作用力大、滤袋结构长的优点，能充分利用除尘器清洁室的空间，并克服了压缩空气脉冲清灰的弊病。

4）滤袋采用梯形扁布袋在圆筒内布置，结构简单、紧凑，过滤面积指标高。受反吹风作用大、振幅大，只需一次振击即可抖落积尘，有利于提高滤袋的使用寿命。

5）由时间继电器设定清灰周期，定期进行清灰，清灰周期可根据工况进行调整。

6）灰斗上可根据需要加设仓壁振动器，尘斗内不会产生积尘堵塞现象。

7）反吹悬臂在机械振动结构上做了较大改进，使悬臂传动更灵活，定位更准确，无下挠现象，抗卡阻驱动力小，使除尘器效率稳定。

8）该除尘器在顶盖设有回转揭盖结构及操作人孔，使换袋、检修、维护工作方便可靠。ZC 型系列回转反吹袋式除尘器如图 3-66 所示，ZC 型系列回转反吹袋式除尘器主要性能参数见表 3-11，外形尺寸见表 3-12。

表 3-11　ZC 型系列回转反吹袋式除尘器主要性能参数

序号	型号	过滤面积/m²		处理风量		袋长/m	圈数/圈	袋数/袋
		公称	实际	过滤风速/(m/min)	风量/(m³/h)			
1	24ZC200	40	38	1.0～1.5	2400～3600	2.0	1	24
2	24ZC300	60	57	1.0～1.5	3600～5400	3.0	1	24
3	24ZC400	80	76	1.0～1.5	4800～7200	4.0	1	24
4	72ZC200	110	114	1.0～1.5	6600～9900	2.0	2	72
5	72ZC300	170	170	1.0～1.5	10200～15300	3.0	2	72
6	72ZC400	230	228	1.0～1.5	13800～20700	4.0	2	72
7	144ZC300	340	340	1.0～1.5	20400～30600	3.0	3	144
8	144ZC400	450	455	1.0～1.5	27000～40500	4.0	3	144
9	144ZC500	570	569	1.0～1.5	34200～51300	5.0	3	144
10	240ZC400	760	758	1.0～1.5	45600～68400	3.0	3	240
11	240ZC500	950	950	1.0～1.5	57000～85500	4.0	4	240
12	240ZC600	1138	1138	1.0～1.5	68400～102600	5.0	4	240

序号	型号	反吹风机				卸灰阀		减速器	
		风量/(m³/h)	风压/Pa	转速/(r/min)	功率/kW	规格/(mm×mm)	功率/kW	输出轴转速/(r/min)	功率/kW
1	9-19$N_0$4A	1209	3720	2900	2.2	ϕ200×300	0.75	2.0	0.55
2	9-19$N_0$4.5A	1995	4630	2900	4.0	ϕ200×300	0.75	2.0	0.55
3	9-19$N_0$4.5A	1995	4630	2900	4.0	ϕ200×300	0.75	2.0	0.55

续表

序号	型号	反吹风机				卸灰阀		减速器	
		风量/(m^3/h)	风压/Pa	转速/(r/min)	功率/kW	规格/(mm×mm)	功率/kW	输出轴转速/(r/min)	功率/kW
4	9-19$N_0$4.5A	1995	4630	2900	4.0	ϕ200×300	0.75	2.0	0.55
5	9-19$N_0$5A	3113	5580	2900	7.5	ϕ200×300	0.75	2.0	0.55
6	9-19$N_0$5A	3113	5580	2900	7.5	ϕ200×300	0.75	2.0	0.55
7	9-19$N_0$5A	3113	5580	2900	7.5	ϕ280×380	1.1	1.2	0.75
8	9-19$N_0$5A	3113	5580	2900	7.5	ϕ280×380	1.1	1.2	0.75
9	9-19$N_0$5.6A	3317	7520	2900	11.0	ϕ280×380	1.1	1.2	0.75
10	9-19$N_0$5A	3113	5580	2900	7.5	ϕ280×380	1.1	1.0	0.75
11	9-19$N_0$5.6A	3317	7520	2900	11.0	ϕ280×380	1.1	1.0	0.75
12	9-19$N_0$5.6A	3317	7520	2900	11.0	ϕ280×380	1.1	1.0	0.75

表 3-12 ZC 型系列回转反吹袋式除尘器外形尺寸 单位：mm

序号	型号	质量/kg	H_1	H_2	H_3	H_4	H_5	C	D	E	F	H	I	J	S	Φ_1
1	24ZC200	1820	3926	3313	3666	303		1177.5	1690	260	350	4375	970	1100	1200	360
2	24ZC300	1977	4926	4273	4666	303	1070	1200	2690	300	350	5375	970	1100	1200	360
3	24ZC400	2144	5926	5273	5666	303		1200	1690	300	350	6375	1005	1100	1200	450
4	72ZC200	3942	4586	3818	4286	303		1640	2530	415	350	5035	1425	1600	1700	560
5	72ZC300	4622	5586	4733	5286	303	1690	1672.5	2530	500	350	6035	1465	1600	1700	630
6	72ZC400	5310	6586	5633	6286	303		1672.5	2530	600	350	7035	1465	1600	1800	750
7	144ZC300	8238	6561	5523	6126	383		2172.5	3530	600	435	7164	2015	2100	2400	800
8	144ZC400	8974	7561	6398	7126	383	2850	2172.5	3530	725	435	8164	2080	2100	2400	1000
9	144ZC500	9956	8561	7398	8126	383		2192	3530	725	435	9164	2080	2100	2500	1120
10	240ZC400	15291	8366	7138	7846	383		2597	4380	725	500	9077	2590	2600	2900	1250
11	240ZC500	17125	9366	7763	8846	383	3240	2671	4380	1100	500	10077	2590	2600	3000	1400
12	240ZC600	18945	10366	8763	9846	383		2671	4380	1100	500	11077	2690	2600	3200	1800

(2) ZC 型除尘器的性能特点

1) 回转反吹风扁袋布袋除尘器过滤时净过滤面积用下式计算：

$$A_N = \frac{Q}{60v_N} \tag{3-36}$$

式中，A_N 为净过滤面积，指某一除尘器在其中一个分室停风反吹时其余各个分室的过滤面积之和，m^2；Q 为通过除尘器的过滤气量，亦称处理气体量，m^3；v_N 为净过滤风速，m/min。

2) 过滤的风速的选定：①对于过滤温度较高（80℃≤t≤250℃）、黏性大、浓度高、颗粒尘细的含尘气体，按低过滤风速运行，v=0.8～1.2m/min；②对于过滤温度为常温（t<80℃）、黏性小、浓度低、颗粒尘粗的含尘气体，按高过滤风速运行，v=1.0～1.5m/min。

3) 工作阻力：①常温状况空负载运行时，其工作阻力为 300～400Pa。②负载运行时控制阻力范围，应与选用的过滤风速相对应：a. 对于一般负荷（低过滤风速）运行工况，其工作阻力应控制在 800～1300Pa；b. 对于高负荷（高过滤风速）运行工况，其工作阻力应控制在 1100～1600Pa。

4）入口温度控制：①除尘器入口气体温度应控制在气体露点温度以上 20～30℃；②采用滤料为工业涤纶针刺毡时，入口温度一般不大于 120℃，采用滤料为耐高温玻璃纤维布时，入口温度不大于 250℃。

5）入口含尘气体浓度控制：入口含尘气体的浓度并不影响过滤效果，但浓度太高使滤袋负荷过大，反吹风工作频繁，影响滤袋的使用寿命，所以入口浓度不宜大于 $15g/m^3$。

6）滤袋使用寿命：正常使用寿命一般大于 2 年。

第四节　脉冲袋式除尘器工艺设计

脉冲喷吹袋式除尘器是 20 世纪 50 年代美国人莱因豪尔（Reinhauer）发明的，它是一种周期地向滤袋内喷吹压缩空气来达到清除滤袋积灰的袋式除尘器。该除尘器属于高效除尘器，净化效率可达 99%以上，压力损失为 1200～1500Pa，过滤负荷较高，滤布磨损较轻，使用寿命较长，运行稳定可靠，已得到普遍采用。清灰需要有压气源作为清灰动力，消耗一定能量。

一、脉冲袋式除尘器分类

脉冲袋式除尘器依分类方法不同可以分成以下几种。

1. 按构造分类

按清灰装置的构造不同可以分为管式喷吹脉冲除尘器、箱式喷吹脉冲除尘器、移动喷吹脉冲除尘器和回转喷吹脉冲袋式除尘器四类。

（1）管式喷吹脉冲除尘器　脉冲除尘器清灰时，压缩空气由滤袋口上部的喷吹管的孔眼直接喷射到滤袋内。在滤袋口有的装设文氏管进行导流，有的不装设文氏管，但要求喷吹管孔眼与滤袋中心在一条垂直线上，管式喷吹（见图 3-67）是最常用的一种清灰方式。其特点是容易实现所有滤袋的均匀喷吹，滤袋清灰效果好。

（2）箱式喷吹脉冲除尘器　箱式喷吹是一个袋室用一个脉冲阀喷吹，不设喷吹管，一台除尘器分为若干个袋室装。设与袋式匹配若干个脉冲阀，如图 3-68 所示。箱式喷吹的最大优点是喷吹装置简单，换袋维修方便。但单室滤袋数量受限制，如果滤袋数量过多则会影响滤袋的清灰效果。

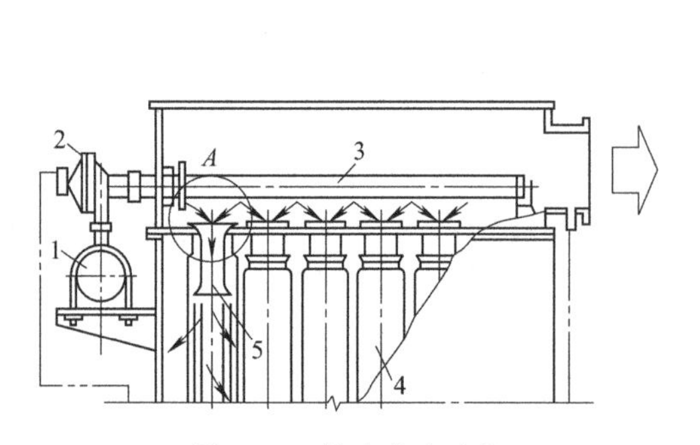

图 3-67　管式喷吹示意

1—气包；2—脉冲阀；3—喷吹管；4—滤袋；5—文氏管导流器

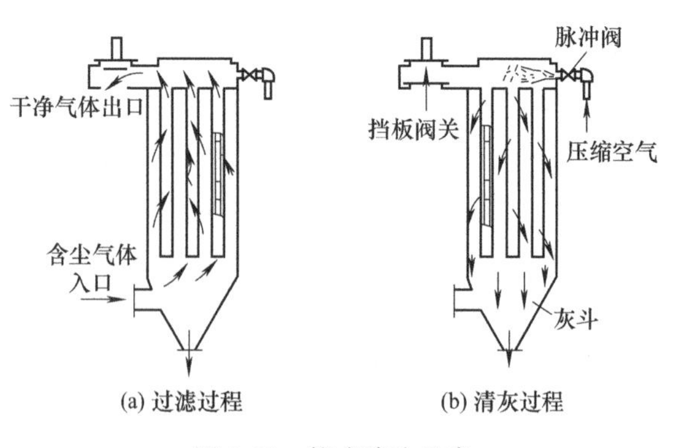

图 3-68　箱式喷吹示意

(3) 移动喷吹脉冲除尘器　由一个脉冲阀与一根活动管和数个喷嘴组成一个移动式喷吹头，每组滤袋对应装有一个相互隔开的集气室，当喷头移动到某一集气室时，打开脉冲阀，高压由喷嘴喷入箱内，然后分别进入每条滤袋进行清灰，如图 3-69 所示。其特点是用一套喷吹装置喷吹若干排滤袋。移动喷吹虽然可以减少喷吹管的数量，但对喷吹管的加工和安装精度要求较严格，维修也不方便。

(4) 回转喷吹脉冲袋式除尘器　由一个大型旋转总管对滤袋（通常为扁袋）进行脉冲喷吹，其结构与回转反吹风袋式除尘器近似，区别在于：①使用了脉冲阀间断清灰；②设有分气箱；③分室停风脉冲清灰，除尘器上部箱体构造如图 3-70 所示。

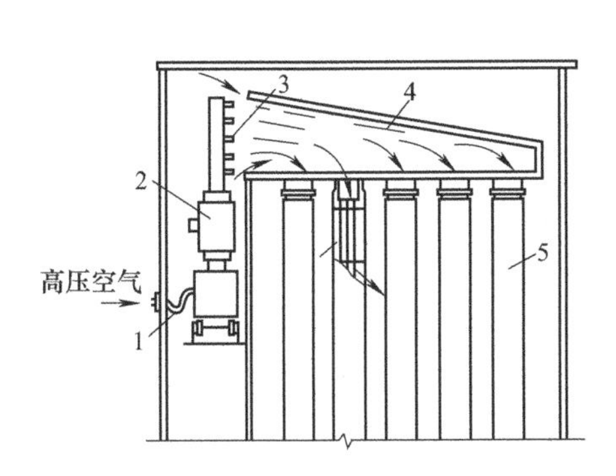

图 3-69　移动喷吹示意

1—软管；2—喷吹箱；3—喷嘴；4—集合箱；5—滤袋

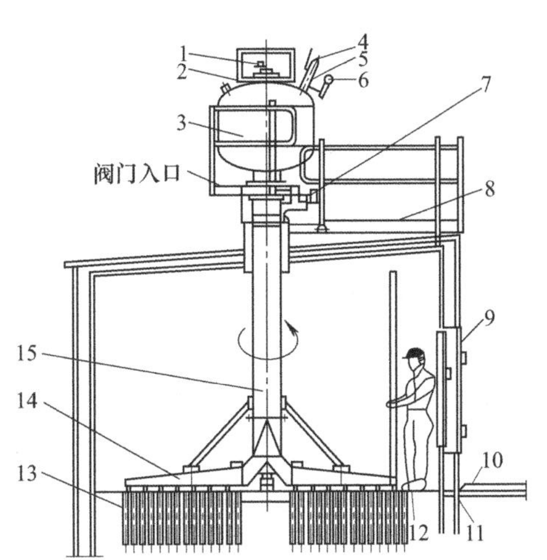

图 3-70　除尘器上部箱体构造

1—电磁阀；2—膜片；3—气包；4—隔离阀；5—单向阀；6—压力表；7—驱动电动机；8—顶部通道；9—检查门；10—通道；11—外壳；12—花板；13—滤袋；14—喷吹管；15—喷吹总管

2. 按喷吹压力分类

脉冲袋式除尘器按压缩空气喷吹压力大小可以分为高压喷吹脉冲除尘器、低压喷吹脉冲除尘器和中压喷吹脉冲除尘器。

(1) 高压喷吹脉冲除尘器　高压喷吹指除尘器分气包的工作压力超过 0.5MPa 时所用的清灰压力，高压喷吹的工作压力通常在 0.5～0.7MPa。高压喷吹的特点是用较小的气量达到较好的清灰效果，特别是除尘器在处理高温烟气时，这一效果更为明显。高压喷吹所用的分气包体积小，喷吹管细，喷吹脉冲阀多采用直角阀是它的另一个特点。

(2) 低压喷吹脉冲除尘器　低压喷吹的分气包工作压力低于 0.25MPa，低压喷吹时达到同样的清灰效果需要气体量较大，在处理高温烟气时，由于喷吹气量较大且温度较低，有可能在袋口形成结露现象。低压喷吹的优点在于：当压缩空气管网压力低时亦能适应管网压力进行清灰作业。

(3) 中压喷吹脉冲除尘器　介于高压和低压之间的脉冲喷吹袋式除尘器。

3. 按滤袋形状分类

按滤袋形状，脉冲除尘器可分为圆筒袋脉冲袋式除尘器和扁袋脉冲袋式除尘器；此外还有菱形袋脉冲袋式除尘器。

（1）*圆筒袋脉冲袋式除尘器* 脉冲袋式除尘器使用的滤袋多数为圆筒形，其直径范围为 ϕ80～180mm，用于特殊场合时则不在此范围内。圆筒形滤袋缝制方便，袋笼制作和安装容易。

（2）*扁袋脉冲袋式除尘器* 扁袋脉冲袋式除尘器使用的滤袋有两类：一类是侧插式扁袋；另一类是上插式梯形袋。前者袋小且扁，后者袋大且长。

4. 按脉冲喷吹流向分类

脉冲喷吹袋式除尘器按其脉冲喷吹方向与过滤气流的方向可分为逆喷式、顺喷式及对喷式 3 种。

（1）*逆喷式袋式除尘器* 这种除尘器喷吹气流的方向与过滤气流的方向相反。为设计和操作方便，绝大多数除尘器属于逆喷式袋式除尘器。

（2）*顺喷式袋式除尘器* 喷吹气流方向与过滤气流方向相同。一般设计成两种气流均自上向下流动。

（3）*对喷式袋式除尘器* 脉冲喷吹气从滤袋的上下两端对喷于袋内，对喷可提高清灰效果，加长滤袋的长度。

5. 按喷吹方式分类

脉冲喷吹袋式除尘器按其喷吹方式不同，可分为在线喷吹和离线喷吹两种。

（1）*在线喷吹袋式除尘器* “在线喷吹”是将袋式除尘器的所有滤袋安置在一个箱体内，滤袋排列成数排，清灰时滤袋逐排喷吹，此时袋式除尘器内的其余各排滤袋仍在过滤状态下，为此也称“在线清灰”。在线喷吹时，虽然被清灰的滤袋不起过滤作用，但因喷吹时间很短，而且滤袋依次逐排地清灰，几乎可以将过滤作用看成是连续的，因此可以不采取分室结构。但对大中型除尘器即使在线喷吹，为了检修方便也采用分室结构设计。

（2）*离线喷吹袋式除尘器* 离线喷吹是将袋式除尘器分成若干个滤袋室，然后逐室进行喷吹清灰，清灰时该室即停止过滤，故又称停风喷吹。在线喷吹时，与被清灰滤袋相邻的滤袋尚处于过滤状态，清下的粉尘易被相邻滤袋再吸附，致使清灰不够彻底；而离线喷吹是停止过滤状态下进行喷吹清灰，因而清灰彻底。同时离线清灰时，喷吹用压缩空气压力在达到同样清灰效果的情况下比较低。

6. 按清灰方式分类

脉冲袋式除尘器按清灰方式分为 10 类，见表 3-13。

表 3-13 脉冲袋式除尘器按清灰方式分类

序号	名　称	定　义
1	逆喷低压脉冲	低压喷吹，喷吹气流与过滤后袋内净气流向相反，净气由上部净气箱排出
2	逆喷高压脉冲	高压喷吹，喷吹气流与过滤后袋内净气流向相反，净气由上部净气箱排出
3	顺喷低压脉冲	低压喷吹，喷吹气流与过滤后袋内净气流向一致，净气由下部净气联箱排出
4	顺喷高压脉冲	高压喷吹，喷吹气流与过滤后袋内净气流向一致，净气由下部净气联箱排出
5	对喷低压脉冲	低压喷吹，喷吹气流从滤袋上下同时射入，净气由净气联箱排出
6	对喷高压脉冲	高压喷吹，喷吹气流从滤袋上下同时射入，净气由净气联箱排出
7	环隙低压脉冲	低压喷吹，使用环隙形喷吹引射器的逆喷脉冲式
8	环隙高压脉冲	高压喷吹，使用环隙形喷吹引射器的逆喷脉冲式
9	分室低压脉冲	低压喷吹，分室结构，按程序逐室喷吹清灰，但喷吹气流只喷入净气联箱，不直接喷入滤袋
10	长袋低压脉冲	低压喷吹，滤袋长度超过 5.5mm 的逆喷脉冲式

二、脉冲袋式除尘器工作原理

脉冲袋式除尘器一般采用加圆形滤袋，按含尘气流运动方向分为侧进风、下进风两种形式。这种除尘器通常由上箱体（净气室）、中箱体、灰斗、框架以及脉冲喷吹装置等部分组成。其工作原理如图 3-71 所示。

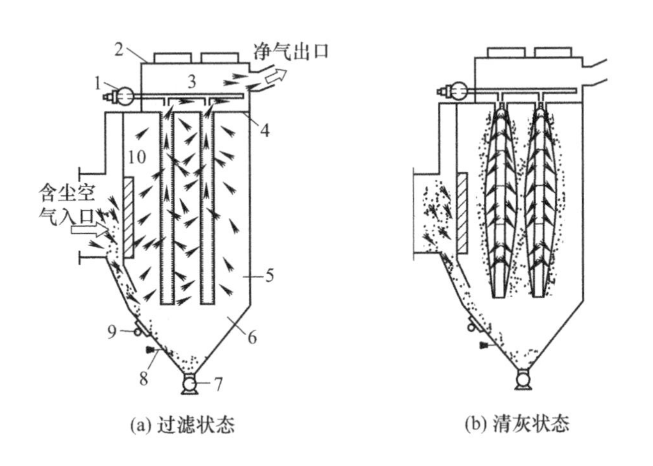

图 3-71　脉冲袋式除尘器工作原理

1—脉冲阀；2—净气室；3—喷吹管；4—花板；5—箱体；
6—灰斗；7—回转阀；8—料位计；9—振动器；10—滤袋

工作时含尘气体从箱体下部进入灰斗后，由于气流断面积突然扩大，流速降低，气流中一部分颗粒粗、密度大的尘粒在重力作用下，在灰斗内沉降下来；粒度细、密度小的尘粒进入滤袋室后，通过滤袋表面的惯性、碰撞、筛滤、拦截和静电等综合效应，使粉尘沉降在滤袋表面上并形成粉尘层。净化后的气体进入净气室由排气管经风机排出。

袋式除尘器的阻力值随滤袋表面粉尘层厚度的增加而增加。在此过程中，除尘器进行过滤的任一时间的阻力 Δp 值，可以由下式求出：

$$\Delta p=\mu v_{F}(A+B\rho v_{0}v_{F}t) \tag{3-37}$$

式中，v_F 为过滤风速，m/s；μ 为气体动力黏度系数，Pa・s；ρv_0 为气体初始含尘量，kg/m^3；A、B 为系数，取决于滤料的孔隙率、几何特性和气体动力特性，其值用试验的方法确定；t 为时间，s。

当其阻力值达到某一规定值时必须进行喷吹清灰。

在给定除尘器压降 Δp_{min} 的情况下，由上式可以求出必需的清灰周期 t_p：

$$t_p=\Delta p/\mu v_F-A/(Bv_F-\rho v_0)$$

式中，符号意义同前。但是应当指出，为达到较高的气体除尘效率，在清灰时从滤料上只是破坏和去掉一部分粉尘层，而不是把滤袋上的粉尘全部清除掉。

脉冲喷吹的清灰是由脉冲控制仪（PLC）控制脉冲阀的启闭，当脉冲阀开启时，气包的压缩空气通过脉冲阀经喷吹管上的小孔，向滤袋口喷射出一股高速高压的引射气流，形成一股相当于引射气流体积若干倍的诱导气流，一同进入滤袋内，使滤袋内出现瞬间正压，急剧膨胀；沉积在滤袋外侧的粉尘脱落，掉入灰斗内，达到清灰目的。

三、脉冲袋式除尘器构造设计

脉冲袋式除尘器构造设计是设备设计的一个重要的环节。工艺设计准确、合理是除尘器运行良好的前提条件。

1. 滤袋规格的确定

袋式除尘器的总体设计取决于滤袋规格的大小，所以首先要确定滤袋的规格，滤袋的规格包括直径和长度，即 $\phi \times L$。

(1) *滤袋直径 ϕ* 确定滤袋直径的原则：一是要使除尘器内的过滤面积为最大；二是根据滤布的幅宽，现在采用较多的是 ϕ=120～160mm 滤袋。如水泥行业的气箱脉冲袋式除尘器系列产品，滤袋直径 ϕ=130mm，低压长袋脉冲袋式除尘器多采用 ϕ=160mm。

(2) *滤袋长度 L* 确定滤袋长度首先取决于脉冲阀的喷吹压力。如一些学者将脉冲袋式除尘器按压力大小分为高、中、低三类，其压力范围和滤袋长度的关系见表 3-14。

表 3-14 喷吹压力和滤袋长度的关系

名称	喷吹压力/MPa	滤袋长度/m
高压脉冲	≤0.65	3.0～4.5
中压脉冲	≤0.40	4.5～6.0
低压脉冲	≤0.25	6.0～8.0

确定滤袋长度还要考虑脉冲阀能喷吹清灰的过滤面积。如苏州协昌环保科技公司电磁脉冲阀能喷吹的过滤面积见表 3-15。如 3″ (3in，1in=25.4mm) 淹没式脉冲阀建议喷吹的过滤面积为 42～45m^2。如采用 ϕ160mm 和 L=5m、6m、7m 三种长度不同的滤袋，过滤面积分别为 2.5m^2、3.0m^2 和 3.5m^2，则每根喷吹管能喷吹的滤袋数是不同的，分别为 17～18 条、14～15 条和 12～13 条。

表 3-15 不同规格电磁脉冲阀能喷吹的过滤面积

直角脉冲阀规格/in	喷吹压力/MPa	喷吹过滤面积/m^2
3/4″	0.6	6～8
1″		10～12
1-1/2″		20～22
2″		34～36
2-1/2″		40～42
3″(淹没式)	0.3～0.6	42～45

现在多数低压长袋脉冲袋式除尘器采用的 3″ (3in) 淹没式脉冲阀喷吹 16 条滤袋，虽然清灰效果并未减弱，样本中给出的数据有一定的富余量，但也不能任意增多喷吹的滤袋数。

此外，确定滤袋长度还要考虑袋式除尘器安装的地点，如在户内，滤袋的长度不宜过长，因为滤袋过长会增加土建投资，特别是向上抽袋的滤袋。户外可不受空间的限制，可以采用较长的滤袋，现在窑尾采用低压长袋袋式除尘器有增多的趋势，恐怕这也是其中原因之一。

2. 除尘器规格的确定

滤袋规格选定后，按下列顺序就可确定除尘器的规格。

(1) *确定总过滤面积 S* 根据已知的处理风量 Q(m^3/h) 和选定的过滤风速 v_F(m/min)，按式 (3-38) 计算总过滤面积 S (m^2)：

$$S=\frac{Q}{60v_F} \tag{3-38}$$

（2）确定滤袋总数 n　总过滤面积 S 确定后，再确定滤袋总数

$$n=S/f\text{（条）} \tag{3-39}$$

式中，f 为每条滤袋的过滤面积，m^2。

（3）确定每个室的滤袋数 n_1

$$n_1=n_2n_3\text{（条）} \tag{3-40}$$

式中，n_2 为每室的喷吹管数，根；n_3 为每根喷吹管能喷吹的滤袋数，条。

（4）确定过滤室数 N

$$N=\frac{n}{n_1}\text{（室）} \tag{3-41}$$

过滤室数确定后，即可确定袋式除尘器的规格。根据过滤室数的多少，除尘器可设计成单列或双列。少于10个室的多设计成单列，多于10个室的多设计成双列。如果过滤室太多，采用双列布置起来也显得过长，此时可增加滤袋的长度，减少长度方向的尺寸；也可将两台除尘器并联使用。除尘器的规格一般用每个室的滤袋数 n_1 或每个室的过滤面积 A_1 和过滤室数 N 表示，即 $n_1(A_1)/N$。

3. 脉冲除尘器花板设计

为把滤袋安装在箱体内，首先要在箱体内设置一块多孔花板，即根据滤袋直径的大小在一块钢板上开数个大小相同的孔。孔中心距也很有讲究，孔中心距过小，使除尘器内部气体速度过高，易造成设备阻力大，滤袋之间的相互摩擦不可避免；孔中心距过大，使设备体积增大，造成浪费。多孔花板的结构是确定除尘设备尺寸的关键。

（1）花板尺寸的确定　花板尺寸大小，是决定脉冲袋式除尘器结构尺寸的关键。花板上的圆孔用于固定滤袋，孔的中心距过小，会使除尘器内的风速过高，阻力增大，还有可能使滤袋之间相互发生摩擦，缩短滤袋的使用寿命；相反，中心距过大，会增大除尘器的体积，多费钢材。所以要严格控制中心距的尺寸。

多孔花板尺寸取决于脉冲阀的喷吹能力。一个脉冲阀配一根喷吹管，一根喷吹管能喷吹滤袋数 n_3 和喷吹管之间的中心距 L_1，均取决于脉冲阀的规格。以3″（3in）淹没式脉冲阀喷吹 ϕ160mm×6000mm 的滤袋为例，$n_3=16$ 条，$L_1=250$mm；滤袋的中心距 $L_2=230$mm，滤袋之间的净距离取70mm。

（2）花板孔布置　花板孔在上箱体内应该均匀布置。根据现场实际情况及制造经验，在滤袋长度不超过8m的情况下，孔与孔之间的间隙应大于40～80mm，滤袋长则间隙大。花板孔之间距离在喷吹管长度方向应是滤袋直径的1.5倍。例如，采用 ϕ160mm×6000mm 的滤袋，则孔与孔之间的距离为240mm。与喷吹管垂直的方向，花板之间距离可以大于滤袋直径的1.5倍。

（3）对花板的加工要求　包括：①除尘器花板应平整、光洁，不应有挠曲、凹凸不平等缺陷，其平面度偏差不大于花板长度的2/1000；②花板孔径周边要求光滑无毛刺，用弹性胀圈固定滤袋的花板孔径公差为0～0.3mm；③花板孔径加工后实际位置与理论位置偏差应小于0.5mm。

（4）花板框架强度　花板框架上面覆盖有花板。滤袋及袋笼安装时，对花板平整度有极其严格的要求，其允许平面度一般为1∶1000。在这种情况下，要求花板框架必须有足够的

安全强度，防止滤袋过滤表面积灰和操作人员检修维护时，对花板的平整度有不利的影响。

图 3-72 为花板孔布置示意。

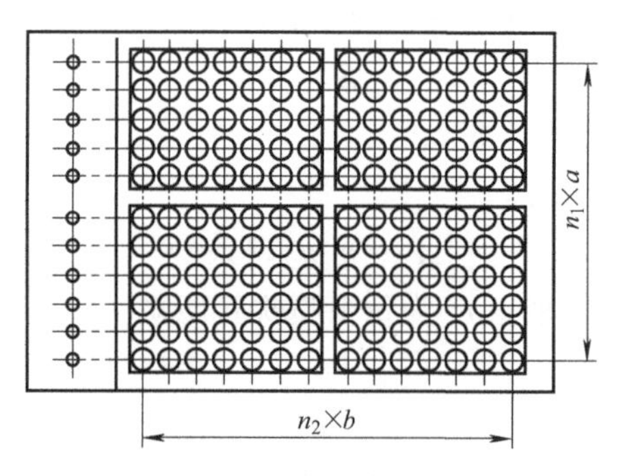

图 3-72　花板孔布置示意

注：图中 n_1 是花板孔的排数；n_2 是花板每排的孔数；a、b 分别是排、孔之间的中心距

4. 除尘器上箱体工艺设计

(1) 洁净室（上箱体）设计　上箱体在整个除尘器设计中是属于关键部位的设计，它的设计好坏直接关系到除尘器能否正常运行。设计上箱体时，应考虑到花板孔在上箱体内的合理布置、上箱体横截面高度、离线孔的大小及方位。在有内旁通的情况下，还要考虑到离线孔与内旁通的位置关系。当然，对上箱体结构强度的验算也是同等的重要。上箱体顶部应考虑有一定的斜度，以利于雨水的顺利排放。

(2) 上箱体横截面高度　对上箱体横截面高度进行控制，主要是保证净化后的气体在通过上箱体内部空间时，气流流向均衡，不会发生由于上箱体截面太小而造成气流阻力太大，甚至造成风机吸力不够、无法正常工作的情况发生。上箱体高度还要考虑提升阀行程和检修方便。

根据设计经验，通过上箱体横截面的风速靠近总风管一侧不应当超过 5m/s。

(3) 控制漏风，优化净气室结构　对于脉冲袋式除尘器而言，滤袋与袋笼的安装与更换都在除尘器顶部进行，一般都设计成低净气室，即气室顶部全是可掀式顶盖，但由于数量很多，漏风率难以保证。除尘器的漏风不但会增加运行能耗，更危险的是会产生结露，除了会造成净气室内部箱板、顶盖内壁、喷吹管以及花板等部件的急剧腐蚀，还会加速喷吹时烟气和压缩气体中的水分的凝结，使滤袋上的粉尘受潮黏接，造成滤袋严重挂灰甚至无法工作，所以必须严格控制袋式除尘器的漏风率。

为了严格控制漏风率，有以下 3 种优化方案。

1) 采用大规格的顶盖。即一个除尘分室设置一个顶盖，顶盖规格增大后，同样的顶盖面积可大大减少密封条的长度，仅这一点就可使漏风率降低很多。工程实践表明，传统顶盖的四个角设计成直角，极易漏风，改成圆弧过滤，可使漏风率显著下降。由于采用了大规格的顶盖，除尘器顶部的门框刚度很容易得到加强，更有利于保证密封效果。

2) 采用高净气室结构。即在花板的上部设计有较高空间的净气室，安装和更换滤袋均在净气室内进行。这种结构的净气室只要每个设计一个供滤袋袋笼进出的检修门即可（如果是在线清灰结构，则每台除尘器只要有 1～2 个这样的检修门即可），因而检修门的密封条长度更短，漏风率更低。

3) 采用双层顶盖结构。通过外顶盖吸漏进的冷空气被内顶盖阻隔在净气室外，可有效抑制净气室内由于结露而产生的腐蚀。有条件的可在两层顶盖的空间内再敷设一层 50mm 厚的保温材料，抑制热辐射，可更好地保护净气室内部的部件。

上述三种方案中，高净气室结构漏风率最低，但结构较大；而大顶盖结构可以显著降低漏风率，且结构相对较小；双层顶盖的漏风率也很低，比传统的普通可掀式顶盖漏风率低很多，而且可制作成小顶盖，检修时无需起吊设施，在垃圾焚烧炉等中小型袋式除尘器上可普遍推广。上述方案各有特点，可依据现场实际，综合各种因素，灵活应用。

5. 除尘器中箱体的工艺设计

中箱体由若干件壁板连接后连续焊接而成。中箱体壁板是由厚度为 4～6mm 的 Q235 钢板制造。在靠近中箱体中间部位有支撑，袋室有壁板，中箱体设计主要是考虑壁板的耐负压程度和总风管斜隔板的耐负压程度。中箱体耐负压强度一般按风机全压的 1.2 倍来计算。

6. 进风装置（支管）的设计

进风装置有两种形式：一是从中箱体进风；二是从灰斗进风，进风管有的装调节阀（见图 3-73），有的不装调节阀。设计装阀进风管时，进风装置由下风管、风量调节阀和进风管组成。对进风装置进行设计，主要是考虑风管壁板的耐负压程度。风量调节阀可以作通用件，阀板一般采用 5mm 厚度的 16Mn 钢板制作。

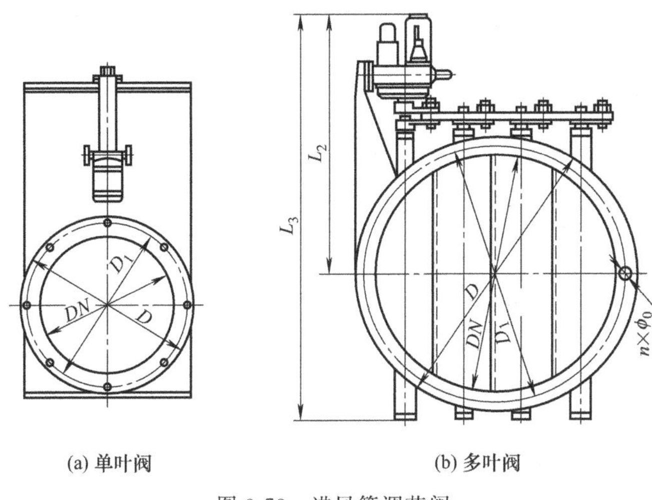

图 3-73 进风管调节阀

进风装置的合理布置应保证含尘气体经过进风装置时，烟气流向合理，对管壁的冲刷降低到最低。

为防止高浓度含尘烟气对中箱体内滤袋及壁板的冲刷，烟气离开进风装置，通过进风管的风速一般控制在 4～10m/s。进风装置耐负压强度一般按风机的全压来计算。

7. 除尘器的框架布置

除尘器的框架要支撑袋式除尘器的全部重量，包括除尘器的灰斗、中箱体、上箱体、除尘器上配套的设施的全部净重以及除尘器运行过程中捕集下来黏附在滤袋上和存在于灰斗中的灰，应按最大荷载计。另外，还要考虑风、雪、地震等造成的额外荷载。除尘器的框架一般采用钢结构，框架可以做在地面的基础上，也可以安装在土建结构平台上。除尘器布置有单排、双排、单排与单排组合、双排与双排组合等多种布置方式，一般除尘灰斗下不设输灰设备构架层的，框架做成单层。单层框架布置示意见图 3-74。

设有输灰设备层的需设计成双层框架，它们的布置见图 3-75。实际当中因场地情况也可设计成多层框架，以满足除尘工程的需要，但常用的多为单层和双层框架。

(a) 单层框架布置 (b) 双层框架布置

图 3-74 单层框架布置示意

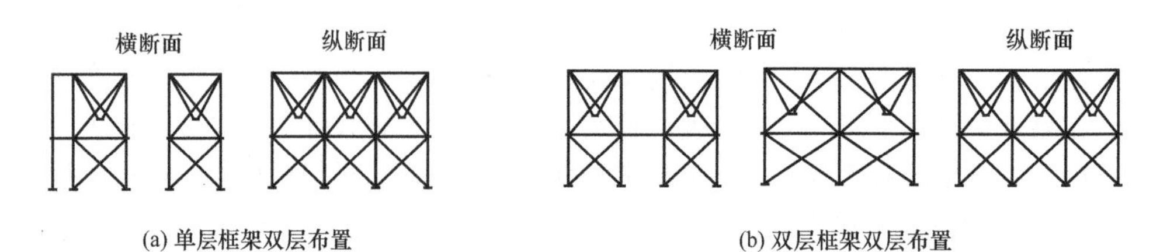

(a) 单层框架双层布置 (b) 双层框架双层布置

图 3-75 双层框架布置示意

8. 平台走梯的布置

平台走梯的设计从安全感觉考虑走梯应靠近除尘器箱体布置，如图 3-76 所示，设计折返走梯时最上段要靠近正箱体，如图 3-77 所示。

图 3-76 靠近箱体的走梯

图 3-77 最上段靠近正箱体的走梯

走梯倾角一般为 45°，特殊条件下不得大于 60°，步道和平台的宽度不小于 600mm，平台与步道之间的净高尺寸应大于 2m，平台与步道采用刚性良好的防滑格栅平台和防滑格栅板，必要的部位可采用花纹钢板。平台荷载不小于 $4kN/m^2$，步道荷载不小于 $2kN/m^2$。

平台走梯的布置应着重从平台的跨度、平台的抗弯刚度和平台的均布载荷 3 个方面来考虑（将平台简化为梁型式）。在可能的条件下，应增加平台的支撑约束，减小跨度。

四、脉冲袋式除尘器清灰装置设计

1. 脉冲喷吹清灰装置组成和工作原理

（1）脉冲喷吹清灰装置组成　脉冲喷吹清灰装置是利用脉冲阀在瞬间喷出的压缩空气，并诱导数倍的二次气流高速射入滤袋，在反向加速度等因素的作用下清除滤袋迎尘面上的粉尘。

脉冲喷吹清灰装置由电磁脉冲阀、分气箱、板壁连接器、喷吹管、文氏管组成（见图 3-78），并由压缩空气管网或专用的空气压缩机供气。这是目前国内外广泛使用的一种清灰方法，适用于大、中、小袋式除尘器的清灰系统。

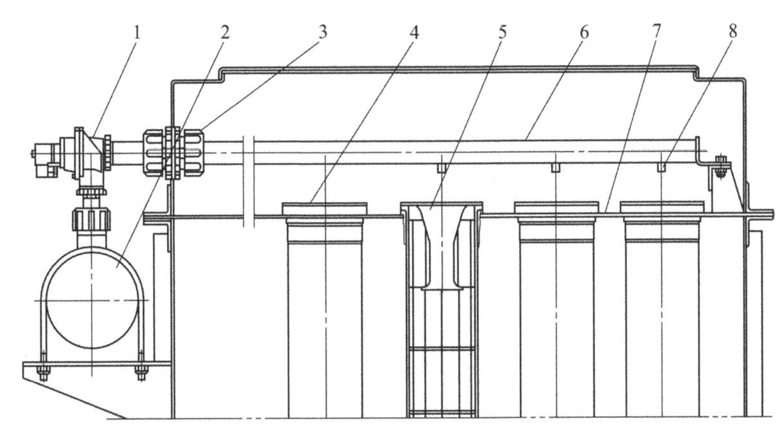

图 3-78 脉冲喷吹清灰装置示意

1—电磁脉冲阀；2—分气箱；3—板壁连接器；4—过滤单元；5—文氏管；6—喷吹管；7—花板；8—喷嘴

脉冲喷吹有点喷脉冲、气箱脉冲和旋转脉冲等方式。电磁脉冲阀、板壁连接器、文氏管道常由配件专业厂制造，分气箱、喷吹管由除尘器主机厂制造，空气压缩机在通用产品中选用。

(2) 清灰装置工作原理 脉冲袋式除尘器清灰装置工作原理如图 3-79 所示。脉冲阀一端接压缩空气包，另一端接喷吹管，脉冲阀背压室接控制阀，脉冲控制仪控制着控制阀及脉冲阀开启。当控制仪无信号输出时，控制阀的排气口被关闭，脉冲阀喷口处关闭状态；当控制仪发出信号时控制排气口被打开，脉冲阀背压室外的气体泄掉压力降低，膜片两面产生压差，膜片因压差作用而产生位移，脉冲阀喷吹打开，此时压缩空气从气包通过脉冲阀经喷吹管小孔喷出（从喷吹管喷出的气体为一次风）。当高速气流通过文氏管导流器诱导了数倍于一次风的周围空气（称为二次风）进入滤袋，造成滤袋内瞬时正压，实现清灰。

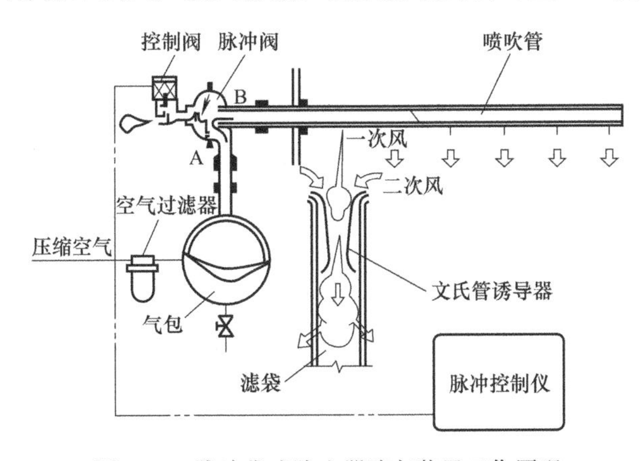

图 3-79 脉冲袋式除尘器清灰装置工作原理

2. 气源气包设计

气源气包又称为分气箱，简称气包，它对袋式除尘器脉冲清灰系统而言起定压作用。原则上讲，如果气包本体就是压缩气稳压罐，其容积越大越好。对于脉冲喷吹清灰系统而言，所提供的气源气压越稳定，清灰效果越好。然而，从工程实际角度出发，气源气包容积的大小往往受场地、资金等因素限制。因此，设计一个合理的气源气包成为脉冲清灰系统设计的一个重要环节。

(1) 气包分类 按断面形状分为圆形气包和方形气包。气包的短管接口形式必须与所选用脉冲阀的接口形式相一致。

圆形气包承受压力好、管壁薄、质量轻，但是不能直接安装淹没式脉冲阀。

方形气包便于安装淹没式脉冲阀，但是分气箱壁板厚、耗钢多，每吹喷吹时壁板会发生微量位移，喷吹频率较高时，钢板容易产生裂痕。

（2）气包的基本形式　气包的基本形式如图 3-80 所示。

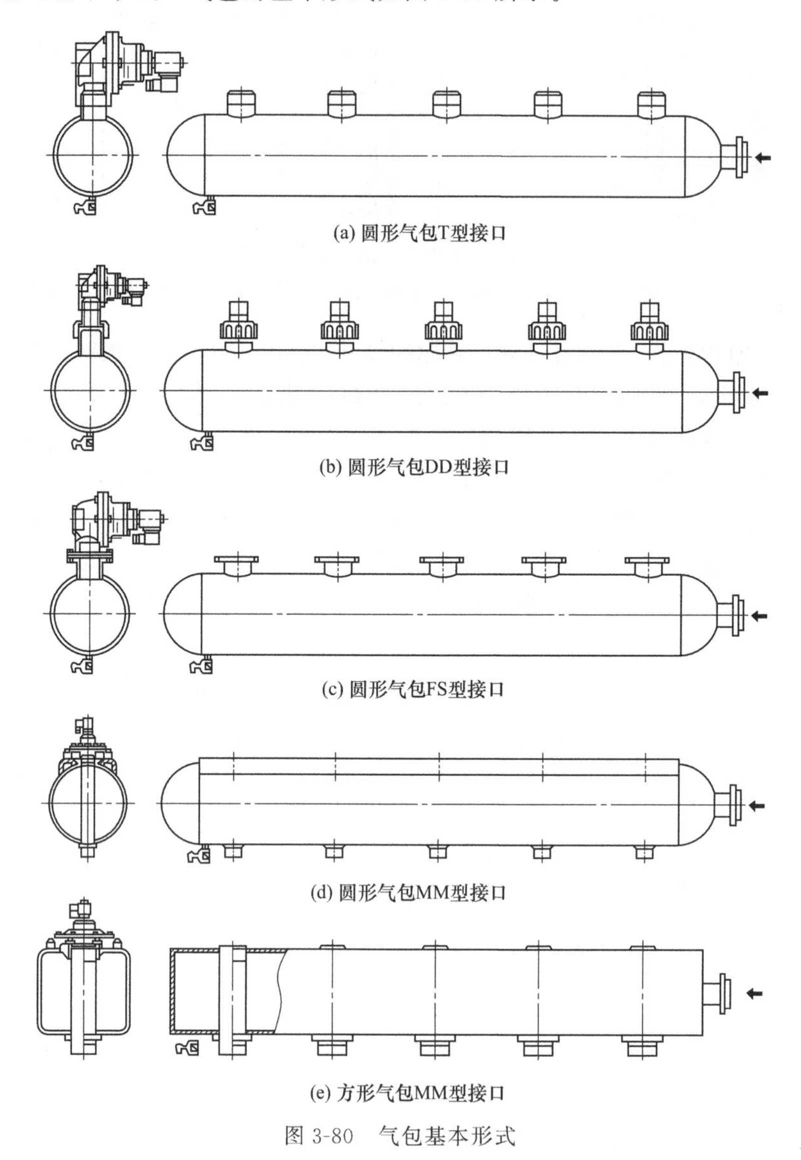

(a) 圆形气包T型接口

(b) 圆形气包DD型接口

(c) 圆形气包FS型接口

(d) 圆形气包MM型接口

(e) 方形气包MM型接口

图 3-80　气包基本形式

（3）气包规格　按照行业标准 JB 10191，气包的常用规格见表 3-16。

表 3-16　气包的常用规格　　单位：mm

<table>
<tr><th>气包形式</th><th colspan="2">带圆角的正方形</th><th colspan="2">圆　形</th></tr>
<tr><td rowspan="5">截面尺寸</td><td rowspan="5">外侧长度 H</td><td>180</td><td rowspan="5">外径 D</td><td>ϕ159</td></tr>
<tr><td rowspan="2">240</td><td>ϕ189</td></tr>
<tr><td>ϕ219</td></tr>
<tr><td rowspan="2">300</td><td>ϕ229</td></tr>
<tr><td>ϕ402</td></tr>
</table>

（4）气包设计压力　按照行业标准 JB 10191，气包的设计压力和水压试验压力见表 3-17。

表 3-17　气包的设计压力和水压试验压力　　单位：MPa

脉冲阀类型	低压脉冲阀	高压脉冲阀
设计压力	0.4	0.7
水压试验压力	0.52	0.91

（5）气包的材质及附件　制作圆形气包时，可选用无缝钢管 ϕ159mm×4mm、ϕ189mm×4mm、ϕ219mm×4.5mm、ϕ229mm×5.6mm、ϕ402mm×6mm，封头名义厚度应与钢管管壁相一致。

直角式脉冲阀应安装在气包上面，淹没式脉冲阀可以安装在分气箱的上面或侧面。气包下底应安装排污放水阀，气包进气管应安装带压力表的过滤三联件和进气阀门。

（6）气包容积

1）气包容积确定线图（见图 3-81）。由图 3-81 可见，当喷口直径和喷孔数确定之后，就可以根据线图确定气包的容积，气包容积取舍的原则为取大不取小。

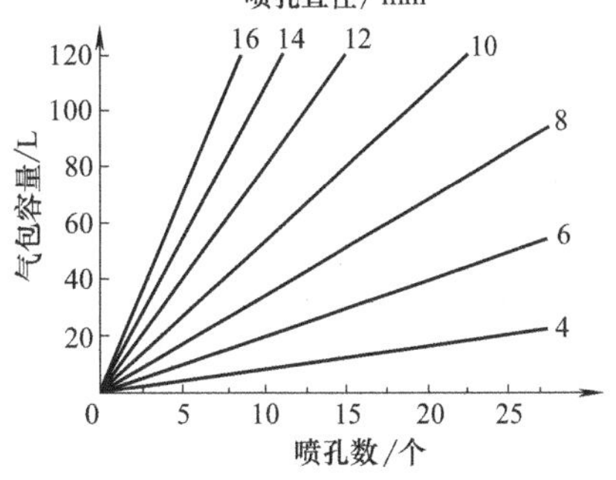

图 3-81　气包容积确定线图

2）气包容积设计计算。根据实践经验，在脉冲喷吹后气包内压降不超过原来储存压力的 30%，即根据所选型号脉冲阀一次喷吹最大耗气量来确定气源气包容积。

针对某型号脉冲阀分别配置容积大小不等的两个气源气包，在相同脉冲信号（80ms）、相同气源压力（0.2MPa）下进行喷吹试验，参数见表 3-18。

表 3-18　不同容积气包下脉冲喷吹参数对比

气源气包/L	喷吹压力峰值/kPa	耗气量/L	气源气包压降/%	脉冲时间/ms
236(大)	40	78	18	106
117(小)	18	74	34	114

由表 3-18 脉冲喷吹参数对比可知：①该脉冲阀在大气包上一次喷吹压降仅为原压力的 18%（<30%），其喷吹压力峰值远大于在小气包上的喷吹压力峰值；②该脉冲阀在大气包上喷吹气量（耗气量）较大。

可见，脉冲阀配置大气包时脉冲喷吹效果明显好于小气包。因此，根据脉冲阀最大喷吹耗气量来确定气源气包容积是合理可行的。

气包最小体积计算式如下：

$$V_{\min}=\frac{\Delta nRT}{\Delta p_{\min}k} \tag{3-42}$$

$$\Delta n=\frac{Q}{22.4} \tag{3-43}$$

式中，$V_{\min}$ 为气包最小体积，L；Δn 为脉冲阀喷吹耗气量摩尔数；Q 为脉冲阀一次耗气量，L/次；22.4 为标准状态下气体分子摩尔体积，L/mol；R 为气体常数，取值 8.3145J/(mol·K)；$\Delta p_{\min}$ 为气包内最小工作压力，Pa；T 为气体温度，℃；k 为容积系数，%，一般取值<30%。

【例 3-2】 计算 3in 脉冲阀在电信号 80μms，气源压力 0.6MPa，一次喷吹气量 428L 条件下的气包最小容积（气包内压降要求低于储存压力的 30%）。

解： 脉冲阀喷吹耗气量摩尔数 Δn 为

$$\Delta n=\frac{428\mathrm{L}}{22.4\mathrm{L/mol}}=19.1\mathrm{mol}$$

应配置气源气包最小容积 $V_{\min}=\frac{\Delta nRT}{\Delta p_{\min}k}=\frac{19.1\times 8.3145\times 293}{6\times 10^{5}\times 30\%}=0.259\mathrm{m}^{3}$

计算结果表明，该脉冲阀在上述喷吹条件下，需要配置有效容积大于 259L 的气包才能实现高效清灰目的。

(7) 制作安装　气包有不同形状，不管设计为圆形或方形截面，必须考虑安全可靠和保证质量要求。可参照《袋式除尘器安全要求　脉冲喷吹类袋式除尘器用分气箱》(JB/T 10191—2010) 或压力容器进行设计。

气包的进气管口径尽量选大，满足补气速度。对大容量气包可设计多个进气输入管路。对于大容器气包，可用 3in 以上管道把多个气包连接成为一个储气回路。

脉冲阀安装在气包的上部或侧面，避免气包内的油污、水分经过脉冲阀喷吹进入滤袋。每个气包底部必须带有自动或手动油水排污阀，周期性地把容器内的杂质向外排出。

如果气包按压力容器标准设计，并有足够大容积，其本体就是一个压缩空气稳定罐，可不另外安装储气罐。当气包前另外带有稳压储气罐时，需要尽量把稳压储气罐位置靠近气包安装，防止压缩空气在输送过程中经过细长管道而损耗压力。

气包在加工生产后，必须用压缩空气连续喷吹清洗内部焊渣，然后再安装阀门。在车间测试脉冲阀，特别是 3in 淹没阀时，必须保证气包压缩空气的压力和补充流量，否则脉冲阀将不能打开或者漏气。

如果在现场安装后发现阀门的上出气口漏气，那是因为气包内含有杂质，导致小膜片上堆积尘粒、冰块、铁锈等污染物不能闭阀，需要拆卸小膜片清洁。

气包上应配置安全阀、压力表和排气阀。安全阀可配置为弹簧微启式安全阀。

3. 电磁脉冲阀的选用

所谓脉冲阀是指在给出瞬间电信号时通过这种阀门的气流如同脉冲现象一样有短暂起伏的变化，故称脉冲阀。行业标准定义的电磁脉冲阀为电磁先导阀和脉冲阀组合在一起，受电信号控制的膜片阀。脉冲阀和脉冲喷吹控制仪组成自动清灰喷吹系统。

(1) 脉冲阀的工作原理　膜片或阀片把脉冲阀分成前、后两个气室，当接通压缩气体时压缩气体通过节流孔进入后气室，此时后气室的压力推动膜片或阀片向前紧贴阀的输出口，脉冲阀处于“关闭”状态。接通电信号，驱动电磁先导头衔铁移动，阀的后气室放气孔被打开。后气室迅速失压，使膜片和阀片后移，压缩气体通过输出口喷吹，脉冲阀处于“开启”状态。电信号消失，电磁先导头衔铁复位，后气室放气孔被堵住，后气室的压力又使膜片或阀片向前紧贴阀的输出口，脉冲阀处于“关闭”状态。

前、后气室的压力差，决定膜片或阀片的活动位置，而使脉冲阀开启或关闭，因此脉冲阀也被称为差动气阀。

(2) 脉冲阀的分类

1) 按脉冲阀的开关元件可分为：①膜片阀，膜片的动作决定脉冲阀的开启和关闭；②阀片阀，阀片（阀板或活塞）的动作决定脉冲阀的开启和关闭。

2) 按脉冲阀的先导控制方式可分为：①气控脉冲阀，用气控开关控制脉冲阀的开启和关闭（也称远程控制或分离控制）；②电控脉冲阀，用电磁阀控制脉冲阀的开启和关闭，将电磁阀和脉冲阀组装成一体，称为电磁脉冲阀，是最常用的一种。

3）按脉冲阀的气流输入、输出端位置可分为：①直角阀，脉冲阀的输入输出端之间的夹角为90°，方便分气箱与喷吹管的安装连接，常用规格有$\frac{3}{4}$in（20mm）、1in（25mm）、$1\frac{1}{2}$in（40mm）、2in（50mm）、$2\frac{1}{2}$in（62mm）、3in（76mm）等；②淹没阀，又称嵌入式阀，直接安装在分气箱上，具有更好的流通特性，阀体结构阻力小，适宜用于气源压力较低的场合，常用规格有1in（25mm）、$1\frac{1}{2}$in（40mm）、2in（50mm）、$2\frac{1}{2}$in（62mm）、3in（76mm）等，趋向大规格化；③直通阀，阀的输入输出端中心为同一直线，输入端与分气箱连接，输出端与喷吹管连接，阀体结构阻力较大，应用量逐年减少，常用规格有$\frac{3}{4}$in（20mm）、1in（25mm）、$1\frac{1}{2}$in（40mm）、2in（50mm）、$2\frac{1}{2}$in（62mm）等。

4）按脉冲阀的接口形式可分为：①内螺纹接口（T型）；②外螺纹双闷头接口（DD型）；③法兰接口（FS型）；④与分气箱外壁直接接口（MM型）。

（3）电磁脉冲阀的基本结构型式　如图3-82所示。

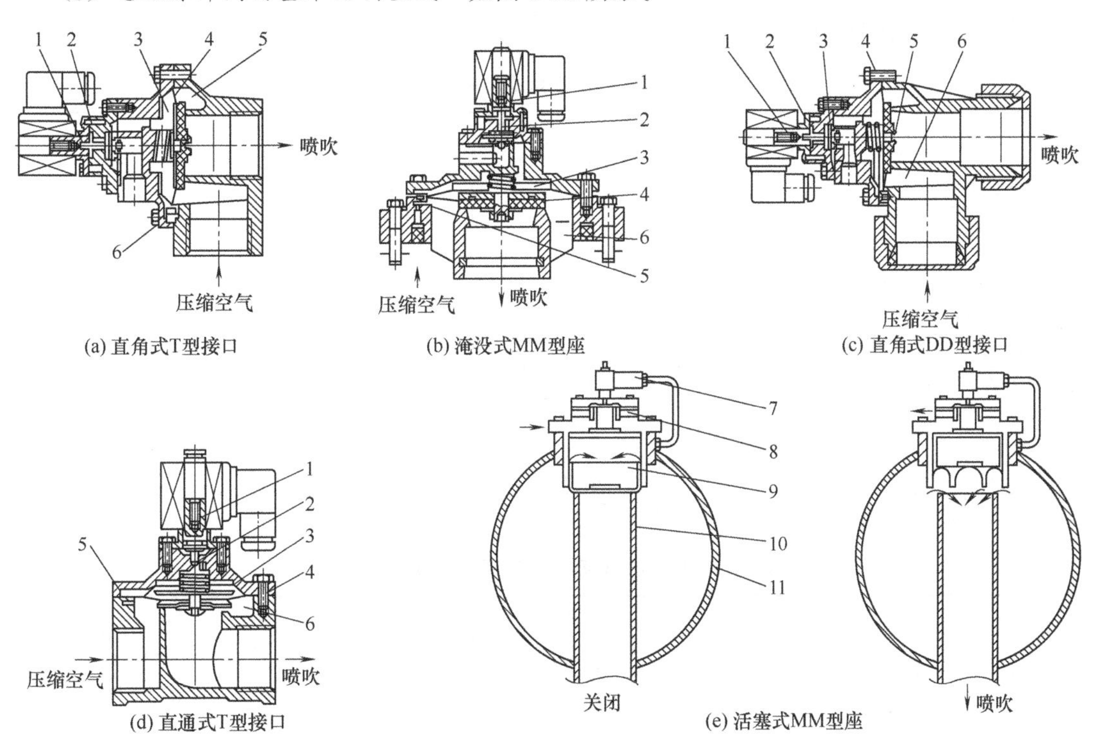

图3-82　电磁脉冲阀的基本结构型式

1—动铁心；2—放气孔；3—后气室；4—膜片；5—节流孔；6—前气室；
7—电磁铁；8—阀体；9—活塞；10—输出管；11—气包

（4）技术要求

1）电磁脉冲阀正常工作的条件：①环境温度−25～55℃；②环境空气中无腐蚀性介质。

2）外观：表面经过防腐处理，无漆层脱落、毛刺、裂纹；标牌上文字清晰。

3）气源条件：①气源压力 0.2～0.6MPa；②气源介质，温度为 10～30℃，经过除油、除水处理的洁净气体（可采用过滤精度为 5μm 压力可调的油水过滤器过滤）。

4）防护等级：符合 IP65。

5）开启电压：在上限气源压力状态下≤85%的标称电压值。

6）关闭气源能力：在下限气源压力状态下电信号消失后电磁脉冲阀应立即正常关闭。

7）开启响应时间：在上限工作气源压力状态下，电信号的电压值为标准值，宽度≤0.03s 阀应能正常开启。

8）耐压性能：应能承受 0.7MPa 的压力无泄漏。

9）绝缘性能：①电磁线圈对外壳绝电阻值应≥1MΩ；②电磁线圈对外壳耐压，当标称输入电压值≤24V 时，能承受 AC 500V、50Hz 电压，历时 1min 无击穿现象；当标称输入电压值>24V 且≤220V 时能承受 AC 1500V、50Hz 的电压，历时 1min 无击穿现象。

10）电磁回路性能：在未接气源状态下，输入≤85%的标称电压值，衔铁应立即吸住膜片；信号消失后，衔铁应立即释放。

11）抗振动性能：能承受频率为 20Hz、全幅值为 2mm、持续 30min 的抗振性能。

12）膜片使用寿命：在规定条件下累计喷吹≥100 万次。

（5）脉冲阀的规格型号　DCF-Z/ZM 型直角式电磁脉冲阀的规格型号见表 3-19。DCF-Y 型淹没式电磁脉冲阀的规格型号见表 3-20。

表 3-19　DCF-Z/ZM 型直角式电磁脉冲阀规格型号

Z 型阀型号	Z 型阀规格/in	阀体进排气口标准尺寸		备　注
		公称通径/mm	连接螺纹(英制)/in	
DCF-Z-20	3/4	*DN*20	*G*3/4	内螺纹
DCF-Z-25	1	*DN*25	*G*1	
DCF-Z-40S	1½	*DN*40	*G*1½	
DCF-Z-50S	2	*DN*50	*G*2	
DCF-Z-62S	2½	*DN*62	*G*2½	
DCF-Z-76S	3	*DN*76	*G*3	
DCF-Z-102SB	3½	*DN*90	*G*3½	外螺纹
DCF-ZM-20	3/4	*DN*20	*G*1	
DCF-ZM-25	1	*DN*25	*G*1¾	
DCF-ZM-40S	1½	*DN*40	*G*2¼	

注：摘自苏州协昌环保科技股份有限公司样本。

表 3-20　DCF-Y 型淹没式电磁脉冲阀规格型号

Y 型阀型号	Y 型阀规格/in	阀体进排气口标准尺寸		备　注
		公称通径/mm	喷吹管连接尺寸	
DCF-Y-25	1	*DN*25	*G*1in	内螺纹
DCF-Y-40S	1½	*DN*40	*G*1½in	
DCF-Y-50S	2	*DN*50	ϕ60mm	采用 O 形圈滑动配合
DCF-Y-62S	2½	*DN*62	ϕ75mm	
DCF-Y-76S	3	*DN*76	ϕ89mm	
DMY-Ⅱ-80	3	*DN*80	ϕ85mm	
DCF-Y-102SB	3½	*DN*90	ϕ102mm	
DCF-Y-102S	4	*DN*100	ϕ113mm	

注：摘自苏州协昌环保科技股份有限公司样本。

（6）脉冲阀性能参数　苏州协昌环保科技股份有限公司部分脉冲阀性能参数见表 3-21

和表 3-22。

表 3-21　DCF-Z-76S 直角式脉冲阀的性能参数

性能参数	工作压力					
	0.3MPa		0.4MPa		0.6MPa	
脉冲宽度/s	0.05	0.08	0.05	0.08	0.05	0.08
平均流速/(m/s)	397	355	420	443	527	500
喷吹量/[L/(阀·次)]	234	251	324	345	502	521
流量系数(K_V)	172	149	169	150	147	133
流量系数(C_V)	199	172	196	175	170	155
全压峰值上升率(p/t)/(MPa/s)	6.3	5.4	10.0	10.2	11.4	13.6

① 实验气包容积 233L；测试温度 16℃；流量测点距脉冲阀排气口约 300mm 处。流量按动压流速计算。如果气包容积增大，喷吹量相应增大。

② 摘自苏州协昌环保科技股份有限公司样本。

表 3-22　DCF-Y-76S 淹没式脉冲阀的性能参数

性能参数	工作压力					
	0.3MPa		0.4MPa		0.6MPa	
脉冲宽度/s	0.05	0.08	0.05	0.08	0.05	0.08
平均流速/(m/s)	443	443	533	523	593	590
喷吹量/[L/(阀·次)]	370	414	428	573	680	718
流量系数(K_V)	216	205	239	206	194	189
流量系数(C_V)	252	238	277	240	225	220
全压峰值上升率(p/t)/(MPa/s)	6.9	9.4	12.0	12.5	20.5	16.4

① 实验气包容积 233L；测试温度 16℃；流量测点距脉冲阀排气口约 300mm 处。流量按动压流速计算。如果气包容积增大，喷吹量相应增大。

② 摘自苏州协昌环保科技股份有限公司样本。

(7) *脉冲阀的选用要点*　怎样选择一个适用的脉冲阀，关键是选用脉冲阀的型号规格及其喷吹气流的压力和流量应与滤袋的清灰要求相匹配。脉冲阀选得过小，造成喷吹量不足，滤袋不能有效清灰，而影响系统正常运行；脉冲阀选得过大，又造成喷吹能量过高，滤袋容易破损。

选用依据主要有以下几个要点。

1) 看生产厂家信誉和服务等情况，并根据已有工程实践选择性价比高的脉冲阀。

2) 外观要求表面经过防腐处理，无涂层脱落、无毛刺、无裂纹。标牌上文字清晰。按照工程实际应用环境确定脉冲阀表面镀层质量要求。

3) 应根据工程实际及脉冲阀安装环境是露天还是室内来决定所选脉冲阀的防护等级。一般符合 IP64 即可满足防护要求。

4) 膜片使用寿命，要求在规定条件下累计喷吹≥100 万次，即一般要求使用 5 年以上。

5) 性能优良：①流通系数，一般产品说明书都列出脉冲阀的流通系数 K_V、C_V 值，该值越高，说明其流通能力越好，在同等喷吹条件下清灰效果就越好；②喷吹量，喷吹量越大则滤袋内清灰的气量越足，有利于清灰，因此在气源能满足要求的情况下，脉冲阀的喷吹量越大清灰效果越好；③开关灵敏度，如试验条件允许，可直接测试脉冲阀喷吹性能参数，根据实测开关滞后电信号时间对比来选择开关协调性好的脉冲阀；④喷吹压力峰值，此参数也需试验测试取得，因其不仅受阀体本身结构影响，还取决于实际应用中的气源气压大小和供气形式。

4. 喷吹管设计计算

脉冲袋式除尘器，在滤袋上方设有喷吹管，每个喷吹管上有若干个喷吹孔，每个喷吹孔对准一个滤袋口，清灰时从脉冲阀喷出的脉冲气流通过喷吹孔的喷射作用射入滤袋，并诱导周围的气体，使滤袋产生振动，加上逆气流的作用使滤袋上的粉尘脱落下来，从而完成清灰过程。喷吹管结构设计的合理性直接影响到除尘器的使用效果和滤袋的使用寿命。

（1）喷吹管管径　选择喷吹管时，其直径与脉冲阀出气管的管径相当，由于无耐压要求，一般都选择薄板无缝管；喷吹管的长度取决于脉冲阀能喷吹的滤袋数、滤袋的直径和滤袋的中心距；喷吹管的壁厚取决于管的长度和材质，选用时要保证喷吹管不会因自重而弯曲即可，如3in淹没式脉冲阀所选用的喷吹管一般采用无缝钢管，外径为 ϕ89mm，壁厚≤4mm。

（2）喷吹口孔径　喷吹口孔径大小各生产厂家设计相差甚大，这是其使用脉冲阀性能不同造成的，一般情况下喷吹口平均孔径按下式计算：

$$\phi_p=\sqrt{\frac{Cd^2}{n}} \tag{3-44}$$

式中，ϕ_p 为喷吹口平均孔径，mm；C 为系数，%，取 50%～65%；n 为喷吹孔数量；d 为脉冲阀出口直径，mm。

【例 3-3】 3in 淹没式脉冲阀出口直径 81mm 带 16 条 ϕ160mm×6000mm 滤袋，求喷吹管喷吹口孔径。

解： 代入式（3-44）

$$\phi_p=\sqrt{\frac{Cd^2}{n}}=\sqrt{\frac{55\%\times 81^2}{16}}=15(\text{mm})$$

即喷吹管的喷吹口孔径为 ϕ15mm。

脉冲气流从脉冲阀喷吹后，沿喷吹管的长度方向上，其速度和静压力分布是不均匀的，为保证每个喷吹孔的喷气量相当。每个喷吹口的孔径可用下式计算：

$$\phi_i=\frac{\phi_1}{\sqrt{K}} \tag{3-45}$$

式中，ϕ_i 为任一喷吹口的孔径，mm；ϕ_1 为喷吹口平均孔径，mm；K 为喷吹口气流流量与平均值的比值，可参考图 3-83 取，也可由试验确定。

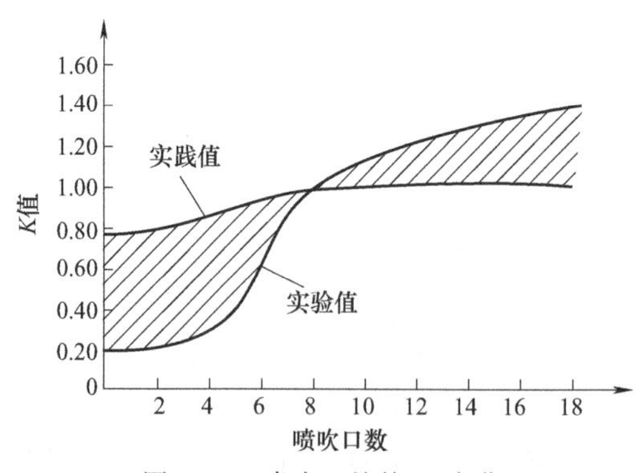

图 3-83　喷吹口处的 K 变化

设计喷吹管上喷吹孔径的大小时，离脉冲阀远的喷吹孔径一般比离脉冲阀近的喷吹孔径小 0.5～2.0mm。上例中近端 3 个孔可取为 ϕ16mm 为宜。喷吹孔径与脉冲阀的对应关系也可以参照表 3-23 选取。

表 3-23　喷嘴孔径与脉冲阀的对应关系

阀直径/in	阀出口直径/mm	截面积/mm^2	孔径/mm	截面积/mm^2
3/4	22	380	5～7	19.6～38.4
1	28	615	6～8	28.2～50
$1\sim1\frac{1}{2}$	42	1384	7～9	38.4～63
2	53	2205	8～11	50～95
$2\sim2\frac{1}{2}$	69	3737	9～14	63～153
3	81	5150	14～18	153～254
4	106	8820	16～22	200～380

注：1. 设计喷嘴孔径时要考虑用高品质脉冲阀。

2. 1in=0.0254m。

（3）喷吹口孔形状　设计喷吹管的喷吹口时，喷吹口孔距的公差为±0.5mm，喷吹孔应垂直向下，不能倾斜，其轴心线的垂直度≤0.4mm，否则喷吹气流会冲刷滤袋；喷吹口一般是钻孔成型，这种孔易加工，但喷吹阻力大。带翻边的弧形孔阻力较小，详见图 3-84。这种喷吹口不仅减少系统喷吹阻力，而且能使压缩气流尽量汇于一点喷出，以防气流发散无序冲刷滤袋，从而从结构上减少气流冲刷滤袋的可能性。

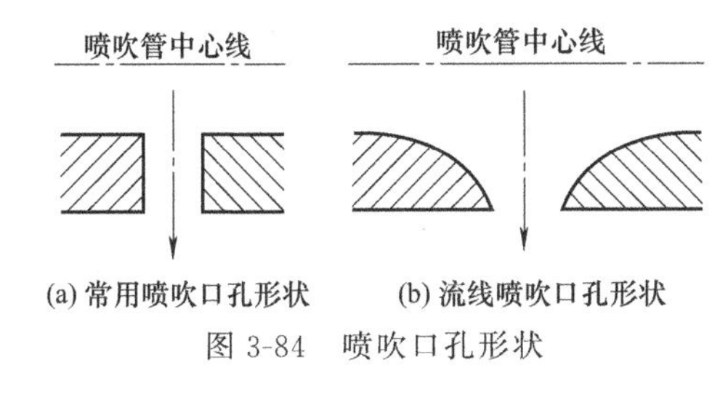

图 3-84　喷吹口孔形状

（4）喷吹导流管（喷嘴）　喷吹管上每个喷孔下接有一个导流管,可使喷射出的气流能集中垂直向下。导流管的形状如图 3-85 所示，其中以图 3-85（b）为最好。

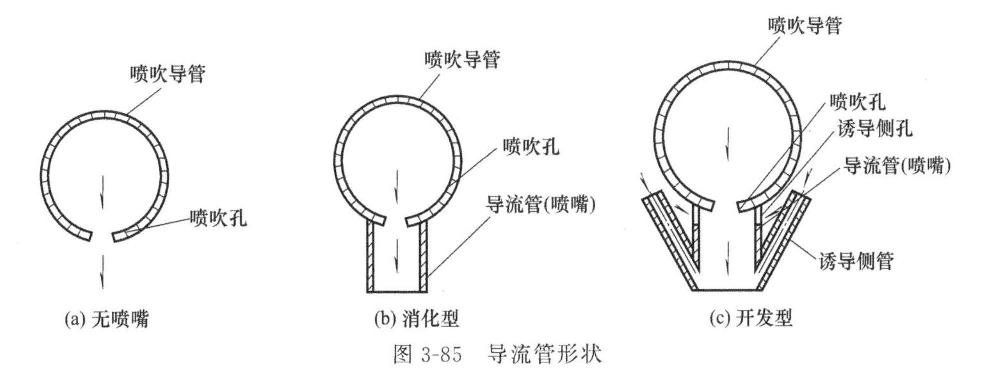

图 3-85　导流管形状

导流管直径通常为喷吹孔的 2～3 倍。

导流管长度按下式计算

$$l=C_k\frac{\phi_1}{K} \tag{3-46}$$

式中，l 为导流管长度，mm；C_k 为系数，取值 0.2～0.25；ϕ_1 为喷吹口孔径，mm；K 为

射流紊流系数，柱形射流 $K=0.08$。

如上例中喷吹孔长度为

$$l=0.2\times\frac{15}{0.076}=40(\mathrm{mm})$$

(5) 专用喷嘴

1) 引流喷嘴。Goyen 公司生产一种引流喷嘴（见图 3-86），可二次引流空气，诱导比很大，可达 6∶1，垂直喷吹。$\sum f/F$（$\sum f$ 为喷吹管上全部喷嘴的净截面积，F 为喷吹管净截面积）建议为 50%～75%，但最大可达 150%，可有效喷吹更多的滤袋。喷嘴的扩散角约为 20°。

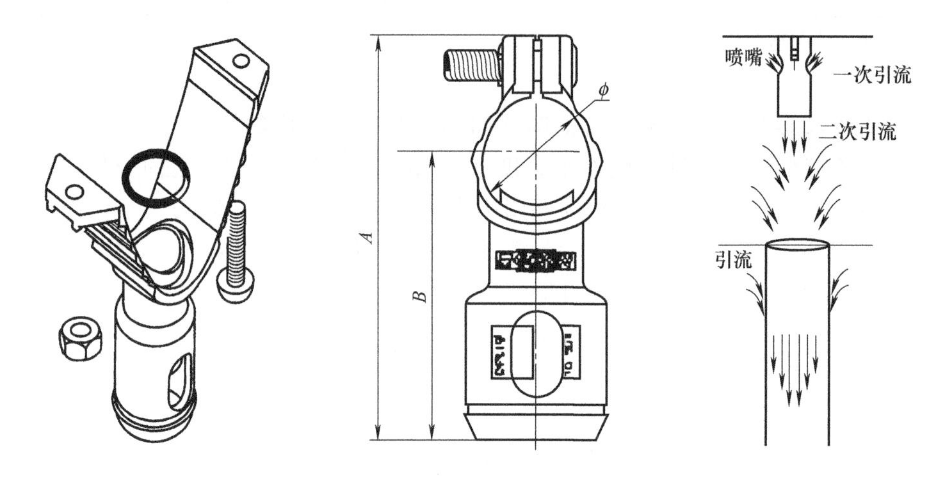

型号	尺寸代号/mm		
	A	B	ϕ
VN-25-PC-50	110	76	33
VN-45-PC-50	126	84	48

图 3-86　引流喷嘴

2) 高速引射喷嘴。高速引射喷嘴通过气室平衡喷吹管内的气压，把压缩气流平均分布到每个喷吹孔上，因气流通过喷吹孔时产生了高速喷吹射流，起到很强的引射作用，可诱导喷嘴周围的空气一起喷入滤袋，同时保证清灰压缩空气垂直喷射进入滤袋中心，排除喷射气流偏离中心的现象。

高速引射喷嘴的外形尺寸及型号规格见图 3-87 和表 3-24。

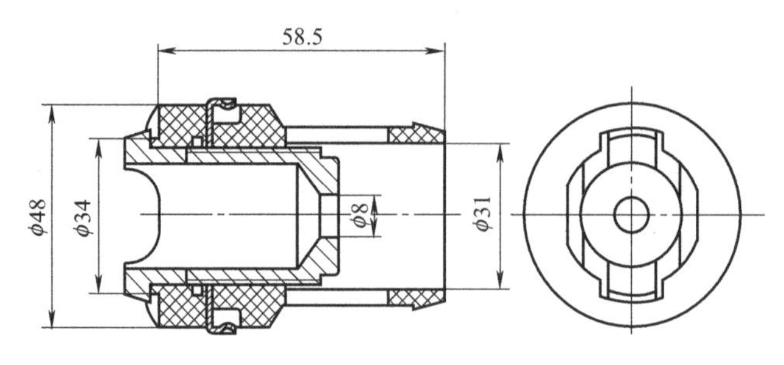

图 3-87　高速引射喷嘴外形尺寸（单位：mm）

表 3-24　高速引射喷嘴型号规格

喷嘴型号规格	配套脉冲阀	配套喷吹管/mm
XC-GSZ-01	DCF-Z/Y-76S	$\phi 89$
XC-GSZ-02	DCF-Z/Y-76S	$\phi 102$

注：摘自苏州协昌环保科技股份有限公司样本。

喷嘴的气腔结构使组件喷嘴在喷射时气流均匀，不偏离中心。组件喷嘴上喷孔在喷射时形成的超音速气流使周围气流进入引射喷嘴，使扩大的气流射进滤袋中心。

(6) 喷吹管加工安装　对喷吹管加工要求如下：①喷吹管孔径、孔距必须严格控制其公差，喷吹孔孔距公差±0.5mm，喷吹管上喷吹孔的直线度≤0.8mm；②喷吹管上的喷吹孔必须垂直向下，严防喷孔的偏斜，以保护滤袋不受喷吹气流的冲刷，喷吹孔轴心线的垂直度≤0.4mm；③除尘器的滤袋安装必须垂直于花板，喷吹管安装时喷吹孔所喷出气流的中心线与滤袋中心一致，其位置偏差应≤2mm。

(7) 喷吹口和袋口气流速度

1) 喷吹口气流速度：喷吹口气流速度是决定喷吹深度的重要因素。喷吹气体能否达到超音速是由喷吹管的型式决定的，而能达到多大速度是由压力与温度决定的。

渐缩喷管喷吹口最大流速即为临界音速。临界音速是由临界温度决定的，只要超过临界音速即可认为获得超音速流动。超音速流动只能由拉法尔喷管获得。

临界音速只与气体的物理性质和温度有关，空气的临界音速可由下式求得：

$$a=18.3\sqrt{T_0} \tag{3-47}$$

式中，a 为临界音速，m/s；T_0 为气体初始温度，K。

由上式计算得知，空气在 0℃时，临界音速为 302m/s。

压缩空气喷吹口的喷吹速度可由下式求得：

$$v=\sqrt{2009T_0[1-(p_1/p_0)\times 0.2857]} \tag{3-48}$$

式中，v 为喷吹速度，m/s；p_1 为喷吹口出口压力，Pa；p_0 为喷吹口进口压力，Pa。

表 3-25 是在 0℃，设计出口压力为 103655Pa 时不同进口压力通过拉法尔喷管（喷吹管）出口处所能获得的理论最大速度。

表 3-25　喷吹管出口处理论最大速度

进口压力(绝对)p_0/MPa	0.2	0.3	0.4	0.5	0.6	0.7
最大速度/(m/s)	306	379	419	445	465	480

注：进口压力=储气包压力－系统压降。

2) 袋口气流速度：得到喷吹口速度后可按下式求出袋口速度。

$$v_m=\frac{0.996v_1}{\frac{\alpha h_2}{R_1}+0.294} \tag{3-49}$$

式中，v_m 为袋口速度，m/s；v_1 为喷吹口速度，m/s；α 为圆射流紊流系数；h_2 为喷吹口到袋口距离，m；R_1 为喷吹口半径，m。

3) 影响因素：喷嘴口参数受喷吹系统本体影响较大。压缩空气在喷吹系统内的流动速度由系统阻力控制。不同喷吹系统阻力是不同的，直角式和直通式脉冲阀较淹没式脉冲阀阻力要大，细喷吹管较粗喷吹管阻力大，高压喷吹较低压喷吹阻力要大；并且，喷吹管内的压降和管内流速的二次方成正比。所以说，气流要想在喷吹管内达到一定的流动速度就必须要克服因为要提高速度而带来的压力损失。直角式和直通式脉冲阀因为系统阻力较大，一般要求高压空气才能获得较好的清灰效果。而淹没式脉冲阀系统阻力较小，即使低压空气也能获得同样的清灰效果。

袋口参数受喷吹口参数影响是不言而喻的，为了获得袋口的理想参数，所以研究影响喷吹口参数的文章屡见不鲜。

5. 喷吹管到袋口的距离

(1) 利用射流理论计算　喷吹管导流管喷出口与滤袋口的距离 h_1 对喷吹清灰效果至关重要。因为 h_1 值太小，吸进的气流会太少，影响清灰效果；h_1 值太大，喷射气流可能不能有效进入滤袋。所以 h_1 值可根据等温圆射流原理和试验确定。压缩空气从导流管喷出后形成射流，射流不断将周围空气吸入射流之中，射流的断面不断扩大，此时的射流流量也逐渐增加，而射流速度逐渐降低直到消失。射流速度开始从射流周边降低，逐步发展到射流中心。当射流出口为圆形时，射流可向上下左右扩散，这种射流称为圆形射流。图 3-88 为管脉冲喷射清灰利用射流原理的示意图。

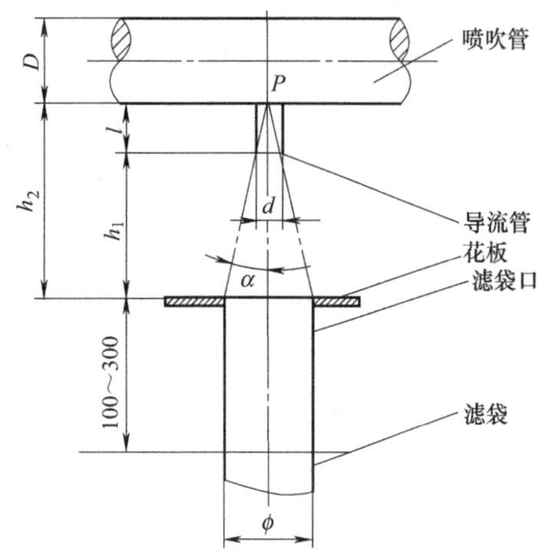

图 3-88　管脉冲喷射清灰利用射流原理的示意图（单位：mm）
l—导流管长度；d—导流管直径；α—射流扩散角；h_1—导流管出口到花板距离；h_2—喷吹管到花板距离；D—喷吹管直径；ϕ—滤袋直径

将射流进入滤袋某一点视为射流的边界，设：距袋口 100～300mm 处，射流边界距喷吹管喷口的距离为 h_2。将射流边界向喷射口方向延伸，会聚于点 P，称为射流极点。

射流扩散角 α 的正切为

$$\tan\alpha=3.4K=0.272，\alpha=15.5°$$

则

$$h_2=\frac{1}{2}\phi/\tan\alpha \tag{3-50}$$

式中，h_2 为喷吹口到花板距离，mm；ϕ 为袋口直径，mm；α 为喷射角，(°)。

【例 3-4】　选用 3in 淹没式脉冲阀，其喷吹管导向管的喷孔 $\phi_2=30$mm，滤袋直径 $\phi=160$mm，求导流管中心与滤袋口的距离。

解：①求导流管的长度 l，即

$$l=C_k\cdot\frac{\phi_1}{K}=0.2\times\frac{15}{0.080}\text{mm}=37.5\text{mm}，取 40\text{mm}$$

导流管内径选择 30mm，则导流管我们设计为 ϕ_2 30mm×3 焊管，长度 $l=40$mm；

②先求 h_2 即

$$h_2=\frac{1}{2}\phi/\tan\alpha=\frac{1}{2}\times160/\tan15.5°=294\text{mm}$$

喷吹管中心线距袋口为 $h_2+\frac{1}{2}d=(294+40)\text{mm}=334\text{mm}$

所以除尘器的喷吹管中心距离花板面的距离 334mm。

(2) 经验公式　选用高品质的脉冲阀，其性能优良，可用下式计算喷吹管到袋口的距离

$$h_2=(\phi-48)/0.353 \tag{3-51}$$

式中，h_2 为喷吹口到花板距离，mm；ϕ 为滤袋直径，mm。

实践表明，气流刚进入滤袋时，滤袋口总有 100～300mm 的距离经常受到高压气流的直接冲刷，如果喷吹口中心和滤袋口中心稍有偏差，高压气流喷吹滤袋会更强烈，从而导致滤袋很短时间就会损坏，直接影响除尘器的使用效果和维护成本。这种现象说明在袋口装带有文氏管的袋笼是合理的。由于化纤针刺毡滤袋耐磨性较强，不装文氏管也可以减少滤袋口气流阻力。但对不抗折的玻纤滤袋，则一定要用有文氏管的袋笼，否则会严重影响滤袋的使用寿命，破坏影响的表现在袋口附近。高压气流喷吹破滤袋如图 3-89 所示。

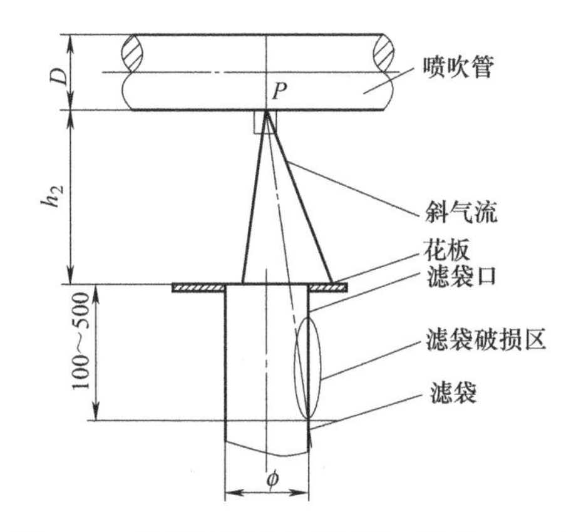

图 3-89 高压气流喷吹破滤袋（单位：mm）

按上述方法设计在供气压力不低于 0.2MPa 的情况下选用 3in 淹没式脉冲阀可保证 16 条滤袋袋底压力达到 2000Pa 以上，计算方法省略。

（3）连接器　喷吹管需要穿越除尘器的壁板，为有效解决喷吹管与除尘器的密封并便于安装，可采用专用的板壁连接器，如图 3-90 所示。

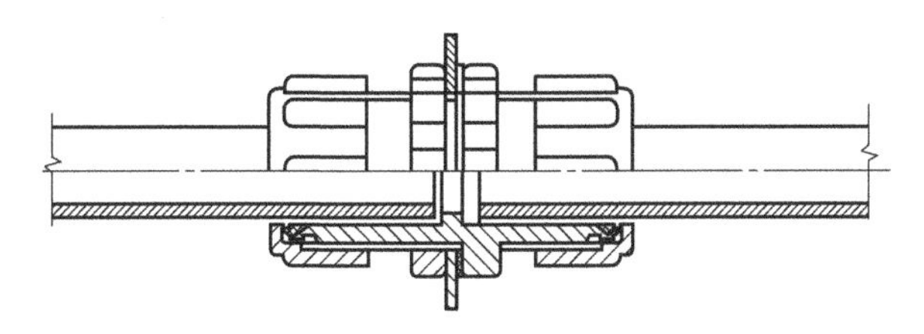

图 3-90 板壁连接器

（4）合理优化喷吹管　喷吹系统的设计一般都是在脉冲阀厂家的技术支持下进行的，只要选择主流品牌的脉冲阀，国内外的产品与技术都同样是过硬的。传统设计喷吹管与弯管的连接采用 O 形密封圈（见图 3-91）。喷吹时，常温的压缩空气气流先经狭窄的环形通道流向膜片，再折转 180°从输出口流出，依次通过输出管、弯管、喷吹管、经喷吹孔喷射出。

由于高温的喷吹管内壁接触常温的压缩空气易在表面结露，夹杂着喷吹装置与压气管路内的杂物，喷吹管内壁极易腐蚀（见图 3-92）。喷吹时，高射气流携带腐蚀杂物射向滤袋，不仅会削弱清灰效果，而且滤袋也会因含尘气流的冲刷而磨损。因此，将原先的密封连接优化成间隙配合（见图 3-93），喷吹时，通过间隙诱导部分过滤后的高温洁净烟气，提高喷吹气流温度，可有效抑制内壁结露，使喷吹管内壁腐蚀得到有效控制（见图 3-94）。

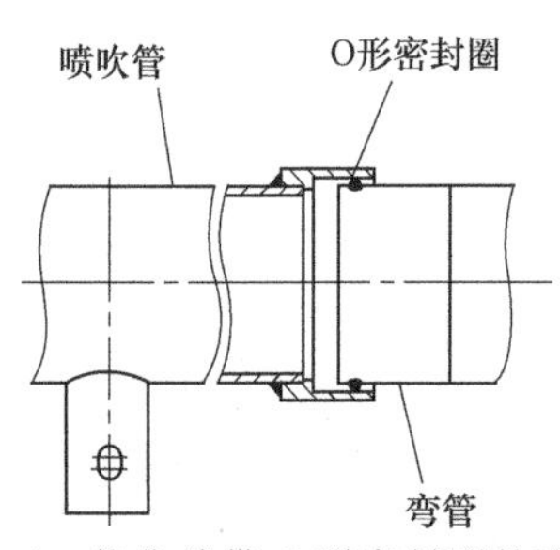

图 3-91 优化前带 O 形密封圈的连接图

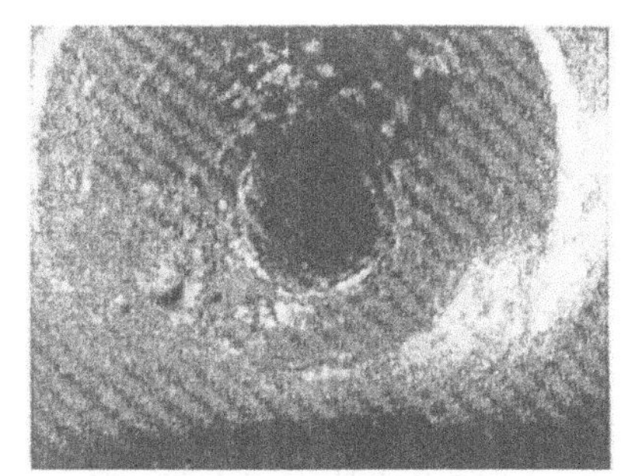
图 3-92 优化前的喷吹管内壁

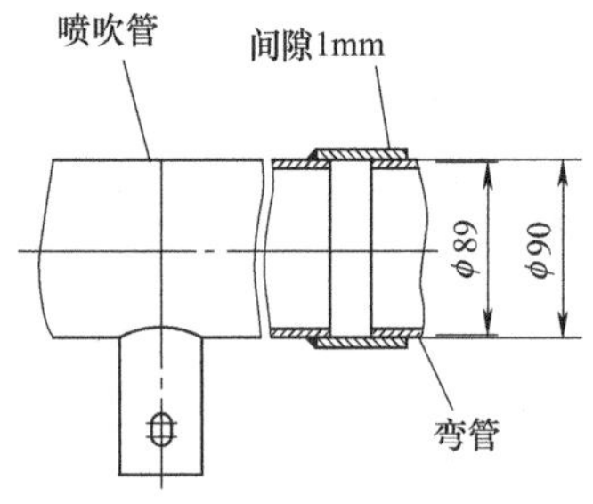

图 3-93 优化后有 1mm 间隙的连接（单位：mm）

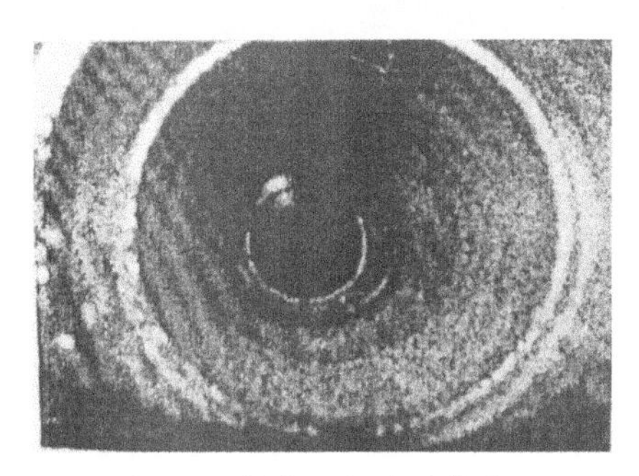
图 3-94 优化后的喷吹管内壁

6. 文氏管导流装置设置

由喷吹管喷出的压缩气体具有很高的速度，其能量主要以动压的形式存在。由于动压只作用于气流前进的方向，因而对位于垂直方向的滤筒壁面不起作用，只有采用导流装置将其转换成静压时才能促进滤筒的清灰作用。

目前使用较多的导流装置是文氏管，在袋口安装文氏管导流器的作用有两个：一是把喷吹管喷出的气流导向滤袋，避免气流偏斜吹坏滤筒；二是促进喷出的气流与被其诱导的二次气流充分混合进行能量交换。当喷吹管喷吹嘴口与滤袋中心不在一条中心轴线时，文氏管作用更为明显。使用文氏管存在的缺点主要是增加了气流阻力、减少了过滤面积并有可能削弱清灰效果。

由于只有在最大的清灰气量及最短时间内进入滤袋的条件下才能实现良好的清灰效果，所以也有部分除尘器不加文氏管。

常用文氏管诱导器的外形尺寸和材质见图 3-95 和表 3-26。

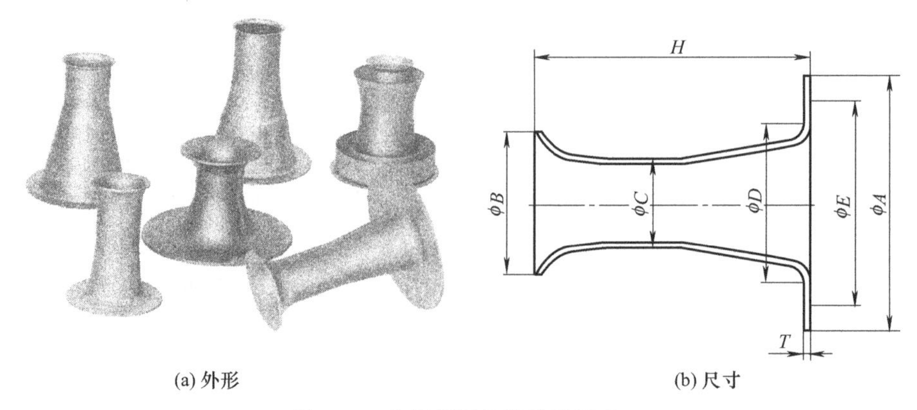

图 3-95 文氏管诱导器外形尺寸

表 3-26　文氏管诱导器材质和外形尺寸　　单位：mm

序号	品名	A	B	C	D	T	E	H
1	金属文氏管	170	108	76	130	15		190
2	金属文氏管	170	60	56	98	1	160	145
3	金属文氏管	145	60	56	98	1	130	145
4	金属文氏管	170	60	56	98	1	160	135
5	金属文氏管	145	60	56	98	1	130	135
6	金属文氏管	152.5	95	60	83	1	138	213
7	橡塑文氏管	174	87	55		8	148(ϕ10)	188
8	橡塑文氏管	146	106	27		4	132(ϕ8)	57
9	橡塑文氏管	150	86	53		10	130(ϕ10)	190
10	不锈钢文氏管	145	63	56	110	1		167
11	不锈钢文氏管	150	67	64	110	1	130	155
12	不锈钢文氏管	170	110	86	135	1		155
13	不锈钢文氏管	170	68	64	110	1	160	145
14	铝文氏管	180	96	53	95	4	160/170	190
15	铝文氏管	152	94	46	80	4		90
16	铝文氏管	157	113	70	94	4		90
17	铝文氏管	145	85	53	80	3	130	161
18	下卸式铝文氏管	140				4		178

注：摘自苏州协昌环保科技股份有限公司样本。

五、离线装置设计

对多室除尘器要设计离线装置，以便进行离线清灰或离线检修。

离线装置（见图 3-96）包括离线口径、离线行程、离线气缸规格、阀板厚度及阀杆规格的确定。

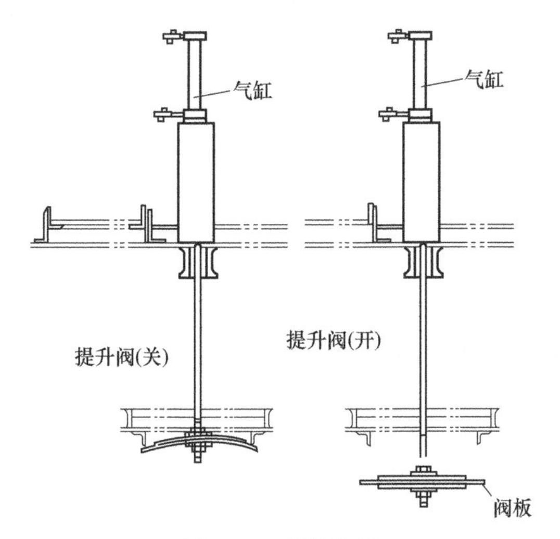

图 3-96　离线装置

除尘器正常工作时，通过上箱体离线口的速度一般控制在 10m/s 以内。速度越低，气流通过离线口对阀板产生的负压就小，阀板很容易被提升起来；反之，高的离线风速可能会造成阀板打不开，还会增加除尘器内部局部结构的阻力。

在实际的运行环境中，一般将气缸压力调整至 0.5MPa，这一调节过程可由气缸前面的压力调节三联件来实现。当气路系统工作压力低于 0.3MPa 时，启动欠压报警程序。设计人员可以将此压力调节点（0.5MPa）提交给电气专业，由电气专业进行综合考虑。

1. 离线孔大小及方位

经过上箱体每个袋室离线孔的风速一般控制在 6～12m/s。理论上来说，经过离线孔的风速越低越好，这样可以使除尘器结构阻力降到最低。但在实际工作中，这却是不必要的，因为风速越低，势必会使离线孔径变大，同时导致整个上箱体结构向外侧延伸变大，使布置变得困难。

2. 提升阀直径 D 的确定

$$Q_1=\pi D^2 v_1/4$$

$$D=[Q_1/(0.785\times 3600v_1)]^{0.5} \tag{3-52}$$

式中，Q_1 为每个室的处理风量，m^3/h；v_1 为通过阀门的风速，m/s，一般取 6～12m/s。

3. 阀板厚度的确定

提升阀的阀板是圆形平板，为加强其强度，在平板下部或上部设置加强筋，圆形平板厚 8～10mm，视板大小而不同。

4. 离线行程

离线行程按下式计算

$$H=\frac{q}{\pi\varphi v} \tag{3-53}$$

式中，H 为离线行程，m；q 为通过离线阀的风量，m^3/s；φ 为离线孔直径，mm；v 为风速，m/s。

5. 阀杆规格

在计算完离线行程后还要计算阀杆的抗拉（压）强度及阀杆稳定性（阀杆在大的压力作用下可能会产生失稳现象）以及阀杆的制作工艺等。

因阀杆比较细长，它将首先产生失稳现象。按失稳状态对阀杆的稳定性进行计算，计算过程同底柱类似。

6. 气缸选用

选用气缸一要决定气缸行程，二要确定缸径，气缸行程为离线行程的 1.05～1.10 倍。气缸缸径由推动拉力决定。气缸工作时产生的推拉力应大于提升阀阀板自重与受到的气流压力之和（即负载）的 1.2～1.5 倍。

初步选定气缸的缸径尺寸，按气缸压缩空气的压力确定动作的方向（使用推力或拉力）和气缸的推拉力并验算其力大小。计算式如下

气缸推力：
$$F_0=0.25\pi D^2 p \tag{3-54}$$

气缸拉力：
$$F_0=0.25\pi(D^2-d^2)p \tag{3-55}$$

式中，D 为气缸活塞直径，cm；d 为气缸活塞杆直径，cm；p 为气缸的工作压力，MPa；F_0 为气缸的理论推拉力，N。

上述出力计算适用于气缸速度 50～500mm/s 的范围内，气缸以上下垂直型式安装使用，向上的推力约为理论计算推力的 50%。气缸横向水平使用时，考虑惯性因素，实际出力与理论出力基本相等。

为了方便选用时双作用气缸输出力，可根据使用空气压力等从表 3-27 中选择合适的缸径尺寸。

选定气缸的行程：确定工作的移动距离，考虑工况可选择满行程或预留行程。当行程超过样本推荐的最长行程时要考虑活塞杆的刚度，可以选择支撑导向或选择特殊气缸。

表 3-27　双作用气缸输出力　　单位：N

缸径/mm	使用空气压力/MPa						
	0.2	0.3	0.4	0.5	0.6	0.7	0.8
40	251	377	503	628	754	880	1005
50	392	589	785	982	1170	1370	1570
63	623	935	1250	1560	1870	2180	2500
80	1000	1510	2010	2510	3200	3520	4020
100	1570	2360	3140	3930	4710	5500	6280
125	2450	3680	4910	6150	7360	8590	9820
160	4020	6030	8040	10050	12060	14070	16080
180	5080	7630	10180	12720	15270	17810	20360
200	6280	9420	12570	15710	18850	21990	25140
250	9810	14730	19630	24540	29450	34360	39260
320	16080	24120	32160	40210	84250	56290	64320
400	25310	37960	50260	62830	75390	87960	100520

六、旁路装置设计

用于燃煤电厂、垃圾焚烧厂、石灰窑、干燥窑、高炉等场合的除尘器，由于生产工艺不能停止，或会出现结露现象，在除尘器出现故障不能运行时烟气要走旁路。旁路分为内旁路和外旁路，设计内旁路要细致布置和计算。

内旁路装置的设计过程同离线装置基本是一样的，但不同之处在于，它不但要考虑到旁通口径、旁通行程、旁通气缸规格、阀板厚度及阀杆规格，而且一定要考虑到旁通的结构密封型式及密封的可靠性，以及气压过低时自动打开保护的功能。

1. 内旁通孔的方位布置

内旁通孔径的设计过程同离线孔是相同的。需要注意的是：通过内旁通孔径的速度一般可以允许达到 16m/s，但最大不允许超过 18m/s。这样设计的目的是保证烟气在走旁通时除尘器进出风口差压不超过 1500Pa。

在某些除尘器上箱体个别袋室内，会出现既有离线又有旁通的结构。此时，离线与旁通的合理布置十分重要。一般来说，当旁通打开时，大量烟气通过旁通口直接进入上箱体净气室汇风烟道内，此种情况下需要将离线设置在烟气流的背侧；同时，要求离线必须有可靠的密封措施，防止大量烟尘灰透过缝隙进入上箱体袋室内。

2. 旁通的密封

除尘器在运行的过程中，旁通装置烟气温度一般在 140～170℃之间波动。在这种情况下，就要求选择的密封材料能耐高温 200℃、耐强酸、耐碱。氟橡胶具有好的耐 300℃高温、耐酸耐碱性能；缺点是加工性差，硬度比一般硅橡胶大。可选用氟橡胶作为旁通的密封材料。为了增加可靠性，将氟橡胶做成“9”字形空心密封条，橡胶条外径 20mm，内径 8mm，“9”字形直线段部分厚 5mm，宽 30mm。

初始投运时密封较好，但是实际工程运行下来发现，多次启动后一般都不能再保证完全密封。原因是高温变形、死角积灰、阀板与阀座中心未对正等。由于内置式的结构给安装检修带来极大的不便，针对上述缺点，将旁路系统优化成旁路阀外置、旁路烟道内置的紧凑型结构形式（见图 3-97），即将旁路烟道从进口烟道取旁路经上箱体顶部，穿过底板，连通隔板下的净气烟道总管，旁通阀采用双百叶窗式挡板门，设置在除尘器进口烟道上方。双百叶窗式挡板门有两排叶片组成，当挡板门关闭时叶片间形成一个密封空间，大于烟道气压的密封净烟气进入这个空间，实现零泄漏。

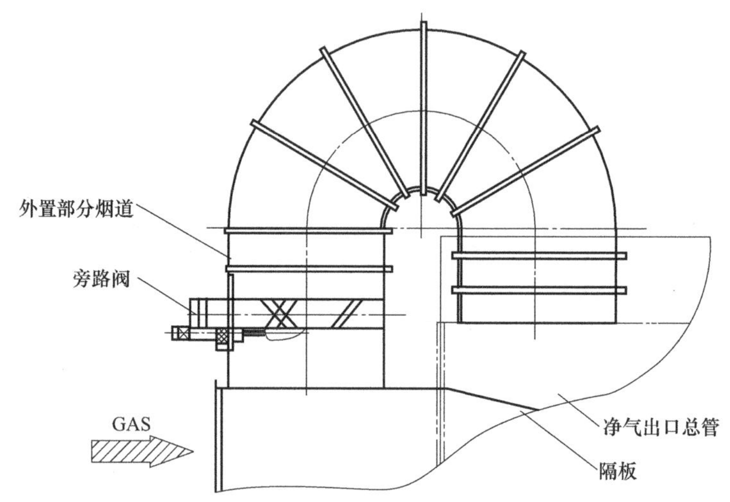

图 3-97　旁路阀外置、旁路烟道内置的紧凑型结构形式

3. 旁通路自动打开功能

当气源压力突然降低，甚至降低至“零”时离线阀板将全部关闭。此时，要求旁通阀板在负压的状态下能快速打开，烟气快速走旁通，避免造成其他意外事故。

其关键是阀板要位于旁通口径的下端，阀杆上加装配重。工作原理为：在正常的除尘运行过程中，旁通气缸通过压缩空气的作用，将阀板提升，与旁通口径紧密贴合。当气源压力突然降低至某一值时（离线阀板还处于似落未落的临界状态），阀板在自重和配重的作用下克服烟气负压作用，快速下移，打开旁通口，于是烟气开始快速走旁通。

4. 旁路烟气净化

由于环保要求日趋严格，不允许未净化的烟气任意排放，以防造成环境污染，因此需要另建一套旁路烟气净化系统。为降低投资费用，旁路烟气净化多采用湿法除尘系统。大型高炉煤气除尘系统和石灰窑窑尾除尘系统都有旁路烟气净化系统的成功案例。

七、气箱脉冲除尘器工艺设计

气箱脉冲除尘器在滤袋上方不设喷吹管，而是将一定数量的滤袋组合为一个箱体，每个箱体上有一个或两个较大口径的脉冲阀，如图 3-98 所示。清灰时从脉冲阀喷出来的气体直接冲入箱体并进入滤袋，使滤袋产生振动，加上逆气流的作用使滤袋上的粉尘脱落下来，从而完成清灰过程。

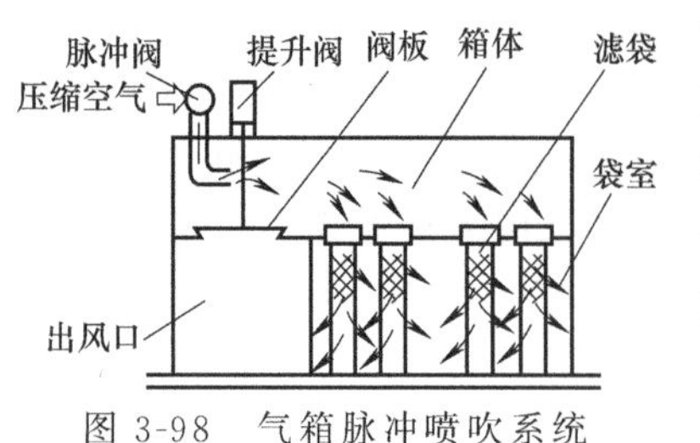

图 3-98　气箱脉冲喷吹系统

常用的气箱脉冲袋式除尘器有 32、64、96、128 四个系列，其结构参数见表 3-28。

表 3-28　气箱脉冲袋式除尘器结构参数

每个室的滤袋数	室数	每室过滤面积/m^2	说明
32	2～6	31	单列
64	3～12	62	双列
96	4～18	93	单列或双列
128	4～28	155	单列或双列

1. 构造和工作原理

该除尘器由壳体、灰斗、排灰装置、滤袋、脉冲清灰系统和清灰程序控制器等部分组成。当含尘气体从进气总管进入袋式除尘器后，首先与进气口中斜隔板相碰撞，气流转向流入灰斗，此时气流扩散，速度变慢，在惯性作用下，气流中的粗颗粒粉尘直接落入灰斗底部，起到预除尘作用；进入灰斗的气流折而向上，通过内部装有的袋笼滤袋，粉尘被捕集在滤袋的外表面；净化后的气体进入收尘室上部的净气室，汇集到排气总管排出，参见图 3-99。

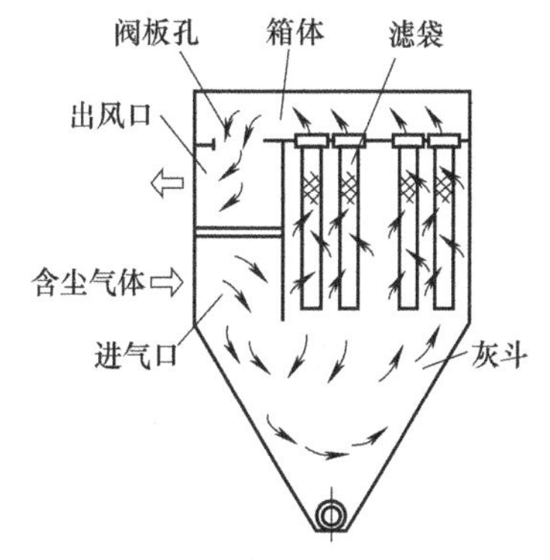

图 3-99　气箱脉冲袋式除尘器工作原理

壳体用隔板分成若干个独立收尘室，根据清灰程序控制器的指令，对每个室轮流进行清灰。每个室有一个提升阀，清灰时提升阀关闭，切断该室的过滤气流，随即开启脉冲阀，向该室喷入高压空气，清除滤袋外表面聚积的粉尘，参见图 3-98。脉冲清灰的脉冲宽度和清灰周期，可根据工况条件进行调节。

气箱脉冲袋式除尘器使用的脉冲阀数量少，袋口上方没有喷吹管，所以结构简单，维护方便且价格便宜。同时，气箱脉冲式的适应性很强，在新型干法水泥生产线的所有扬尘点都可以选用，很受用户欢迎。

这种高效袋式除尘器技术先进，经济性好，如用于捕集高浓度的含尘气体，更能发挥其优越性。

2. 气箱脉冲喷吹清灰系统设计

(1) *电磁脉冲阀*　电磁脉冲阀是将脉冲阀和电磁阀组成一整体，是脉冲清灰系统的主要部件，脉冲阀的性能优劣和使用寿命是用好脉冲袋式除尘器的关键。脉冲阀有直角式（喷吹压力>0.5MPa，所以也称高压脉冲阀）、淹没式（喷吹压力<0.3MPa，所以也称低压脉冲阀）和直通式（进出口之间的夹角为 180°）三种类型。直角式电磁脉冲阀还有单膜片和双膜片之分。这些脉冲阀的结构和工作原理，在《袋式除尘技术》《脉冲袋式除尘器手册》等书籍和专业生产厂家的产品样本上都有详细的介绍。

以往脉冲袋式除尘器失败的事例很多，其原因除过滤风速选取不当和滤袋材质低劣及压缩空气质量不合乎要求外，脉冲阀和电磁阀的性能差、膜片寿命短是其重要原因之一。一些国产脉冲阀，膜片的使用寿命厂家标明在 10 万次以上，但实际上有的用不到几个月就报废了。现在国内生产的脉冲阀质量有所提高，高品质脉冲阀与国外产品差距不大。为保证袋式除尘器的长期高效运行，有些用户仍愿意购买价格较高的国外产品。

(2) *高压直角脉冲阀喷吹气量的确定*　一定喷吹气量 q（L/次）可按美国 ASCO 公司推荐的公式进行计算，即

$$q=18.9k_v[\Delta p(2p-\Delta p)]^{0.5} \tag{3-56}$$

式中，k_v 为流量系数；p 为阀进口管的压力，10^5Pa；Δp 为阀进出口压差，10^5Pa。

不同规格脉冲阀一次喷吹气量的计算结果见表 3-29。

表 3-29　不同规格脉冲阀一次喷吹气量计算结果

脉冲阀的规格/in	k_v/(1/min)	$\Delta p/10^5$Pa	喷吹气量 q/(L/次)			
			$p=3\times10^5$Pa	$p=4\times10^5$Pa	$p=5\times10^5$Pa	$p=6\times10^5$Pa
3/4	233	0.35	9.4	11.5	12.6	—
1(单膜片)	283	0.35	12	14	16	40
$1\frac{1}{2}$	768	0.85	50	58	66	80
2	1290	0.85	84	100	112	113
$2\frac{1}{2}$	1540	0.85	100	118	133	167
3	2833	1.0	200	236	268	250

注：1. 脉冲宽度按 0.1s 计；

2. k_v 和 Δp 均为直角脉冲阀参数；

3. 双膜片时，k_v=3831/min，$\Delta p=0.3\times10^5$Pa。

(3) 气箱脉冲清灰袋式除尘器　不同规格双膜片脉冲阀一次喷吹量的数据见表 3-30。

表 3-30　不同规格双膜片脉冲阀一次喷吹量（在脉冲宽度 150ms 和压力 0.5MPa 的条件下）

脉冲阀的规格/in	$1\frac{1}{2}$	2	$2\frac{1}{2}$
一次喷吹量/(m^3/次)	0.24	0.27	0.79

(4) 压缩空气消耗量 Q

$$Q=1.5nq/T \quad (m^3/min) \tag{3-57}$$

式中，n 为每分钟脉冲阀喷吹的数量，个；q 为每个脉冲阀的一次喷吹量（m^3/次，见表 3-29 或表 3-30）；T 为清灰周期，min，清灰周期与许多因素有关，特别是除尘器进口含尘浓度的影响最大。

(5) 压缩空气干燥　如果压缩空气中的油和水分分离不净，带有水分和油的空气喷入袋内，会引起滤袋堵塞，致使除尘器的阻力增大，处理风量降低，最终导致除尘器无法运行。此外空气中的水分大，也会加速脉冲阀内的弹簧锈蚀，使脉冲阀在短时期内失灵。为了保证压缩空气能满足脉冲阀性能的要求，对压缩空气干燥器的选择要求：当厂内除尘器处的温度低于 10℃时，应采用冷冻剂干燥器。装在户外的除尘器达到冻结温度而没有保温设施时，可采用再生干燥器。在室内正常工作条件下一般不需要干燥器。

(6) 气箱脉冲喷吹系统的储气罐　包括：①储气罐耐压强度≥0.9MPa；②其规格和数量应根据除尘器的不同规格确定，见表 3-31。

表 3-31　气箱脉冲喷吹袋式除尘器配备的储气罐

袋室除尘器系列	储气罐规格/(mm×mm)	室数/个	储气罐数量/个
每室 32 个袋	ϕ305×915	2～5	1
每室 64 个袋	ϕ510×1220	≤6	1
		7～12	2
每室 96 个袋	ϕ610×1750	≤12	1
		14～30	2
		32～40	3
每室 128 个袋	ϕ610×1750	≤7	1
		8～18	2
		20～30	3

3. 气箱脉冲除尘器工艺设计的改进

（1）气包靠近脉冲阀　在传统的气箱清灰系统中，气包离脉冲阀太远（见图 3-100），造成喷吹后阀门进气管呈负压，引起“共鸣现象”，设计中应使分气箱尽量靠近脉冲阀。

（2）引流喷吹管　阀门在气箱式除尘器上喷吹后，气箱中形成高压，容易产生逆向气流，反弹撞击在膜片上，引起膜片严重振荡，降低膜片使用寿命。

在气箱内可制作一条喷吹管与脉冲阀相连，避免逆向气流打到膜片上，如图 3-101 所示。

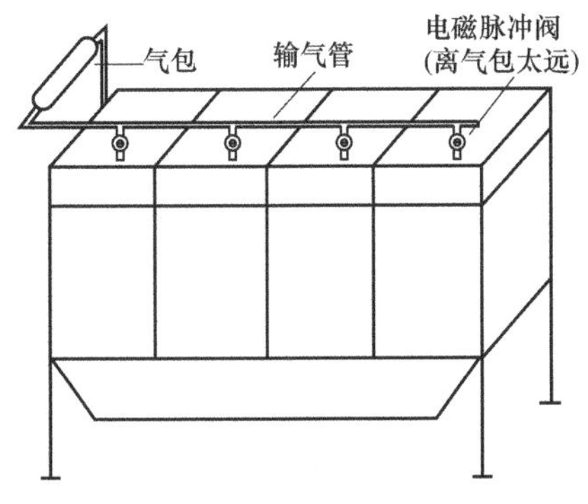

图 3-100　气包离脉冲阀太远

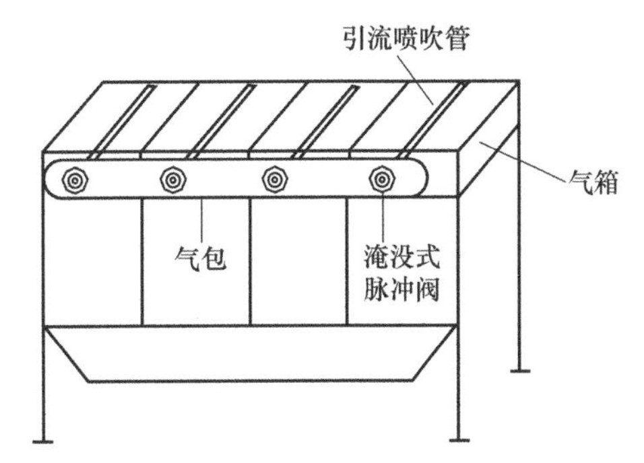

图 3-101　制作一条喷吹管与脉冲阀相连

引流喷吹管对气箱喷吹时，喷吹管的两侧均匀地开直径为 30mm 的喷吹孔，对压缩空气进行导流，如图 3-102 所示。

（3）气箱结构的改进　气箱式脉冲清灰是逐室采用一个脉冲阀进行离线脉冲清灰。观察原气箱室脉冲布袋除尘器清灰状况，发现清灰能力有比较明显的差距，某些滤袋清灰强度大些，某些局部清灰力度不足，新型结构上做了调整，考虑工厂车间结构及运输要求规定，按整体发运的构思，对气箱结构、滤袋及脉冲阀喷吹口位置做了改进，使脉冲阀清灰效果更好，各个滤袋清灰强度趋于一致。运行实践证明结构改进取得预期效果。

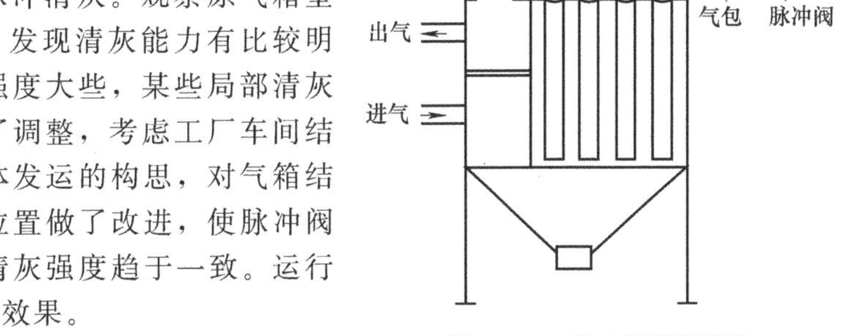

图 3-102　喷吹管两侧开孔

（4）喷吹系统的改进　原喷吹系统管道配管时难度较高，反复拆装后极易发生泄漏，且各个脉冲阀清灰能力明显不同（距气包远的，清灰能力强些），新型气箱式脉冲布袋除尘器在喷吹系统上做了改进，各个脉冲阀与气包直接连接：①结构紧凑，增大了气包容积；②便于配管和检修；③脉冲阀开启、关闭更快捷（脉冲阀压力室经常维持较高压力膜片，不易疲劳，寿命更长）；④较易实现连续二次强力脉冲清灰（气包容积较大，压力波动较小，脉冲宽度较小），运行实践证明，改进后空气压缩机的能耗明显降低，有较多的过压停机时间，脉冲阀喷吹有力、短促，设备运行阻力较低，处理风量波动很小，磨机无粉尘外溢现象，大大改善了车间环境。

（5）进气箱体增设气流增多布板　有利于粗颗粒粉尘的沉降，减少了对滤袋的磨损，对各室粉尘量的均匀起到良好的作用。

第五节　除尘滤料选用

滤料是袋式除尘器的关键部位，滤料性能的优劣直接影响袋式除尘器除尘效果。本节就滤料纤维性能、滤布的织造和整理、常用滤料性能及滤料的选用进行介绍。

一、滤料纤维性能

1. 滤料纤维及分类

滤料纤维的品种很多，如图 3-103 所示，可以分为天然纤维、化学纤维、无机纤维等类别，每一个类别又可分为若干种。

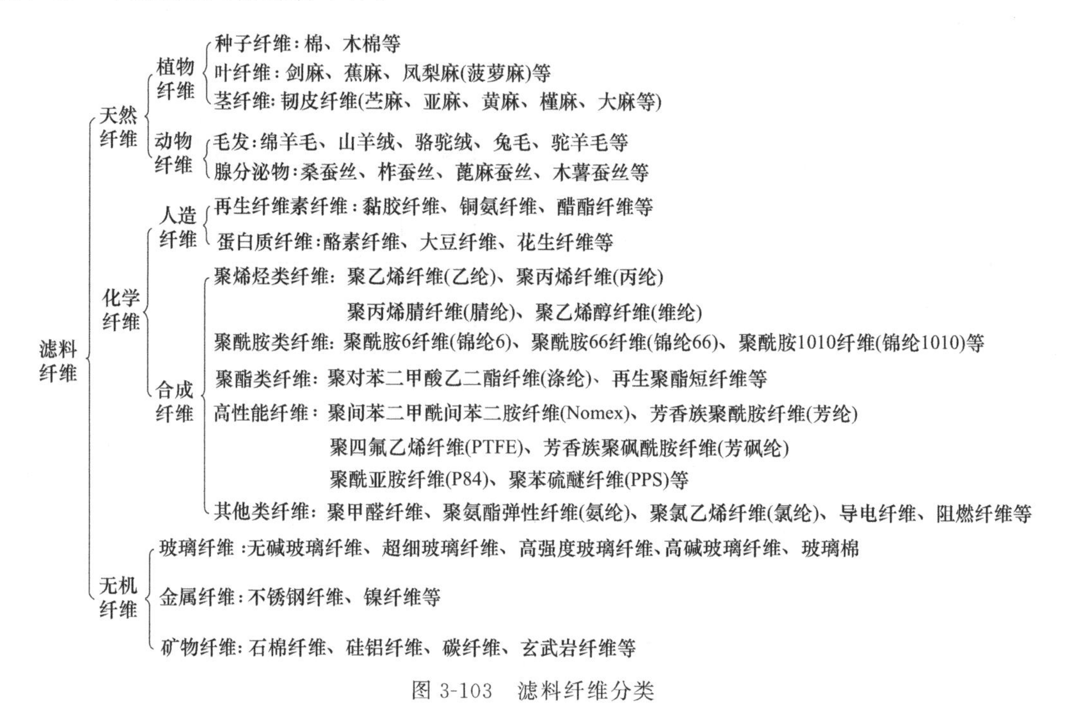

图 3-103 滤料纤维分类

2. 滤料纤维特性

（1）聚酯纤维（涤纶） 聚酯纤维在环保领域应用广泛，尤其是涤纶针刺过滤毡，是袋式除尘器使用的主要滤料。聚酯纤维的特点是：常温性能好，能连续在 130℃下工作；弹性回复性能好，强度为 3.52～5.28CN/dtex，断裂伸长率 30%～40%；其耐磨及耐热性能优于尼龙，强度较高，在 150℃空气中加热 1000h 稍有变色，强度下降不超过 50%；耐酸和弱碱，化学性能稳定。聚酯纤维是热塑性纤维，能轧光、烧毛，但聚酯不耐强碱，容易水解。

（2）聚酰胺纤维（锦纶） 其强度高，耐磨性能优于天然纤维；表面光滑，弹性好，耐连续的屈曲；耐碱，但不耐浓酸。

（3）聚丙烯纤维（丙纶） 它在合成纤维中是最轻的，也是比较便宜的一种，强度相当于尼龙和涤纶。聚丙烯限氧指数 19，能在 90℃下潮湿环境里连续运行而不改变其性能，软化温度 150℃。聚丙烯纤维具有良好的耐酸、碱性能，耐磨性好，弹性回复率高，具有比涤纶纤维更加优异的耐酸、碱性能及较低的软化点，且耐一般有机溶剂，是一种优良的热塑性纤维，后处理效果好；但聚丙烯纤维耐氧化性能弱，且耐热性能较差，容易受光、热等影响而产生分解，大多数情况下会因氧化而降解。

（4）聚丙烯腈纤维（腈纶） 其耐磨性不如其他合成纤维，强度也较低，其耐热性不如涤纶。试验证明，它能在 125℃热空气下维持 32 天强度不变。能耐酸，但耐碱性较差。

（5）聚苯硫醚纤维 也叫 PPS，是一种耐高温合成纤维，具有优异的耐热性能，熔点

285℃，常用温度190℃，瞬间耐温可达230℃。此外，它具有优良的阻燃性，限氧指数34～35，正常大气条件下不助燃；其化学性能与尺寸的稳定性等也相当优异，能抵御酸、碱和氧化剂的腐蚀（仅次于聚四氟乙烯纤维），可以在恶劣的工况下保持良好的过滤性能，并达到理想的使用寿命；PPS纤维最突出的优点是不会水解，可在潮湿、腐蚀性环境下运行，但PPS的抗氧化性能差，当O_2含量达到12%时，操作温度应<140℃，否则PPS会因氧化而迅速降解。

(6) 聚酰亚胺纤维（P84） P84具有优良的耐高温性能，可在260℃下连续运行，瞬间工作温度可达280℃。P84很细，其纤维表面积大，孔隙微小，粉尘只能停留在滤毡表面而不能穿入毡中，逆洗压力小，运行阻力低，滤饼弹脱效率得以明显改善；P84具有较强的阻尘和捕尘能力，并能捕获微小粉尘，从而提高了过滤效率；由于P84的不规则截面，纤维具有较强的抱合缠结力，与玻璃纤维相比，P84的化学性能、强度、耐磨折性、使用寿命等显著提高；但P84不耐水解。

(7) 聚四氟乙烯纤维（Teflon，也叫PTFE） 聚四氟乙烯纤维是当今化学性能最好、抗水性、抗氧化能力最强的纤维。它具有优良的耐高温及低温性能，熔点327℃，瞬间耐温可达300℃。该纤维还具有良好的过滤效率及清灰性能，阻燃性好、阻力低、使用寿命长，但价格昂贵。

(8) 碳纤维 碳纤维（Carbon fibre）是指纤维化学组成中碳元素占总质量90%以上的纤维。目前，长丝型碳纤维的制造都是通过高分子有机纤维的固相碳化而得到。

碳纤维按原料来源分为纤维素基碳纤维、聚丙烯腈基碳纤维、沥青基碳纤维。碳纤维是高强度、高模量纤维，具有良好的耐化学腐蚀、耐疲劳、导电性能，在无氧条件下具有极好的耐温性，主要用于制造消静电滤料。

(9) 玄武岩纤维 玄武岩纤维（Basalt fibre）是将玄武岩磨碎，与辉绿岩和角闪岩类火成岩一起在1750～1900℃温度下熔融后，经过喷丝孔拉制而成。玄武岩纤维成分列于表3-32。

表3-32 玄武岩纤维成分 单位：%

成分	SiO_2	Al_2O_3	Fe_2O_3	CaO	MgO	Na_2O	K_2O	TiO_2	FeO
含量	51.3	15.16	6.19	8.97	5.42	2.22	0.91	2.75	7.67

玄武岩纤维成纤温度为1300～1450℃。玄武岩玻璃化速度快于玻璃，因此质量控制较难。玄武岩纤维的使用温度范围为−269～700℃，具有突出的耐热性能，长期工作温度可达600～700℃，弹性模量达78～90GPa，在耐温、弹性模量方面优于玻璃纤维。

(10) 玻璃纤维（Glass） 玻璃纤维是无机纤维中应用较广的一种，它高温性能突出且价格低廉。玻璃纤维还耐腐蚀（除氟氢酸外，能抵抗大部分酸，但不耐强碱及高温下的中碱）；其抗拉强度很高，但不耐磨，性脆，耐曲挠性能差。工业上使用的玻璃纤维滤料一般都经过改性处理，它的表面光滑，其流体阻力小，容易清灰，因此得到广泛的应用。

(11) 金属纤维 金属制成的纤维，特点是耐温可达500℃，其导电性最好，又可洗刷，使用寿命长。不锈钢纤维的商品名为450。

二、滤布的织造和整理

1. 机织滤料

机织滤布编织方法主要有平纹编织、斜纹编织、缎纹编织等，如图3-104所示。

图 3-104 机织滤布编织方法

(1) 平纹滤布 由经纬纱上下交错编织而成。滤布无方向性，结构紧密。除尘效率高，阻力损失大。

(2) 斜纹滤布 由两根以上的经线和纬线交错编织而成。滤布表面呈斜纹状，故称斜纹滤布。其除尘效率及阻力损失介于平波滤布与缎纹滤布之间。

(3) 缎纹滤布 由一根纬线和五根以上的经线交错编织而成。其特点是阻力损失小，透气性好，但除尘效率低。

玻璃纤维和 729 滤料均属机织滤料。机织滤料多用于反吹风袋式除尘器。

2. 针刺毡滤料

针刺毡滤料有多种原料、多种用途、多种规格。针刺毡滤料具有以下特点：①针刺毡滤料中的纤维三维结构有利于形成粉尘层，捕尘效果稳定，因而捕尘效率高于一般织物滤料；②针刺毡滤料孔隙率高达 70%～80%，为一般织造滤料的 1.6～2.0 倍，因而自身的透气性好、阻力低；③生产流程简单（见图 3-105)，便于监控并保证产品质量的稳定性。

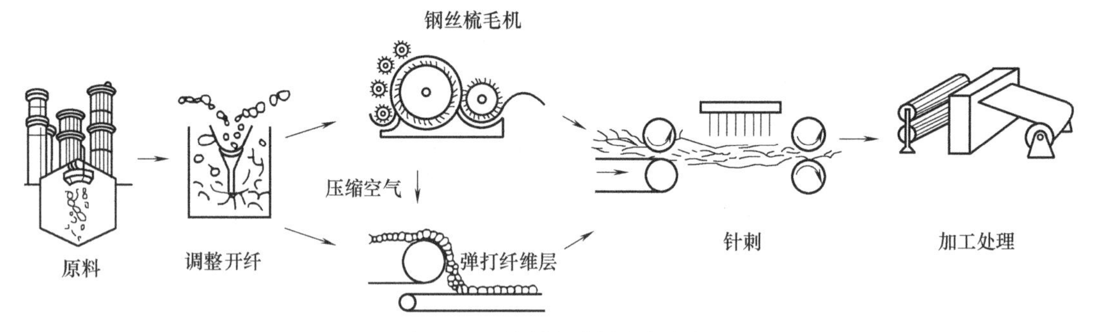

图 3-105 针刺毡滤料生产流程

脉冲除尘器多用针刺毡滤料。

3. 水刺毡滤料

水刺工艺的原理与针刺相似，不同的是将钢针改为极细的高压水流（“水针”)。水刺工艺使高压水经过喷水板的喷孔，形成的微细高速水射流连续向纤维网喷射［图 3-106 (a)］，在水射流直接冲击力和下方托网帘反射力的双重作用下，纤维网中的纤维发生不同方向的移位、穿插、抱合、缠结［图3-106 (b)］。在纤维网整个宽度上有大量水柱同时垂直地向纤维网喷射，而被金属网帘托持的纤维网连续向前移动，纤维网便得到机械加固而形成水刺毡。

水刺工艺流程：纤维经开松、混合、梳理、铺网、牵引，然后通过双网夹持方式喂入水刺缠结加固系统，先后进行预水刺和第二道水刺，再经后处理而制得成品。

与针刺工艺相比，水刺工艺的主要优点是：滤料在加工过程中纤维受到的机械损伤显著降低，所以同等克重下其强力高于针刺滤料；水针为极细的高压水柱，其直径显著细于针刺工艺的刺针，所以水刺毡几乎无针孔，表面更光洁、平整，过滤性能更好。

4. 合成纤维织物的后处理

合成纤维织物滤料和毡滤料制成后，还需要进行后整理，以稳定尺寸，改善性能，提高质量，从而扩大其应用范围。后处理主要有以下几种，可根据需要选用。

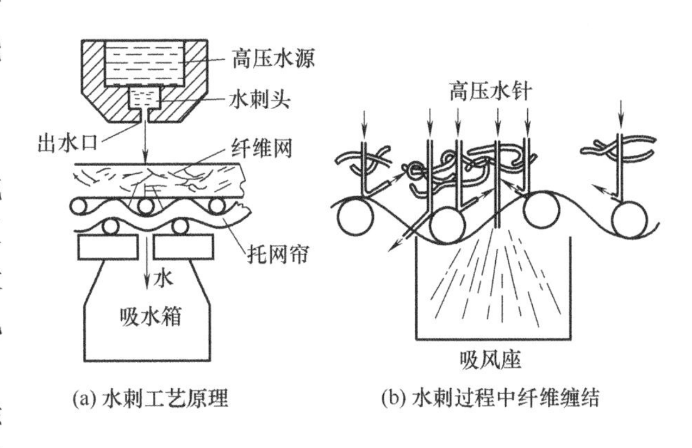

图 3-106 水刺工艺流程

(1) 热定型处理 目的是消除滤料加工过程中残存的应力，使滤料获得稳定的尺寸和平整的表面。如果滤料尺寸不稳定，则滤袋在使用中就会发生变形，从而增加滤袋与框架的磨损或使滤袋框架难以抽出，还可能导致内滤式滤袋下部弯曲积尘。热定型一般在烘燥机中进行。确定热定型温度有两个原则：一是高于滤料所用纤维的玻璃化温度，但要低于其软化点温度；二是略高于滤料能在几分钟之内耐受的最高温度。

(2) 热轧光处理 在针刺毡的后处理中，热轧光机应用越来越多，通过热轧可使针刺毡滤料表面光滑、平整、厚度均匀。热轧机有钢-棉两辊和钢-棉-钢三辊轧机两种。三辊轧机工作面在上钢辊与棉辊之间，下钢辊仅对棉辊起平整作用。因为工作一定时间后，棉辊上会有轧痕出现，需要用钢辊连续地将棉辊表面轧平。如系两辊轧机，轧机运转一定时间后，为消除棉轧表面的轧痕，应让轧机的不进步的情况下空车运转一段时间。采取深度的热轧技术可制成表面极为光滑且透气均匀的针刺毡，这种滤料的初阻力虽略有增加，但粉尘不易进入滤料深层，因而容易清灰，有助于降低袋式除尘器的工作阻力并提高滤袋的寿命。

(3) 烧毛处理 滤料的烧毛工艺与普通纺织品的烧毛工艺一样，燃料都是利用煤气。通过烧毛可将悬浮于滤料表面的纤毛烧掉，改善表面结构，有助于滤料的清灰。但是，表面部分纤维的不均匀熔融有可能形成熔结斑块反而不利滤尘。由于热轧光等技术同样可使滤料表面光滑且比较均匀，因此，除特殊情况（如对耐高温滤料或无热压设备时）外，不一定都需要进行烧毛整理。

(4) 抗静电处理 目前，国内外有很多改善滤料静电吸附性的途径，归纳起来大致有两大类：一是使用改性涤纶；二是纺入金属纤维。

不锈钢金属纤维具有良好的导电性能，且容易和其他纤维进行混纺，它具有挠性好、力学性能好、导电性能好、耐酸碱及其他化学腐蚀、耐高温等特点。

不锈钢金属纤维主要技术性能：①容重 7.96～8.02g/cm^3；②纤维束根数（根/束）10000～25000；③纤维束不匀率≤3%；④单纤维室温电阻 20～50Ω/cm；⑤初始模量 10000～11000kg/cm^2；⑥断裂伸长率 0.8%～1.8%；⑦耐热熔点 1400～1500℃。

(5) 拒水拒油处理 拒水拒油就是在一定程度上滤料不被水或油润湿。理论上讲，液体 B 是否能够润湿固体 A 是由液体表面张力和固体临界表面张力决定的。如果液体表面张力大于固体临界表面张力则液体不能浸润固体；反之，液体表面张力小于固体临界表面张力则能浸润固体。

根据上述分析，若想让滤料具有拒水防油性，必须要使它的表面张力降低，降到小于水和油的表面张力，才能达到预期目的。拒水拒油整理有两种方法：一种是涂敷层，即用涂层的方法来防止滤料被水或油浸湿；另一种是反应型，即使防水防油剂与纤维大分子结构中的某些基因起反应，形成大分子链，改变纤维与水油的亲和性能，变成拒水拒油型。前者一般会使产品丧失透气性能，后者只是在纤维表面产生拒水拒油性，纤维间的空隙并没有被堵塞，不影响透气性能，这正是过滤材料所要求的。因此一般采用反应型处理方法。

需要指出的是，拒水和防水是完全不同的两个概念。拒水整理是使织物产生防止被水润湿的效果，处理后的织物存在敞开的孔隙，允许水和空气通过，故又称透气的防止处理；而防水处理则是在织物表面涂上一层不透水、不溶水的涂层薄膜，织物上的孔隙全被填塞，即使在较高的静水压力下也不能透过，故又称不透气的防水处理。

(6) *涂层处理*　通过涂层可改变非织造物的单面、双面或整体的外观、手感和内在质量，也可使产品性能满足某些特定的（如使针刺毡变挺可折叠成波浪形作滤筒用）要求。

(7) *覆膜滤料*　覆膜滤料是在织造滤料或非织造滤料表面覆盖一层聚四氟乙烯薄膜。覆膜的目的是形成表面过滤，只让气体通过滤料，而把气体中含有的粉尘留在滤料表面。

覆膜滤料性能优异，其过滤方法是膜表面过滤，近100%截留被滤物。覆膜滤布成为粉尘与物料过滤和收集以及精密过滤方面不可缺少的新材料，其优点如下：①表面过滤效率高；②低压、高通量连续工作；③容易清灰；④ 寿命长。

应当特别指出的是：对琢磨性特别强的粉尘不适宜用覆膜滤料，如炭粉、氧化铝粉、铁矿烧结粉尘等。因为这些琢磨性强的粉尘会在短时间内把膜磨破，使其失去原有性能。

5. 玻璃纤维织物的表面处理

玻纤针刺毡是专为处理高温气体的脉冲喷吹袋式除尘器设计的，制造过程中使用了比例相当高的树脂、黏合剂。因此在高温下树脂软化，毡子就容易弯曲，于是滤袋便具有清灰所需的柔软性；如温度低于90℃，则此种柔软性就会消失。因为在常温下玻纤针刺毡比较硬，所以在制作、包装和安装时要注意防止产生裂缝或小孔。

为改善玻璃纤维滤料在酸性或碱性环境中，其强度、耐折、耐磨等性能不受影响；改善玻璃纤维的曲挠性，使其满足袋式除尘器反吹风清灰或脉冲清灰工作的要求，提高滤料表面的疏水性，使其具备抗结露能力。

表面处理技术属于软技术，因此，对玻璃纤维织物进行表面处理。分为如表3-33所列的几种。缝制玻纤滤袋的玻璃纤维缝纫线也需经特殊的表面化学处理。

表 3-33　玻璃纤维织物表面处理的种类及性能

种类	表面浸渍剂	耐温性/℃	抗化学侵蚀性	粉尘剥落性	抗折强度	成本
标准有机硅	有机硅(唯一的)	220	尚好	好	尚好	一般
特级有机硅	有机硅＋聚四氟乙烯	240	尚好	极好	尚好	较高
Graf-0-Sil	有机硅＋石墨＋聚四氟乙烯	280	好	好	好	较高
新的表面浸渍剂	—	7250	极好	极好	极好	很高

三、常用滤料性能

常用滤料性能见表3-34～表3-36。

表 3-34　各种常用滤料的性能特点

类别	原料或聚合物	商品名称	密度/(g/cm³)	最高使用温度/℃	长期使用温度/℃	20℃以下的吸湿性/%		抗拉强度/(10^5Pa)	断裂延伸率/%	耐磨性	耐热性		耐有机酸	耐无机酸	耐碱性	耐氧化剂	耐溶剂
						$\phi=65\%$	$\phi=95\%$				干热	湿热					
天然纤维	纤维素	棉	1.54	95	75～85	7～8.5	24～27	30～40	7～8	较好	较好	较好	较好	很差	较好	一般	很好
	蛋白质	羊毛	1.32	100	80～90	10～15	21.9	10～17	25～35	较好	—	—	较好	较好	很差	差	较好
	蛋白质	丝绸		90	70～80	—	—	38	17	较好	—	—	较好	较好	很差	差	较好
合成纤维	聚酰胺	尼龙、锦纶	1.14	120	75～85	4～4.5	7～8.3	38～72	10～50	很好	较好	较好	一般	很差	较好	一般	很好
	芳香族聚酰胺	诺美克斯	1.38	260	220	4.5～5	—	40～55	14～17	很好	很好	很好	较好	较好	较好	一般	很好
	聚丙烯腈	腈纶	1.14～1.16	150	110～130	1～2	4.5～5	23～30	24～40	较好	较好	较好	较好	较好	一般	较好	很好
	聚丙烯	丙纶	1.14～1.16	100	85～95	0	0	45～52	22～25	较好	较好	较好	很好	很好	较好	较好	较好
	聚乙烯醇	维尼纶	1.28	180	<100	3.4	—	—	—	较好	一般	一般	较好	很好	很好	一般	一般
	聚氯乙烯	氯纶	1.39～1.44	80～90	65～70	0.3	0.9	24～35	12～25	差	差	差	很好	很好	很好	很好	较好
	聚四氟乙烯	特氟纶	2.3	280～300	220～260	0	0	33	13	较好	较好	较好	很好	很好	很好	很好	很好
	聚苯硫醚	PPS	1.33～1.37	190～200	170～180	0.6	—	—	25～35	较好	较好	较好	较好	较好	较好	差	很好
	聚酯	涤纶	1.38	150	130	0.4	0.5	40～49	40～55	很好	较好	一般	较好	较好	较好	较好	很好
无机纤维	铝硼硅酸盐玻璃	玻璃纤维	3.55	315	250	0.3	—	145～158	3～0	很差	很好	很好	很好	很好	差	很好	很好
	铝硼硅酸盐玻璃	经硅油、聚四氟乙烯处理的玻纤	—	350	260	0	0	145～158	3～0	一般	很好	很好	很好	很好	差	很好	很好
	铝硼硅酸盐玻璃	经硅油、石墨和聚四氟乙烯处理的玻纤	—	350	300	0	0	145～158	3～0	一般	很好	很好	很好	很好	较好	很好	很好
	陶瓷纤维	玄武岩滤料	—	300～350	300～350	0	0	16～18	3～0	一般	很好	很好	好	好	好	很好	很好

表 3-35　常用针刺毡性能指标

名称	材质	厚度/mm	单位面积质量/(g/m²)	透气性/[m³/(m²·s)]	断裂强力/N		断裂伸长率/%		使用温度/℃
					经向	纬向	经向	纬向	
丙纶过滤毡	丙纶	1.7	500	80～100	＞1100	＞900	＜35	＜35	90
涤纶过滤毡	涤纶	1.6	500	80～100	＞1100	＞900	＜35	＜55	130
涤纶覆膜过滤毡	涤纶 PTFE 微孔膜	1.6	500	70～90	＞1100	＞900	＜35	＜55	130
涤纶防静电过滤毡	涤纶导电纱	1.6	500	80～100	＞1100	＞900	＜35	＜55	130
涤纶防静电覆膜过滤毡	涤纶、导电纱 PTFE 微孔膜	1.6	500	70～90	＞1100	＞900	＜35	＜55	130
亚克力覆膜过滤毡	共聚丙烯腈 PTFE 微孔膜	1.6	500	70～90	＞1100	＞900	＜20	＜20	160
亚克力过滤毡	共聚丙烯腈	1.6	500	80～100	＞1100	＞900	＜20	＜20	160
PPS 过滤毡	聚苯硫醚	1.7	500	80～100	＞1200	＞1000	＜30	＜30	190
PPS 覆膜过滤毡	聚苯硫醚 PTFE 微孔膜	1.8	500	70～90	＞1200	＞1000	＜30	＜30	190
美塔斯	芳纶基布纤维	1.6	500	11～19	＞900	＞1100	＜30	＜30	180～200
芳纶过滤毡	芳族聚酰胺	1.6	500	80～100	＞1200	＞1000	＜20	＜50	204
芳纶防静电过滤毡	芳族聚酰胺导电纱	1.6	500	80～100	＞1200	＞1000	＜20	＜50	204
芳纶覆膜过滤毡	芳族聚酰胺 PTFE 微孔膜	1.6	500	60～80	＞1200	＞1000	＜20	＜50	204
P84 过滤毡	聚酰亚胺	1.7	500	80～100	＞1400	＞1200	＜30	＜30	240
P84 过覆膜过滤毡	聚酰亚胺 PTFE 微孔膜	1.6	500	70～90	＞1400	＞1200	＜30	＜30	240
玻纤针刺毡	玻璃纤维	2	850	80～100	＞1500	＞1500	＜10	＜10	240
复合玻纤针刺毡	玻璃纤维耐高温纤维	2.6	850	80～100	＞1500	＞1500	＜10	＜10	240
玻美氟斯过滤毡	无碱基布	2.6	900	15～36	＞1500	＞1400	＜30	＜30	240～320
PTFE	超细 PTFE 纤维	2.6	650	70～90	＞500	＞500	≤20	≤50	250

表 3-36 聚四氟乙烯微孔薄膜复合滤料技术性能

<table>
<tr><th rowspan="2">代 码</th><th rowspan="2">品 名</th><th colspan="2">使用温度/℃</th><th rowspan="2">耐无机酸</th><th rowspan="2">耐有机酸</th><th rowspan="2">耐碱性</th><th rowspan="2">单位面积质量/(g/m²)</th><th rowspan="2">厚度/mm</th><th rowspan="2">透气量(127Pa 条件下)/[cm³/(cm²·s)]</th><th colspan="2">断裂强力(N)(样品尺寸 210cm×50cm)</th><th colspan="2">断裂伸长/%</th><th colspan="2">150℃下热收缩率/%</th><th rowspan="2">表面处理</th></tr>
<tr><th>连续</th><th>瞬间</th><th>纵向</th><th>横向</th><th>纵向</th><th>横向</th><th>纵向</th><th>横向</th></tr>
<tr><td>DGF202/PET550</td><td>薄膜/涤纶针刺毡</td><td>130</td><td>150</td><td>良好</td><td>良好</td><td>一般</td><td>550</td><td>1.6</td><td>2~5</td><td>1800</td><td>1850</td><td><26</td><td><19</td><td><1</td><td><1</td><td></td></tr>
<tr><td>DGF202/PET500</td><td>薄膜/涤纶针刺毡</td><td>130</td><td>150</td><td></td><td></td><td></td><td>500</td><td>1.6</td><td>2~5</td><td>1770</td><td>1810</td><td><26</td><td><19</td><td><1</td><td><1</td><td></td></tr>
<tr><td>DGF202/PET350</td><td>薄膜/涤纶针刺毡</td><td>130</td><td>150</td><td></td><td></td><td></td><td>350</td><td>1.4</td><td>2~5</td><td>2000</td><td>1110</td><td><28</td><td><32</td><td><1</td><td><1</td><td></td></tr>
<tr><td>DGF202/PET/E350</td><td>薄膜/抗静电涤纶毡</td><td>130</td><td>150</td><td>良好</td><td>良好</td><td>一般</td><td>350</td><td>1.6</td><td>2~5</td><td>1950</td><td>1110</td><td><31</td><td><35</td><td><1</td><td><1</td><td></td></tr>
<tr><td>DGF202/PET/E500</td><td>薄膜/抗静电(不锈钢纤维)涤纶毡</td><td>130</td><td>150</td><td></td><td></td><td></td><td>500</td><td>1.6</td><td>2~5</td><td>2000</td><td>1630</td><td><26</td><td><19</td><td><1</td><td><1</td><td></td></tr>
<tr><td>DGF204Nomex</td><td>薄膜/偏芳族聚酰胺</td><td>180</td><td>220</td><td>一般</td><td>一般</td><td>一般</td><td>500</td><td>2.5</td><td>2~5</td><td>650</td><td>1800</td><td><29</td><td><51</td><td><1</td><td><1</td><td></td></tr>
<tr><td rowspan="2">DGF206/PT(P84)</td><td rowspan="2">薄膜/聚酰亚胺</td><td rowspan="2">240</td><td rowspan="2">260</td><td rowspan="2">良好</td><td rowspan="2">良好</td><td rowspan="2">一般</td><td rowspan="2">500</td><td rowspan="2">2.4</td><td rowspan="2">2~5</td><td colspan="2">200/50(mm)</td><td rowspan="2"><19</td><td rowspan="2"><31</td><td colspan="2">240℃下</td><td rowspan="2"></td></tr>
<tr><td>670</td><td>1030</td><td><1</td><td><1</td></tr>
<tr><td rowspan="2">DGF207/PPS(Ryton)</td><td rowspan="2">薄膜/聚苯硫醚</td><td rowspan="2">190</td><td rowspan="2">200</td><td rowspan="2">很好</td><td rowspan="2">很好</td><td rowspan="2">很好</td><td rowspan="2">500</td><td rowspan="2">1.5</td><td rowspan="2">2~5</td><td colspan="2">200/50(mm)</td><td rowspan="2"><25</td><td rowspan="2"><30</td><td colspan="2">200℃下</td><td rowspan="2"></td></tr>
<tr><td>809</td><td>1245</td><td><1.2</td><td><1.5</td></tr>
<tr><td rowspan="2">DGF208/DT500</td><td rowspan="2">薄膜/均聚丙烯腈针刺毡</td><td rowspan="2">125</td><td rowspan="2">140</td><td rowspan="2">良好</td><td rowspan="2">良好</td><td rowspan="2">一般</td><td rowspan="2">500</td><td rowspan="2">2.5</td><td rowspan="2">2~5</td><td colspan="2">210/50(mm)</td><td rowspan="2"><11</td><td rowspan="2"><29</td><td colspan="2">125℃下</td><td rowspan="2"></td></tr>
<tr><td>630</td><td>1020</td><td><1</td><td><1</td></tr>
<tr><td rowspan="2">DGF-205 550</td><td rowspan="2">薄膜/无碱膨体纱玻纤</td><td rowspan="2">260</td><td rowspan="2">280</td><td rowspan="2">良好</td><td rowspan="2">一般</td><td rowspan="2">一般</td><td rowspan="2">680</td><td rowspan="2">~0.64</td><td rowspan="2">2~5</td><td colspan="2">标准号 JC176N/25(mm)</td><td rowspan="2"></td><td rowspan="2"></td><td rowspan="2"></td><td rowspan="2"></td><td rowspan="2"></td></tr>
<tr><td>3165</td><td>3290</td></tr>
<tr><td rowspan="2">DGF-205</td><td rowspan="2">薄膜/无碱膨体纱玻纤(黑色)</td><td rowspan="2">260</td><td rowspan="2">280</td><td rowspan="2"></td><td rowspan="2"></td><td rowspan="2"></td><td rowspan="2">750~850</td><td rowspan="2">0.8</td><td rowspan="2">200Pa 时，24.6~30.9L(dm²·min)</td><td colspan="2">标准号 JC176N/25(mm)</td><td colspan="2" rowspan="2">破裂强度≥50kg/cm²</td><td rowspan="2"></td><td rowspan="2"></td><td rowspan="2">PTFE 微孔膜，基布耐酸处理</td></tr>
<tr><td>≥3000</td><td>≥2100</td></tr>
<tr><td rowspan="2">DGFC501/PET500</td><td rowspan="2">PTFE 涂膜/涤纶针刺毡</td><td rowspan="2">130</td><td rowspan="2">150</td><td rowspan="2">良好</td><td rowspan="2">良好</td><td rowspan="2">一般</td><td rowspan="2">500</td><td rowspan="2">1.6</td><td rowspan="2">200Pa 时，40.6L/(dm²·min)</td><td colspan="2">210/50(mm)</td><td rowspan="2"><17.6</td><td rowspan="2"><23.8</td><td rowspan="2"><1</td><td rowspan="2"><1</td><td rowspan="2"></td></tr>
<tr><td>1370</td><td>1720</td></tr>
<tr><td rowspan="2">DGF200/PET500</td><td rowspan="2">防水防油涤纶针刺毡</td><td rowspan="2">130</td><td rowspan="2">150</td><td rowspan="2">良好</td><td rowspan="2">良好</td><td rowspan="2">一般</td><td rowspan="2">500</td><td rowspan="2">1.4</td><td rowspan="2">200Pa 时，200L/(dm²·min)</td><td colspan="2">210/50(mm)</td><td rowspan="2"><26</td><td rowspan="2"><19</td><td rowspan="2"><1</td><td rowspan="2"><1</td><td rowspan="2">针刺毡，防水防油，单面压光</td></tr>
<tr><td>1770</td><td>1810</td></tr>
<tr><td>DGF202/PP</td><td>薄膜/聚丙烯针刺毡</td><td>90</td><td>100</td><td>很好</td><td>很好</td><td>很好</td><td></td><td></td><td></td><td></td><td></td><td></td><td></td><td></td><td></td><td></td></tr>
</table>

注：引自大宫新材料公司样本。DGF 系列薄膜复合滤料的孔径分 0.5μm、1μm、3μm（一般指平均孔径），以适应不同粒径的粉尘和物料。

四、滤料的选用

1. 选择的原则

袋式除尘器一般根据含尘气体的性质、粉尘的性质及除尘器的清灰方式进行选择，选择时应遵循下述原则：①滤料性能应满足生产条件和除尘工艺的一般情况和特殊要求；②在上述前提下应尽可能选择使用寿命长的滤料，这是因为使用寿命长不仅能节省运行费用，而且可以满足气体长期达标排放的要求；③选择滤料时对各种滤料排序综合比较；④在气体性质、粉尘性质和清灰方式中，应抓住主要影响因素选择滤料，如高温气体、易燃粉尘等。

2. 根据含尘气体性质选择滤料

含尘气体的性质对除尘效果影响较大，选择滤料时应注意。

(1) 气体温度　含尘气体温度是选用滤料的重要因素。根据气体温度，可将滤料分为常温滤料（适用于温度低于 130℃的含尘气体）和高温滤料（适用于温度高于 130℃的含尘气体）。为此，应根据烟气温度选用合适的滤料。

滤料的耐温有“连续长期使用温度”及“瞬间短期温度”两种：“连续长期使用温度”是指滤料可以适用的、连续运转的长期温度，应以此温度来选用滤料；“瞬间短期温度”是指滤料每天不允许超过 10min 的最高温度，时间过长，滤料就会老化或软化变形。

(2) 气体湿度　对于相对湿度在 80%以上的高湿气体，又处于高温状态时，气体冷却会产生结露现象，特别是在含 SO_3 的情况下。产生结露现象，不仅会使滤袋表面结垢、堵塞，而且会腐蚀结构材料，因此需注意。对于含湿气体在选择滤料时应注意以下几点：①含湿气体使滤袋表面捕集的粉尘润湿黏结，尤其对吸水性、潮解性和湿润性粉尘，会引起糊袋，为此应选择锦纶和玻璃纤维等表面滑爽、长纤维、易清灰的滤料，并宜对滤料使用硅油、碳氟树脂做浸渍处理，或在滤料表面使用丙烯酸、聚四氟乙烯等物质进行涂布处理；②当高温和高湿同时存在时会影响滤料的耐温性，应尽可能避免使用锦纶、涤纶、亚酰胺等水解稳定性差的材料；③对含湿气体宜采用圆形滤袋，尽量不采用形状复杂、布置十分紧凑的扁滤袋和菱形滤袋（塑烧板除外）；④除尘器含尘气体热口温度应高于气体露点温度 10～30℃。

(3) 气体的化学性质　在各种炉窑烟气和化学废气中，常含有酸、碱、氧化剂、有机溶剂等多种化学成分，而且往往受温度、湿度等多种因素交叉影响。因此应根据气体不同的化学性质，选用合适的滤袋材料。

3. 根据粉尘性质选择滤料

粉尘的性质是选择滤料时需要重点考虑的因素之一。

(1) 粉尘的湿润性和黏着性　当湿度增加后，吸湿性粉尘粒子的凝聚力、黏性力随之增加，流动性、荷电性随之减小，黏附于滤袋表面，使清灰失效。更有些粉尘，如 CaO、$CaCl_2$、KCl、$MgCl_2$、Na_2CO_3 等吸湿后发生潮解，糊住滤袋表面，使得除尘效率降低。对于湿润性、潮解性粉尘，在选用滤料时应注意选用光滑、不起绒和憎水性的滤料，其中以覆膜滤料和塑烧板为最好。对于黏着性强的粉尘，应选用长丝不起绒织物滤料或经表面烧毛、轧光、镜面处理的针毡滤料。

(2) 粉尘的可燃性和荷电性　对于可燃性和荷电性的粉尘如煤粉、焦粉、氧化铝粉和镁粉等，宜选择阻燃滤料和导电滤料。

（3）粉尘的流动性和摩擦性　粉尘的流动性和摩擦性较强时会直接磨损滤袋，降低滤袋使用寿命。对于磨损性粉尘宜选用耐磨性好的滤料。一般来说，化学纤维的耐磨性优于玻璃纤维，膨化玻璃纤维的耐磨性优于一般玻璃纤维，细、短、卷曲型纤维的耐磨性优于粗、长、光滑性纤维。对于普通滤料表面涂覆、轧光等后处理也可提高其耐磨性。

4. 根据清灰方式选择滤料

不同清灰方式的袋式除尘器因清灰能量、滤袋形变等的不同特性，宜选用不同结构品种的滤料。

（1）机械振动类袋式除尘器　此类除尘器的特点是振动粉尘层的力量较小而次数较多，为使能量易传播，保证过滤面上振击力足够，应该选择薄而光滑、质地柔软的滤料。例如化纤缎纹或斜纹织物，厚度0.3～0.7mm，单位面积质量300～350g/m^2，过滤速度0.6～1.0m/min；对小型机组过滤速度提高到1.0～1.5m/min。

（2）分室反吹类袋式除尘器　此类除尘器属于低动能清灰类型，滤料可选用薄型滤料，如729、MP922等，这类滤料质地轻柔、容易变形且尺寸稳定。对于分室反吹袋式除尘器，无论是内滤还是外滤，滤料的选用都无差异。大中型除尘器优先选用缎纹（或斜纹）机织滤料，在特殊场合也可选用基布加强的薄型针毡滤料。小型除尘器优先选用耐磨性、透气性好的薄型针毡滤料，单位面积质量350～400g/m^2，也可用纬二重或双重织物滤料。

（3）脉冲喷吹类袋式除尘器　此类除尘器属于高动能清灰类型，通常采用带框架的外滤圆袋或扁袋，因此应选用厚实、耐磨、抗张力强的滤料。可优先选用化纤针刺毡滤料。

5. 根据殊工况选用滤料

特殊除尘工况主要指以下几种情况：①高浓度粉尘工艺收尘；②高湿度工艺收尘；③温度变化大的间断工艺收尘；④含有可燃气体的工艺收尘；⑤排放标准严格和具有特殊净化要求的场合；⑥要求低阻运行的场合；⑦含有油雾等黏性微尘气体的处理。

处理以上特殊工艺和场合的气体，在除尘系统的设计、除尘设备的选用、滤料的选用上都要综合考虑、区别对待。特殊烟气处理方法及滤料选用见表3-37。

表3-37　特殊烟气处理方法及滤料选用

特殊除尘工况	除尘系统设计	除尘设备	滤袋材料
高浓度	(1)采用较低过滤风速； (2)含有硬质粗颗粒，前级可采取粗颗粒分离器	(1)采用外滤脉冲除尘器； (2)滤袋间隔较宽，落灰畅通； (3)应设计较大灰斗，使气流分布合理，采取防止冲刷滤袋的措施； (4)清灰装置应连续运行	(1)滤袋应变形小，厚实； (2)滤袋表面轧光或浸渍疏油疏水及助剂处理； (3)最好选用PTFE覆膜滤料
高湿式工况变化大	(1)系统管道保温、疏水； (2)除尘器保温或加热； (3)控制工艺设备工作温度	(1)采用船形灰斗、空气炮等防止灰斗堵灰； (2)喷吹压缩空气应干燥，并加热防结露； (3)设干燥送热风系统； (4)采用塑烧板除尘设备； (5)增加喷吹系统的压力	(1)采用PTFE覆膜滤料； (2)在保证滤料不结露的情况下，可采取疏水、疏油性好的表面光滑处理的滤料
温度变化大，间断工艺	(1)延长除尘管道防止温度过高； (2)增加蓄热式冷却器，减少温度波动； (3)增加掺兑冷风的冷风阀，防止温度过高	(1)如温度下降有结露情况，需考虑除尘设备的保温和伴热； (2)喷吹压缩空气需干燥	(1)采用相适应的耐温滤料； (2)湿度大时，需采用疏水滤料

续表

特殊除尘工况	除尘系统设计	除尘设备	滤袋材料
标准排放要求高或有特殊的净化要求	(1)过滤风速取常规的1/2～2/3; (2)避免清灰不足或清灰过度,有效控制清灰的压力、振幅和周期	(1)密封好除尘设备; (2)采用静电-袋滤复合型除尘器; (3)增加过滤面积	(1)采用特殊工艺的MPS滤料,涂一层有效的活性滤层,对小于5μm的粉尘有良好的过滤效果; (2)采用PTFE覆膜滤料; (3)采用超细纤维滤料
稳定低阻运行	(1)减少进出风口的阻力; (2)减少设备内部的阻力	(1)有效的清灰机构; (2)减少清灰周期; (3)采用定阻清灰控制; (4)降低过滤速度	(1)采用常规滤料浸渍、涂布、轧光等后处理工艺; (2)实行表面过滤,防止运行期间滤料的阻力增高
含有油雾的除尘	(1)工艺可能与其他除尘合并,以吸收油雾; (2)采用预喷涂和连续在管道内部添加适量的吸附性粉尘; (3)有火星和燃烧爆炸的可能,增加阻火器	(1)采用脉冲除尘器,提高清灰能力; (2)除尘器保温加热,防止油雾和水汽凝结; (3)设备采取防爆措施	(1)选用经疏油、疏水处理的滤料; (2)采用PTFE覆膜滤料; (3)采用波浪形塑烧板

第六节　压缩空气系统设计

袋式除尘器的压缩空气系统包括压缩空气管道、储气罐及相应的配件等。根据袋式除尘器工作原理及清灰控制系统中仪表及元件的结构特点，要对进入除尘器气包前的压缩空气压力有一定的限制，对气质也要有一定的要求，因为压力高低、气质好坏都会影响清灰效果。

一、供气方式设计

1. 对气源的要求

清灰用的压缩空气压力高低对除尘效能影响很大。根据袋式除尘器的运行要求，清灰用压缩空气压力范围为0.02～0.8MPa。因此，要求接自室外管网或单独设置供气系统，气源入口处要设置调压装置，使之控制在需要的压力范围内。正常的运行不但要求压力稳定，而且还要求不间断供气。如果气源压力及气量波动大时，可用储气罐来储备一定量的气体，以保证气量、气压的相对稳定。储气罐容积和结构是根据同时工作的除尘器在一定时间内所需的空气量和压力的要求而确定的。当设储气罐不能满足要求时，应设置单独供气系统，否则会影响除尘器的正常运行。

若压缩空气内的油水和污垢不清除，不仅会堵塞仪表的气路及喷吹管孔眼，影响清灰效果，而且一旦喷吹到滤袋上，与粉尘黏结在一起还会影响除尘效能。因此，要求压缩空气入口处设置集中过滤装置作为第一次过滤，以除掉管内的冷凝水及油污。为防止因第一次过滤效果不好或失效，需要在除尘器的气包前再装一个小型空气过滤器（一般采用QSL或SQM型分水滤气器）。其安装位置应便于操作。

压缩空气质量有6级，ISO 8573-1压缩空气质量等级见表3-38，用于除尘清灰的压缩空气质量一般为3级。

表 3-38　ISO 8573-1 压缩空气质量等级

等级	含尘最大粒子尺寸/μm	防水最高压力露点/℃	含油最大浓度/(mg/m³)	等级	含尘最大粒子尺寸/μm	防水最高压力露点/℃	含油最大浓度/(mg/m³)
1	0.1	−70	0.01	4	15	3	5
2	1	−40	0.1	5	40	7	25
3	5	−20	1	6		10	

2. 供气方式

袋式除尘器的供气方式大致可分为外网供气、单独供气和就地供气三种。供气方式的选择要根据除尘器的数量和分布以及外网气压、气量的变化情况加以确定。

(1) 外网供气　外网供气是以接自生产工艺设备用的压缩空气管网作为袋式除尘器的清灰气源。在气压、气量及稳定性等方面都应能满足除尘器清灰的要求。接自外网的压缩空气管道在接入除尘器时，应设入口装置，包括压力计、减压阀、流量计、油水分离器和阀门等(见图 3-107)。

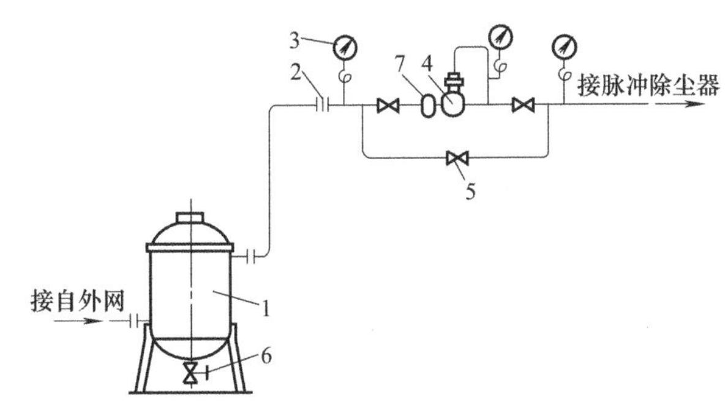

图 3-107　压缩空气入口装置

1,7—过滤器；2—流量计；3—压力计；4—减压阀；5—截止阀；6—排污阀

(2) 单独供气　单独供气指单独为脉冲袋式除尘器清灰而设置的供气系统。在外网供气条件不具备的情况下，可在压缩空气站内设置专为除尘器用的压缩空气机，也可设置单独的压缩空气站来保证脉冲袋式除尘器的需要。为了管理方便和减少占地面积，应尽量与生产工艺设备用的压缩空气站设置在一起。

为了保证供气，单独设置的压缩空气站，应设有备用压缩空气机。压缩空气站的位置应尽量靠近除尘器，管路应尽量与全厂管网布置在一起。

(3) 就地供气　一般来说，当厂内没有压缩空气，或虽然有但是供气管网用户远、除尘器数量少、单独设置压缩空气站又有困难时，采用就地供气方式，在除尘器旁安装小型压缩空气机，可供一两台除尘器使用。这种供气方式的缺点是压力和气量不稳(必须设置储气罐)，容易因压缩空气机出故障而影响除尘器正常运行；维修量大；噪声大。因此，尽量少采用或不采用这种供气方式。

常用小型活塞空气压缩机如图 3-108 所示，其性能见表 3-39。

3. 管道布置

压缩空气系统管道的布置应根据工厂的布局、除尘设备方位、地质、水文及气象等条件进行综合考虑，并根据经济技术条件合理确定走向。当项目为改、扩建工程时，管道还应尽量考虑与厂区原有管路保持一致。

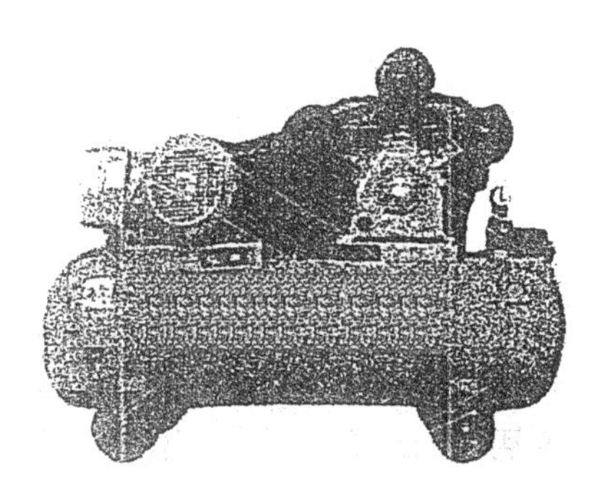

图 3-108 小型活塞空气压缩机

表 3-39 小型活塞空气压缩机性能表

型号 TYPE	电机/kW	气缸		排气量 /(m^3/min)	额定压力 /MPa	储气量 /L	外形尺寸 ($L\times W\times H$)/ cm×cm×cm	质量 /kg
		缸径×缸数/mm	行程/mm					
Z-0.036	0.75	51×1	38	0.036	0.8	24	70×41×62	38.5
V-0.08	1.1	51×2	43	0.08	0.8	35	94×45×69	56
Z-0.10	1.5	65×1	46	0.10	0.8	35	77×43×69	69.5
V-0.12	1.5	51×2	44	0.12	0.8	40	94×45×69	72.5
V-0.17	1.5	51×2	46	0.17	0.8	60	99×46×76	93
V-0.25	2.2	65×2	46	0.25	0.8	81	115×48×86	105.5
W-0.36	3	65×3	48	0.36	0.8	110	120×48×85	123
V-0.40	3	80×2	60	0.40	0.8	115	122×48×82	180
V-0.48	4	90×2	60	0.48	0.8	125	142×54×93	183
W-0.67	5.5	80×3	70	0.67	0.8	135	151×58×96	214
W-0.9	7.5	90×3	70	0.9	0.8	190	160×59×100	256
V-0.95	5.5	100×2	80	0.95	0.8	250	175×66×115	260
W-1.25	7.5	100×3	80	1.25	0.8	270	168×76×122	370
W-1.5	11	100×3	100	1.5	0.8	290	176×76×122	430
W-2.0	15	120×3	100	2.0	0.8	340	188×82×139	540
VFY-3.0	22	155×2/82×2	116	3.0	1	520	192×85×150	950
W-1.5	柴油机	90×3	70	1.5	0.5	200	178×76×122	430
W-2.0	柴油机	100×3	80	20	0.5	260	188×82×139	540

布置原则：①压缩空气系统采用枝状布置，管道布置应力求短、直；②夏热冬冷地区和夏热冬暖地区，管道布置可以采用架空敷设；③寒冷地区和严寒地区，管道应尽量与热力管道共沟或者埋地敷设；④对于回填土、湿陷性黄土、终年冰冻以及八级以上地震区等，不得采用直接埋地敷设，可以采用架空敷设；⑤寒冷地区和严寒地区采用架空敷设时，应采取可靠的防冻措施（保温、伴热等方式）。

二、用气量设计计算

脉冲除尘器的用气量包括 3 部分：①脉冲阀用气；②提升阀（或其他气动阀）用气；③其他临时性用气，如仪表吹扫用气等。

1. 脉冲阀耗气量

（1）单阀次耗气量　脉冲阀单阀次耗气量可用下式计算

$$q_{\mathrm{m}}=78.8K_{\mathrm{v}}\left[\frac{G(273+t)}{\Delta p p_{\mathrm{m}}}\right]^{-\frac{1}{2}} \tag{3-58}$$

式中，q_{m} 为单阀次耗气量，L/min；K_{v} 为流量系数，由脉冲阀厂商提供；p_{m} 为阀前绝对压力（p_1）与阀后绝对压力（p_2）之和的 1/2，$p_{\mathrm{m}}=\dfrac{p_1+p_2}{2}$（kPa）；$\Delta p$ 为阀前后压差，kPa，$\Delta p<\dfrac{1}{2}p_1$；t 为介质温度，℃；G 为气体相对密度（空气=1）。

脉冲阀的耗气量因生产商、规格和应用条件等不同而变化很大，单阀次耗气量还可以通过查找产品样本得到。图 3-109 所示为一个品牌脉冲阀的耗气量的试验数据。从图中可以看出，耗气量是图中曲线所包围的面积，严格地说是在压力变化情况下曲线的积分值。

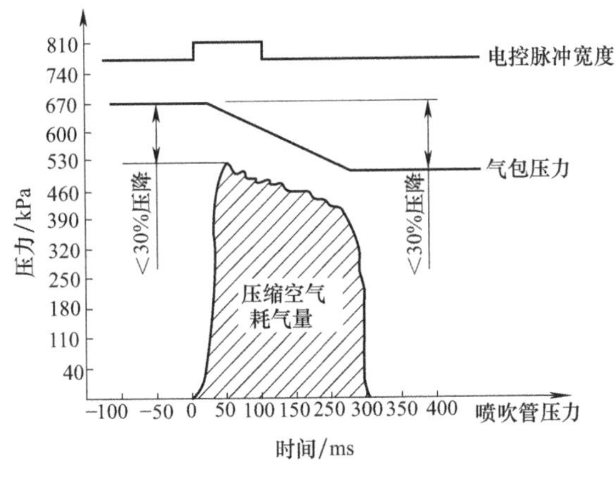

图 3-109　脉冲阀的耗气量

(2) 影响耗气量的因素　同一规格型号的脉冲阀，往往因为气包容积大小、压力高低、喷吹管规格和开孔大小的不同，影响其耗气量。在脉冲除尘器清灰装置设计中必须充分注意这些因素。图 3-110 是气包容积、喷吹时间对喷吹气量影响的实验数据。

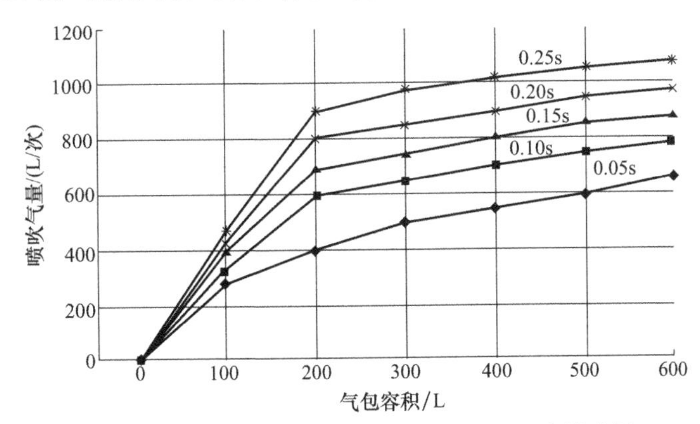

图 3-110　喷吹气量与气包容积、喷吹时间关系（3in 淹没式阀 0.6MPa）

(3) 除尘器脉冲阀耗气量计算

$$Q=A\frac{Nq}{1000T} \tag{3-59}$$

式中，Q 为耗气量，$\mathrm{m}^3/\mathrm{min}$；$A$ 为安全系数，可取 1.2～1.5；N 为脉冲阀数量；q 为每个

脉冲阀喷吹一次的耗气量，L/(阀·次)；T 为清灰周期，min。

(4) 耗气量的试验方法　通过试验，测出喷吹终了气包压力，用下面的公式可计算出脉冲阀每次的喷吹耗气量

$$\Delta Q=\frac{p_o Q}{p_a}\left[1-\left(\frac{p_1}{p_o}\right)^{\frac{1}{k}}\right] \tag{3-60}$$

式中，ΔQ 为脉冲阀单阀次喷吹耗气量，m^3；Q 为气包容积，m^3；p_o 为喷吹初始气包压力(绝压)，MPa；p_1 为喷吹终了气包压力（绝压），MPa。p_a 为标准大气压力，MPa；k 为绝热指数，$k=\frac{C_p}{C_v}$；C_p 为空气定压下比热容；C_v 为空气定容下比热容，对空气 $k=1.4$。

2. 气动提升阀耗气量

气动提升阀运行期间消耗的压缩空气量由气缸大小及其运行速度确定，气缸内含有的空气体积由气缸直径和冲程决定。

提升阀耗气量 Q 按下式计算

$$Q=Q_1+Q_2 \tag{3-61}$$

式中，Q 为提升阀耗气量，L/min；Q_1 为气缸耗气量，L/min；Q_2 为管路耗气量，L/min。

(1) 气缸耗气量

$$Q_1=\left[S\times\frac{\pi D^2}{4}+S\ \frac{\pi(\pi D^2-d^2)}{4}\right]nK \tag{3-62}$$

式中，Q_1 为气缸耗气量，L/min；S 为气缸行程，dm；D 为气缸内径，dm；d 为活塞杆直径，dm；n 为每分钟气缸动作次数，次/min；K 为压缩比，即压气绝对压力（表压＋大气压)。

(2) 管路耗气量

$$Q_2=\frac{\pi d_1^2}{4}nKL_1L_2 \tag{3-63}$$

式中，Q_2 为管路压气消耗量，L/min；L_1 为进口气管长，dm；L_2 为出口气管长，dm；其他符号同前。

如果蝶阀也由压缩空气驱动，可用同样方法计算其耗气量。

3. 其他用气量

在除尘器用气设计中应用在脉冲阀、提升阀等用气之外，考虑10%～20%的其他用气，如仪表吹扫、差压管路吹扫等。

4. 总耗气量

总耗气量并不一定是清灰耗气量与提升阀、蝶阀及其他部分所需压缩空气量之和，计算总耗气量只需将同时需要的量相加。例如，在一台离线清灰的除尘器中，清灰时脉冲和提升阀不是同时消耗压缩空气的，不要将它们相加，而进气蝶阀则可能和清灰同时消耗压缩空气，所以它们可能是要相加的。再如有不止一台除尘器共用一套压缩空气系统的情况下，可能在一台除尘器清灰的同时另一台除尘器的提升阀被驱动，这时它们消耗的空气量就应该相加。

如果空压机设在海拔高处，则必须将用上法求出的耗气量转换成当地大气压力下的

数值。

三、压缩空气系统管道材料与配件设计

1. 压缩空气系统管道材料

常用压缩空气管道材料一般分为硬管和软管两种，其中，软管主要有聚氨酯管（PU）、半硬尼龙管、PVC 编织管、橡胶编织管等；硬管主要有无缝钢管、镀锌钢管、不锈钢管、黄铜管、紫铜管、聚氯乙烯硬塑料管等。

从气源处引至除尘器的压缩空气管道应采用硬管中的无缝钢管作为输送管道。硬管适合用于高温、高压及固定的场合。其中紫铜管价格较高，抗振能力弱，但容易弯曲及安装，仅适合用于气动执行机构的固定管路；软管适用于工作压力不高，温度低于 70℃ 的场合。软管拆装方便、密封性能好，但易老化，使用寿命较短，适用于气动元件之间用快速接头连接。当气动元件操作位置变化大时，可使用 PU 软螺旋管；压缩空气系统管道的连接一般采用焊接，但是在设备、阀门等连接处，应采用与之相配套的连接方式。对于经常拆卸的管路，当管径不大于 *DN*25 时采用螺纹连接，大于 *DN*25 时采用法兰连接；对于仪表用风管道，当管径不大于 *DN*25 时可采用承插焊式管接头，管径不大于 *DN*15 时可采用卡套式接头。

2. 管道阀门

管道阀门及对应用途见表 3-40。

表 3-40 管道阀门及对应用途

分类	主要用途
截止阀	一般用于切断流动介质，全开、全闭的操作场合，不允许介质双向流动。密封性能较好
蝶阀	用于各种介质管道及设备上作全开、全闭用，也可作节流用
止回阀	自动防止管道和设备中的介质倒流，分为升降式止回阀、旋启式止回阀及底阀
球阀	一般用于切断流动介质，并且要求启闭迅速的场合
减压阀	可自动将设备和管路内的介质压力降低至所需压力的装置
安全阀	安装在受压设备、容器和管路上，做超压保护装置，可以自动排泄压力
气源三联件	分别由减压阀、过滤器、油雾器组成，一般安装于气动执行机构管路前

3. 管道接头

管道接头及使用场合见表 3-41。

表 3-41 管道接头及使用场合

分类	原理	主要应用场合
卡箍式	利用胶管的涨紧、卡箍的卡紧力与锥面的相互压紧而密封	工作压力 0～1MPa 的气体管路，棉线编织胶管
卡套式	利用拧紧卡套式接头螺母，使卡套和管子同时变形而密封	工作压力 0～1MPa 的气体管路，有色金属管
插入式	利用拧紧螺母，利用压紧圈与接头的锥面将管压紧	工作压力 0～1MPa 的气体管路，塑料管
快换式	利用单向阀在弹簧的作用下紧贴插头的锥面而密封	工作压力 0～1MPa 的气体管路
组合式	由一个组合式三通连接几种不同的管接头，实现不同管材、不同直径管道的连接	工作压力 0～1MPa 的气体管路的各种管材的连接

四、压缩空气管道设计计算

管道的管径可按公式计算或用查表方法求得，再用管径和流速计算出管道压力降。如果压力降超过允许范围（低于除尘器要求的喷吹压力）时，则用增大管径降低流速的办法解决。管径可按下式计算：

$$D=\sqrt{\frac{4G}{3600\pi v\rho}} \tag{3-64}$$

式中，D 为管道内径，m；G 为压缩空气流量，kg/h；v 为压缩空气流速，m/s；ρ 为压缩空气密度，kg/m^3。

车间内的压缩空气流速，一般取 8～12m/s。干管接至除尘器气包支管的直径不小于 25mm。

当管路长、压降大时管道压力损失应按有关资料进行计算，一般情况下管道附件按图 3-111 折合成管道当量直径，例如，当 DN200 截止阀，内径 200mm 时，查得当量长度为 70m。管道压力损失由表 3-42 进行计算。

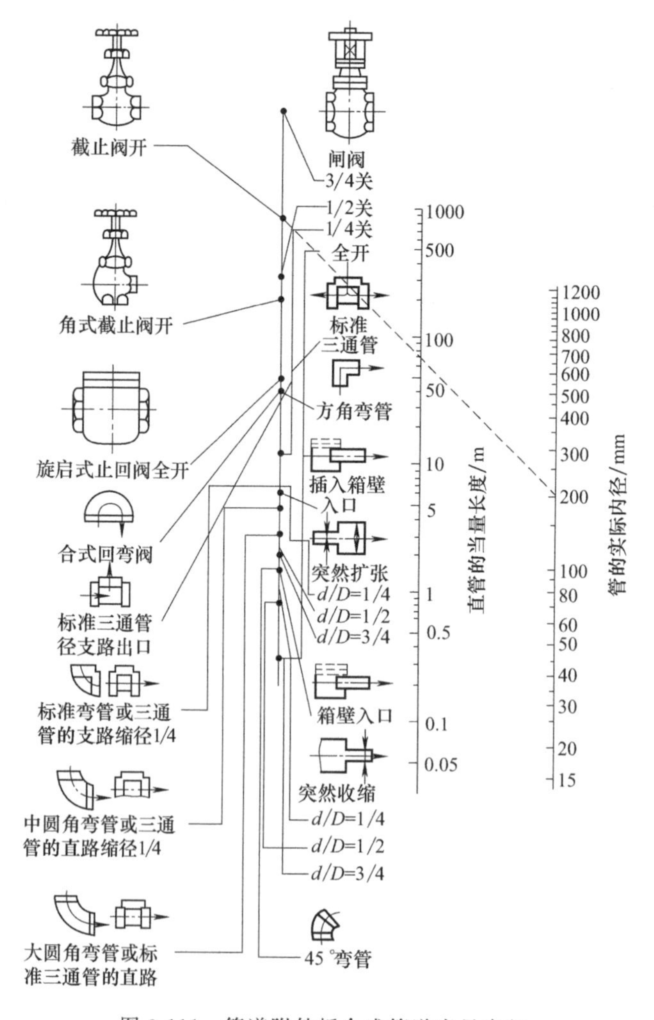

图 3-111 管道附件折合成管道当量直径

表 3-42　管道压力损失

DN	v	压力 p/MPa											
		0.3		0.4		0.5		0.6		0.7		0.8	
		Q	R	Q	R	Q	R	Q	R	Q	R	Q	R
15	8	0.27	364	0.337	454.1	0.41	545	0.47	635	0.541	726	0.6	812
	10	0.339	568	0.421	709.8	0.51	846	0.6	996.4	0.675	1137	0.759	1274
	12	0.406	810	0.507	1024	0.61	1228	0.71	1433	0.811	1633	0.91	1838
20	8	0.487	244	0.606	305.7	0.728	367.6	0.851	427	0.918	488	1.09	550.5
	10	0.555	382	0.75	477	1.05	573	1.046	668	1.2	762.5	1.34	859
	12	0.721	441	0.899	688	1.082	824.4	1.22	767	1.437	1128	1.62	1237
25	8	0.751	182	0.933	227.5	1.13	272.1	1.31	317.6	1.5	362.1	1.68	407.6
	10	0.94	284	1.17	355.8	1.41	425.9	1.63	496.8	1.87	567	2	632
	12	0.128	410	1.41	511.4	1.69	614.3	1.97	715.2	2.25	812	2.52	928
32	8	1.31	127	1.64	159	1.96	192	2.29	229	2.56	254	2.93	285.9
	10	1.63	199	2.05	249.3	2.45	298.4	2.86	348.5	3.276	397	3.66	447
	12	2.88	286	2.45	358.5	2.95	429.5	3.43	501.4	3.93	564	4.41	643
40	8	2.03	104.6	2.53	126.4	3.03	151.9	3.54	176.7	4.04	202	4.52	228
	10	2.53	158.3	3.16	198.3	3.79	239.3	4.413	295	5	315	5.71	355.8
	12	3.03	227	3.79	283.9	4.53	343	5.31	397.6	6.05	453	6.79	514
50	8	3	73.4	3.74	91.8	4.5	110.2	5.25	130.1	6	146.9	6.75	165.1
	10	3.76	115.1	4.7	143.9	5.11	172.9	6.57	201.5	7.53	230	8.43	258.6
	12	4.51	165.6	5.82	164.2	6.77	247	7.89	289	9	275	10.25	371
65	8	4.7	55.2	6.09	69.5	7.03	82.8	7.95	96.4	9.37	101	10.53	123.7
	10	5.86	86.2	7.33	107.8	8.8	129	10.5	147.4	11.73	171.9	13.31	193.8
	12	7.03	124.6	8.78	155.6	10.5	186.5	12.28	217.4	14.03	193	15.92	279
80	8	6.95	43	8.68	53.7	10.42	64.3	12.13	75	12.87	85.8	15.62	96.4
	10	8.69	70.6	10.83	84.1	13.01	101	15.19	117.3	17.47	134	19.4	151
	12	10.42	96.9	12.96	121	15.58	145	18.2	169.5	20.74	193.1	23.38	217.9
100	8	15.04	47.3	18.75	59.2	22.47	70.9	26.2	82.8	30	94.6	33.8	101
	10	18.04	68.2	22.57	85.1	27.02	102.3	31.57	119.2	36.03	136	40.4	153
	12	29.5	98	36.67	116.5	44.13	139.5	51.59	161.9	58.87	185.6	66.1	209
125	8	23.4	35.3	29.39	44.2	26.2	52.3	40.9	61.8	46.68	70.5	52.5	79.5
	10	28.1	51.4	35.49	68.2	42.13	76.9	49.1	89.5	56.1	102.3	63.8	115
	12	32.8	68.1	40.95	85.2	49.1	102.3	57.33	119.2	65.52	136	73.7	147
150	8	31.4	20.8	39.4	28.3	45.4	31.4	54.5	38.6	62.2	43.8	69.7	49.1
	10	39.4	35.2	48.5	42.6	5.77	50.9	66.7	57.8	77.2	67.7	86.4	76.6
	12	54.5	67.5	66.7	81	79.5	98.2	95.8	109	106.5	132.5	123.0	149

注：1. 此表编制条件：$t=40℃$；$R=0.2\text{mm}$。

2. 表中符号：DN—管道公称直径（mm）；v—流速（m/s）；Q—压缩空气流量（m^3/min）；R—每米管道压力损失（Pa/m）；p—压缩空气压力（MPa）。

五、储气罐选用

储气罐主要用于稳定管道或脉冲除尘器气包内的压力和气量。储气罐一般采用焊接结构，型式较多，通常用立式的。储气罐属压力容器，必须按压力容器设计和制造。

常用的储气罐的结构型式和外形尺寸如图 3-112 所示。其容积大小主要决定供气系统耗气量和保持时间多少。容积可根据在一定时间内所需要的压缩空气量来确定。一般情况下，当需要量 Q 小于 $6m^3/min$ 时容积 $V=0.2Q$；当 $Q=6\sim30m^3/min$ 时 $V=0.15Q$。也可以根据下式进行计算：

$$V=\frac{Q_s t p_0}{60(p_1-p_2)} \tag{3-65}$$

式中，V 为储气罐容积，m^3；Q_s 为供气系统耗气量，m^3/h；t 为保持时间，min，工艺没有明确要求时按5～20min取值；p_1-p_2为最大工作压差，MPa；p_0为大气压，MPa。

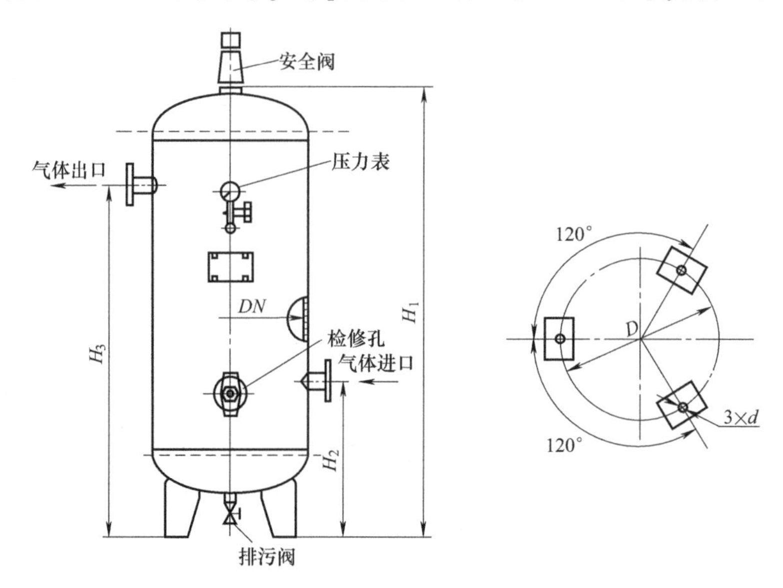

图3-112 储气罐结构形式和外形尺寸（容积小于$20m^3$）

用于就地供气系统或者管路较远的单独除尘器供气所需要的储气罐，其容积不应小于$0.5m^3$，按图3-112所示的形式制作时储气罐外形尺寸和接口见表3-43。

储气罐上应配置安全阀、压力表和排污阀。安全阀以选用弹簧式全启式安全阀（A42Y系列）为宜，也可用弹簧式微启式安全阀（A41H系列）。

如果自行设计储气罐，则设计者和制造者必须有相应的资质。

表3-43 储气罐外形尺寸和接口

规格	容积/m^3	设计压力/MPa	设计温度/℃	容器高度H_1/mm	容器内径D/mm	安全阀接头	排污接头	进气口		出气口		支座	
								H_2/mm	D/mm	H_3/mm	D/mm	D/mm	d/mm
0.5/0.88	0.5	0.88	150	2140	600	RP$\frac{3}{4}$	$R\frac{1}{2}$	700	38	1656	38	420	20
0.5/1.1		1.1		2140				700		1656			
0.6/0.88	0.6	0.88	150	2170	650	RP$\frac{3}{4}$	$R\frac{1}{2}$	730	38	1730	38	490	24
0.6/1.1		1.1		2170				730		1730			
1.0/0.88	1	0.88	150	2432	750	RP1	$R\frac{1}{2}$	731	51	1971	51	560	24
1.0/1.1		1.1		2432				731		1971			
1.5/0.88	1.5	0.88	150	2601	950	RP1	$R\frac{3}{4}$	738	76	2088	76	680	24
1.5/1.1		1.1		2601				738		2088			
2.0/0.88	2	0.88	150	2830	1000	RP1	$R\frac{3}{4}$	781	80	2281	80	700	24
2.0/1.1		1.1		2712	1100			856		2156		800	
3.0/0.88	3	0.88	150	3131	1300	RP1$\frac{1}{4}$	$R\frac{3}{4}$	858	100	2558	100	840	24
3.0/1.1		1.1		3165				875		2575			
4.0/0.88	4	0.88	150	3290	1400	RP1$\frac{1}{4}$	$R\frac{3}{4}$	950	150	2650	150	1050	24
4.0/1.1		1.1		3290				950		2650			

续表

规格	容积/m^3	设计压力/MPa	设计温度/℃	容器高度 H_1/mm	容器内径 D/mm	安全阀接头	排污接头	进气口		出气口		支座	
								H_2/mm	D/mm	H_3/mm	D/mm	D/mm	d/mm
5.0/0.88	5	0.88	150	3790	1400	RP1 $\frac{1}{2}$	$R1$	950	150	3050	150	1050	24
5.0/1.1		1.1		3790				950		3050			
6.0/0.88	6	0.88	150	4490	1400	RP1 $\frac{1}{2}$	$R1$	950	150	3750	150	1050	24
6.0/1.1		1.1		4490				950		3750			
8.0/0.88	8	0.88	150	4610	1600	RP1 $\frac{1}{2}$	$R1$	1050	150	3820	150	1200	30
8.0/1.1		1.1		4610				1050		3820			
10/0.88	10	0.88	150	4640	1800	RP2	$R1$	1100	150	3800	150	1350	30
10/1.1		1.1		4640				1100		3800			
12.5/0.88	12.5	0.88	150	5590	1800	RP2	$R1$	1100	150	4750	150	1350	30
12.5/1.1		1.1		5590				1100		4750			
15/0.88	15	0.88	150	5465	2000	RP2 $\frac{1}{2}$	$R1$	1275	150	4675	150	1500	30
15/1.1		1.1		5465				1270		4675			
20/0.88	20	0.88	150	6015	2200	RP3	$R1$	1325	200	4975	200	1650	30
20/1.1		1.1		6015				1327		4977			

六、气包设计要点

气包又称分气箱，是压缩空气装置的重要部分，当设计为圆形或方形截面时必须考虑安全和质量要求，用户可参照《袋式除尘器安全要求 脉冲喷吹类袋式除尘器用分气箱》(JB/T 10191—2010)。气包必须有足够容量，满足喷吹气量。一般在脉冲喷吹后气包内压降不超过原来储存压力的30%。

气包的进气管口径尽量选大，满足补气速度。对大容量气包可设计多个进气输入管路。对于大容量气包，可用3in管道把多个气包连接成为一个储气回路。

阀门安装在气包的上部或侧面，避免气包内的油污、水分经过脉冲阀喷吹进滤袋。每个气包底部必须带有自动或手动油水排污阀，周期性地把容器内的杂质向外排出。

如果气包按压力容器标准设计，并有足够大容积，其本体就是一个压缩气稳压罐，不需另外安装。当气包前另外带有稳压罐时，需要尽量把稳压罐位置靠近气包安装，防止压缩气在输送过程中经过细长管道而损耗压力。

气包在加工生产后，必须用压缩气连续喷吹清洗内部焊渣，然后再安装阀门。在车间测试脉冲阀，特别是3in淹没阀时，必须保证气包压缩气的压力和补气流量。否则脉冲阀将不能打开，或有漏气。

如果在现场安装后，发现阀门的上出气口漏气。那就是因为气包内含有杂质，导致小膜片上堆积铁锈不能闭阀。需要拆卸小膜片清洁。

气包上应配置安全阀、压力表和排污阀。安全阀可配置为弹簧微启式安全阀。

气包体积会影响脉冲阀喷吹气量与清灰效果，设计气包时要给予注意。

第七节 压差装置系统设计

压差装置由取压孔、管路系统和压力计组成。它是利用静压原理进行工作的。

压差装置是袋式除尘器重要组成部分，可是往往不被重视，所以经常造成测压出现错误，致使测压装置不能反映除尘器真实的运行情况。

一、取压孔设计

1. 取压孔位置

袋式除尘器压差装置系统的取压孔位置一般设在除尘器的壁板上（见图 3-113）。

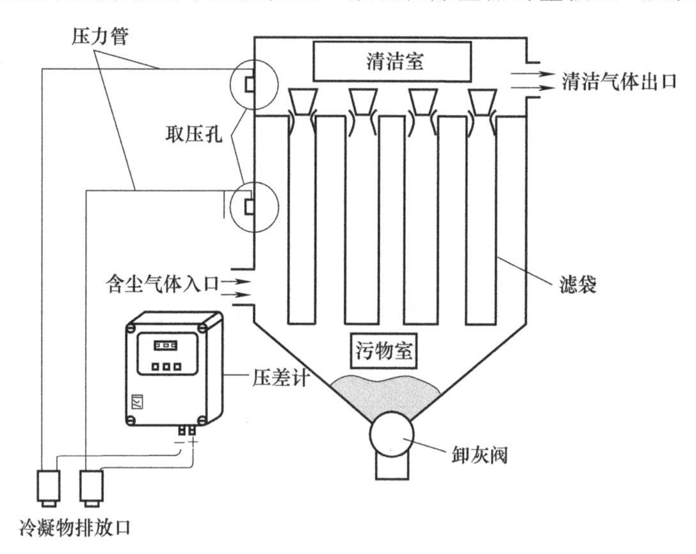

图 3-113 袋式除尘器压差装置系统

2. 取压孔形式

取压孔有两种形式，分别如图 3-114、图 3-115 所示。普通取压孔（图 3-114）是中小型除尘器常用的形式，其优点是容易制作和安装，缺点是取压孔被粉尘堵塞出现误差。图 3-115 是较好的取压口，堵塞后容易清理。

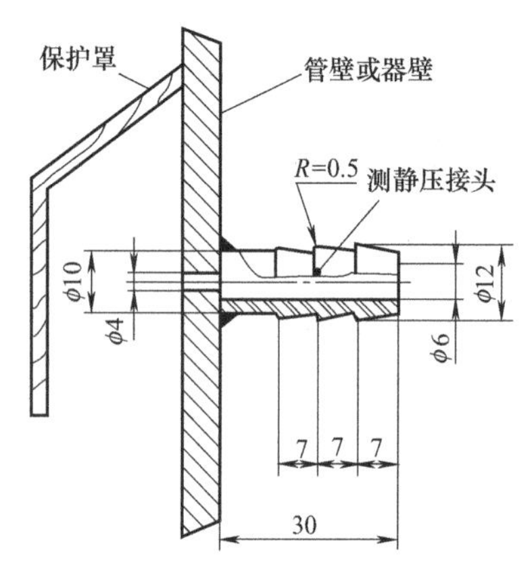

图 3-114 普通取压孔（单位：mm）

二、压差管道设计

压差管道设计有 3 个要点：①压差管道直径一般≥25mm；②管道材质用镀锌管或不锈钢管，避免管道腐蚀堵塞；③水平管道要有>1%的坡度，而且沿坡向压力计方向，在与压力计连接处要有冷凝水放水口。

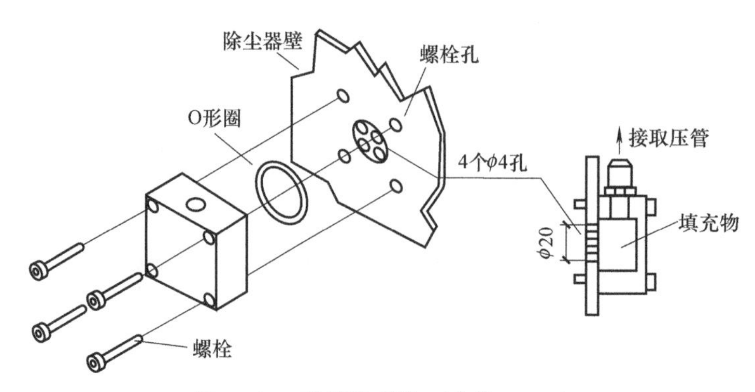

图 3-115 防堵取压孔（单位：mm）

三、压力计选用和防堵

1. 测压用压力计

测压用压力计，在测除尘器分室的压差时多用U形压力计，量程大于4000Pa，测整个除尘器的压力时可用U形压力计，如果有压力监控则选差压变送器，差压变送器的显示应为0～4000Pa，最好不用百分比显示器。

2. 清堵装置

不管用哪种压力计都应在压力处设管道的清堵口和清堵气源，清堵气源压力大于0.15MPa即可。

用压缩空气吹扫压差系统，不仅可以疏通压差管道，也可以吹掉取压测孔处的粉尘。

3. 压差管放水

在压差系统的管道中，有时会产生冷凝水，存在于压力计附近的竖管内，此冷凝水应及时放空，否则会影响压力计读数的正确性。

第四章 特种袋式除尘器工艺设计

特种除尘器指第三章没有介绍的一些常用的袋式除尘器，如圆筒式袋式除尘器、滤筒式除尘器、电袋复合式除尘器等。

第一节 圆筒式袋式除尘器工艺设计

把袋式除尘器的外壳做成圆筒形很普遍，既有小型的，如仓顶式袋除尘器；也有大型的，如高炉煤气袋式除尘器。筒形袋式除尘器的突出优点是节省钢材、耐压好。

圆筒式袋式除尘器是以圆筒形结构为壳体，以滤袋为过滤元件，可用不同的清灰方法，按滤料的过滤原理完成工业气体除尘与净化。

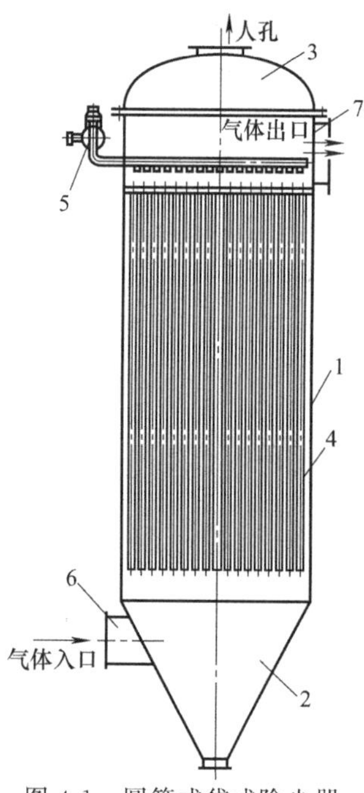

图 4-1 圆筒式袋式除尘器

1—筒身；2—锥形灰斗；3—封头；4—过滤装置；5—喷吹清灰装置；6—进气管；7—出气管

一、圆筒式袋式除尘器分类

圆筒式袋式除尘器，按过滤方式分为外滤式和内滤式；按清灰压力分为低压式（<0.4MPa）和高压式（≥0.4MPa），喷吹介质为压缩氮气；按滤袋长度分为长袋式（$6m \leqslant L \leqslant 9m$）和短袋式（$L<6m$）。

圆筒式袋式除尘器在结构上具有良好的力学特性，适用于易燃、易爆的工业气体除尘与净化。广泛用于高炉煤气、转炉煤气、铁合金煤气等干法除尘工程，烟气温度可达300℃。

目前，以长袋、低压、外滤为代表的圆筒式袋式除尘器在我国获得巨大发展，成功用于$5000m^3$高炉煤气干法除尘工程，在世界范围首次全面实现了高炉煤气的全干法除尘，对推进和发展高炉炼铁工艺、配套短流程输灰设施、实现环境保护与节能具有重大经济效益、社会效益和环境效益。

二、圆筒式袋式除尘器结构设计

圆筒式袋式除尘器（见图4-1）由筒身、锥形灰斗、封头、过滤装置、喷吹清灰装置、进气管、出气管和输灰设施等组成。除尘器壳体、喷吹清灰装置、过滤装置是圆筒式袋式除尘器的关键构件。

1. 除尘器壳体

除尘器壳体为圆形结构，按钢制容器设计。其中，筒身为圆筒形，封头为球形，灰斗为圆锥形。为满足检修换袋需要，封头与筒身之间可为法兰式，也可为焊接式。弹簧式滤袋骨架的出现，使长滤袋（6～9m）在净气室内整体换袋成为可能，使除尘器壳体的按压力容器管理成为现实。在设计除尘器壳体时还应按需要设置必要的检修孔。

2. 喷吹清灰装置

喷吹清灰装置由脉冲喷吹控制仪、电磁脉冲阀和强力喷吹装置组成，按清灰工艺需要设计与配置。其中，强力喷吹装置推荐应用中冶集团建筑研究总院环保研究设计院的专利产品——脉冲喷吹袋式除尘器的侧管诱导清灰装置（ZL99253722.3），滤袋直径为ϕ120mm、ϕ130mm、ϕ140mm、ϕ150mm、ϕ160mm，滤袋长度为6～9m时，袋底喷吹压力可保证3000Pa，具有优良的清灰特性。

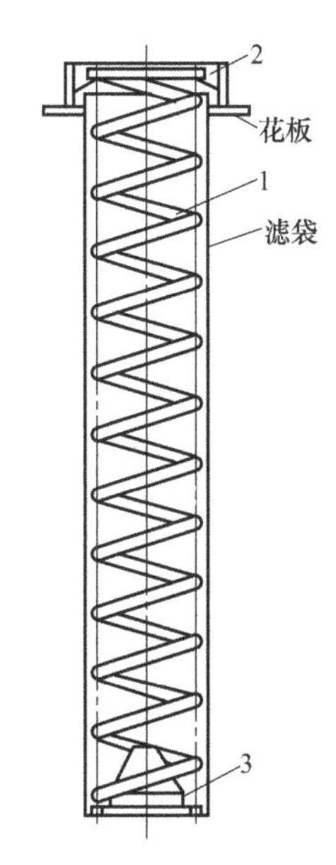

图 4-2　弹簧式滤袋骨架
1—弹簧；2—支架；3—配重

3. 过滤装置

过滤装置主要包括滤袋骨架和滤袋。滤袋骨架随着滤袋的加长而加长（有效长度为6～9m），按需要可采用二段式、三段式或弹簧式。弹簧式特别适用于封头内置换滤袋（见图4-2和表4-1）。

表 4-1　弹簧式滤袋骨架尺寸

型号	滤袋直径 ϕ /mm	钢丝直径 ϕ /mm	滤袋长度 /m	压缩长度/mm				质量/kg			
				6m	7m	8m	9m	6m	7m	8m	9m
120	120	3.0	6.7,8.9	478	541	604	667	5.6	6.0	6.4	6.8
130	130	3.0	6.7,8.9	478	541	604	667	5.8	6.2	6.7	7.1
140	140	3.0	6.7,8.9	478	541	604	667	5.9	6.4	6.9	7.4
150	150	3.5	6.7,8.9	544	618	692	766	7.6	8.3	9.0	9.7
160	160	3.5	6.7,8.9	544	618	692	766	7.7	8.4	9.2	9.9

三、工艺参数设计计算

1. 计算过滤面积

$$S_0=\frac{q_{vt}}{60v_F}=\frac{q_{vt}}{q_g} \tag{4-1}$$

式中，S_0为滤袋计算过滤面积，m^2；q_{vt}为工况煤气流量，m^3/h；v_F为滤袋过滤速度，m/min，一般v_F取0.60～0.90m/min；q_g为过滤负荷，$m^3/(h\cdot m^2)$。

2. 计算滤袋数量

预估滤袋材质、规格与长度，计算滤袋数量：

$$S_1=\pi dL \tag{4-2}$$

$$n_0=\frac{S_0}{S_1} \tag{4-3}$$

式中，S_1为1条滤袋过滤面积，m^2；d为滤袋直径，m；L为滤袋有效长度，m；n_0为滤袋设计数量，条。

3. 排列组合

以圆形花板为依据，考虑滤袋直径、孔间隔及边距等必要尺寸，排列组合，确定滤袋实际分布数量。具体按下式计算核定。

$$D_0=\left(\frac{q_{vt}}{2826v_g}\right)^{0.5} \tag{4-4}$$

$$D=m(d+a)+2a_0 \tag{4-5}$$

式中，D_0 为圆筒计算直径，m；q_{vt} 为每台除尘器处理风量，m^3/h；v_g 为圆筒断面速度，m/s，一般取 0.7～1.0m/s；m 为直径上花板孔的最大数量，个；d 为滤袋直径，m；a 为花板孔净间隔，m，一般取 0.05～0.07m；a_0 为距筒壁的净边距，m，一般取 0.12～0.15m；D 为筒体实际定性直径，m，校核时要求 $D \geqslant D_0$。

4. 确定滤袋实际数量

以滤袋定性尺寸和圆中心为基准，呈直线排列，按最大数量确定滤袋实际装置数量。

5. 校核滤袋长度

按花板上滤袋实际装置数量与尺寸适度校核滤袋长度，保证滤袋过滤面积的优化。

6. 确定除尘器外形尺寸

1）封头高度：

$$H_1=0.25D+80 \tag{4-6}$$

2）净气室高度：

$$H_2=2h \tag{4-7}$$

3）尘气室高度：

$$H_3=L+\Delta H \tag{4-8}$$

4）灰斗高度：

$$H_4=\frac{0.5(D-d)}{\tan\alpha}+\Delta h \tag{4-9}$$

式中，H_1 为封头高度，m；D 为圆筒直径，m；H_2 为净气室直线段高度，m；h 为喷吹管中心至花板面的净高，m；H_3 为净气室高度，m；L 为滤袋有效长度，m；ΔH 为安全高度，m，一般取 0.3～0.5m；H_4 为灰斗高度，m；d 为排灰口直径，m；$\tan\alpha$ 为灰斗倾斜角的正切，一般 α 取 30°～32°；Δh 为排灰管直线段高度，m，一般取 0.08～0.12m。

5）支架高度按实际需要确定支架形式与排灰口至支座底脚的高度 H_5。

6）设备总高度：

$$H=H_1+H_2+H_3+H_4+H_5 \tag{4-10}$$

式中，H 为设备总高度，m。

7. 附属设施

按主体除尘工艺计算结果，相应确定附属设施的规格与数量。包括：①走台、栏杆、梯子及安全设施；②脉冲喷吹清灰设施；③检测设施；④运行操作与控制系统；⑤储气罐及其配气设施；⑥料位监测与控制；⑦输灰设施。

四、设计技术文件

设计文件至少应包括：①设计说明书；②设计概算书；③系统图、平面图、侧视图和相关图样；④安装说明书；⑤操作维护说明书；⑥安全操作规程；⑦重大事故抢救预案。

五、高炉煤气袋式除尘器投标方案

1. 建设单位

略。

2. 项目名称

500m^3 高炉煤气袋式除尘器。

3. 工程地点

××省××市。

4. 投标依据

1）工艺参数：筒体直径 DN3900mm，煤气量 130000m^3/h，布袋尺寸 ϕ130mm×6000mm，煤气压力 0.15MPa，煤气温度 100～300℃，FMS 针刺毡，排放浓度以 5～10mg/m^3 为宜，<5mg/m^3 最佳；过滤负荷 8 台工作时不大于 30m^3/(h·m^2)，7 台工作时不大于 35m^3/(h·m^2)。在规定筒体直径内按滤袋允许间距尽量增加滤袋数量。

2）《工业企业煤气安全规程》(GB 6222)。

3）《钢制常压容器》(JB 4735)。

5. 投标范围

钢结构制作与安装，包括荒（净）煤气总管、支管连接管、除尘器本体、滤袋及骨架、中间灰斗、框架、支柱、平台、梯子、栏杆、放散管、以及保温与电气控制的配套安装。

不在投标范围的设备有阀门、埋刮板机、斗提机、卸灰装置、振动器、分气包。

6. 主要设计指标

本除尘器按高炉煤气烟气特性与烟尘特性和国内领先的除尘技术，8 台脉冲袋式除尘器组合和离线清灰方式，采用粉体无尘装车的短流程输灰工艺。具体方案如下：

形式	YLFDM8×585
处理风量	8×16250=130000m^3/h
过滤面积	4680m^2
设备阻力	≤1500Pa
排放质量浓度	≤10mg/m^3

7. 技术计算

1）计算过滤面积（m^2）

$$S_0=\frac{q_{vt}}{q_g}$$

8 台工作时：

$$S_{08\text{-}1}=130000\div8\div30=542\ (\text{m}^2)$$

7 台工作时：

$$S_{07\text{-}1}=130000\div7\div35=531\ (\text{m}^2)$$

2）单台滤袋数量（条）　初定 FMS 滤袋，滤袋规格为 ϕ140mm×6000mm。

$$n_{01}=\frac{S_{08\text{-}1}}{\pi dL}=\frac{542}{3.14\times0.14\times6}=205\ (\text{条})$$

3）排列组合确定滤袋分布　根据脉冲喷吹清灰的要求，采用 76.2mm（3in）淹没式电磁铁冲阀，以花板中心线为准，组织滤袋花板孔对称成排分布。脉冲喷吹结构如图 4-3 所示；花板孔分布如图 4-4 所示；分气包结构如图 4-5 所示。

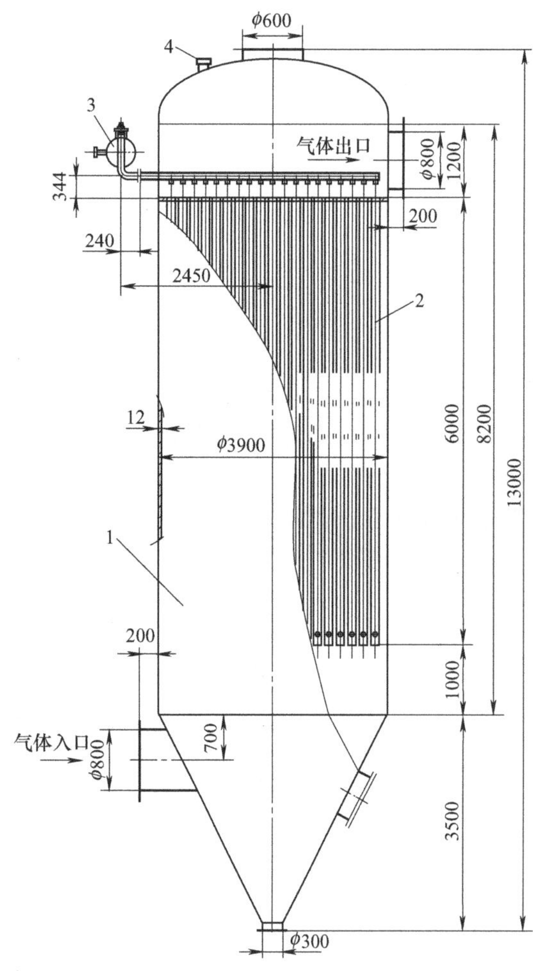

图 4-3 脉冲喷吹结构（单位：mm）

1—筒体；2—过滤装置；3—脉冲喷吹装置；4—安全阀

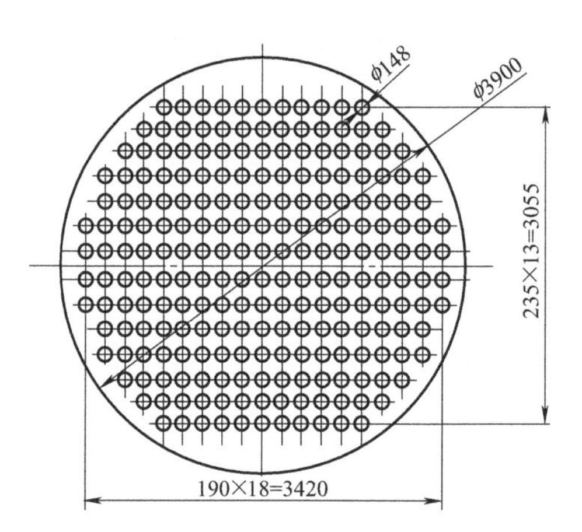

图 4-4 花板孔分布（单位：mm）

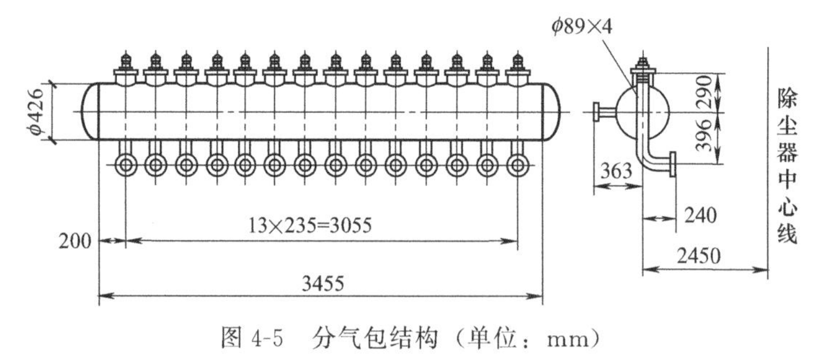

图 4-5 分气包结构（单位：mm）

4）校核

① 数量：按花板滤袋孔分布最大化的原则，实际装设 ϕ140mm×6000mm 滤袋 222 条，超过了 205 条。

② 过滤面积：

$$S=222\times 2.638=585\ (\mathrm{m}^2)$$

过滤负荷：

$$q_8=130000\div 8\div 585=27.78\ [\mathrm{m}^3/(\mathrm{h}\cdot\mathrm{m}^2)]$$

$$q_7=130000\div 7\div 585=31.75\ [\mathrm{m}^3/(\mathrm{h}\cdot\mathrm{m}^2)]$$

8. 设备结构

按技术计算确定的设备结构与规格分述如下：

1）除尘器主体结构为圆筒形、钢结构（ϕ3900mm×13000mm）。分 8 组全过滤工作，过滤负荷为 27.78$\mathrm{m}^3/(\mathrm{h}\cdot\mathrm{m}^2)$；分室离线清灰时为 7 组工作，过滤负荷为 31.75$\mathrm{m}^3/(\mathrm{h}\cdot\mathrm{m}^2)$。

2）筒体钢结构由筒身、封头、进出口、检查孔、花板及支架组成。

3）过滤装置由222组（条）弹簧式钢骨架（ϕ140mm×6000mm）和滤袋（ϕ140mm×6000mm）组成。滤袋材料为FMS，单重为500g/m^2，耐温不超过300℃。

4）脉冲喷吹装置由14组强力喷吹管和14个76.2mm（3in）电磁脉冲阀组成。脉冲喷吹清灰时，除尘器进出口煤气切断阀（ϕ800mm）处于关闭状态（离线定时清灰），有一定实践（运行）经验后可改为离线定压清灰。

5）荒（净）煤气管道均为ϕ1600mm，进出口分设ϕ1600mm电动煤气切断阀（常开）；进出煤气分支管分设ϕ800mm电动煤气切断阀（常开）及相应的盲板阀。

6）除尘器运行控制由PLC执行，检测项目包括煤气流量、煤气成分、设备阻力、进出口煤气温度和煤气含尘量，具体由煤气工艺决定。

7）除尘器排灰采用最新输灰技术的短流程排灰工艺，用2台圆板拉链输送机和3GY150型粉体无尘装车机装车，用斯太尔汽车输出。

8）除尘器筒体、荒（净）煤气管及其分支管的保温采用厚度80mm的泡沫保温瓦，外包0.5mm镀锌铁皮。

9）除尘器框架为H型钢结构组列，分别承担荒（净）煤气管道与配件，以及圆板拉链输送机、粉体无尘装车机的重量。除尘器设有设备支架，直接由标高为11.51m平台梁承担设备重量。

10）除尘器梯子、平台与栏杆直接焊接与固定在钢结构框架上。

11）除尘器、管道和钢框架的涂装与着色按建设单位规定执行。

12）除尘器按《工业企业煤气安全规程》（GB 6222）规定设有检查孔、安全放散阀和防爆阀，并由PLC完成检测显示。

13）除尘器封头与筒身为焊接；选用弹簧式滤袋骨架，换袋时由封头检查孔进出，组织强力喷吹装置、龙骨及滤袋的拆除与安装。

14）防雨棚直接焊接在框架钢柱上。

15）储气罐直接坐装在二层平台上。

9. 技术经济指标

500m^3 高炉煤气圆筒式袋式除尘器技术经济指标见表4-2。

表4-2 500m^3 高炉煤气圆筒式袋式除尘器技术经济指标

序号	名称	技术经济指标	备注
1	型号	YLFDM8×585	
2	过滤面积/m^2	8×585=4680	
3	煤气量/(m^3/h)	130000	
4	煤气温度/℃	100～300	
5	煤气压力/MPa	0.15	
6	煤气含尘量		
	入口/(g/m^3)	80	
	出口/(mg/m^3)	≤10	
7	过滤室数/室	8	
8	过滤负荷		
	全过滤/[m^3/(h·m^2)]	27.78	
	清灰过滤/[m^3/(h·m^2)]	31.75	
9	滤袋材料	FMS	500g/m^2
10	滤袋规格/(mm×mm)	ϕ140×6000	配用弹簧式滤袋骨架
11	滤袋数量/条	8×222=1776	
12	脉冲喷吹装置/组	8×14=112	DMF-Y76S
13	强力喷吹装置/组	8×14=112	ϕ89mm
14	氮气炮振动器/组	8	ϕ40mm
15	氮气压力/MPa	0.4～0.5	
16	氮气流量/(m^3/min)	6	
17	设备阻力/Pa	≤1500	
18	总排灰量/(t/h)	4	
19	外形尺寸/m	22.6×16.0×23.9	

圆筒式袋式除尘器总图如图 4-6 所示。

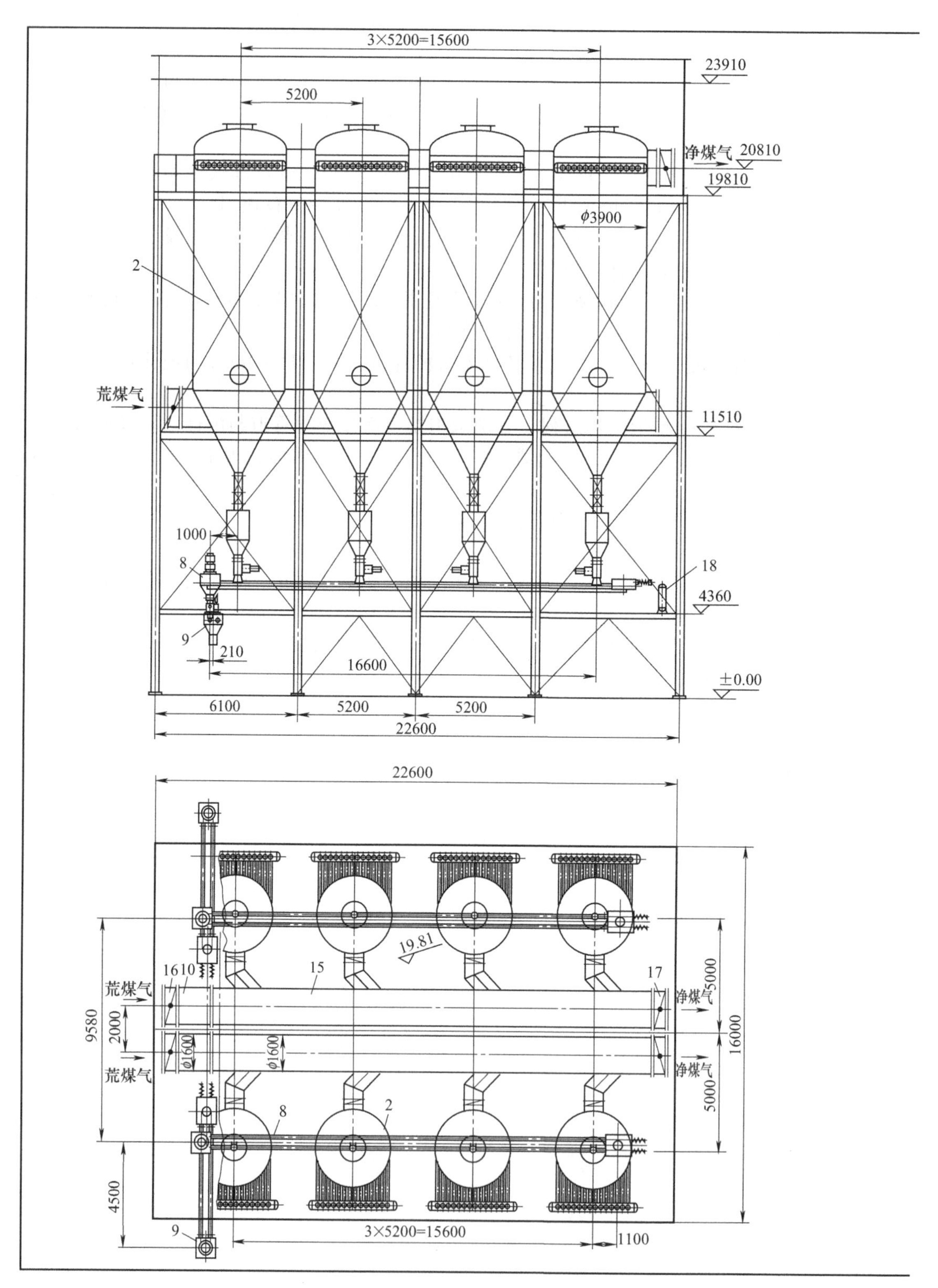

图 4-6 圆筒式袋式除尘

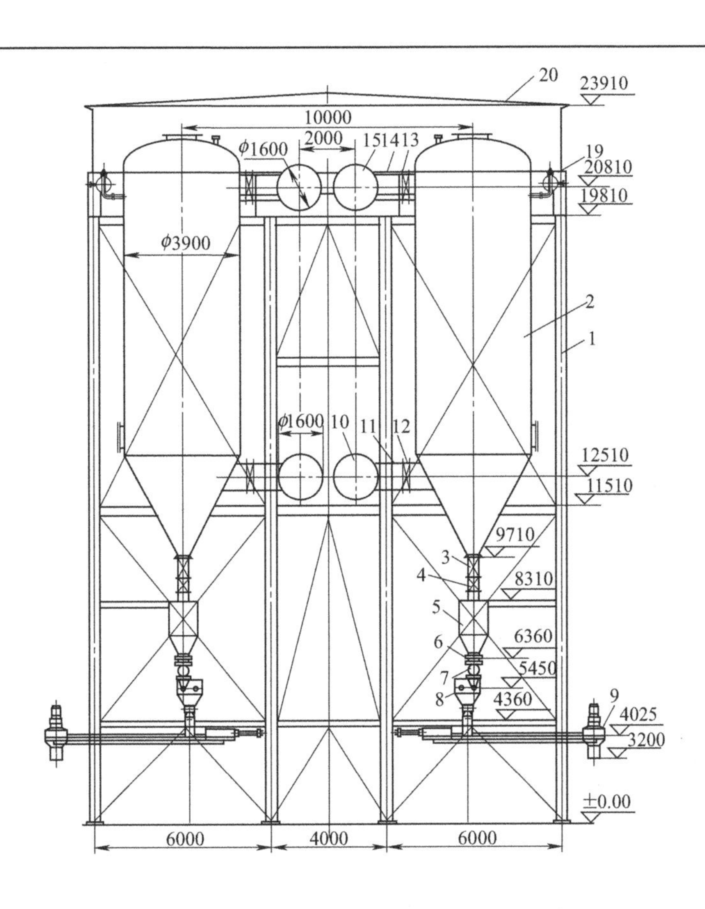

20		防雨棚	1套				
19		平台、走梯与栏杆	1套	Q235			
18		储气罐	2套	3m³			
17		净煤气出口蝶阀	2组	φ1600			
16		荒煤气入口蝶阀	2组	φ1600			
15		净煤气总管	2组	φ1600			
14		净煤气分支管	8组	φ800			
13		净煤气蝶阀	8组	φ800			
12		荒煤气蝶阀	8组	φ800			
11		荒煤气分支管	8组	φ800			
10		荒煤气总管	2组	φ1600			
9		粉体无尘装车机	2台	3GY150-4.5			
8		圆板拉链输送机	2台	YL150			l=16.6m
7		星形卸料器	8组	YXB300			
6		插板阀	8组	φ300			
5		中间灰仓	8组	φ1200×2000			
4		星形卸料器	8组	YXB300			
3		密封式卸灰阀	8组	φ300			
2		圆筒形脉冲除尘器	8台	YLFDM8×585			
1		钢框架	1套	Q235			

器总图（单位：mm）

第二节 滤筒式除尘器工艺设计

20 世纪 80 年代以来，伴随国外先进科学技术的引进，依靠环保技术、纺织技术、电子技术和造纸技术的科技进步，脉冲袋式除尘器和脉冲滤筒除尘器形成相互补充的趋势，构建除尘技术的主体；以期满足常温状态下不同风量、不同浓度的空气除尘技术要求。

一、滤筒式除尘器分类

1. 按滤筒安装方式分类

滤筒式除尘器按滤筒安装方式可分为水平式、垂直式和倾斜式 3 种类型（见图 4-7）。

（1）水平式滤筒除尘器　水平式滤筒除尘器，主要利用其单个滤筒过滤量大、结构尺寸小的特点，分室将单元滤筒并联起来，形成组合单元体，为实现大容量空气过滤提供排列组合单元，构建任意规格的脉冲滤筒除尘器。其具有技术先进、结构合理、多方位进气、空间利用好、钢耗低、造型新颖等特点。如果处理含尘浓度很低（诸如大气飘尘），可选用水平安装形式。

（2）垂直式滤筒除尘器　垂直式滤筒除尘器，其滤筒垂直安装在花板上；依靠脉冲喷吹清灰滤袋外侧集尘，清灰下来的尘饼直接落下、回收。垂直（预装）式滤筒除尘器适用 $15g/m^3$ 以下的空气过滤或除尘工程。

（3）倾斜式滤筒除尘器　倾斜式滤筒除尘器适用于前两者之间的工况，在加强清灰强度仍不能降低阻力时，应改变滤筒安装方式并降低过滤风速。

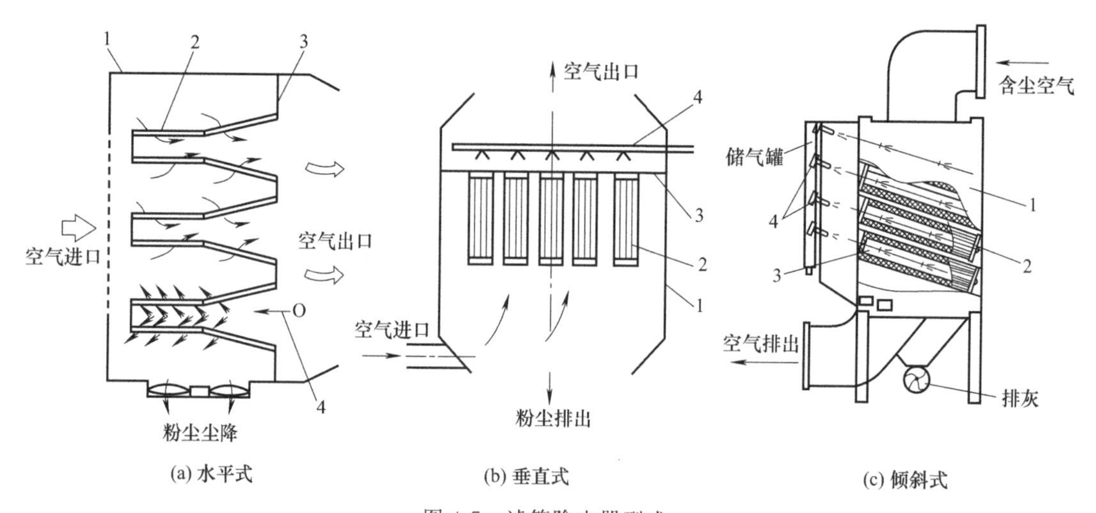

图 4-7　滤筒除尘器型式

1—箱体；2—滤筒；3—花板；4—脉冲清灰装置

2. 按进风位置分类

按其进风口位置，可将滤筒除尘器分为上进风、下进风、侧向进风滤筒除尘器。

（1）上进风滤筒除尘器　上进风滤筒除尘器是含尘气体由除尘器上部进入（见图 4-8）。粉尘沉降与气流方向一致，有利于粉尘沉降。向下的气流中的粒子，不管粒度如何，均有不被滤筒捕集而直接落入灰斗的可能性。因此，根据粒子粒度分布情况，选择向上或向下流动，会减少灰尘层的平均重量。对于较小的灰尘，采取向下流动的方式，滤筒上形成的灰尘层重量可能要稍微轻些。气体在滤筒内向下流动时，大小粒子都会更均匀地分布在整条滤筒上。这比向上流动可以更均匀地利用全部过滤表面。

(2) 下进风滤筒除尘器　下进风滤筒除尘器的含尘气体由除尘器下部进入（见图 4-9)。气流自下而上流动，含尘空气进入滤筒后，粒度较大的粉尘直接沉降到灰斗中，从而减少滤筒磨损和延长清灰的间隔时间。但由于气流方向与粉尘下落方向相反，降低了清灰效果，增加了阻力。脉冲清灰后脱离滤筒的灰尘随着过滤气流而重新沉降在滤筒上的数量会增加，因为在袋室内剩余的向上气流降低了由于脉冲清灰而脱离滤筒的灰尘向灰斗沉降的有效速度，这对过滤器的性能有不良影响。

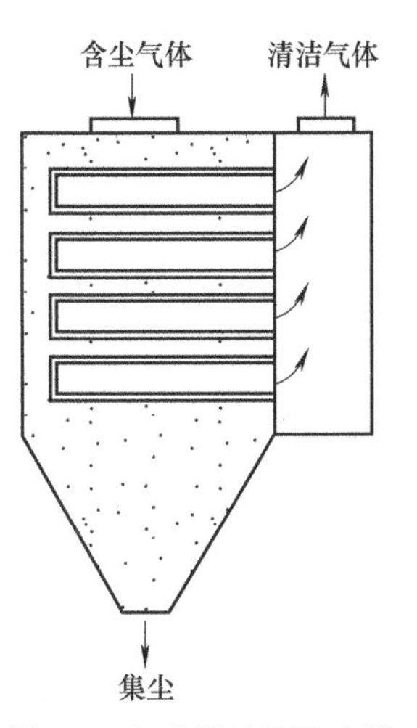

图 4-8　上进风滤筒除尘器

尽管如此，由于下进风滤筒除尘器结构简单，成本较低，应用较广。

(3) 侧向进风滤筒除尘器　侧向进风滤筒除尘器的含尘气流从滤筒侧面进入（见图 4-10)，它是为了解决滤筒在不改变放置方向（即将滤筒由垂直放置改为水平放置），从而浪费许多过滤介质的条件下，越过滤筒间隙向上的气流。它采取高入口进气，使气体进入除尘器的高度与滤筒本身的高度平齐。气体首先通过一系列错开的通道隔板（导流板），使气流分散，并且还可看作一个筛分器，在气流接触滤筒之前，将大颗粒粉尘分离出来，直接掉入灰斗。

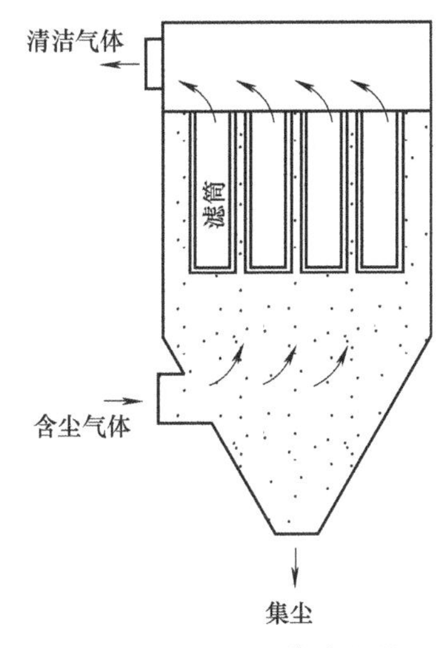

图 4-9　下进风滤筒除尘器

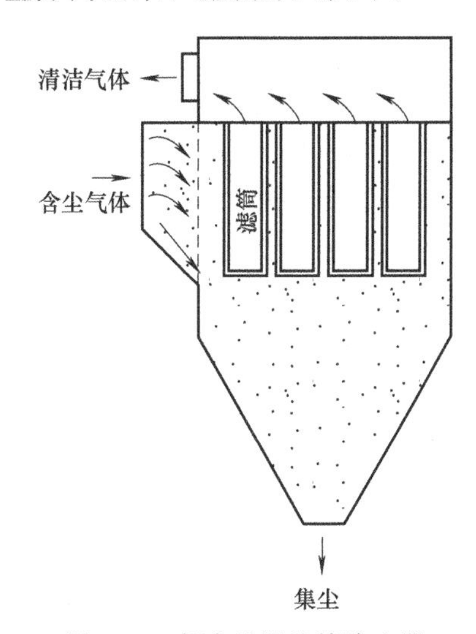

图 4-10　侧向进风滤筒除尘器

二、滤筒式除尘器结构设计

滤筒式除尘器工艺特点如下：由于滤料折褶成筒状使用，使滤料布置密度大，所以除尘器结构紧凑，体积小；滤筒高度小，安装方便，使用维修工作量小；同体积除尘器过滤面积相对较大，过滤风速较小，阻力不大；滤料折褶要求两端密封严格，不能有漏气，否则会降低效果。

1. 滤筒式除尘器组成和滤筒布置

(1) 除尘器组成　滤筒式除尘器由进风管、排风管、箱体、灰斗、清灰装置、滤筒及电控装置组成，如图 4-11 所示。

（2）滤筒布置　滤筒在除尘器中的布置很重要，滤筒可以垂直布置在箱体花板上，也可以倾斜布置在花板上，用螺栓固定，并垫有橡胶垫，花板下部分为过滤室，上部分为净气室。滤筒除了用螺栓固定外，更方便的办法是自动锁紧装置（见图 4-12）和橡胶压紧装置（见图 4-13）。

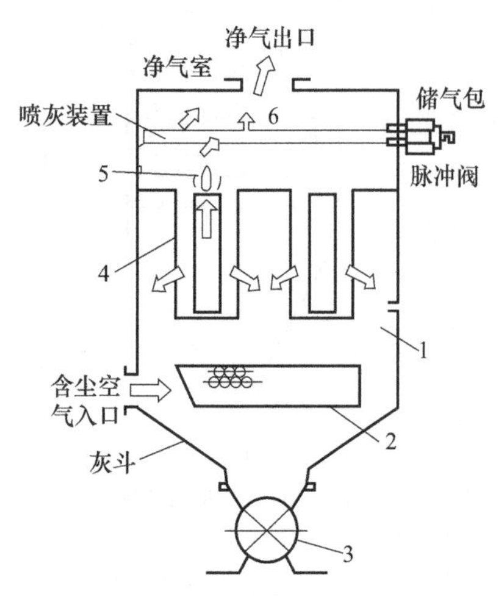

图 4-11　滤筒式除尘器组成示意

1—箱体；2—气流分布板；3—卸灰阀；4—滤筒；5—导流喷嘴；6—喷吹管

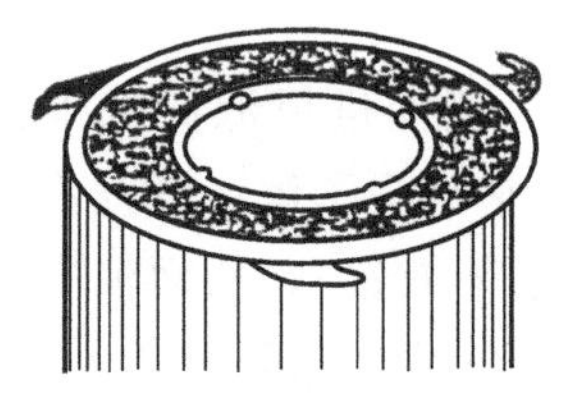

图 4-12　自动锁紧装置

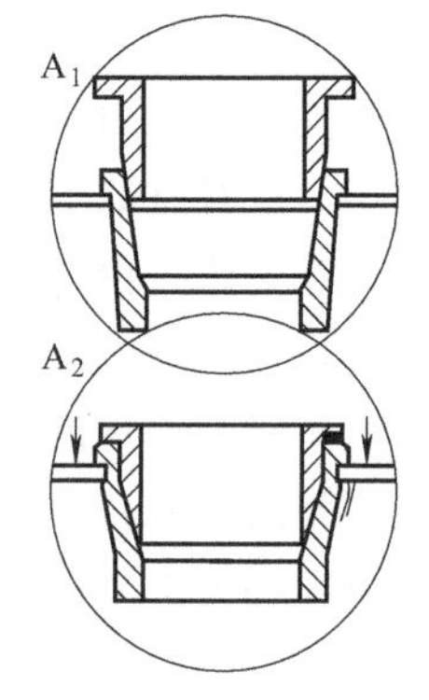

图 4-13　橡胶压紧装置

滤筒式除尘器卸灰斗的倾斜角应根据粉尘的安息角确定，一般应不小于 60°。滤筒式除尘器的卸灰阀应严密。滤筒式除尘器的净气室高度应能方便脉冲喷吹装置的安装、检修。

2. 除尘器工作原理

含尘气体进入除尘器灰斗后，由于气流断面突然扩大，气流中一部分颗粒粗大的尘粒在重力和惯性作用下沉降下来；粒度细、密度小的尘粒进入过滤室后，通过布朗扩散和筛滤等综合效应，使粉尘沉积在滤料表面，净化后的气体进入净气室，由排气管经风机排出。

滤筒式除尘器的阻力随滤料表面粉尘层厚度的增加而增大。阻力达到某一规定值时进行清灰。

3. 设计计算

（1）过滤面积

$$S_t = Q_{Vt}/(60v) \tag{4-11}$$

式中，S_t 为计算过滤面积，m^2；Q_{Vt} 为设计处理风量，m^3/h；v 为过滤风速，m/min，一般取值 0.60～1.00m/min。

通常以过滤面积计算值为依据，按本产品说明书及现场实际情况，选用实际需要的相近产品型号，科学确定其实际过滤面积。

（2）滤筒计算数量

$$n_t = S_t/S_f \tag{4-12}$$

式中，n_t 为滤筒计算数量，组；S_t 为滤筒计算过滤面积，m^2；S_f 为每组滤筒过滤面积，m^2/组。

（3）滤筒数量

$$n \geqslant n_t = ab \tag{4-13}$$

式中，n 为按排列组合确定的滤筒数，组；a 为每排滤筒的设定数，组；b 为每列滤筒的计算数，组。

$$b \geqslant n/a$$

（4）实际过滤面积

$$S_s = nS_f \tag{4-14}$$

式中，S_s 为实际过滤面积，m^2；n 为实际滤筒数，组；S_f 为每组滤筒过滤面积，m^2/组。

（5）设备阻力

$$p = p_1 + p_2 + p_3 + p_4 \tag{4-15}$$

式中，p 为设备阻力，Pa；p_1 为设备入口阻力损失，Pa；p_2 为滤筒阻力损失，Pa；p_3 为花板阻力损失，Pa；p_4 为设备出口阻力损失，Pa。

一般设备阻力损失 $p = 400 \sim 800$Pa。

（6）外形尺寸　一般滤筒外径间隔按 60～100mm 计算，详细排列组合，推算外形相关尺寸。

北方寒冷地区和厂区空气质量在 2 级以上时，推荐应用有灰斗的排灰系统。

（7）压缩空气需用量

$$Q_g = 1.5qnK/(1000T) \quad m^3/min \tag{4-16}$$

$$K = n'/n \tag{4-17}$$

式中，Q_g 为压缩空气消耗量（标准状态），m^3/min；T 为清灰周期，min；q 为单个脉冲阀喷吹一次的耗气量，3in 淹没式脉冲阀 $q = 250$L；n 为脉冲阀装置数量；K 为脉冲阀同时工作系数；n'为同时工作的脉冲阀数量。

一般，大气中粉尘浓度在 10mg/m^3 以下；本过滤器的清灰周期，可按用户要求及运行工况来确定，建议采用定时、定压清灰。

本设备采用在线清灰工艺，按设计要求可采用连续定时清灰，间歇定时清灰或定压自动清灰制度。

（8）粉尘回收量

$$G = 24(\rho_1 - \rho_2)Q_V K \times 10^{-6} \tag{4-18}$$

式中，G 为粉尘日回收量，kg/d；ρ_1 为过滤器入口粉尘质量浓度，mg/m^3；ρ_2 为过滤器出口粉尘质量浓度，mg/m^3；Q_V 为过滤器处理风量，m^3/h；K 为工艺（除尘器）日作业率，%。

4. 滤筒式除尘器应用

过去滤筒式除尘器，广泛适用高炉鼓风机进气除尘、制氧机进气除尘、空气压缩机进气除尘、主控室进气除尘、洁净车间进气除尘、公共建筑的空调进气除尘和中低浓度的烟（空）气除尘。现在已应用于工业企业各领域。

三、滤筒式除尘器清灰设计

1. 清灰方式的选择

滤筒常用的自动清灰方式有脉冲喷吹、高压气体反吹及机械振动等。

脉冲喷吹是利用脉冲反吹控制仪预先设定的参数给电磁阀一个信号，然后瞬间开闭电磁阀膜片，使压缩气体瞬间进入喷吹管，利用气体的急速反冲力抖落滤筒表面的灰尘。一般气体压力设定为 0.3～0.6MPa。

机械振动清灰常用于小型单机滤筒除尘器，它是利用除尘器花板上偏心装置产生的抖动力来清灰的，这个动作需要停机后操作。

目前滤筒除尘器最常用的清灰方式仍然是脉冲喷吹清灰。

2. 清灰系统设计

脉冲喷吹除尘器的清灰系统主要由脉冲阀、控制阀、喷吹管、气包、喷嘴、脉冲控制仪等组成，如图 4-14 所示。

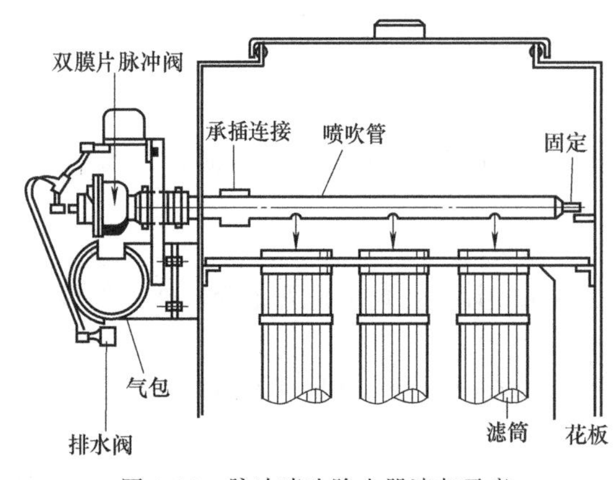

图 4-14 脉冲喷吹除尘器清灰示意

脉冲控制仪控制脉冲阀的启闭，当脉冲阀开启时，气包内的压缩空气通过脉冲阀经喷吹管上的小孔，喷射出一股高速高压的引射气流，从而形成一股相当于引射气流体积 1～2 倍的诱导气流，一同进入滤筒内，使滤筒内出现瞬间正压并产生膨胀和微动，沉积在滤料上的粉尘脱落，掉入灰斗内。灰斗内收集的粉尘通过卸灰阀，连续排出。

这种脉冲喷吹清灰方式是逐排滤筒顺序清灰，脉冲阀开闭一次产生一个脉冲动作，所需的时间为 0.1～0.2s；脉冲阀相邻两次开闭的间隔时间为 1～2min；全部滤筒完成一次清灰循环所需的时间为 10～30min。由于滤筒除尘器为高压脉冲清灰，所以根据设备阻力情况，应把喷吹时间适当调长，而把喷吹间隔和喷吹周期适当缩短。

3. 脉冲阀的选取

有的脉冲阀厂家提供关于喷吹气量、工作压力与喷吹脉宽的曲线图。在看这类曲线图时，要注意喷吹气量是标准状态下的气量，不是工作状态下的气量。我们可以将标准状态下的气量转换成工作状态下的气量。

(1) 喷吹气量　研究表明，脉冲喷吹清灰时脉冲气体在滤筒上的侧壁正压力峰值直接影响脉冲清灰的效果。侧壁正压力峰值的大小与单位时间喷吹空气量是直接相关的。喷吹空气量取决于脉冲喷吹时由喷吹管喷出的一次空气量和引射空气量。一次喷气量在气源足够大的情况下取决于气源压力、脉冲阀的形式及阀进出口压差。

每一只高压直角阀喷吹气量 Q（m^3/h 或 L/min）为

$$Q=K\times 18.9\sqrt{\Delta P(2P-\Delta P)} \tag{4-19}$$

式中，K 为流量系数；P 为阀进口管的压力，10^5Pa；ΔP 为阀进出口压差，10^5Pa。

表 4-3 为不同规格脉冲阀的喷吹气量。

表 4-3 不同规格脉冲阀喷吹气量

阀直径/in	K/(L/min)	$\Delta P/10^5$Pa	Q 喷吹量/(L/次)			
			$P=3\times10^5$Pa	$P=4\times10^5$Pa	$P=5\times10^5$Pa	$P=6\times10^5$Pa
3	2833	1.0	200	236	268	250
2½	1540	0.85	100	118	133	167
2	1290	0.85	84	100	112	130
1½	768	0.85	50	58	66	80
1	283	0.35	12	14	16	40
3/4	233	0.35	9.4	11.5	12.6	—

注：1. 脉冲阀喷吹一次时间按 0.1s 计。
2. K 及 ΔP 均为直角阀参数。
3. 双膜片时，K=383L/min，$\Delta P=0.3\times10^5$Pa。

（2）脉冲阀喷吹面积　脉冲阀喷吹面积见表4-4。

表 4-4　脉冲阀喷吹面积

直角式 ϕ/in	压力/MPa	喷吹面积/m^2
3/4	0.6	6～8
1	0.6	10～12
1½	0.6	20～22
2	0.6	34～36
2½	0.6	40～42
3(淹没式)	0.3～0.6	42～45

注：直角式和淹没式喷吹面积大致相同。

（3）压缩气体消耗量　压缩空气消耗量可用式（4-20）计算。

$$L=\frac{nQ}{1000T}\times 1.5 \tag{4-20}$$

式中，n 为每分钟喷吹的脉冲阀个数，个/min；Q 为脉冲阀每次喷吹气量，L/次；T 为喷吹周期，min，可按入口粉尘浓度确定。当入口含尘浓度小于 5g/m^3 时 $T=25\sim30$min，当入口含尘浓度为 5～10g/m^3 时 $T=20\sim25$min，当入口含尘浓度大于 10g/m^3 时 $T=10\sim25$min。

（4）选择线图　脉冲阀尺寸选择线图如图4-15所示。

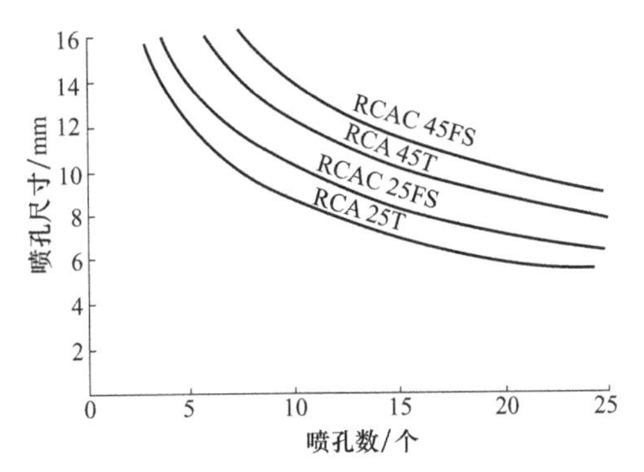

图 4-15　脉冲阀尺寸选择线图

4. 气包

（1）清灰系统压缩空气需用量　清灰系统压缩空气需用量可按式（4-21）进行计算。

$$Q_g=1.5qnK/1000T \tag{4-21}$$

式中，Q_g 为压缩空气消耗量（标准状态），m^3/min；T 为清灰周期，min；q 为单个脉冲阀喷吹一次的耗气量，3in 淹没式脉冲阀时 $q=250$L，2in 淹没式脉冲阀时 $q=130$L，1.5in 淹没式脉冲阀时 $q=100$L，1in 淹没式脉冲阀时 $q=60$L；n 为电磁脉冲阀数量，个；K 为电磁脉冲阀同时工作系数。

$$K=n'/n \tag{4-22}$$

式中，n'为同时工作的脉冲阀数量，个。

（2）气包容量的确定　气包的工作最小容量为单个脉冲阀喷吹一次后，气包内的工作压力下降到原工作压力的70%。在进行气包容量的设计时，应按最小容量进行设计，确定气包的最小体积，然后在此基础上，对气包的体积进行扩容。气包体积越大，气包内的工作气压就越稳定。也可以先设计气包的规格，然后用最小工作容量进行校正，设计容量要大于（最好远远大于）最小工作容量，一般来说，气包工作容量为最小容量的2～3倍为好。

气包必须有足够容量，满足喷吹气量需求。建议在进行脉冲喷吹时，气包内压力应不低于原始压力的85%；高原公司提出在脉冲喷吹后气包内压降不超过原来储存压力的30%。

（3）气包容量线图　如图4-16所示，图中 ϕ 表示喷孔直径，单位为mm。

5. 喷吹管设计

喷吹管结构的设计，主要考虑喷吹管直径、喷吹管长度、喷嘴直径及数量、喷吹短管的结构形式及喷吹短管端面距离滤筒口的高度等。

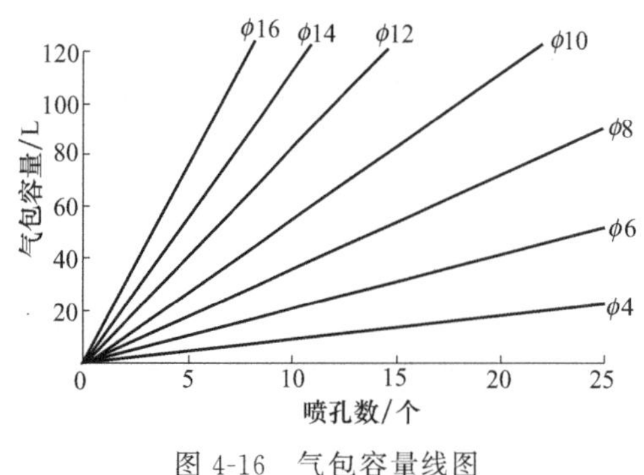

图 4-16　气包容量线图

（1）喷吹管直径　按澳大利亚高原脉冲阀厂家的设计规范，一般是，喷吹管直径与脉冲阀口径相对应。例如，采用 3in 的脉冲阀，则喷吹管直径也为 3in。国内大多数厂家，也都遵照喷吹管直径与脉冲阀口径相对应的原则。喷吹管的板厚，一般是 2.5in 以上采用 4mm，2.5in 以下采用 3mm 的焊接钢管制作。应使用无缝钢管来制造喷吹管。

（2）喷吹管长度　喷吹管的长度应根据喷吹的滤筒数、滤筒直径及其间距确定。喷吹管壁厚应根据其长度和材质确定，应保证不会因自重弯曲变形。应做到进入第一个滤筒和最后一个滤筒的喷吹气流流量相差小于 10%。为此，远离气包的喷吹孔孔径比靠近气包的喷吹孔孔径要小 0.5～1.0mm。为防止喷吹气流偏离中心现象发生，应在喷吹管上安装引流喷嘴。此喷嘴在喷吹孔出口附加一个小室，能保证喷吹气流朝下的垂直度。

喷嘴出口两侧带有引流入口，可以引进更多气流进入滤筒。

（3）喷嘴直径　喷嘴直径及数量是整个喷吹管设计的核心。在脉冲阀型号确定后的情况下，喷嘴数量不能无限制增多，它要受到喷吹气量、喷吹压力及喷吹滤筒长度等各类因素的综合影响。目前，3in 脉冲阀所配套的喷嘴数量建议最多不要超过 16 只（一般来说，10 只以下比较合适）。根据试验，在中压喷吹的状态下，喷吹管上所有喷嘴直径的面积之和应该为喷吹管内腔面积的 60%～80%，即

$$(60\%\sim80\%)A_{\text{喷吹管}}=\sum_{i=1}^{n}A_{i\text{喷嘴}}$$

式中，$A_{\text{喷吹管}}$ 为喷吹管内腔面积，m^2；n 为单个喷吹管上的喷孔数，个；$A_{i\text{喷嘴}}$ 为喷孔内腔面积，m^2。

如果采用图 4-17 所示滤筒清灰法，即脉冲气流没有经过文丘里就直接喷吹进入滤筒内部，将会导致滤筒靠近脉冲阀的一端（上部）承受负压，而滤筒的另一端（下部）将承受正压，如图 4-18 所示。这就会造成滤筒的上下部清灰不同而可能缩短使用寿命，并使设备不能达到有效清灰。

为此，可在脉冲阀出口或者脉冲喷吹管上安装滤筒用文丘里喷嘴。把喷吹压力的分布情况改良成比较均匀的全滤筒高度正压喷吹。

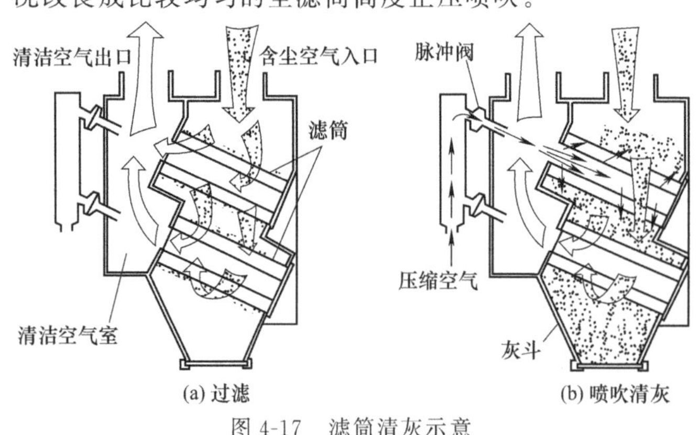

图 4-17　滤筒清灰示意

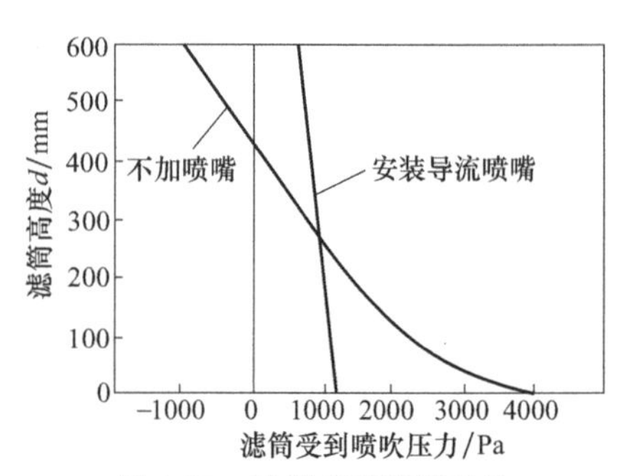

图 4-18　滤筒有无喷嘴对比

滤筒用文丘里喷嘴的结构和安装高度如图 4-19 所示。

灰尘堆积在滤筒的折叠缝中将使清灰比较困难。所以折叠面积大的滤筒（每个滤筒的过滤面积达到 20～22m^2）一般只适合应用于较低入口浓度的情况。

滤筒式除尘器脉冲喷吹装置的分气箱应符合 JB/T 10191—2000 的规定。洁净气流应无水、无油、无尘。脉冲阀在规定条件下，喷吹阀及接口应无漏气现象，并能正常启闭，工作可靠。

脉冲控制仪工作应准确可靠，其喷吹时间与间隔均可在一定范围内调整。诱导喷吹装置与喷吹管配合安装时，诱导喷吹装置的喷口应与喷吹管上的喷孔同轴，并保持与喷管一致的垂直度，其偏差小于 2mm。

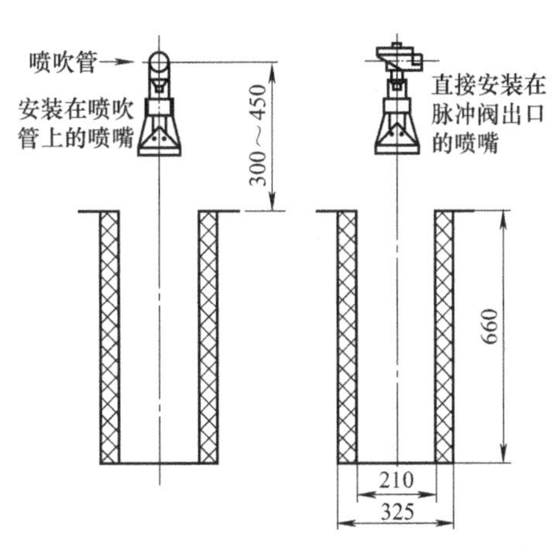

图 4-19 滤筒用文丘里喷嘴的结构和安装高度（单位：mm）

（4）*喷吹短管端面距离滤筒口（花板）高度的确定* 喷吹短管端面距离滤筒口（花板）的高度，受喷射气流扩散角和二次诱导风量的影响，气流的适宜扩散角一般是沿喷吹轴线成 20°角。理论上来说，二次诱导风量越多越好，也就是加大喷吹短管距离滤筒口的高度，但高度不能无限制抬高，否则脉冲气流会喷出滤筒口造成浪费。结合滤筒口径，设计喷吹管离花板的距离，通常该距离为 380～450mm，但滤筒直径与其他喷吹参数不同时，该值显然会变化。

该值恰好能保证扩散的原始气流连同诱导的气流同时超音速进入滤筒口。进入滤筒的气流瞬间吹到滤筒底部，在滤筒底部形成一定的压力。然后，气流反冲向上，在滤袋内急剧膨胀，压力升高，冲击并吹落附着在滤筒外表面的积灰。根据澳大利亚高原公司的实验，脉冲气流在滤筒底部的冲击力为 1500～2500Pa。

6. 导流装置设置

由喷吹管喷出的压缩气体具有很高的速度，其能量主要以动压的形式存在。由于动压只作用于气流前进的方向，因而对位于垂直方向的滤筒壁面不起作用，只有采用导流装置将其转换成静压时，才能促进滤筒的清灰作用。

目前使用较多的导流装置是文氏管，在袋口安装文氏管导流器的作用有两个：一是把喷吹管喷出的气流导向滤袋，避免气流偏斜吹坏滤筒；二是促进喷出的气流与被其诱导的二次气流充分混合进行能量交换。这两个作用使得许多脉冲除尘器都装有文氏管导流器。当喷吹管喷吹嘴口与滤袋中心不在一条中心轴线时，其作用更为明显。使用文氏管存在的缺点主要是增加了气流阻力、减少了过滤面积并有可能削弱清灰效果。

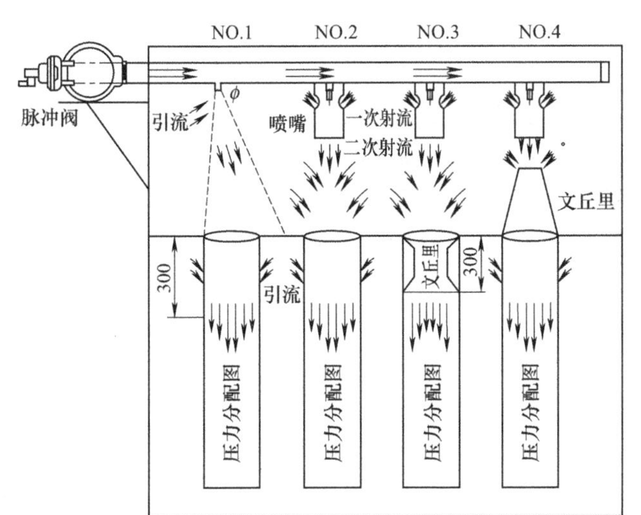

图 4-20 脉冲喷吹引射型式示意图（单位：mm）

脉冲喷吹主要依靠脉冲喷吹的压缩空气和气体高速流动时周围产生的引射气流。脉冲喷吹引射型式目前有四种，如图 4-20 所示。

在设计滤筒除尘器时，是否采用导流装置，采用何种导流装置，以及导流装置如何设置，除了要考虑脉冲阀种类、压缩气体压力大小、喷管直径、喷嘴形式、滤筒结构与粉尘的特性等，还要考虑箱体结构及尺寸等才能决定。

四、滤筒式除尘器滤筒设计

1. 滤筒的分类

常用滤筒分为 3 大类。这 3 类滤筒的区别分别见表 4-5 和表 4-6。

表 4-5 不同空气滤筒的不同保护对象和安装部位

类别	名称区别	保护对象	具体应用场合及安装位置	滤筒使用对象
Ⅰ	保护机器类的空气滤筒	制氧机、大型鼓风机、内燃机、空气压缩机、汽轮机及其他类发动机的进气系统机件保护	通信程控交换机室、制氧厂、鼓风机房、汽车、各种战车、各类船舰、铁路机车、飞机、运载火箭等发动机的进气口或进气道	
Ⅱ	创建洁净房间的空气滤筒	洁净室无尘，保证生产产品质量，烟雾厂房净化后保证人体健康	药品、食品、电子产品的生产间净化；博物馆、图书馆等馆藏间净化；手术室、健身房、生产厂房烟尘排放；行走器、飞行器、驾驶舱净化，安装在进气口或进气道	
Ⅲ	保护大气用除尘器滤筒	控制烟尘粉尘排放，保护地球生物健康	水泥厂、电厂、钢厂等烟粉尘控制排放；垃圾焚烧、炼焦炼铁、锻铸厂房及汽车等烟尘排放口	

表 4-6 不同滤筒净化的尘源和精度

类别	空气滤筒名称	保护对象和阻止灰尘源	阻截颗粒的来源和性质	颗粒尺寸/μm	灰尘浓度(使用空气滤筒前)/(mg/m^3)	要求过滤器效率/%
Ⅰ	保护机器用空气滤筒	保护内燃机缸体；阻止道路灰尘进入进气道	道路灰尘，如 SiO、FeO_3、Al_2O_3；大气飘尘，如 SO_2、CO_2 等	1～100	已筑路面 0.005～0.013；多尘路面 0.3～0.5；建筑工地 0.5～1.0	92～99
Ⅱ	创建洁净空间空气滤筒	洁净室、洁净厂房、超净间、滤除室内漂浮颗粒物	大气飘尘，如 SO_2、NO_x、CO_2、NO_2、NH_3、H_2S 及人体排泄物	0.01～200	国家标准允许(日平均)：美国，工业区 0.2、居民区 0.15；中国，工业区 0.3、居民区 0.15	99.97～99.999

续表

类别	空气滤筒名称	保护对象和阻止灰尘源	阻截颗粒的来源和性质	颗粒尺寸/μm	灰尘浓度(使用空气滤筒前)/(mg/m³)	要求过滤器效率/%
Ⅲ	保护大气除尘器滤筒	保护大气、滤除排放的烟尘、粉尘	二矿企业产生的排放颗粒,如 SO_2、NO_x、CO_2、NO_2、H_2S 等	0.01～200	产生烟尘浓度多倍于,火电厂排放 1200～2000;工业窑炉排放 100～400	达到排放标准(注:过滤器必须满足排放标准,而产生的浓度是未知数)

2. 除尘器滤筒构造

滤筒式除尘器的过滤元件是滤筒。滤筒的构造分为顶盖、金属框架、褶形滤料和底座等4部分。

滤筒的上、下端盖、护网的黏接应可靠，不应有脱胶、漏胶和流挂等缺陷；滤筒上的金属件应满足防锈要求；滤筒外表面应无明显伤痕、磕碰、拉毛和毛刺等缺陷；滤筒的喷吹清灰按需要可配用诱导喷嘴或文氏管等喷吹装置，滤筒内侧应加防护网，当选用 $D\geqslant320$mm、$H\geqslant1200$mm 滤筒时宜配用诱导喷嘴。

3. 除尘器滤筒设计

滤筒成品体积对过滤器总成体积关系很大。使用过滤器总成的主机，往往对过滤器提出以下要求：①除尘器总高和进出口距离（宽）；②滤筒下体总高和直径；③滤筒总质量；④出气口连接方式及尺寸；⑤过滤精度等一系列与过滤特性相关的性能要求。

滤筒设计根据总成要求要注意以下要素：①滤筒外径尺寸，大于滤筒内径 10mm 以上为最佳，这是因为高而窄小的空间，可以让污染颗粒在滤筒外层缓慢沉降，这样使滤筒从上而下地均匀接受污染颗粒；②内骨架直径尺寸的确定，主要考虑通油小孔的大小不应影响过滤气量，同时要照顾小孔尺寸对骨架强度的影响；③内骨架总强度极为重要，首要考虑滤筒承受的压差要以骨架支撑，所以直径越小强度越高；④褶波纹牙高度应选在 10～50mm 为最佳；⑤充分留有压差极限余地，当计算出所需过滤面积后应将此面积增大 1 倍，这是因为要充分考虑实际工作中粉尘污染物是不可预测的。

(1) 滤筒外形设计　选用纸张式且需要打褶的滤筒的设计和制造方法大同小异。滤筒设计应该是按实际使用要求去设计，而强度、压降和纳污量等要求决不可单纯依靠计算公式得出的参数给出确定值。应靠试验得出的经验数值。计算、推导只能是个参考，这就是滤筒不同于其他机件的特殊点。

滤筒外形设计包括形状、尺寸、选材、结构及强度。

波纹牙型要求包括波纹各部尺寸、波纹数量和波纹展开面积等。

1) 滤筒波纹高度。如图 4-21 所示，此图形确立就是为了展开面积增大。面积大则通过含尘气体应力小，负荷量大。

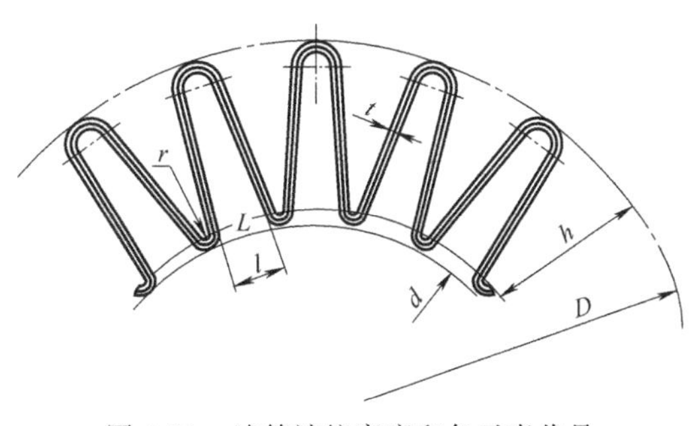

图 4-21　滤筒波纹高度和各元素代号

设计者首先确立总展开尺寸和波纹形成后的滤筒外圆及总长。两者综合考虑的结果，确立了波纹高度。即式：

$$h=\frac{1}{2}(D-d) \tag{4-23}$$

式中，h 为波纹高度，mm；D 为波纹总体外圆直径，mm；d 为波纹总体内圆直径，mm。

最佳波纹高度（过滤面积最大取决于波纹高度），可按下式计算：

$$h=\frac{1}{4}D \tag{4-24}$$

2）波纹牙数。波纹高度乘滤筒长度是半个波纹牙的面积，一个波纹高度乘以总牙数是滤筒总过滤筒面积。如果一味追求牙数增多而求其面积增大，则会呈现牙挤牙，牙间隙小，反而增大通油阻力。合适的滤筒牙数按下式计算：

$$n=\frac{\pi D}{2(t+r)+l} \tag{4-25}$$

式中，n 为波纹牙数，个；t 为滤层厚度，mm；r 为波纹牙型折弯半径，mm；l 为波纹牙间距，mm。

3）过滤筒面积。按下式计算：

$$A=2nhL \tag{4-26}$$

式中，A 为滤筒过滤面积，mm^2；L 为滤筒总长，mm。

4）需求过滤面积。滤筒实际需求过滤面积按下式计算

$$A=\frac{Q\mu}{q\Delta p} \tag{4-27}$$

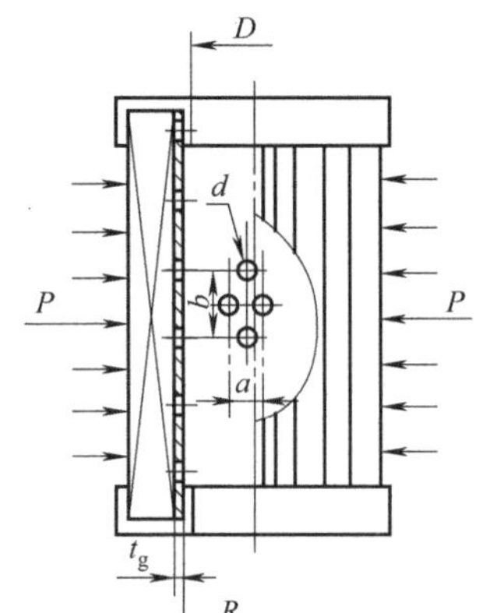

图 4-22 滤筒结构及受力方向示意

式中，Q 为空气流量，L/min；q 为对选用滤材实际测得的单位面积流量，$L/(min \cdot cm^2)$；μ 为气体动力黏度，Pa·s；Δp 为滤材实测压差，MPa/cm^2。

实际设计选用“过滤面积”应大于理论计算的“需求过滤面积”，以保证滤筒寿命。

（2）滤筒强度设计　滤筒强度要求有：压扁强度和轴向强度。滤筒结构及受力方向如图 4-22 所示。

1）滤筒内骨架负荷系数。滤筒内骨架是外部滤层的主要支撑体，它必须有一定强度。但滤过的气体要通过它流出。为近似地计算内骨架强度，引入了负荷系数 C_1、C_2 和 C_3，其值按经验公式进行计算：

$$C_1=\frac{a^2+b^2-2d\sqrt{a^2+b^2}}{a^2+b^2} \tag{4-28}$$

$$C_2=\frac{a-d}{a} \tag{4-29}$$

$$C_3=\frac{2ab-\pi d^2}{2ab} \tag{4-30}$$

式中，C_1 为径向负荷系数；C_2 为轴向负荷系数；C_3 为通孔负荷系数；a 为通孔周向间距，mm；b 为通孔轴向间距，mm；d 为通孔直径，mm。

2）滤筒外部径向压力产生的应力。按下式计算：

$$\sigma_1=0$$

$$\sigma_2=\frac{\Delta PR}{t_g C_1} \tag{4-31}$$

$$\tau=0$$

式中，σ_1 为轴向应力，MPa；σ_2 为径向应力，MPa；τ 为切应力，MPa；ΔP 为滤筒承受的压差，MPa；t_g 为骨架壁厚，mm；R 为骨架外圆半径，mm。

3）端向负荷产生的应力。按下式计算：

$$F=\frac{\pi}{4}D_3^2\Delta P+F_K \tag{4-32}$$

式中，F 为端向负荷，N；F_K 为滤筒压紧弹簧力，N；D_3 为滤筒端盖内圆直径，mm。

端向负荷产生的应力按下式计算：

$$\sigma_1=\frac{F}{2\pi Rt_g C_2}$$

$$\sigma_2=0 \tag{4-33}$$

$$\tau=0$$

4）强度失效。滤筒强度失效形式通常有三种：当承受外部径向压力时，失效形式为压扁变形；当端向负荷作用下细长滤筒容易产生弯曲变形；短粗滤筒容易产生腰鼓变形。

5）临界压扁力。按式下面公式计算：

$$令\ \beta_q=\frac{L_g}{R}$$

$$K_q=\sqrt[4]{3(1-\mu_1^2)}\times\sqrt{\frac{R}{t_g}} \tag{4-34}$$

$$\lambda_q=\frac{\pi}{\beta_q}$$

式中，L_g 为内骨架受力长度，mm；μ_1 为泊桑比。

当 $K_q\beta_q<3$ 时：

$$P_c=C_1C_3\ \frac{Et_g}{R}\left\{\frac{1}{4K_q^4}\left[8+\frac{17-\mu_1}{1+\frac{9}{\lambda_q^2}}\right]+\left[\frac{1}{8\left(1+\frac{9}{\lambda_q^2}\right)^2}\right]\right\} \tag{4-35}$$

式中，P_c 为临界压扁力，MPa；E 为弹性模量，MPa。

当 $\beta_q\geqslant K_q$ 时：

$$P_c=C_1C_3\ \frac{Et_g^3}{4(1-\mu_1^2)R^3} \tag{4-36}$$

当 $\frac{1}{2}K_q^2\leqslant\lambda_q^2\leqslant 2K_q^2$ 时：

$$P_c=K_cC_1C_3\ \frac{Et_g}{RL_g}\sqrt{\frac{t_g}{R}} \tag{4-37}$$

式中，K_c 为计算系数，mm，一般取 0.918mm。

如果 β_q、K_q 同时满足 $K_q\beta_q<3$，$\beta_q\geqslant K_q$ 条件时，临界压扁力应按式（4-36）计算；如果 β_q、K_q 同时满足 $\beta_q\geqslant K_q$、$\frac{1}{2}K_q^2\leqslant\lambda_q^2\leqslant 2K_q^2$ 条件时，临界压扁力应按式（4-37）计算。

（3）滤筒压降设计　滤筒应设计成流量大而压降却小的水平。

1）不锈钢纤维毡滤筒的压降。不锈钢纤维毡制成的滤筒压降按下式计算：

$$\Delta P_1 = 27.3 \times \frac{Q\mu}{A} \times \frac{H}{K} \tag{4-38}$$

式中，μ 为流体动力黏度，Pa·s；H 为滤毡厚度，m；K 为渗透系数，m^3。

2）烧结滤筒的压降。金属粉末烧结滤芯的压降按下式计算：

$$\Delta P_1 = \frac{Q\mu}{K'A} \times 10^6 \tag{4-39}$$

$$K' = \frac{1.04 d_2^2 \times 10^3}{t_s} \tag{4-40}$$

式中，K'为过滤能力系数；d_2 为烧结粉末颗粒平均直径，m；t_s 为烧结板厚度，m。

3）纤维类滤材的压降。纤维类滤材的压降计算式如下：

$$\Delta P_1 = \frac{Q\mu}{A} K_x \times 10^8 \tag{4-41}$$

纤维类滤材制成滤芯过滤能力总数 $K_x = 1.67^{-1}$m，包括植物纤维、玻璃纤维和无纺布。

4）过滤器空壳压降。过滤器空壳压降按下式计算：

$$\Delta P_k = \frac{1}{2} \sum_{i=1}^{n} \lambda_i \frac{L_i}{d_i} \times \frac{pQ^2}{A_i^2} + \frac{1}{2} \sum_{j=1}^{m} \xi_j \frac{pQ^2}{A_j^2} \tag{4-42}$$

式中，ΔP_k 为过滤器空壳压降，Pa；λ_i 为空壳沿程阻力系数；L_i 为每段沿程长度，m；A_i 为每段沿程通油面积，m^2；A_j 为某局部变化后的面积，m^2；ξ_j 为某局部阻力系数；d_i 为每段沿程的水力直径，m。

4. 滤筒成品外形

滤筒是用设计长度的滤料折叠成褶，首尾粘合成筒，筒的内外用金属框架支撑，上、下用顶盖和底座固定。顶盖有固定螺栓及垫圈。滤筒成品有圆形和扁形两种，圆形滤筒外形如图 4-23 所示，扁形滤筒的外形如图 4-24 所示。

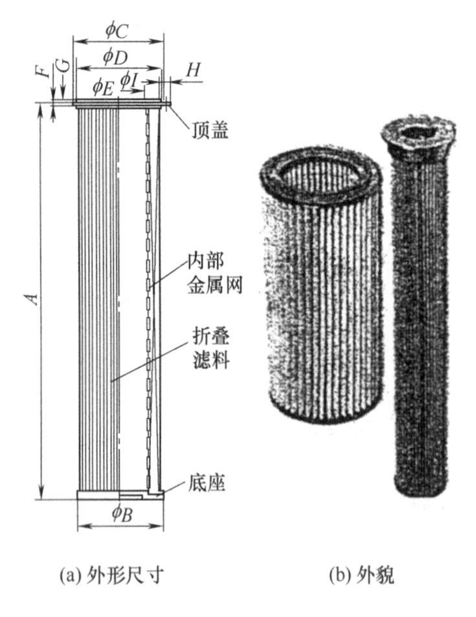

图 4-23 圆形滤筒外形

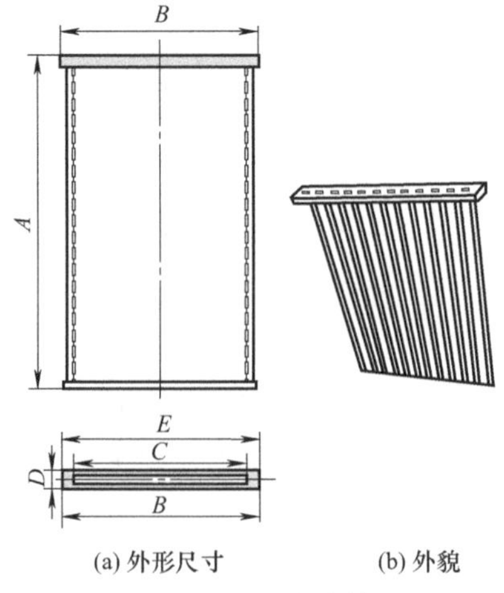

图 4-24 扁形滤筒外形

5. 除尘器滤筒国际规定的尺寸

滤筒规定的外形尺寸见表 4-7，滤筒外形尺寸偏差极限值见表 4-8，滤筒的直径与褶数见表 4-9。实际上各厂家还根据工程实际需要，设计和生产许多滤筒尺寸。

表 4-7　滤筒规定的外形尺寸　　单位：mm

长度 H	直径 D							
	120	130	140	150	160	200	320	350
660						☆	☆	☆
700						☆	☆	☆
800						☆	☆	☆
1000	☆	☆	☆	☆	☆	☆	☆	☆
2000	☆	☆	☆	☆	☆	☆		

注：1. 滤筒长度 H，可按使用需要加长或缩短，并可两节串联。

2. 直径 D 是指外径，是名义尺寸。

3. 标志“☆”为推荐组合。

表 4-8　滤筒外形尺寸偏差极限值　　单位：mm

<table>
<tr><th>直径 D</th><th>偏差极限</th><th>长度 H</th><th>偏差极限</th></tr>
<tr><td rowspan="2">120
130
140
150
160
200</td><td rowspan="2">±1.5</td><td>600
700
800</td><td>±3</td></tr>
<tr><td>1000</td><td rowspan="2">±5</td></tr>
<tr><td>320
350</td><td>±2.0</td><td>2000</td></tr>
</table>

注：检测时按生产厂产品外形尺寸进行。

表 4-9　滤筒的直径与褶数　　单位：mm

褶数	直径 D							
	120	130	140	150	160	200	320	350
35	☆	☆	☆					
45	☆	☆	☆	☆	☆			
88			☆	☆	☆	☆	☆	☆
120					☆	☆	☆	☆
140					☆	☆	☆	☆
160							☆	☆
250							☆	☆
330							☆	☆
350								☆

注：1. 标志“☆”为推荐组合。

2. 褶数 250～350 仅适应于纸质及其覆膜滤料。

3. 褶深 35～50mm。

五、滤筒专用滤料

1. 滤筒专用滤料特点

滤筒专用滤料除必须保证通常滤料所具备的过滤性能外，还应符合以下要求。

1）有一定的硬挺度，能够折叠后保证牙纹的形状，并且能够承受一定的负压不变形。如图 4-25 所示，图 4-25（a）为滤料硬挺度不足的情况，在压力的作用下，折叠之间没有了间隙，能够透气的地方非常小，大部分滤料已经失去了通风的能力；图 4-25（b）为正常工作状态的滤料。

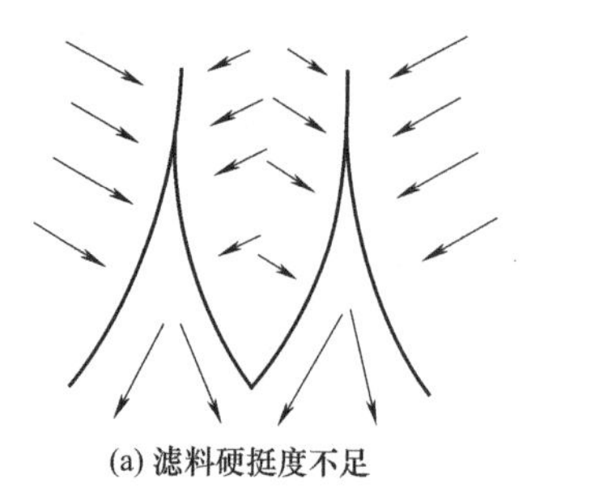

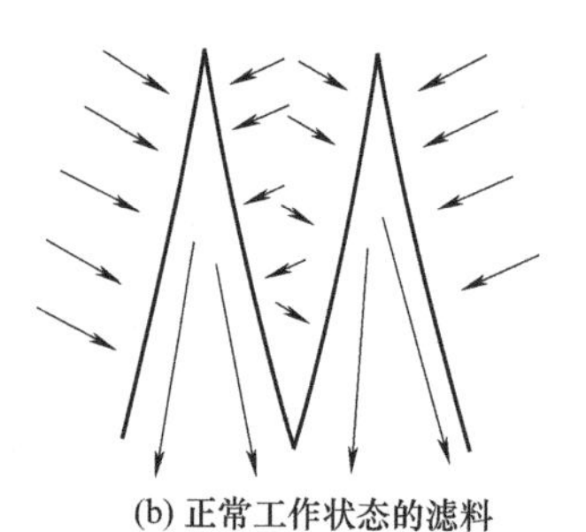

图 4-25 滤料硬挺度对比

2）滤料不能太脆，折叠后叠痕部位不能破损，并在长期经受脉冲作用下也能保证完好，且不变形。

3）滤料不能过厚（过厚的滤料不利于增加过滤面积）。

4）必须有足够的强度，能抵抗脉冲长期冲击而不破损，使用寿命长。

5）湿度、温度等条件变化后，滤料的尺寸及形状不能有太大的变化，必须要有较好的稳定性。

6）符合环保要求，在使用过程中，特别是在脉冲冲击下，滤料本身不能有危害人体健康的物质释出。

2.《滤筒式除尘器》（JB/T 10341）对滤筒专用滤料的要求❶

（1）合成纤维非织造滤料

1）按加工工艺可分为双组分连续纤维纺黏聚酯热压及单组分连续纤维纺黏聚酯热压两类。

2）合成纤维非织造滤料的主要性能和指标应符合表 4-10 的规定。

表 4-10 合成纤维非织造滤料的主要性能和指标

特性	项目		单位	双组分连续纤维纺黏聚酯热压	单组分连续纤维纺黏聚酯热压
形态特性	单位面积质量偏差		%	±2.0	±4.0
	厚度偏差		%	±4.0	±6.0
断裂强力(20cm×5cm)		经向	N	>900	>400
		纬向		>1000	>400
断裂伸长率		经向	%	<9	<15
		纬向		<9	<15
透气度	透气度		$m^3/(m^2 \cdot min)$	15	5
	透气度偏差		%	±15	±15
除尘效率，计重法			%	≥99.95	≥99.5
$PM_{2.5}$ 的过滤效率			%	≥40	≥40
最高连续工作温度			℃	≤120	

注：1. 透气度的测试条件为 $\Delta p=125Pa$。

2. 透气度与过滤阻力的换算公式为：

$$Q_1/Q_2=\Delta p_1/\Delta p_2$$

式中，Q_1 为透气度，$m^3/(m^2 \cdot min)$ 或 m/min；Q_2 为过滤风速，m/min；Δp_1 为透气度的测试条件，Pa；Δp_2 为过滤阻力，Pa。

3）滤料作表面防水处理，疏水性能测定应符合 GB/T 4745 的规定。处理后的滤料其浸润角应大于 90°，沾水等级不得低于Ⅳ级。

4）滤料的抗静电特性应符合表 4-11 的规定。

❶ 由于受各种因素的影响，各厂家的滤料可能跟标准有所出入，本资料仅供参考。

表 4-11　滤料的抗静电特性

滤料抗静电特性	最大限值	滤料抗静电特性	最大限值
摩擦荷电电荷密度/(μC/m^2)	<7	表面电阻/Ω	<10^{10}
摩擦电位/V	<500	体积电阻①/Ω	<10^9
半衰期/s	<1		

① 本项指标根据产品合同决定是否选择。

5）对高温等其他特殊工况，滤料材质的选用应满足应用要求。

（2）改性纤维素滤料

1）改性纤维素滤料可分为低透气度和高透气度两类。

2）改性纤维素滤料的主要性能和指标应符合表 4-12 的规定。

表 4-12　改性纤维素滤料的主要性能和指标

特性	项目	单位	低透气度	高透气度
形态特性	单位面积质量偏差	%	±3	±5
	厚度偏差	%	±6.0	±6.0
透气度	透气度	m^3/(m^2·min)	5	12
	透气度偏差	%	±12	±10
除尘效率(计重法)		%	≥99.8	≥99.8
$PM_{2.5}$ 的过滤效率		%	≥40	≥40
耐破度		MPa	≥0.2	≥0.3
挺度		N·m	≥20	≥20
最高连续工作温度		℃	≤80	

注：同表 4-10。

（3）聚四氟乙烯覆膜滤料

1）合成纤维非织造聚四氟乙烯覆膜滤料的主要性能和指标应符合表 4-13 的规定。

表 4-13　合成纤维非织造聚四氟乙烯覆膜滤料的主要性能和指标

特性	项目		单位	双组分连续纤维纺黏聚酯热压	单组分连续纤维纺黏聚酯热压
形态特性	单位面积质量偏差		%	±2.0	±4.0
	厚度偏差		%	±4.0	±6.0
断裂强力(20cm×5cm)		经向	N	>900	>400
		纬向		>1000	>400
断裂伸长率		经向	%	<9	<15
		纬向		<9	<15
透气度	透气度		m^3/(m^2·min)	6	3
	透气度偏差		%	±15	±15
除尘效率(计重法)			%	≥99.99	≥99.99
$PM_{2.5}$ 的过滤效率			%	≥99.5	≥99.0
覆膜牢度	覆膜滤料		MPa	0.03	0.03
疏水特性	浸润角		(°)	>90	>90
	沾水等级			≥Ⅳ	≥Ⅳ
最高连续工作温度			℃	≤120	

注：同表 4-10。

2）改性纤维素聚四氟乙烯覆膜滤料的主要性能和指标应符合表 4-14 的规定。

表 4-14 改性纤维素聚四氟乙烯覆膜滤料的主要性能和指标

特性	项目	单位	低透气度	高透气度
形态特性	单位面积质量偏差	%	±3	±5
	厚度偏差	%	±6.0	±6.0
透气度	透气度	$m^3/(m^2 \cdot min)$	3.6	8.4
	透气度偏差	%	±11	±12
除尘效率(计重法)		%	≥99.95	≥99.95
$PM_{2.5}$ 的过滤效率		%	≥99.5	≥99.0
覆膜牢度	覆膜滤料	MPa	0.02	0.02
疏水特性	浸润角	(°)	>90	>90
	沾水等级		≥Ⅳ	≥Ⅳ
最高连续工作温度		℃	≤80	

注：同表 4-10。

3. 滤筒常用滤料的性能

(1) 普通系列　普通滤料是未经后处理、不具备特种功能的滤料，主要型号技术参数如表 4-15 和表 4-16 表示。

表 4-15 聚酯型普通系列滤料技术参数

型号	主要成分	单重/(g/m^2)	厚度/mm	透气度①/$[L/(m^2 \cdot s)]$	断裂强力(20cm×5cm)/N 纵向	断裂强力(20cm×5cm)/N 横向	工作温度/℃	过滤精度②/μm	除尘效率③/%	精度等级④	备注
MH217	聚酯(PET)	170	0.45	220	250	300	≤135	5	≥99	MERV11 或 F6	可做阻燃处理型号为 MH217Z
MH226	聚酯(PET)	260	0.6	150	380	440	≤135	5	≥99.5	MERV12 或 F6	可做阻燃处理型号为 MH226Z

① 透气度是在 $\Delta p = 200Pa$ 时测得。

② 过滤精度：通常是指在原始状态下未建立初尘饼时，能够有效地阻隔粒子的最小尺寸级别。

③ 除尘效率：采用 325 目中位径 8～12μm 滑石粉，过滤速度≤1.2m/min，粉尘浓度为 (4±0.5) g/m^3，经过 5 次以上清灰过程后，滤料有效阻隔粉尘与总进入粉尘的质量比。

④ 精度等级：为滤料初始时测定的，美国 ASHARE52.2 过滤级别，或欧洲 EN779 过滤级别。

注：1. 以下各表中定义均同此表。

2. 在 EN 779：2012 标准中 F6 改为 M6，下同。

表 4-16 纤维素型普通系列滤料技术参数

型号	主要成分	单重/(g/m^2)	总厚度/mm	透气度/$[L/(m^2 \cdot s)]$	耐破度/kPa	工作温度/℃	过滤精度/μm	除尘效率/%	精度等级
MH112	纤维素	120	≥0.6	110	≥200	≤80	5	≥99.5	MERV12 或 F6
MH112A	纤维素及合成纤维	120	≥0.6	110	≥200	≤80	5	≥99.5	MERV13 或 F7

(2) 防静电聚酯无纺布系列　防静电聚酯无纺布滤料是在普通聚酯无纺布上覆上一层导电的铝涂层。主要是起抗静电、防爆的作用。其技术参数见表 4-17。

表 4-17 防静电聚酯无纺布系列滤料技术参数

型号	基材成分	单重/(g/m^2)	厚度/mm	透气度/$[L/(m^2 \cdot s)]$	断裂强力(20cm×5cm)/N 纵向	断裂强力(20cm×5cm)/N 横向	工作温度/℃	过滤精度/μm	除尘效率/%	精度等级	备注
MH226AL	聚酯(PET)	260	0.6	150	380	440	65	5	≥99.5	MERV12 或 F6	
MH226ALF2	聚酯(PET)	260	0.6	150	380	440	65	5	≥99.5	MERV12 或 F6	具防油、水、污功能

(3) 防油、防水、防污 (F2) 系列 其技术参数见表 4-18。

表 4-18 防油、防水、防污 (F2) 系列滤料技术参数

型号	基材成分	单重/(g/m²)	厚度/mm	透气度/[L/(m²·s)]	断裂强力(20cm×5cm)/N		工作温度/℃	过滤精度/μm	除尘效率/%	精度等级	备注
					纵向	横向					
MH217F2	聚酯(PET)	170	0.45	220	250	300	≤135	5	≥99	MERV11 或 F6	用于高湿度大气除尘
MH226F2	聚酯(PET)	260	0.6	150	380	440	≤135	5	≥99.5	MERV12 或 F6	

注：防水等级大于 V 级 (GB/T 4745)。

(4) 覆膜 (F3、F4、F5) 系列 覆膜滤料是一种典型的表面过滤型滤料，它是在滤料表面覆贴上一层非常薄并且微孔非常多的薄膜。结构示意见图 4-26。

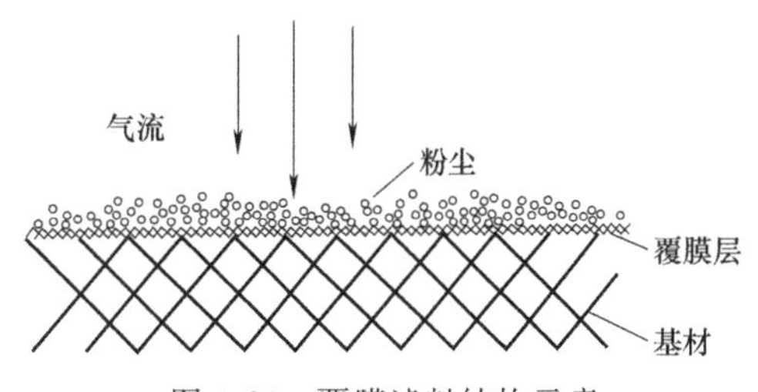

图 4-26 覆膜滤料结构示意

① 氟树脂多微孔膜 (F3) 系列 氟树脂多微孔膜 (F3) 系列滤料是在普通聚酯无纺布上覆上一层非常薄而均匀的氟树脂多孔膜。其技术参数见表 4-19。

表 4-19 氟树脂多微孔膜 (F3) 系列滤料技术参数

型号	基材成分	基材单重/(g/m²)	厚度/mm	透气度/[L/(m²·s)]	断裂强力(20cm×5cm)/N		工作温度/℃	过滤精度/μm	除尘效率/%	精度等级
					纵向	横向				
MH226F3	聚酯(PET)	260	0.6	50～70	380	440	≤135	1	≥99.9	MERV13 或 F7

② 聚四氟乙烯 (PTFE) 覆膜 (F4) 系列 聚四氟乙烯 (PTFE) 覆膜 (F4) 系列滤料是在普通聚酯无纺布上作 PTFE 覆膜处理。其技术参数见表 4-20。

表 4-20 聚四氟乙烯 (PTFE) 覆膜 (F4) 系列滤料技术参数

<table>
<tr><th rowspan="2">型号</th><th rowspan="2">基材成分</th><th rowspan="2">基材单重/(g/m²)</th><th rowspan="2">厚度/mm</th><th rowspan="2">透气度/[L/(m²·s)]</th><th colspan="2">断裂强力(20cm×5cm)/N</th><th rowspan="2">工作温度/℃</th><th rowspan="2">过滤精度/μm</th><th rowspan="2">除尘效率/%</th><th rowspan="2">精度等级</th><th rowspan="2">备注</th></tr>
<tr><th>纵向</th><th>横向</th></tr>
<tr><td>MH217F4-ZR</td><td>聚酯(PET)</td><td>170</td><td>0.45</td><td rowspan="3">50～70</td><td>250</td><td>300</td><td rowspan="2">≤135</td><td rowspan="6">0.3</td><td rowspan="6">≥99.9</td><td rowspan="5">MERV16 或 H11</td><td>有阻燃功能</td></tr>
<tr><td>MH226F4</td><td>聚酯(PET)</td><td rowspan="5">260</td><td rowspan="5">0.6</td><td rowspan="5">380</td><td rowspan="5">440</td><td></td></tr>
<tr><td>MH226ALF4</td><td>聚酯(PET)</td><td>≤80</td><td>抗静电功能</td></tr>
<tr><td>MH226F4-ZR</td><td>聚酯(PET)</td><td rowspan="2">45～65</td><td rowspan="3">≤135</td><td>有阻燃功能</td></tr>
<tr><td>MH226F4-KC</td><td>聚酯(PET)</td><td>适用于高湿度场合</td></tr>
<tr><td>MH226HF4</td><td>聚酯(PET)</td><td>55～75</td><td>MERV16 或 H12</td><td>热压型覆膜(白色)</td></tr>
</table>

注：在 EN779：2012 标准中 H11 改为 E11，H12 改为 E12，下同。

③ 纳米海绵膜 (F5) 系列 纳米海绵膜 (F5) 系列滤料是在普通聚酯无纺布上覆上一

层<2g/m^2 的超薄海绵状多孔材料，其技术参数见表 4-21。

表 4-21　纳米海绵膜（F5）系列滤料技术参数

型号	基材成分	基材单重/(g/m^2)	厚度/mm	透气度/[L/(m^2·s)]	断裂强力(20cm×5cm)/N		工作温度/℃	过滤精度/μm	除尘效率/%	精度等级	备注
					纵向	横向					
MH217F5	聚酯(PET)	170	0.45	55～80	250	300	≤120	0.5	≥99.95	MERV13或F7	大气除尘
MH226F5	聚酯(PET)	260	0.6	55～75	380	440				MERV14或F8	
MH226ALF5	聚酯(PET)						≤65				抗静电功能
MH226HF5	聚酯(PET)			45～65			≤120		≥99.99	MERV15或F9	

（5）高温芳纶系列　其技术参数见表 4-22。

表 4-22　高温芳纶系列滤料技术参数

型号	基材成分	基材单重/(g/m^2)	厚度/mm	透气度/[L/(m^2·s)]	断裂强力(20cm×5cm)/N		工作温度/℃	瞬时温度/℃	过滤精度/μm	除尘效率/%	精度等级
					纵向	横向					
MH433-NO	芳纶及耐高温树脂	340	1	200	1100	1000	200	220	5	≥99.5	MERV11或F6
MH437F4-NO		380	1	50～70	1100	1000	200	220	0.3	≥99.9	MERV16或H11

第三节　电袋复合式除尘器设计

电袋复合式除尘器是利用静电力和过滤方式相结合的一种复合式除尘器。在电除尘器升级改造工程中有较多应用。

一、电袋复合式除尘器分类

复合式除尘器通常有四种类型。

1. 串联复合式

串联复合式除尘器都是电区在前、袋区在后，如图 4-27 所示；串联复合式也可以上下串联，电区在下，袋区在上，气体从下部引入除尘器。

前后串联时气体从进口喇叭引入，经气体分布板进入电场区，粉尘在电区荷电进入，部分被收下来，其余荷电粉尘进入滤袋区，滤袋区粉尘被过滤干净，纯净气体进入滤袋的净气室，最后从净气管排出。

2. 并联复合式

并联复合式除尘器电场区、滤袋区并联排列，如图 4-28 所示。

气流引入后经气流分布板进入电区各个通道，电场区的通道与滤袋区的每排滤袋相间横向排列，烟尘在电场通道内荷电，荷电和未荷电粉尘随气流流向孔状极板，部分荷电粉尘沉积在极板上，另一部分荷电或未荷电粉尘进入袋区的滤袋，粉尘被吸附在滤袋外表面，纯净的气体从滤袋内腔流入上部的净气室，然后由净气室排出。

3. 混合复合式

混合复合式除尘器是电场区、滤袋区混合配置，如图 4-29 所示。

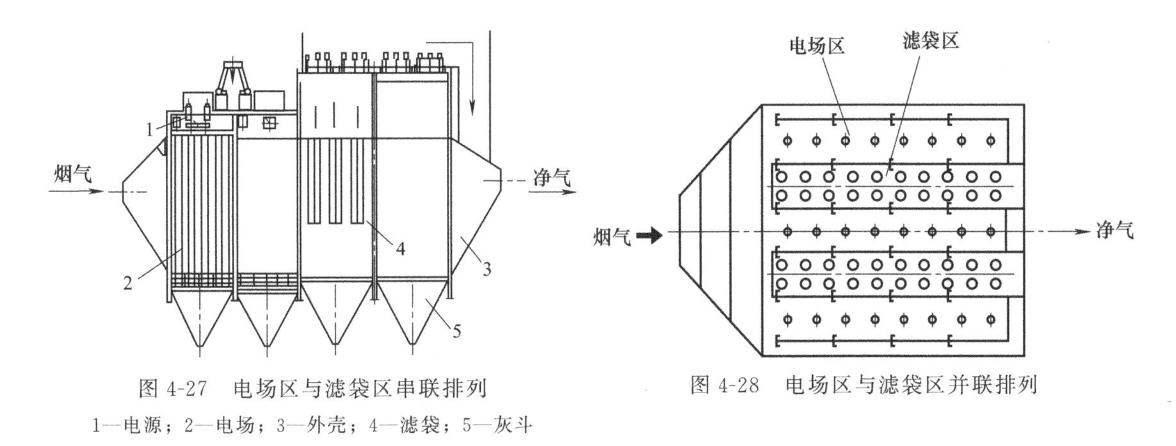

图 4-27　电场区与滤袋区串联排列

1—电源；2—电场；3—外壳；4—滤袋；5—灰斗

图 4-28　电场区与滤袋区并联排列

在袋区相间增加若干个短电场，同时气流在袋区的流向从由下而上改为水平流动。粉尘从电场流向袋场时，在流动一定距离后，流经复式电场，再次荷电，增强了粉尘的荷电量和捕集量。

此外，也有在袋式除尘器之前设置一台单电场电除尘器，称为电袋一体化除尘器，但应用比电袋复合式除尘器少。

4. 电袋除尘器

电袋除尘器是在滤袋内设置电晕极，并对滤袋内部施加电场，施加到电晕极线上的极性通常是负极性，如图 4-30 所示。设置电场和电晕线的主要目的是对粉尘进行荷电，提高收尘效率，同时由于粉尘带有相同极性的电荷，起到相互排斥作用，使收集到滤袋表面的粉尘层较松散，增加了透气性，降低了过滤阻力，使清灰变得更容易，减少了清灰次数，提高了滤袋使用寿命。

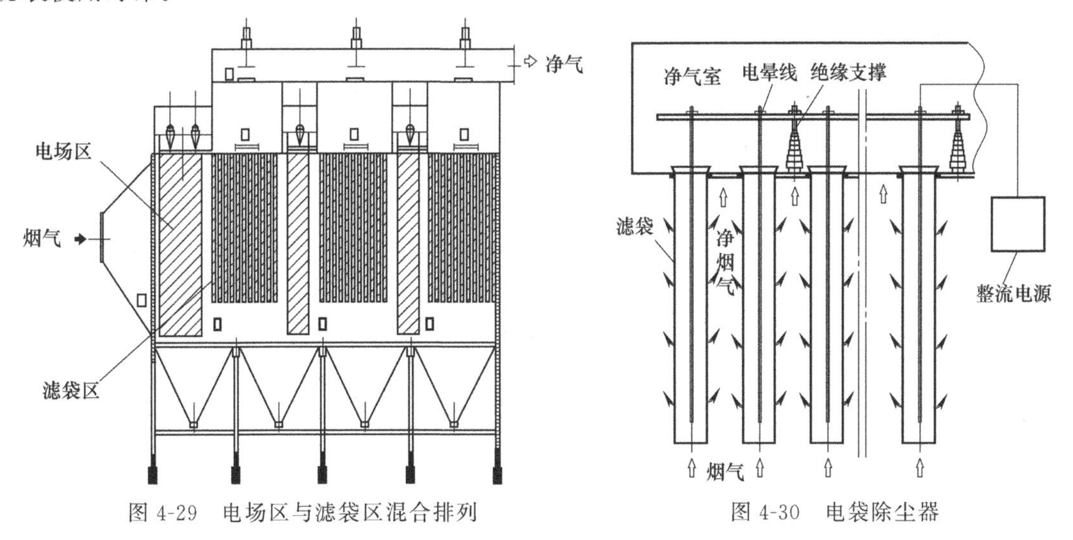

图 4-29　电场区与滤袋区混合排列

图 4-30　电袋除尘器

二、电袋复合式除尘器的基本原理

电袋复合式除尘器是在一个箱体内紧凑地安装电场区和滤袋区，有机结合电除尘和袋式除尘两种机理的一种新型除尘器。基本工作原理是利用前级电场区收集大部分的粉尘使烟尘荷电，利用后级滤袋区过滤拦截剩余的粉尘，实现烟气的净化。

1. 尘粒的荷电

对电袋复合除尘器来说，电场区具有电除尘的工作原理，最重要的作用是对粉尘颗粒进行收尘和荷电，相比之下，在除尘效率方面不需要求太高，可由后级袋除尘保证。

尘粒荷电是电除尘最基本的功能，在除尘器的电场中，尘粒的荷电量与尘粒的粒径、电场强度和停留时间等因素有关。尘粒荷电有两种基本形式：一种是电场中的离子在电场力的作用下与尘粒发生碰撞使其荷电，这种荷电机理通常称为电场荷电或碰撞荷电；另一种是离子由于扩散现象做不规则热运动而与尘粒发生碰撞使其荷电，这种荷电机理通常称为扩散荷电。

2. 荷电粉尘的过滤机理

含尘烟气经过电场时，在高压电场的作用下气体发生电离，粉尘颗粒被荷电或极化凝并，荷电粉尘在静电力的作用下被收尘极捕集。未被捕集的粉尘在流向滤袋区的过程中，再次因静电力的作用而凝并，粉尘粒径增大而不容易穿透滤料；同时荷电粉尘在向滤袋表面沉积的过程中受库仑力、极化力和电场力的协同作用，使得微细尘粒凝并、吸附、有序排列，粉尘在滤袋表面凝并与沉积。无论粉尘是否带电，未被电场区捕集的粉尘必须通过电袋复合除尘器的后级袋区过滤，这些粉尘受到烟气流压差的作用向滤袋表面驱进，并吸附在滤袋表面。根据尘粒的荷电理论，能够穿过电场的难于荷电的粉尘，大部分为粒径小、比电阻高的细颗粒粉尘，因此荷电粉尘层在一定程度上提高了细微粉尘的捕集效率，实现对烟气中粉尘的高效脱除。

3. 荷电粉尘层特性

新沉积在荷电粉尘层的带负电尘粒，一方面受到负电粉尘层的排斥作用，加上荷电粉尘层不断释放静电，形成与气流流动方向相反的阻力，产生粉尘在滤袋表面的阻尼振荡，减弱了粒子穿透表面粉尘层的能力，提高捕集率；另一方面由于相同极性粉尘的相互排斥，滤料表面的粉尘层呈棉絮状堆积，形成更为有序、疏松的结构，粉尘层阻力小，清灰后易剥离，有利于提高清灰效果，降低运行阻力。

图 4-31 给出了粉尘负载与压力降的关系，当滤料上堆积相同的粉尘量时，荷电粉尘形成的粉尘层与未荷电粉尘层阻力的比较，从图 4-31 中可以看到，在试验条件下经 8kV 电场荷电后的粉尘层其阻力要比未荷电时低约 25%。这个试验结果既包含了粉尘的粒径变化效应，也包含了粉尘的荷电效应。

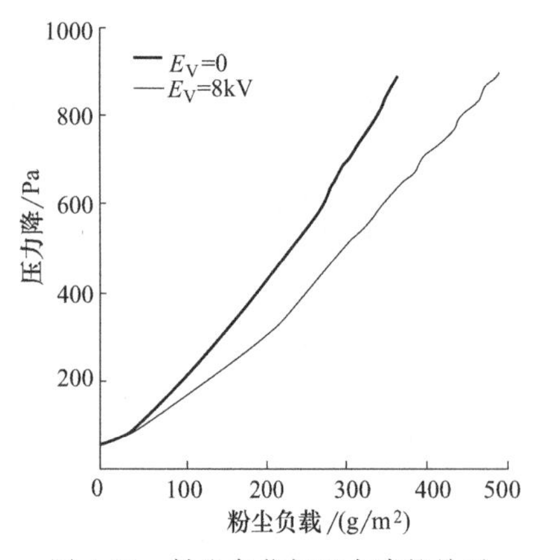

图 4-31　粉尘负载与压力降的关系

可见，电袋复合式除尘器是综合利用电除尘器与袋式除尘器的优点，先由电场捕集烟气中大量的大颗粒的粉尘，能够收集烟气中 70%～80% 以上的粉尘量，再结合后者布袋收集剩余细微粉尘的一种组合式高效除尘器，具有除尘稳定，标准状态下，排放浓度≤10mg/m^3，性能优异的特点。

三、除尘器技术性能

1. 综合了两种除尘方式的优点

由于在电袋复合式除尘器中，烟气先通过电除尘区后再缓慢进入后级滤袋除尘区，滤袋除尘区捕集的粉尘量仅有入口的 1/4。这样滤袋的粉尘负荷量大大降低，清灰周期得以大幅度延长；粉尘经过电除尘区的电离荷电，粉尘的荷电效应提高了粉尘在滤袋上的过滤特性，即滤袋的透气性能、清灰性能。这种合理利用电除尘器和布袋除尘器各自的除尘优点，以及两者相结合产生的新功能，能充分克服电除尘器和布袋除尘器的除尘缺点。

1）除尘性能不受烟灰特性等因素影响，长期稳定超低排放。电袋复合除尘器的除尘过程由电场区和滤袋区协同完成，出口排放浓度最终由滤袋区掌控，对粉尘成分、比电阻等特性不敏感。因此适应工况条件更为宽广，出口排放浓度值可控制在 $30mg/m^3$ 以下，甚至达到 $5mg/m^3$ 以下，并长期稳定运行。

2）捕集细颗粒物（$PM_{2.5}$）效率高。电袋复合除尘器的电场区使微细颗粒尘发生电凝并，滤袋表面粉尘的链状尘饼结构，对 $PM_{2.5}$ 具有良好的捕集效果。

3）电袋协同脱汞，提高气态汞脱除率。电袋协同脱汞技术是以改性活性炭等作为活性吸附剂脱除汞及其化合物的前沿技术。其主要工作原理是在电场区和滤袋区之间设置活性吸附剂吸附装置，活性吸附剂与浓度较低的粉尘在混合、过滤、沉积过程中吸附气态汞，效率高达 90%以上。为提高吸附剂利用率，滤袋区的粉尘和吸附剂混合物经灰斗循环系统多次利用，直至吸收剂达到饱和状态时被排出。

2. 降低滤袋破损率，延长滤袋使用寿命

袋式除尘器滤袋破损主要有两种原因：一是物理性破损，由粉尘的冲刷、滤袋之间相互摩擦、磕碰及其他外力所致，造成滤袋局部性异常破损；二是化学性破损，由烟气中化学成分对滤袋产生的腐蚀、氧化、水解作用，造成滤袋区域性异常破损。电袋复合除尘器由于自身的优势，前袋为后袋起了缓冲保护作用，进入滤袋区的粉尘浓度较低、粗颗粒尘很少，并且清灰频率降低，从而有效减缓了滤料的物理性及化学性破损，延长了使用寿命。

3. 运行阻力低，具有节能功效

电袋复合式除尘器滤袋的粉尘负荷小，由于荷电效应作用，滤袋形成的粉尘层对气流的阻力小，易于清灰，比常规布袋除尘器约低 500Pa 的运行阻力，清灰周期时间是常规布袋除尘器的 4～10 倍，大大降低了设备的运行能耗；同时滤袋运行阻力小，滤袋粉尘透气性强，滤袋的强度负荷小，使用寿命长，一般可使用 3～5 年，而普通的布袋除尘器只能使用 2～3 年；这样就使电袋除尘器的运行费用远低于袋式除尘器。

4. 运行、维护费不高

电袋复合式除尘器通过适量减少滤袋数量，延长滤袋的使用寿命、减少滤袋更换次数，来保证连续无故障开车运行，又可减少人工劳力的投入，降低维护费用；电袋复合式除尘器由于荷电效应的作用，降低了布袋除尘的运行阻力、延长清灰周期，大大降低除尘器的运行、维护费用；稳定的运行压差使风机耗能有不同程度降低，同时也节省清灰用的压缩空气。

5. 管理复杂

电袋复合式除尘器对人员技术要求、备品备件存量、检修程序都比单一的电除尘器或袋式除尘器复杂。

电袋复合除尘器的电场区充分发挥了电除尘高效的特点，并使未被收集的粉尘荷电，可以大幅度降低进入布袋除尘区的烟气含尘浓度，改善布袋区的粉尘条件及粉尘在滤袋表面的堆积状况，降低布袋除尘区的负荷和过滤层的压力损失。然而对整个电袋复合除尘系统来说，电场区和布袋区需要达到一个科学匹配的分级除尘效率，才能更加有效地发挥两种除尘方式相结合的优势。

四、进气烟箱及气流均布装置

一般而言，电袋复合除尘器设计时，其电场区与袋区之间分级效率的划分，以控制进入袋区的粉尘浓度为基本原则，当出口排放要求低、设备阻力要求更严格时，则要求以更低的粉尘浓度进入滤袋区。电场区的除尘效率也不是越大越好，对于入口浓度高、粉尘驱进速度低的烟气工况条件，通过无限制地增加比集尘面积来满足较低的袋区入口含尘浓度，必然会大大增加设备的整体投资和占地面积，显然不经济。此时，可提高进入袋区的粉尘浓度，并适当降低袋区过滤风速来获得电区与袋区最佳匹配，以最高的性价比来实现设备的整体性能要求。同样，对于灰分较低、入口含尘浓度小的项目，也不可过于忽视电场区设计。电场区另一个重要作用是对未收集粉尘进行荷电，荷电量越大，越有利于粉尘在滤袋表面堆积。电场区设计过小，将导致粉尘荷电量降低，在滤袋表面堆积状况不理想，亦将影响设备整体性能。

1. 进气烟箱设计

进气烟箱用于除尘器前烟道和除尘器电场区之间的过渡，起到扩散和缓冲气流的作用。进气烟箱设计的基本要求是：满足扩散烟气的要求，防止内部积灰，满足结构强度、刚度及气密性要求。

进气烟箱的结构根据除尘系统工艺条件的要求，可采用水平进气、上进气和下进气（见图 4-32）。

进气烟箱一般为 4～6mm 钢板制作，适当配置型钢作为加强筋，对于较大的进气烟箱还需在内部设置支撑管。进气烟箱支撑管设计还需注意增加适当的防磨措施。

2. 气流均布装置的选择

气流均布装置包括导流板及气流分布板。

导流板对急剧扩散、转向的气流分隔、导向，使气流均匀流动并减少动压损失。

气流分布板通过增加气流阻力，分配在全流通面积上的气流，使全断面气流均匀。气流分布板的类型很多（见图 4-33），有格板式、多孔板式、垂直偏转板、锯齿形、X 形孔板和

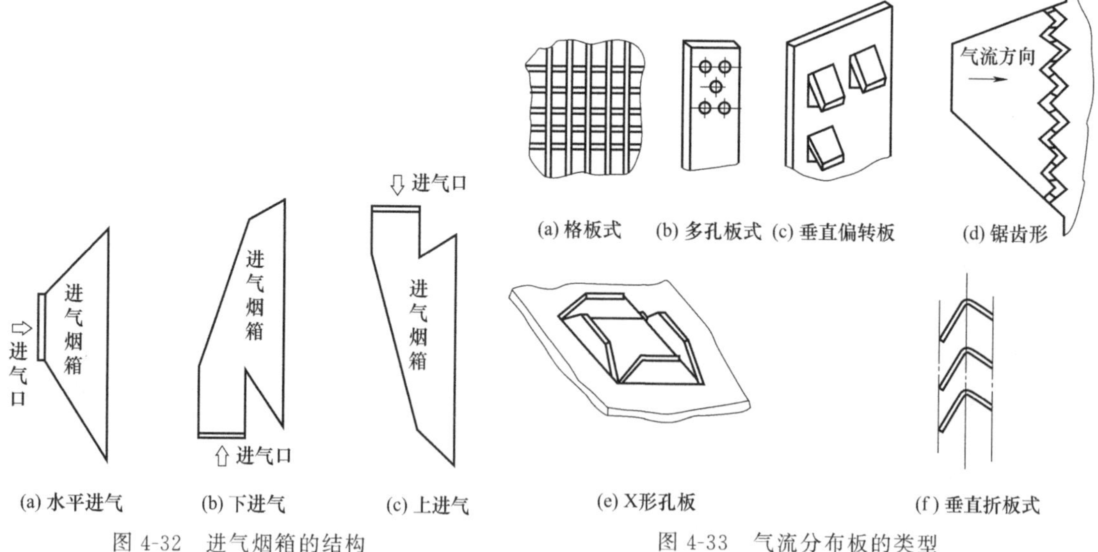

图 4-32　进气烟箱的结构

图 4-33　气流分布板的类型

垂直折板式等，其中垂直偏转板及垂直折板式适用于上进气口的进气口箱。对于中心进气的进气箱，目前应用最广是多孔板型均布装置。它结构简单，容易制造。为了获得较好的气流分布，可在进气口箱上设置三层多孔板。

为了减少电除尘器调整时期的工作量，并获得气流均布的良好效果，对烟气量较大或进风口形式特殊的电除尘器宜进行气流均布的模型试验，确定导流板、气流分布板的形式、块数与开孔率。

五、粉尘荷电区设计

1. 处理风量

处理风量是设计荷电区的主要指标之一。处理风量应包括额定设计风量和漏风量，并以工况风量作为计算依据，按下式计算：

$$q_{vt}=q_0\frac{273+t}{273}\times\frac{101.3}{B+P_j} \tag{4-43}$$

式中，q_{vt} 为工况处理风量，m^3/h；q_0 为标况处理风量，m^3/h；t 为烟气温度，℃；B 为运行地点大气压力，kPa；P_j 为除尘器内部静压，kPa。

2. 电场断面

以沉淀极围挡形成的电场过流断面积为准，按下式计算：

$$S_{F_0}=\frac{q_{vt}}{3600v_d} \tag{4-44}$$

式中，S_{F_0} 为电场计算断面积，m^2；q_{vt} 为工况处理风量，m^3/h；v_d 为电场风速，m/s，静电除尘器电场风速为 0.5～1.2m/s。

3. 集尘面积

沉淀极板与气流的接触面积称为集尘面积。集尘面积对于实现除尘目标（排放浓度或除尘效率）具有决定意义，可按多依奇公式计算：

$$S=\frac{-\ln(1-\eta)}{w} \tag{4-45}$$

$$S_A=Sq_{ts} \tag{4-46}$$

式中，S 为比集尘面积，$m^2/(m^3/s)$；η 为设计要求除尘效率；w 为驱进速度，m/s；ln 为以 e 为底的自然对数；S_A 为沉淀极计算集尘面积，m^2；q_{ts} 为工况处理风量，m^3/s。

4. 电场数量

科学组织沉淀极板与电晕线的组合与排列，调整与决定电场数量，确定沉淀极板、电晕线的形式及其极配关系，是关系电场结构的决策原则。

芒刺线、电晕线、沉淀极板形式多种多样（见图 4-34～图 4-36）。其选用要以电性能稳定、捕尘效率高、制作与安装易保证质量、运行故障低和经济适用为优选原则；以实际建设和运行经验为依据。

沉淀极板高度一般为 7～12m，最高可达 15m；为保证电晕极的配套安装，有框架的电晕极可改为双层框架结构。保证沉淀极板与电晕线的制作质量，关键在于制造厂要有消除变形和防止变形的技术措施和组织措施，当然还要有安装单位的精心安装与科学调试来保证。

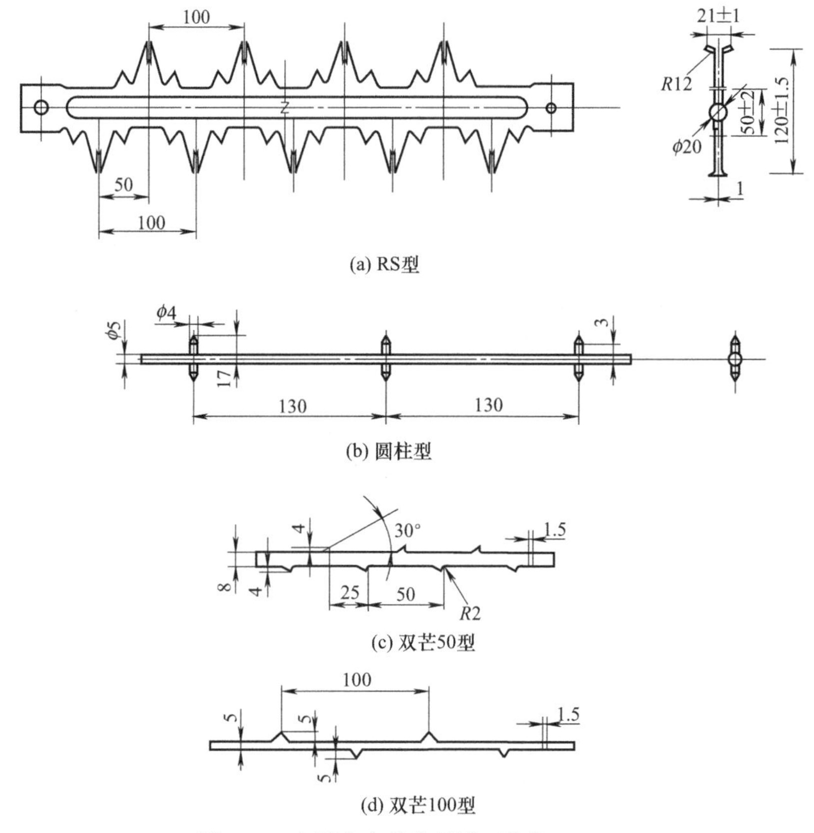

图 4-34　有固定点的芒刺线（单位：mm）

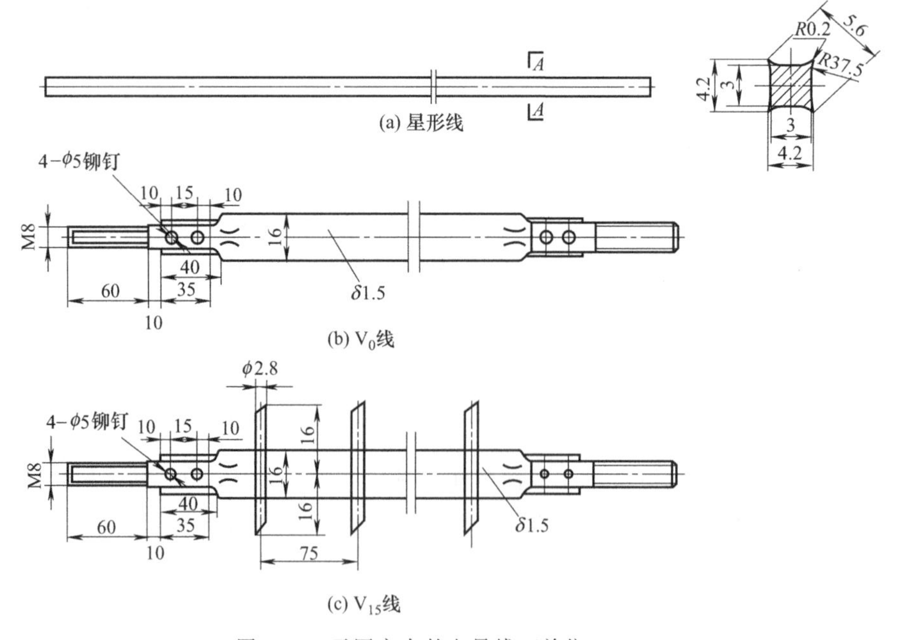

图 4-35　无固定点的电晕线（单位：mm）

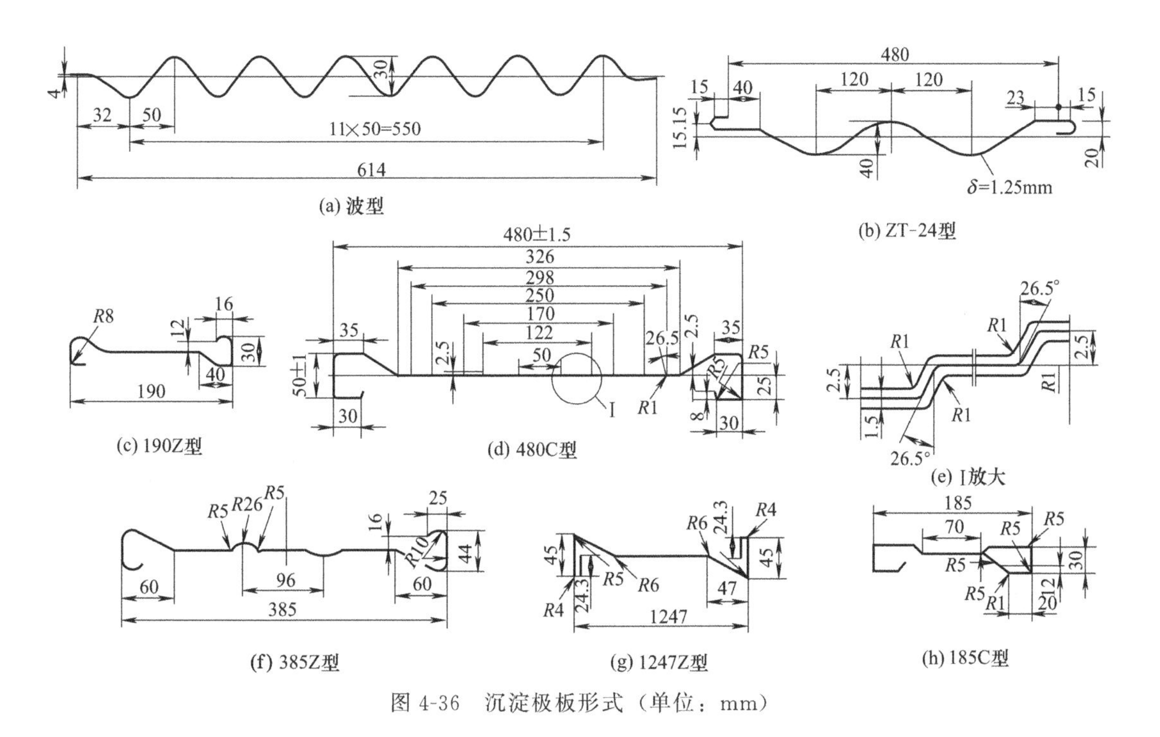

图 4-36　沉淀极板形式（单位：mm）

5. 调整与决定电场结构尺寸

电场结构尺寸主要包括电场的有效宽度、高度和长度，可按下式计算确定。

电场有效宽度：

$$B=\frac{S_F}{H} \tag{4-47}$$

电场有效高度：

$$H=\frac{S_F}{B} \tag{4-48}$$

电场总有效长度：

$$L=S_A/[2(n-1)H] \tag{4-49}$$

式中，B 为电场有效宽度，m；S_F 为电场计算断面积，m^2；H 为沉淀极有效高度，m；L 为电场总有效长度，m；S_A 为电场总计算集尘面积，m^2；n 为沉淀极的排数，个。

通道数可按下式计算，最后取整数值。

$$m=\frac{S_F/H}{a} \tag{4-50}$$

式中，m 为电场数量，个；S_F 为静电除尘器电场断面积，m^2；H 为静电除尘器沉淀极高度，m；a 为同极（板）间距，mm，一般取 300mm、400mm。

6. 排列组合

按沉淀极定性尺寸决定一个电场沉淀极板数量和实际有效长度，最后校准极配关系、数量与结构尺寸。

7. 硅整流供电机组

硅整流供电机组是除尘器的重要供电设备，其供电工艺由单相一次交频（AC）输入，转换为二次高压直流（DC）输出，实现除尘器的电场供电。随着科技进步的发展，目前硅整流供电机组已由一次单相输入实现一次三相输入的重大创新，供电效率由69.90%提升为94.99%，具有重大环保与节能意义。

8. **电场数的确定**

通常单个电场的板块数为6～12块，一般尽量少采用10块以上的板块数，如有2个电场，尽量两者之间的板块数一致。当理论计算的电场板块数不足以划分为2个电场时，可考虑采用前后分区供电方式，即把1个大电场分成2个分区小电场。当1个分区故障时，另一个分区可正常工作，以提高电除尘区的投运率及可靠性。

9. **高压电源的确定**

（1）*电源型式* 目前，电除尘器高压电源一般配套采用工频电源或高频电源。在静电除尘器中，高频电源主要配置在前级电场，以提高前级电场收尘量，从而减少后级电场收尘量以挖掘后级电场的节能空间。同时在进口浓度高时，高频电源可较好地解决由于空间电荷效应造成第一电场电晕封闭现象，提高了前级电场的除尘效率。

（1）*电源容量* 通常前级电场区电压等级可选择66kV或72kV，板电流密度取0.35～0.4mA/m^2，在集尘面积确定后即可算出所需电源容量。

六、滤袋除尘区设计

1. **清灰方式选择**

目前，电袋复合除尘器的清灰方式可分为低压行脉冲清灰和低压回转脉冲清灰两种方式，其中低压行脉冲清灰方式综合性能较优，是当前电袋复合除尘器的主流清灰方式。两种清灰方式特点如表4-23所列。

表4-23 低压行脉冲喷吹与低压回转脉冲清灰特点

序号	比较内容	低压行脉冲清灰	低压回转脉冲清灰
1	技术流派	行业通用技术	引进德国鲁奇公司技术
2	清灰压力	0.2～0.4MPa,清灰压力较高,流量小	0.085MPa,清灰压力小,流量大
3	清灰模式	逐行逐个喷吹,每个滤袋均有对应喷吹孔,不会出现无喷吹或过喷吹现象	模糊清灰,容易出现个别滤袋无喷吹或过喷吹现象
4	滤袋布置方式	按行列矩阵布置,前后左右滤袋之间间隔均匀	按同心圆周布置,内、外圈的滤袋间隔无法对应,烟气在袋束区域气流分布紊乱,烟气从外圈到内圈绕转曲线多
5	可靠性	无转动部件,可靠性较高	设置转动部位,需定期检修,可靠性较差
6	脉冲阀	数量多,单个阀更换、检修操作简单	数量少,单个阀更换、检修操作复杂
7	日常检修	检查喷吹管是否移位、脉冲阀是否漏气,无需专用工具	定期对齿轮结构、转动电动机进行加油,需采用多种专用工具
8	清灰气源	可用厂内空气压缩机系统,布置于空气压缩机机房内,不再增加减噪设备	罗茨风机一般布置于除尘器底部,虽然设有隔声罩,但现场噪声仍然较大
9	清灰效果	清灰均匀、有效	清灰内外不均,有效性较差,压缩空气利用率较低

2. **过滤风速的选择**

过滤风速的大小与进入袋区的粉尘浓度、出口排放要求、系统阻力、清灰方式均有关系。当系统阻力要求小于或等于1200Pa、清灰方式选用低压行脉冲时，一般可按表4-24选取。

表 4-24　过滤风速的选取　　单位：m/min

出口排放/(mg/m³)	袋区入口浓度/(g/m³)	
	<10	≥10
≤10	≤1.2	<1.1
10～20	≤1.25	<1.2
20～30	≤1.3	<1.25

3. 滤袋规格选择

早期，国外引进的布袋除尘器多采用小口径滤袋，例如 ϕ130mm，长度为 2.5～3.0m。随着电袋技术及滤袋技术的发展，滤袋的长度及口径出现了多种规格。目前电力行业内普遍采用的滤袋长度为 8～8.5m（除小型机组由于极板高度低而有小部分采用 6～7m 滤袋外）。其他行业滤袋的选择要综合考虑场地布置、过滤风速等，选取适合的长度和直径规格。滤袋口破损是滤袋失效的主要原因之一，其破损主要与袋口流速有关，袋口流速可按下式计算，即

$$v_0=\frac{4v_F h}{60D} \tag{4-51}$$

式中，v_0 为袋口流速，m/s；v_F 为袋区过滤风速，m/min；h 为滤袋长度，m；D 为滤袋直径，m。

在电袋复合除尘器设计中，应根据实际情况，选择最佳的滤袋规格。

4. 脉冲阀型式选择及数量计算

（1）脉冲阀型式　电磁脉冲阀是脉冲清灰动力元件，目前国内外应用的主要有膜片式脉冲阀和活塞式脉冲阀。膜片式的脉冲阀不易受清灰气源清洁程度和低温环境时冷凝水结冰的影响，长期运行可靠稳定，清灰效果较好；活塞式脉冲阀喷吹口径比较大、阻力小、外形体积小，可以节省布置空间、节约耗材。因此，电袋复合除尘器在选型时，可以根据不同的需求及使用场合，选用适应性更强的脉冲阀类型。

（2）脉冲阀数量　在过滤风速及滤袋规格确定后可计算得出单台炉需布置的滤袋数量。通过大量的工程应用及实物模型清灰试验，3 寸膜片式脉冲阀，其单阀最大可喷吹大口径滤袋数量为 19 条；4 寸膜片式脉冲阀，其单阀最大可喷吹滤袋数量为 30 条。具体单行喷吹数量的确定与进入袋区入口含尘浓度、脉冲阀品牌、开阀时间、前级电场区有效宽度、滤袋长度、过滤风速等均有关系，具体问题具体分析。滤袋总数量除以单行喷吹数量即可得到脉冲阀的大概设计数量，再根据结构情况进行修正，即可获得脉冲阀设计数量。

七、净气室设计

当含尘烟气经过滤袋的过滤，从滤袋口流出进入上箱体时，该箱体内的气体均已经过过滤，该箱体称为净气室。

1. 净气室的类型

净气室根据结构组成的不同可以分为揭盖式和进入式。

（1）揭盖式净气室　净气室整个顶板为活动盖板式，检修人员从盖板处进入净气室。该类型净气室主要为沿用早期布袋除尘器的净气室结构，净气室及清灰系统可以在车间内完成组装，具有整体发货方便、安装精度较高的优点，且维修条件好，操作工人打开顶盖就可以在正常的大气环境条件进行下维修工作，不受高温及烟气中有毒有害气体的影响。但该结构

在电袋复合除尘器中较少采用，主要原因为密封性能相对较差，检修工作受天气影响较大。

（2）进入式净气室　目前国内电袋复合除尘器净气室主要采用这种结构。净气室顶部整体采用密封焊接，密封性好，无泄漏点。同时，净气室顶板或顶板保温外护板设置不小于3°的排水坡度，保证顶部不会出现积水、倒灌等现象。由于内部空间较大，所以滤袋和袋笼的安装、拆卸、更换等工作均可在净气室内部完成，不受雨、雪、大风等天气的影响。具有密封垫少，容易维护，除尘器的漏风率小的特点（见图4-37）。

图4-37　进入式净气室示意

该类型净气室仅在侧部或顶部设置少量检修人孔门，与顶开盖整个顶板均设置为人孔门相比，极大减少开孔数量，从而降低除尘器的漏风率，提高除尘器性能。

2. 净气室的设计

净气室的设计应满足以下要求：①当净气室采用分室结构时，其分室数量应根据处理烟气量的不同进行确定；②设计压力。净气室的组成主要为板筋及梁、柱结构。与壳体相同，需要能够承受足够的系统压力，因此，净气室的强度设计应与壳体保持一致；③设置有良好密封性能的检修人孔门，人孔门数量及位置应方便人员及设备进出；④净气室的设计应该能够尽量方便滤袋、袋笼的安装，并应考虑检修、更换方便等；⑤当除尘器需要实现在线检修功能时，应设置进口、出口隔离门。进口、出口隔离门在关闭时，其漏风率应小于2%；⑥在必要的情况下，净气室壁板上可以设置观察窗及照明装置，便于运行过程中，对滤袋及内部设备的运行情况进行监控。

提升阀是一种安装在净气室出口烟箱上的装置，通常采用气动执行机构控制，通过控制提升阀的开关实现净气室在线和离线的切换。除尘器正常运行时，提升阀处于常开状态。

清灰装置是电袋复合除尘器的核心部件之一，对除尘器的性能有至关重要的影响。因此，对其用材、制造和安装规定具体的尺寸及控制偏差等，都应该严格按照设计要求进行。

八、滤料选择

1）滤料选择基本原则　滤料的选择应遵循如下基本原则：①所选滤料的连续使用温度应高于除尘器入口烟气温度及粉尘温度；②根据烟气和粉尘的化学成分、腐蚀性和毒性选择适宜的滤料材质和结构；③选择滤料时应考虑除尘器的清灰方式；④对于烟气含湿量大，粉尘易潮结和板结、粉尘黏性大的场合，宜选用表面光洁度高的滤料结构；⑤对微细粒子高效捕集、车间内空气净化回用、高浓度含尘气体净化等场合，可采用覆膜滤料或其他表面过滤滤料；对爆炸性粉尘净化，应采用抗静电滤料；对含有火星的气体净化，应选用阻燃滤料；⑥高温滤料应进行充分热定型，净化腐蚀性烟气的滤料应进行防腐后处理，对含湿量大、含油雾的气体净化所选滤料应进行疏油疏水后处理；⑦当滤料有耐酸、耐氧化、耐水解和长寿命等的组合要求时可采用复合滤料。

2）当烟气温度小于130℃时，可选用常温滤料；当烟气温度高于130℃时，可选用高温滤料；当烟气温度高于260℃时，应对烟气冷却后方可使用高温滤料或常温滤料。

3）在正常工况和操作条件下，滤袋设计使用寿命不小于 2 年。

4）电厂用滤料的选用　可参考表 4-25。

表 4-25　电厂用滤料选用推荐表

序号	煤含硫量 S/%	常时烟气温度 T/℃	滤料		
			纤维	基布	单重/(g/m^2)
1	$S<1.0$	Ts≤T≤140	PPS	PPS	550
2	$S<1.0$	Ts≤T≤160	PPS	PTFE	550
3	1.0≤S<1.5	Ts≤T≤160	70%PPS+30%PTFE	PTFE	600
4	1.5≤S<2.0	Ts≤T≤160	50%PPS+50%PTFE	PTFE	640
5	S≥2.0	Ts≤T≤160	30%PPS+70%PTFE	PTFE	680
6	S≥2.0	Ts≤T≤240	PTFE 覆膜或涂层	PTFE	750
7	S≤1.0	Ts≤T≤240	P84	P84	550
8	1.0≤S<2.0	Ts≤T≤240	50%P84+50%PTFE	PTFE	640

注：PPS 为聚苯硫醚的缩写；PTFE 为聚四氟乙烯的缩写；P84 为聚酰亚胺的缩写；Ts 为烟气酸露点温度加 10℃。

第四节　袋式除尘器防爆设计

随着环保意识的加强，人们对企业向大气排放的污染气体的要求也越来越严，而袋式除尘器正是治理大气污染的高效除尘设备。袋式除尘器优点是运行稳定，应用范围广泛，除尘效率很高，粉尘排放浓度可达 10mg/m^3 以下，正是因为袋式除尘器这些优点，已在众多企业中得到应用。但随着袋式除尘器普及，袋式除尘器粉尘爆炸事故也时有发生，因此袋式除尘器防爆设计势在必行，日趋严格。

含尘气体燃烧爆炸必须同时具备 3 个条件：①浓度处于爆炸极限范围内；②氧含量大于 13%；③存在引燃的火种或存在强烈的热源。

袋式除尘器应用于可燃粉尘场合，在设计时就要采取有效措施抑制上述 3 个条件的产生，也就是说降低系统对爆炸的敏感性，减少爆炸的可能性。设计性措施是指预防爆炸发生的措施难以奏效时而采取的将爆炸危险程度降至安全水平的措施，使爆炸不至于造成人员伤亡，爆炸后设备短时间内可恢复使用的技术。

一、一般规定

粉尘爆炸危险场所用收尘器的设计人员，应熟知粉尘爆防知识及对除尘设备的性能要求。

1）除尘器应在各种系统中达到一级除尘要求；宜采用袋式除尘器并优先采用外滤型式；应有适宜的过滤风速，以减小过滤面积和箱体容积。

2）箱体内不应存在任何可能积灰的平台和死角；对于箱体和灰斗侧板或隔板形成的直角应采取圆弧化措施；应有良好的气密性，在其额定工作压力下的漏风率不应高于 5%；应避免除尘器安装内部零件碰撞、摩擦。

3）除尘器宜安装于室外；如安装于室内，其泄爆管应直通室外，且长度小于 3m，并根据粉尘属性确定是否设立隔（阻）爆装置；除尘器宜在负压下工作；应避免进风口因流速降低而导致的粉尘沉降。

4）宜以抑爆性气体稀释粉尘空气混合物，使箱体内含氧浓度低于安全浓度上限；应设有灭火用介质管道接口；在进、出风口处宜设置隔离阀，并安装温度监控装置。

二、袋式除尘器本体设计

1. 箱体设计

防爆袋式除尘器箱体的耐压强度要比一般除尘器高，通常按10000～15000Pa设计。袋式除尘器内作为集尘收集地，使粉尘的浓度时刻低于爆炸下限，经济上不划算，也很难做到；但不让大量粉尘堆积是可以做到的。

可燃粉尘在堆积状态下，氧化速率超过散热速率就会产生自燃。如煤粉仓的堆积温度在60℃以下比较安全，超过120～150℃时即容易自燃，而且储量越大，存积时间越长，自燃的可能性越多。可见，消除积灰以防其自燃是袋式除尘器防爆设计考虑的第一问题。

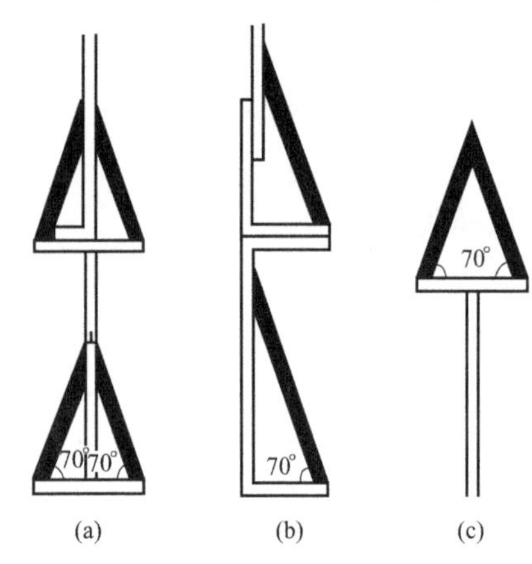

图 4-38　防尘板示意

为了防止可燃粉尘在除尘器内部构件上积灰，除尘器内部壁板应是平滑的，除尘器壁板外部加筋设计。所有梁、分离板等均设置防尘板，而防尘板的角度均为70°以上，溜角大于70°。除尘器箱体花板下的支撑槽钢、工字钢都应消除积灰，如图4-38所示。

2. 灰斗设计

（1）灰斗　灰斗内壁应光滑，下料壁面与水平面夹角不应小于65°。

为防止两斗壁间90°夹角积灰，两相领侧板焊上溜料板，加大谷角，消除粉尘的沉积。另外考虑到由于操作不正常和含尘气体湿度大时出现灰斗结露堵塞，在对除尘器壳体保温的同时也要对除尘器灰斗进行保温。对高寒地区除尘器灰斗下部设计成双层，并可在两层之间加设电加热装置。

灰斗上加设加热器、空气炮或振动而造成内部积灰，必要时应对灰斗进行加热保温。振动器和料位计的作用是避免灰斗内部积灰以及了解灰斗内部情况。

（2）卸灰装置　卸料装置采用回转下料器，四棱锥形灰斗的卸灰方式主要有两种，即双翻板阀和回转下料器。对浓度高且有一定水分的煤粉，采用回转下料器较为可靠，因其动作连续，不易结料。

为了适应高浓度煤粉的特点，将叶轮改为浅斗型，避免煤粉的堆积；同时，减小叶轮与壳体的接触面，以减小对煤粉的挤压。改进后的回转下料器主要特点是：卸料量减少了约30%，减少了回转下料器内煤粉的压力；另外，浅型灰斗不易积料，尤其适应于有一定水分的煤粉。

卸灰装置应同除尘器同步运转，不使粉尘在灰斗内积存。

3. 箱体密封性设计

系统密封不好，漏风造成大量空气进入箱体或灰斗，也是导致粉尘自燃的主要原因。除尘器箱体漏风主要来自检修门，灰斗漏风主要来自卸灰阀，解决这两个环节漏风极为重要。由于漏风大量空气中的负氧离子与储存环境温度较高的粉尘接触，极易引发自燃。因此，应加强密封，减少漏风，防止因漏风形成粉尘氧化自燃。设计中应控制漏风率≤2%为宜。

此外对除尘器壳体进行接地，确保接地电阻小于4Ω，以消除静电效应引起的灾难。

三、防爆泄压装置设计

防爆就是将设备内可燃物质爆炸扑灭在初始阶段，从而避免过高爆炸压力的措施，一个成功的抑爆系统能够在爆炸压力 1×10^4Pa 时动作，抑制后设备内最大压力低于 1×10^5Pa。如果发生爆炸，泄压是保护袋式除尘器最可靠和最经济的手段。爆炸泄压最常见的形式是泄压装置。

1. 防爆泄压面积的计算

对于高浓度燃爆粉体的除尘设备，防爆通风面积过小不能满足要求，防爆通风面积太大没必要。爆炸泄压以泄压面积与除尘器容积之比表示，一般在（1∶5）～（1∶50）范围内，视粉尘爆炸指数大小而定。稀煤粉尘的泄压面积与除尘设备容积之比一般取 1∶35 左右。确定高浓度、防爆型袋式除尘器泄压面积。

2. 防爆泄压装置压力

设计中宜将泄爆压力设置为袋室设计压力的 1/2，即 5～7.5kPa 卸压，最大不超过 10kPa。即当除尘器内部的压力达到此值时，防爆泄压装置及时打开并进行压力释放。

3. 防爆装置的设计

根据计算出的防爆通风面积将防爆装置设置在除尘器的侧面，装置设计为有一定的倾角，目的是当防爆装置打开泄压后装置靠其自身的重力自动复位，减少空气的进入。

此外，为了能够迅速泄压，必须要有足够大的空间，故应慎重考虑爆炸泄压口的位置。对室内除尘器，常可用管道将排气口接至室外进行安全泄压。图 4-39 是应用焦粉除尘器的泄爆装置。

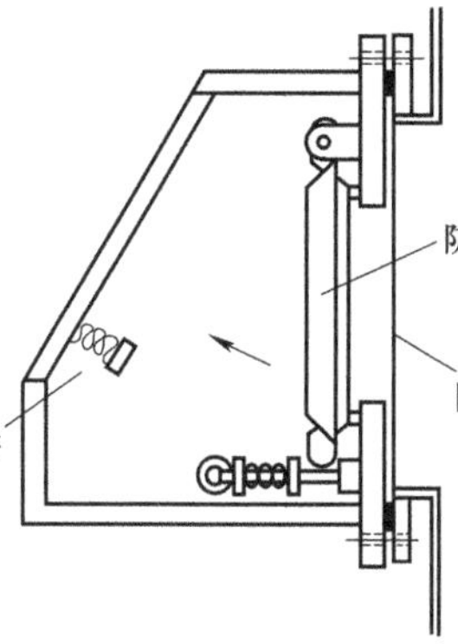

图 4-39　应用焦粉除尘器的泄爆装置

4. 平台栏杆

泄压装置下部应设检修平台和栏杆，此平台只在检查泄爆装置时候用，平时用链条拦住，不允许自由通行。

四、配套装置与选用

1. 清灰装置

主要包括：①脉冲喷吹类袋式除尘器宜采用氮气或其他惰性气体作为清灰气源，脉冲喷吹的供气系统应保证充足的供气量，并应采取脱油除水措施；②反吹清灰（差压清灰或风机反吹）类袋式除尘器宜采用经自身净化后的气体作为清灰气源；③袋式除尘器宜采用脉冲喷吹等强力清灰方式，使滤袋表面积尘不过厚；④清灰装置应工作可靠，应根据除尘器类型、清灰方式、过滤速度、粉尘特性、入口含尘浓度等因素确定合理的清灰周期；⑤应有可靠的清灰自控系统。

2. 防静电滤料选择

滤袋工作时与粉尘摩擦，极易产生并积聚静电荷，大量吸附粉尘，造成积灰。积灰可达 0.5～2mm 左右，在布袋表面形成较厚的粉尘，静电荷放电产生的电火花还有造成粉尘爆炸的危险。

目前。国内外有很多用以解决滤料静电吸附性的途径，归纳起来大致有以下两大类。

（1）使用改性涤纶　通过一定的化学处理，使涤纶改变它的疏水性，使之产生离子，将积聚的静电荷泄漏，使纤维及其织物具有耐久的抗静电性能。

抗静电机理为：在共纺丝过程中，经混炼形成的抗静电剂和涤纶（PET）混炼物均匀地分散，抗静电剂中的一组分子的微纤状态沿着纤维轴间分布，且因微纤之间有连结，以便在纤维内形成由里向外的吸湿、导电通道，且易与另一组亲水性基团相结合，将积聚于纤维上的静电荷泄漏而达到抗静电的目的。

(2) 纺入金属纤维　滤料用不锈钢纤维同化学纤维混纺合成的纱为原料。由于不锈钢纤维具有良好的导电性能，与化学纤维混纺后具有永久的抗静电性能。

不锈钢金属纤维（4～20μm）具有良好的导电性能，且很容易和其他纤维进行混纺，它具有挠性好、机械性能好、导电性能好、耐酸碱及其他化学腐蚀、耐高温等特点。

不锈钢金属纤维主要技术性能：密度 7.96～8.02g/cm^3；纤维束根数 10000～25000 根/束；纤维束不匀率≤3%；单纤维室温电阻 220～50Ω/cm；初始模量 10000～11000kg/cm^2；断裂伸长率 0.8%～1.8%；耐热熔点 1400～1500℃。

防静电滤料性能见表 4-26。

表 4-26　防静电滤料性能

滤料防静电性能	最大限值
摩擦荷电电荷密度/(μC/m^2)	<7
摩擦电位/V	<500
半衰期/s	<1
表面电阻/Ω	<10^{10}
体积电阻/Ω	<10^9

注：滤料应具备阻燃性能。

3. 防爆脉冲阀

脉冲袋式除尘器用在有燃爆场合，应选防爆脉冲阀。防爆脉冲阀有两类：一类是加强电磁阀的密封，提高防护绝缘等级；另一类是把电磁先导阀装在防爆电磁导阀组装盒。脉冲阀与防爆电磁导阀组装盒用气管连通。前一类防爆型电磁脉冲阀其防爆电磁头应用了一种特殊的树脂，这种特殊的树脂把线圈内所有的金属导线均包含在其内部并牢固黏合，形成一体化结构。这种构造保证了线圈内的导线绝对不会接触到爆炸性环境，从而杜绝了爆炸的可能性。这种先进的结构把传统的隔离线圈火花外溢的被动防爆升华到主动防爆。电源线也被胶接密封在电磁头内的接线柱上，防止两者松动时火花的产生，应用于对防爆等级有特殊要求的场合。

4. 灭火装置

(1) 除尘器防燃、防爆应配有温度预警装置和自动灭火装置　当 CO_2 在空气中的浓度达 30%～40%时，一般可燃物质的燃烧能窒息；40%～50%时能抑制汽油蒸气以及其他气体的爆炸。对于粉尘而言，CO_2 自动灭火装置有固定的 CO_2 供给源，通过与之相连的带喷嘴的固定管道，向被保护设备直接释放 CO_2 灭火剂。图 4-40 为某水泥厂煤粉制备系统配备的自动灭火装置。

该装置的启动分为手动式和自动式两种。一般都使用手动式，单室内无人时，可以转换为自动式。当采用自动式时，探测器（感温和感烟探头）在探测到发生火灾后，即发出声响报警，并通过控制盘打开启动容器的瓶头阀，放出启动气体来打开选择阀和 CO_2 储存钢瓶的瓶头阀，从而放出 CO_2 灭火。当采用手动式时，则直接打开手动启动装置，按下按钮，接通电源，仍按以上程序放出 CO_2 灭火。从图 4-40 可以看出：粗粉分离以及细粉分离器、煤粉仓上都配置了防爆阀，一旦有险情，防爆阀先破裂，从而使设备和人身得到保护。

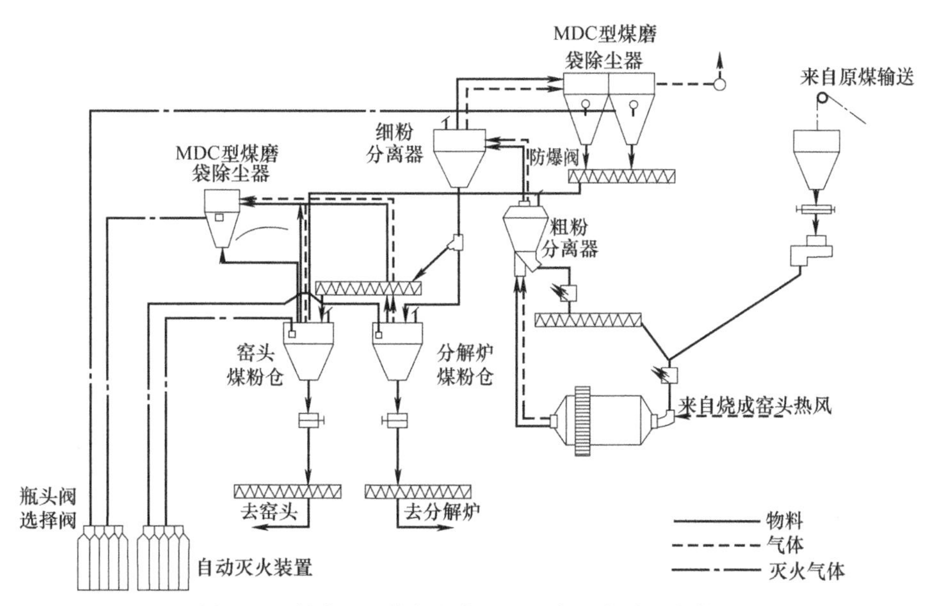

图 4-40　某水泥厂煤粉制备系统配备的自动灭火装置

（2）防阴燃氮气保护装置　除尘器每个灰斗配置一套防阴燃氮气保护装置。

防阴燃氮气保护装置由电阻温度计、控制系统、电磁阀、氮气喷吹管（1.5in）等组成。当灰斗内灰的温度超过 120℃（控制温度为 100～200℃可调，一般设定在 120℃），则自动打开电磁阀喷氮气，喷氮气时间为 0～30min 可调，由 PLC 机控制，一般喷氮气 10～20min，并同时报警。

5. 空气炮

灰斗防起拱空气炮应采用氮气气源，一般不用压缩空气作气源。

6. 报警装置

（1）超温报警系统　进口、出口和灰斗装有温度测量元件，当任一点温度超过限值（高、低随热风来源的不同而不同）时，中央控制室发出声、光警报，采取措施进行降温或紧急切断系统、停止运行。

（2）采用 CO 自动监测仪　当除尘器内部发生局部燃烧时，易于生成 CO，从而成为爆炸事故的主要原因，所以控制系统 CO 含量成为控制爆炸事故的主要措施之一，设计中 CO 含量控制在$\leqslant 300cm^3/m^3$。

此外，操作人员能对设备进行安全操作，也是预防粉尘爆炸的关键，因此加强人员的管理很重要的：①对操作人员进行理论知识的培训，使操作人员意识到粉尘爆炸危险性及如何有效地防尘防爆；②加强劳动纪律，在工作中时刻注意袋式除尘器运行情况；③绝对禁止在袋式除尘器工作时间对其进行电焊、气割等操作和明火进入除尘器。

7. 电弧和电火花的防止

1）同滤袋相连接的花板或短管应涂以导电涂料，或以不锈钢制作，其对地电阻不应大于 100Ω；脉冲喷吹类袋式除尘器的滤袋框架也应照此处理。

2）除尘器应设静电直接接地，接地电阻不应大于 100Ω。

3）除尘器与进、出风管及卸灰装置的连接宜采用焊接；如果用法兰连接，应用导线跨接，其电阻不应大于 0.03Ω。

4）配套的电气设备应符合 GB 12476.1 的规定。

五、自动控制与监测

1）对应除尘器实行清灰程序控制。

2）对除尘器的下列参数应进行监测：①进、出风口压差；②进、出风口和灰斗的温度；③清灰参数（清灰周期、清灰间隔等）；④脉冲喷吹类袋式除尘器的喷吹压力。

3）应对除尘器下列部件的工况进行监视：①卸灰装置；②清灰用阀门（停风阀、切换阀等）。

4）当除尘器出现下列故障时应予报警：①进、出风口压差过高；②温度异常升高；③脉冲喷吹装置的压力过低；④卸灰装置停止工作；⑤如果用惰性气体时应对箱体内氧含量进行监测，当氧浓度超过警戒值时应予报警；⑥用于除尘器运行参数监测的一次元件应符合 GB 12476.1 的规定。

第五章

袋式除尘器设计技术措施与禁忌

第一节 不同用途袋式除尘器设计要点

一、气力输送除尘

气力输送装置分为压送式、抽吸式、高浓度式、低浓度式等，而袋式除尘器又分为正压式（压入式）、负压式（吸入式）。图 5-1 示出了气力输送装置实例。

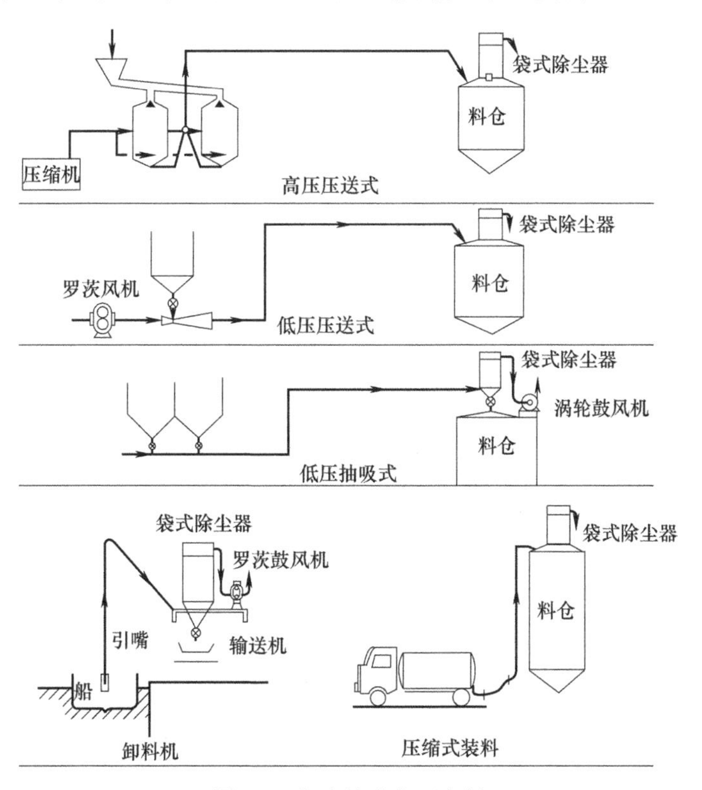

图 5-1　气力输送装置实例

对于直接向料仓压送物料的形式，其排气可使用坐落在料仓上的座仓式袋式除尘器。

气力输送用袋式除尘器的特点如下。

1）入口含尘浓度极高，有时达 3kg/m^3。因此，对有磨损作用的物料应采取相应的必要措施。同时，因为排灰量大，所以用要有足够能力的排灰装置，必要时应加大灰斗的容积。

2）采用抽吸式作业时，袋式除尘器是装在罗茨鼓风机前边的；为保护风机不受磨损，要求袋式除尘器具有高除尘效率。

3）在抽吸式系统工作时，袋式除尘器直接承受风机压力，因而要求有耐压度；高的时候需耐数万帕斯卡的负压。

4）用于从船舶卸料和从槽车往料仓里送料的袋式除尘器，一般都是停用的时间长，而在一年内总运转的时间短。

5）袋式除尘器形式的选用，要求压力损失变化小，风量趋于稳定。

二、制造炭黑用除尘装置

主要采用油炉法制造炭黑，其装置由烧嘴、反应器、冷却器、风机和除尘器组成（见图 5-2）。反应器中生成的炭黑及其高温气体，经过反应器后部的冷却器，从 1200～1700℃急冷到 400～600℃。其方法是采用直接喷水冷却法冷却。急冷到 400～600℃的气体再经过各个预热器，以 230～260℃的状态送入除尘器。为了控制气体温度，在袋式除尘器入口使用了冷却器，能够自动控制喷水量。

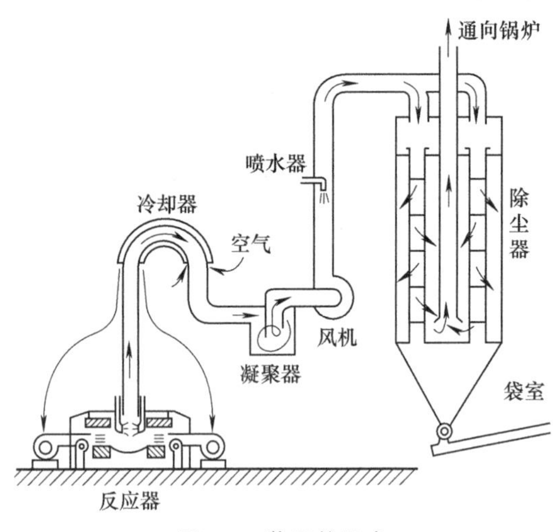

图 5-2 装置的组成

在设计炭粉捕集装置时，应充分考虑下述问题。

（1）*由气体性状产生的问题* 如设计条件所规定，含尘气体是含有 CO 的可燃性气体，同时含有大量的水分。原料油中含硫量为 1%～3%，气体的酸露点估计为 150～180℃。因此，必须注意以下几点：①为了保证装置、粉尘排出口等处的气密性，需要进行高精度地加工制作，并要细心检查；②关于装置的腐蚀性，应注意材料的选择，如果在炭粉中混入铁锈等，便会造成严重问题；③针对气体和炭粉的可燃性，应采取防爆和防止火星的措施；④在防止装置温度下降方面，应采取保温和加热措施，并要注意控制温度用的喷水装置的喷嘴是否堵塞。

（2）*由极细炭粒和含尘浓度高引起的问题* 除尘器必须保证能高效率除尘，同时要求长期的稳定、连续地运转，最低要在一年之内不产生滤袋破损等故障。为此，应注意以下 2 点：①为了做到高效率除尘，应注意滤布的选择，目前用作高温滤布材料的有有机纤维和无机纤维，其中玻璃纤维是最经济的。为了捕集极细的炭粒，滤布的结构也是一个关键问题；②关于决定过滤风速问题，应根据炭粉的种类和有无凝聚器而异。

（3）*除尘结构问题* 为了保证稳定操作，采用上进风、粉尘与气体顺流方式和提升阀等，对提高滤袋使用寿命的稳定性是完全必要的。也就是说，通过有效的冷却来延长使用周期和缓和清灰时滤袋收缩产生的力，达到了稳定操作的目的。

在设计时需要充分研究上述这些问题，这都是在捕集炭粉时不能不考虑的问题。

最后一个问题是运转上的问题，在更换炭黑品种和开始起动时采用的运转方法要与用户充分商量。

三、料仓除尘

料仓一般是以承装块料、粉料及其混合料为主的储料装置，粉料输入主要工艺为气力输送。特别是气力输送的料仓泄压除尘问题，在粉状材料及粮食输送方面具有重大的应用意义。

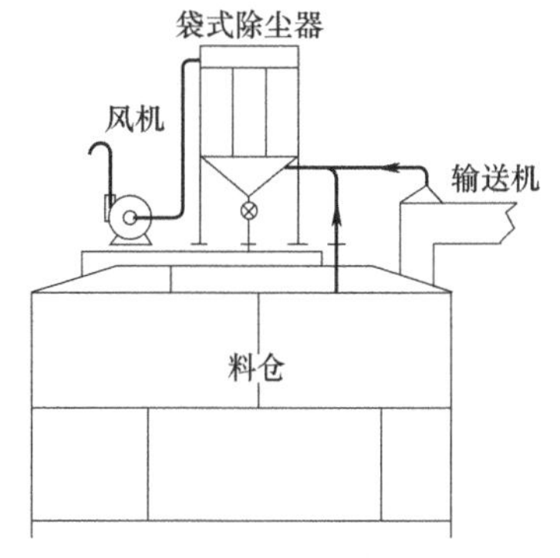

图 5-3　料仓排气用袋式除尘器

在料仓和大型储槽上，作为排气用的袋式除尘器，则设置在仓、槽的顶部。这种料仓排气用袋式除尘器既有图 5-3 所示的普通形式的，也有座仓式。前者是将收集的粉尘用回转排灰阀送回料仓；后者没有灰斗，是直接将袋式除尘器装在料仓顶部的。

料仓泄压袋式除尘器，主要分布在原料输送系统，用以分离和消除料仓内原料输入而置换与逸出的含尘气体，防止大气污染与扩散。料仓泄压袋式除尘器，一般具有机型小、处理量低和占地省的特点。

料仓泄压袋式除尘器，主要是利用袋式除尘器干法除尘的高效功能，将物料输入料仓时带入和置换的气体与粉尘，通过过滤处理，予以除尘和回收。从本质上来说，料仓泄压袋式除尘器既是环境工程的除尘装置；也是物料输送工程的末端回收装置。

料仓除尘器设计要点如下：① 对于直径大的料仓，应注意不要使袋式除尘器承受过大的正压或负压；②料仓的顶部大多位居高处，袋式除尘器的设计应考虑到能承受强风时的风压；③用于煤粉、沥青、亚麻、铝粉、棉花和面粉等易燃、易爆粉料储仓的泄压除尘工程；除尘器建议采用防静电滤料，且箱体上至少应设有两处防爆阀（片）；箱体设有接地装置，接地电阻不大于 5Ω，采用脉冲清灰时宜用防爆型脉冲阀，以确保除尘设备运行时的安全防护。

四、焦炭筛分设备除尘

1. 生产系统概要

焦炭筛分设备是把焦炉炼好的焦炭加工成粒度适合高炉使用的设备。该装置用于捕集各筛分工序和向高炉矿槽运焦炭的胶带机转运点等处发生的粉尘。含尘气体经袋式除尘器净化后，由烟囱排入大气。

焦炭筛分设备除尘装置流程如图 5-4 所示，该装置的主要组成部分是吸入含尘气体用的吸气罩、管道、袋式除尘器、粉尘处理设备、风机、烟囱以及烟囱内的消声器。各吸尘点的吸气量，可按实际应用数据采用，也可参考有关资料进行计算。

2. 设计上应注意的问题

设计焦炭筛分设备的除尘装置时，要考虑的问题是很多的，其中首先要注意到焦炭粉尘是一种磨啄性特强的粉尘，尽管有多种防磨措施，但必须首先考虑从尘源吸入的气体量要恰当，应力求以较少的吸气量达到控制粉尘的目的，因此，搞好尘源密闭最为重要。设计中如采取了过大的吸气量，就会把不需捕集的粗颗粒粉尘吸进系统中来，从而加剧整个收尘装置的磨损。

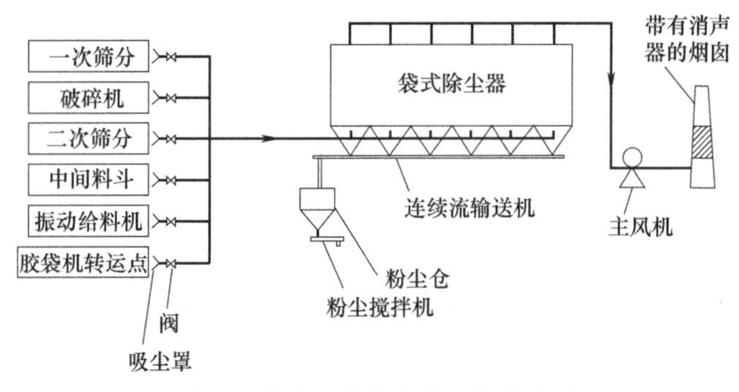

图 5-4　焦炭筛分设备除尘装置流程

对于含尘量大而且粉尘具有磨啄性的情况，一般都在袋式除尘器前加一级预除尘器来分离粗颗粒粉尘。但是本装置不单独设置预除尘器，因为本装置的袋式除尘器是下进风形式，如前所叙能够在灰斗里采取种种措施，也可以起到预收尘的效果。取消预收尘器虽然担些风险，但在降低建设造价、节约能源、少占场地等方面带来不少好处。

另外，关于过滤速度的选取问题，应予慎重对待。经多次考查和试验表明，焦炭粉尘与其他粉尘不同，当过滤速度采取 1m/min 时，其过滤阻力远远低于滤布的设计阻力——150mmH_2O。虽然可以把过滤速度选得更高，但从实际出发，考虑到焦炭粉尘磨啄性高这一特点，还是选取较低的过滤速度为好。

五、回转窑除尘

在煅烧石灰、白云石、石膏等窑炉上使用袋式除尘器收尘的日益增多。图 5-5 是回转窑排气除尘装置。

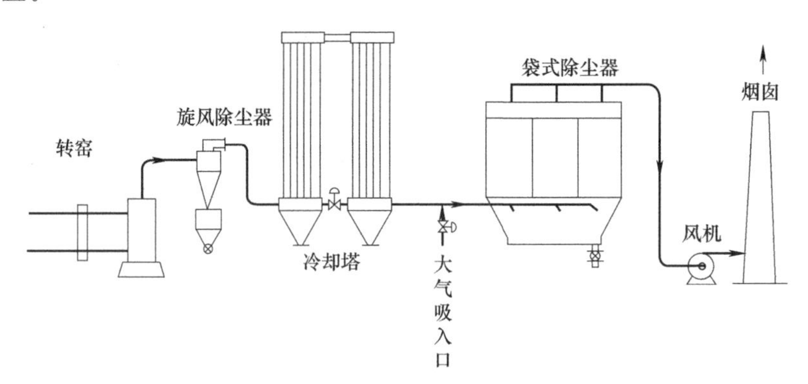

图 5-5　回转窑排气除尘装置

这种场合设置袋式除尘器时应注意：①含尘废气的温度一般较高，多数情况下需要设置冷却器；②含尘气体的组分，除原料和燃料中的水分以外，还包含由于煅烧而分解出的一些气体，例如石灰煅烧中产生的二氧化碳，当燃料不完全燃烧时也可能出现一氧化碳，另外除原料的硫分外，原料中的其他杂质还会分解出腐蚀性气体；③在不同的煅烧情况下，粉尘性状和含尘浓度也各异。因炉型不同，有的能混入燃料不完全燃烧时形成的炭烟。当炭烟经常出现时，袋式除尘器的过滤速度不应太大。

六、金属破碎机除尘

1. 生产系统概要

废汽车车身破碎机是一种大型金属破碎机，事先除去报废汽车的发动机、底盘、油箱等，然后把车身作为废料回收。最近，与汽车的普及、生产量的增加相呼应，废车处理数量正在急速增加。一台废车回收的废料为500～1000kg，每小时处理台数为20台左右。

该装置产生的粉尘用设在破碎机上部的吸尘罩抽吸，接着用旋风除尘器进行一次扑尘，除去大颗粒粉尘，再用袋式除尘器过滤除尘，把含尘气体变成净化空气后，通过风机和烟囱放入大气中。

旋风除尘器捕集的粉尘储存在灰斗中，袋式除尘器捕集的粉尘通过灰斗下面的舌形阀间歇地排出到外部。

由于处理风量较大，所以旋风除尘器采用并联式，袋式除尘器采用平板型脉动反吹风式。

2. 设计上应注意的问题

(1) 防爆措施　如前所述，废车在装入破碎机之前，一定要除去油箱。因为这是手工操作，所以容易漏掉。在油箱中不管油量多少，总会有剩余的汽油，这样往往会由于用破碎机锤子破碎时产生的火花引起爆炸。其最大爆炸压力可达到6atm（1atm＝1.01325×10^5Pa）。为了防止爆炸造成的装置损坏，需要在袋式除尘器、旋风除尘器、管道等处设置具有足够面积的防爆孔。为了尽量减少爆风、爆压的影响，在吸尘罩上面设有最大的爆风孔，从吸尘罩侧部抽吸含尘气体（见图5-6）。

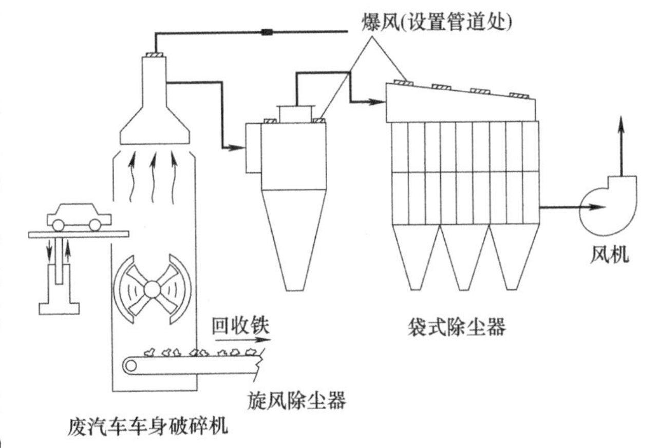

图5-6　废汽车车身破碎机用除尘装置流程

袋式除尘器采用密闭吸入式，故应设计成压力大于2000mmH_2O（1mmH_2O＝9.78Pa）的耐压结构，以便能够经住爆压。这些防爆措施毕竟是二次措施，最重要的还是在预处理工序中一个不剩地除去油箱。

(2) 防止粉尘堆积措施　该除尘装置捕集的粉尘以纤维质废棉絮和布为主要成分，此外还有塑料碎片、涂料、玻璃粉等混合物。粉尘的形状是多种多样的，而且重质粉尘和轻质粉尘又是互相混合的。特别是由于含有大量的纤维质粉尘，所以在灰斗中形成棚料，不能用螺旋输送机和回转阀顺利排出。因此，最好采用像舌形阀那样的结构简单的灰斗，灰斗出口面积比较大。

(3) 气体流速控制　在管道内，如果使粉尘沉降下来，那么在发生爆炸时便容易引起火灾，所以管道内的气体流速应在20m/s以上。

七、金属熔炼炉除尘

总的来说，虽然都是金属熔炼炉，但其有各种形式，而且形状也有很大的差异。另外，熔炼的金属的种类繁多，有铁、铜、铝、锌、铅及其合金等多种，在此仅介绍一些有共性的注意事项。

1) 以重油为燃料的熔炼炉，如对燃料燃烧的废气和熔炼池排出气体采取联合除尘时，则应考虑到重油的硫分。图5-7所示的铝再生反射炉的除尘就是联合除尘的一种。

2) 对设计罩子的要求一般以不妨碍投料为原则，也可以设计成投料时可移开的罩，还有一种用于坩埚和电炉等情况的环形罩。

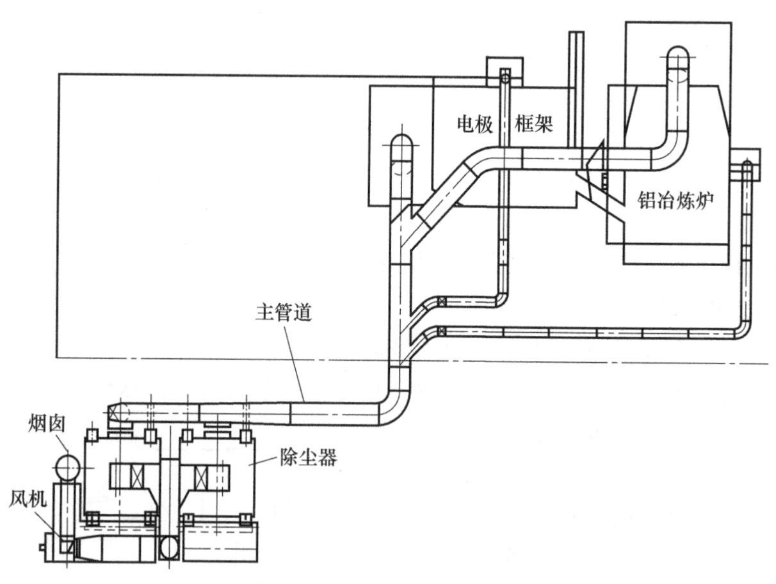

图 5-7 铝再生反射炉的除尘

3）当往炉内投入废金属作为部分原料时，附着于废金属上的油污因未完全燃烧而产生了大量的炭烟，有时也发生焦油状的烟雾。当使用涂漆的废金属时还应考虑到产生腐蚀性气体所应采取的措施。

另外，纸片、稻草、塑料等物质也常常和废金属一起混入炉内，如在燃烧未烬时被吸进除尘器箱体，就会成为袋式除尘器发生火灾的起因。

4）气体温度因炉型和除尘器箱体以及熔炼金属的种类不同而各异。当气体温度太高时必须设置冷却器。

5）使用助燃剂或往炉内吹入氧气时都会产生大量粉尘。另外，由于熔剂和吹入气体的种类不同，有的还会产生腐蚀性的气体。所产生的粉尘一般都是极细的微粒，所以过滤速度不应选的太大。

八、干燥机除尘

从任何粉料干燥机排出的气体都含有粉尘和水分。特别是如图 5-8 所示的喷雾干燥机是将粉料分散于气流中进行干燥的，因而能排出大量含尘空气。

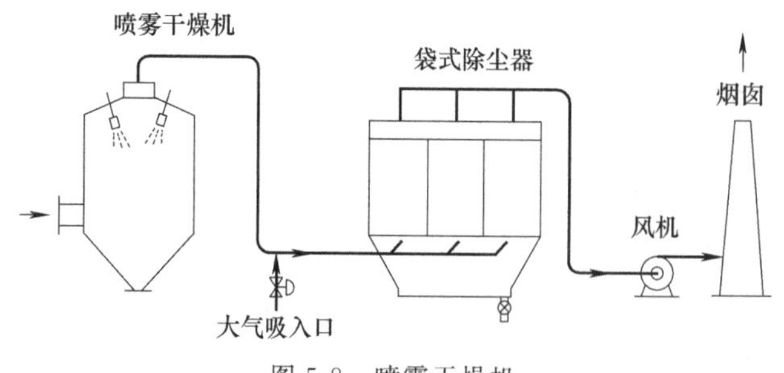

图 5-8 喷雾干燥机

设计干燥机用袋式除尘器时应注意以下几点。

1）含尘空气中含有大量水分，有时露点可达 60～80℃，应注意防止结露。

2）干燥机的含尘气体温度大多在 80～120℃之间，当然干燥机的热风入口的温度更高。因此，必须制订操作规程和设置安全装置，以保证袋式除尘器的入口温度，在干燥机运转开始与结束以及停止投放湿料等情况下，都不至于超过滤布的耐热温度。

3）对喷雾干燥机和快速干燥机一类的装置，空气流量直接关系到它的干燥和输送，因此应选择压力损失和风量变化较小的袋式除尘器。

4）袋式除尘器的入口气体含尘浓度，因干燥机的形式、被干燥粉料的种类的不同，而有很大的差别。

九、粉碎机和分级机除尘

对于干式粉碎机，可向机内通以空气，用抽出式风机使粉碎物料在负压下移动，送出机外并进行产品粒度的调节。产品的收集则利用袋式除尘器。其系统如图 5-9 所示。

对不必用气力输送的办法将产品排出机外的粉碎机，可将产品先集中于料槽，再用空气输送到袋式除尘器中。此时，为防止粉尘飞扬，需将粉碎机经常保持在一定负压状态下运转，如图 5-10 所示的袋式除尘器的应用案例是很多的。

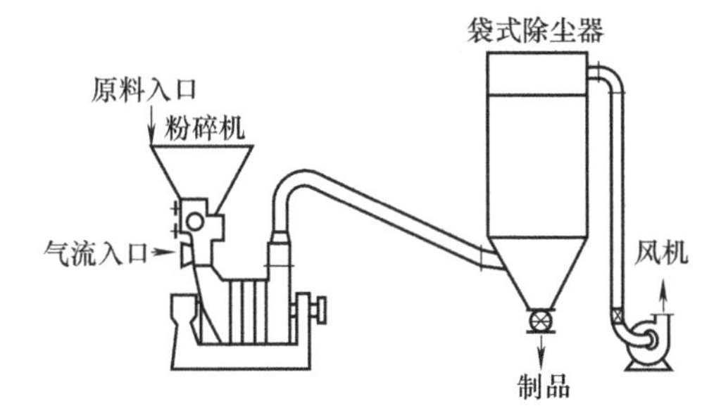

图 5-9　干式粉碎机的产品收集系统

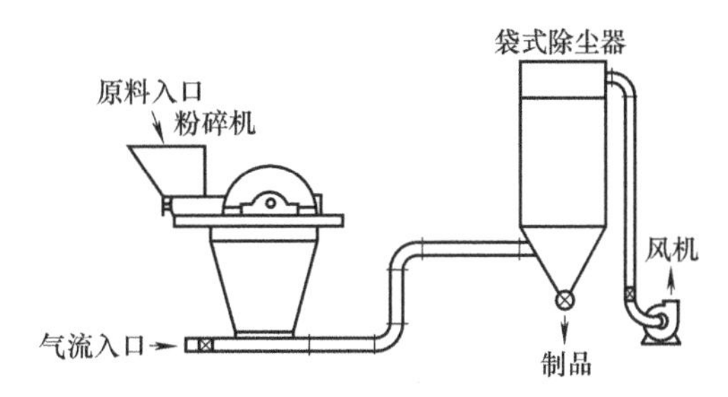

图 5-10　袋式除尘器的应用案例

利用气流进行分级的分级机，多采用空气输送微粒产品。用袋式除尘器进行产品收集的工作情况，一般如图 5-11 所示。

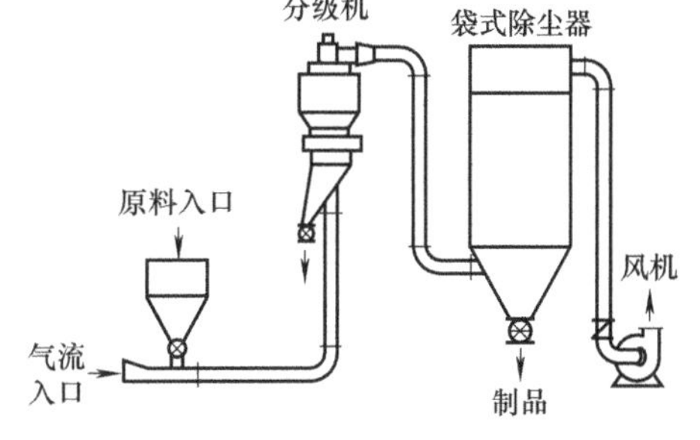

图 5-11　分级机的产品收集

用于收集粉碎机和分级装置产品的袋式除尘器，应注意下述特点。

1）粉碎机和分级机产生的粉尘的粒径与燃烧或其他化学反应直接形成的烟尘的粒径相比，要粗的多。

2）入口含尘浓度高，可从 $100g/m^3$ 到 $1kg/m^3$ 以上。

用旋风除尘器作为预除尘时，可将产品分为粗细两种粒度。但是，为减少压力损失和动力消耗，多直接采用单级袋式除尘器进行产品收集。

3）袋式除尘器在运转过程中，一旦风量变化，就会引起粉碎或分级的产品粒度的波动。因此，设计时，要选择压力损失小而且风量不易大幅度变化的袋式除尘器，清灰方式也要选择适当。

4）处理气体为普通空气时，温度一般是处在常温以至 120℃以下。

兼作干燥的破碎作业中，是会含有大量水分的。

5）因为吸尘管道就是气力输送管道，所以把袋式除尘器布置在工艺过程中的适当位置上是很方便的。

十、静电喷涂粉体回收除尘

1. 生产系统概要

所谓粉体树脂喷涂就是以空气为介质，喷涂由高分子合成树脂粉末组成的涂料，经过加热使粉末熔融，形成涂膜。

粉体喷涂使用聚乙烯、聚酯、丙烯酸、环氧等系统的树脂，研制出了许多种涂料，现在较多使用的是环氧系和丙烯酸系树脂。粉体涂料的粉体性质与一般粉尘不同，具有下述特点：①为了作为涂料容易使用，粒度分布范围窄；②因为不混入细粉，所以流动性好，容易处理；③因为是树脂粉末，所以容易带上静电；④存在产生粉尘爆炸的危险性；⑤耐热性差，容易熔融固化。

静电粉体喷涂机由高电压发生器、粉体涂料供给机、喷枪 3 部分组成（见图 5-12）。在粉体供给机内流动的涂料，借助来自空气压缩机的压缩空气定量地供给喷枪。粉体涂料通过高电压发生器输送来的 60～90kV 电压带上负电。带电的粉体喷到喷涂室中的被涂物上，通过静电的作用黏附在被涂物上。附着在被涂物上时，静电排斥力便发生作用，使其不黏附超过规定的多余粉体，所以涂膜均匀性好。

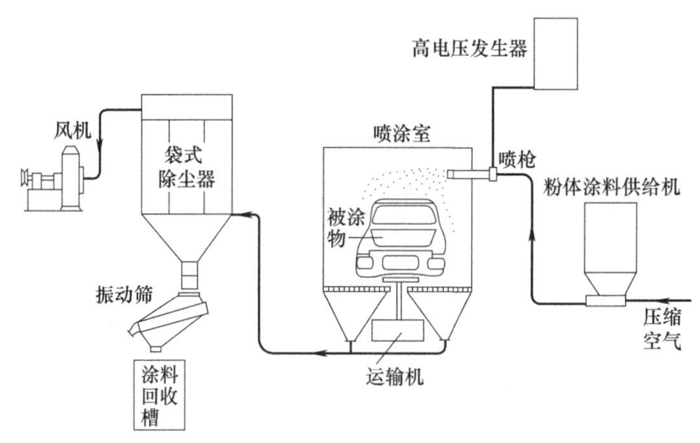

图 5-12　静电粉体喷涂机的应用实例

2. 除尘设计上应注意的问题

1）应确定好设计风量，保证入口含尘浓度低于爆炸下限浓度。

2）应根据粉体涂料的种类选用滤布，为了避免滤布纤维脱落后混入回收的涂料中，应进行树脂加工或热处理。

3）为了除去静电或防止产生新的静电，应使用防止带电滤布，袋室、管道等设备一定要接地。

4）袋室一定要安设防爆安全窗。

5）袋室仅在与粉体接触之处采用不锈钢结构，或者精心地涂抹涂料，防止异物混入。

6）袋式除尘器的过滤速度因使用的粉体涂料的种类、商标牌号而异，即使是同样的丙烯酸系树脂涂料，也因商标牌号不同，粒度亦不同，过滤速度亦不同。一般来说，丙烯酸系涂料的粒度比环氧系涂料更小，难于处理。

7）喷涂加热前的粉体涂料耐热性差，容易变质。因此，袋式除尘器的排料装置、螺旋输送机、回转阀等必须选用不强烈摩擦粉体的结构。在轴承等处，粉体被摩擦时，便会发热变质固化；在循环使用时涂面上便会出现伤痕。

十一、等离子切割机排烟除尘

1. 生产系统概要

等离子切割机可以在大型钢板上，使用数字控制动作的火焰喷枪，全自动地把钢板切割成任何形状。

这种等离子切割机具有高速、热变形小、切割面美观、操作费用低等优点，但在切割时产生大量茶褐色烟气。而且产生烟气的地点在整块钢板上变动不定，所以除尘装置需要专门技术。

(1) 吸烟部分　等离子火焰喷枪需要在较大范围内移动，切割钢板，所以吸烟部位的结构是决定风量和吸烟率的重要因素。这里有许多技术问题，吸烟部分多数是由等离子切割机的用户或制造厂设计。

把开孔的吸烟沟槽并列连接起来，便形成了切割场，将钢板放在吸烟沟槽上。各个吸烟沟槽的一端通过阀门，与吸烟管道相连接。随着等离子火焰喷枪的移动，吸入口开关操作杆也移动，只使火焰喷枪所在位置的吸烟沟槽阀门处于打开状态。切割时产生的烟气吸入吸烟沟槽中，抽进吸烟管道内。

(2) 粉尘性状　粉尘的主要成分是Fe_2O_3，但含有大量未氧化的中间物或铁粉，在高温下会氧化，故应注意。粉尘的粒度范围较大，包括从超微氧化铁烟气到1mm左右的球形铁粒。粉尘浓度（标准状态）一般在$5g/m^3$以下。

粉尘成分、粉尘浓度和粉尘粒度因等离子火焰喷枪的种类不同而有很大差异，因此在选择袋式除尘器时需要注意。

(3) 管道　从切割场的作业性来考虑，由吸烟部分到预除尘器这段管道一般都设在地下或地坑内。在这种情况下，因为有密度大、粉径也大的粉尘，考虑到大颗粒粉尘会在管道内沉积，所以最好采用能够清扫的结构。

(4) 预除尘器　粉尘是可燃的，在切割部位经常发生火星，许多火星在管道输送过程中完成了氧化，然后冷却下来，但是以防万一情况出现，应设置旋风除尘器式预除尘器，将粒径大的粉尘除去。

(5) 袋式除尘器　袋式除尘器不需要做特殊考虑。滤布使用涤纶毡或丙纶毡，过滤速度因等离子火焰喷枪种类不同而不同，通常为1.1～1.8m/min。粉尘最好不在袋室内滞留，能够连续排出。

2. 设计上应注意的问题

由于吸烟部分的结构不同，风量亦有很大差异。大的铁粒会沉积在吸烟沟槽内，所以应该采用易于清扫的结构。堆积在吸烟沟槽端部的铁粉不仅会被靠近的火焰喷枪的等离子烧得炽热，而且有时还会被等离子火焰喷枪吹起，致使这些炽热的铁粉进入袋式除尘器，因此应尽可能加长管道长度，并应设置除尘器，等离子切割机除尘装置如图

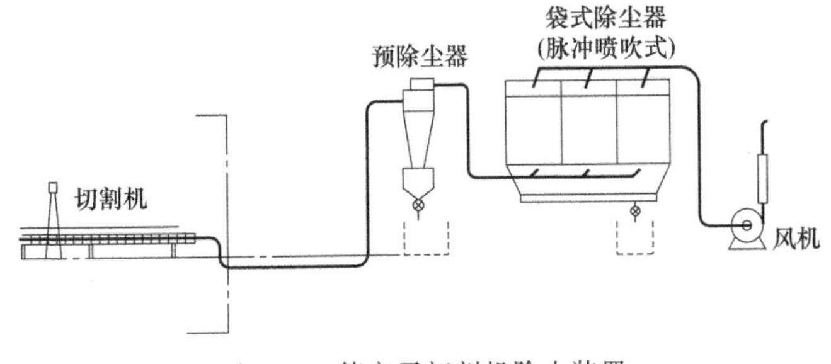

图5-13　等离子切割机除尘装置

5-13 所示。

第二节　袋式除尘器优化设计技术

袋式除尘器在设计中会遇到高温、燃烧或爆炸、腐蚀、磨损、高浓度等问题。此时就要针对具体情况采取相应的优化技术措施，以期取得满意的结果。

一、袋式除尘器高温技术

1. 烟气进入除尘器前的高温措施

由于烟气温度高达 550℃，现在已有的普通袋式除尘器无法适应，故在烟气进入袋式除尘器前采取 3 项除温及预防措施。

(1) 设置气体冷却器　冷却高温烟气的介质可以采用温度低的空气或水，称为风冷或水冷。不论风冷、水冷，可以是直接冷却，也可以是间接冷却，所以冷却方式用以下方法分类：①吸风直接冷却，将常温的空气直接混入高温烟气中（掺冷方法）；②间接风冷，用自然对流空气冷却的风冷称为自然风冷，用风机强迫对流空气冷却称为机械风冷；③喷雾直接冷却，往高温烟气中直接喷水，用水雾的蒸发吸热，使烟气冷却；④间接水冷，用水冷却在管内流动的烟气，可以用水冷夹套或冷却器等。

各种冷却方法都适用于一定范围，其特点、适用温度和用途各不相同，见表 5-1。

表 5-1　各种冷却方法的特点

冷却方式		优　点	缺　点	漏风率/%	压力损失/Pa	适用温度/℃	用　途
间接冷却	水冷管道	可以保护设备，避免金属氧化物结块而有利于清灰；热水可利用	耗水量大，一般出水温度不大于 45℃，如提高出水温度则会产生大量水污染，影响冷却效果和水套寿命	＜5	＜300	出口＞450	冶金炉出口处的烟罩、烟道、高温旋风除尘器的壁和出气管
	汽化冷却	可生产低压蒸汽，用水量比水套节约几十倍	制造、管理比水套要求严格，投资较水套大	＜5	＜300	出口＞450	冶炼炉出口处烟道、烟罩冷却后接除尘器
	余热锅炉	具有汽化冷却的优点，蒸汽压力较大	制造、管理比汽化冷却要求严格	10～30	＜800	进口＞700 出口＞300	冶炼炉出口
	热交换器	设备可以按生产情况调节水量以控制温度	水不均匀，以致设备变形，缩短寿命	＜5	＜300	＞500	冶炼炉出口处或其他措施后接除尘系统
	风套冷却	热风可利用	动力消耗大，冷却效果不如水冷	＜5	＜300	600～800	冶金炉出口除尘器之前
	自然风冷	设备简单可靠，管理容易，节能	设备体积大	＜5	＜300	400～600	炉窑出口除尘器之前
	机械风冷	管道集中，占地比自然风冷少，出灰集中	热量未利用需要另配冷却风机	＜5	＜500	进口＞300 出口＞100	除尘器前的烟气冷却

续表

冷却方式		优点	缺点	漏风率/%	压力损失/Pa	适用温度/℃	用途
直接冷却	喷雾冷却	设备简单，投资较省，水和动力消耗不大	增加烟气量、含湿量、腐蚀性及烟尘的黏结性；湿式运行要增设泥浆处理	5～30	<900	一般干式运行进口>450，高压干式运行>150，湿式运行不限	湿式除尘及需要改善烟尘比电阻的电除尘前的烟气冷却
	吸风冷却	结构简单，可自动控制使温度严格维持在一定值	增加烟气量，需加大除尘设备及风机容量	—	—	一般<200	袋式除尘器前的温度调节及小冶金炉的烟气冷却

注：漏风率及阻力视结构不同而异。

（2）混入低温烟气　在同一个除尘系统如果是不同温度的气体，应首先把这部分低温气体混合高温气体。不同温度气体混合时混合后的温度按下式计算。

$$V_{01}C_{P1}t_1+V_{02}C_{P2}t_2+V_{03}C_{P3}t_3+V_{04}C_{P4}t_4=V_0C_Pt \tag{5-1}$$

式中，$V_{01}\sim V_{04}$ 为各工位吸尘点烟气量，m^3/min；$t_1\sim t_4$ 为各工位烟气温度，℃；V_0 为除尘器入口烟气量，m^3/min；t 为除尘器入口烟气温度，℃；$C_{P1}\sim C_{P4}$、C_P 为各工位烟气摩尔热容，kJ/(kmol·K)。

（3）装设冷风阀　吸风冷却阀用在袋式除尘器以前主要是为了防止高温烟气超过允许温度进入除尘器。它是一个有调节功能的蝶阀，一端与高温管道相接，另一端与大气相通。调节阀用温度信号自动操作，控制吸入烟道系统的空气量，使烟气温度降低，并调节在一定范围内。

吸风支管与烟道相交处的负压应不小于50～100Pa，吸入的空气应与烟气有良好的混合，然后进入袋式除尘器。这种方法适用于烟气温度不太高的系统。由于该方法温度控制简单，在用冷却器将高温烟气温度大幅度降低后，再用这种方法将温度波动控制在较低范围，如±20℃内。需要吸入的空气量按下式计算。

$$\frac{V_{KO}}{22.4}=\frac{\frac{V_0}{22.4}\times(C_{P2}t_q-C_{P1}t_h)}{C_{PK}t_2-C_Kt_k} \tag{5-2}$$

式中，V_{KO} 为在标准状态下吸入的空气量，m^3/h；V_0 为在标准状态下的烟气量，m^3/h；C_{P2} 为 $0\sim t_2$℃烟气的摩尔热容，kJ/(kmol·℃)；C_{P1} 为 $0\sim t_1$℃烟气的摩尔热容，kJ/(kmol·℃)；C_{PK} 为 $t_k\sim t_2$℃烟气的摩尔热容，kJ/(kmol·℃)；C_K 为常温下空气的摩尔热容，kJ/(kmol·℃)；t_q 为烟气冷却前的温度，℃；t_h 为烟气冷却后的温度，℃；t_k 为被吸入空气温度，按夏季最高温度考虑，℃。

夏季被吸入空气量按式（5-3）求得：

$$V_K=V_{KO}\frac{273+(30\sim40)}{273} \tag{5-3}$$

吸入点的空气流速按下式计算：

$$v=\sqrt{\frac{2\Delta P}{\xi\rho_K}} \tag{5-4}$$

式中，v 为空气流速，m/s，一般取 15～30m/s；ΔP 为吸入点管道上的负压值，Pa；ξ 为吸入支管的局部阻力系数；ρ_K 为空气密度，kg/m^3。

2. 除尘器结构设计措施

（1）除尘器设滑动支点 除尘器箱体在除尘器运行时受高温影响产生线膨胀，伸长量按下式求得。

$$\Delta L = La_L(K_2 - K_1) \tag{5-5}$$

式中，ΔL 为除尘器箱体热伸长量，m；L 为设备计算长度，m；a_L 为平均线膨胀系数，普通钢板取 12×10^{-6}m/(m・K)；K_2 为烟气温度，K；K_1 为大气温度，K，一般取采暖室外计算温度。

根据计算结果在除尘器长度方向中间立柱上端设固定支点，在其他立柱设滑动支点。滑动支点的构造为不锈钢板及双向椭圆形活动孔。除尘器滑动支点一般可分为平面滑动支点和平面导向支点，支座的结构形式应考虑到摩擦阻力大小的影响。

1）摩擦阻力 F（kg）计算

$$F = \mu P \tag{5-6}$$

式中，P 为管道质量（包括灰量），kg；μ 为摩擦系数。

为降低管道对支架的摩擦阻力，应选用摩擦系数低的滑动摩擦副。

2）滑动摩擦副。根据管道内气体温度的高低和支点承载能力的大小，多数设计或选型通常采用聚四氟乙烯或复合聚四氟乙烯材料作为滑动摩擦副。它和钢与钢的滑动摩擦及滚动摩擦的滑动支座相比，具有以下优点：① 摩擦系数 μ 低，钢与钢的滑动摩擦，$\mu=0.3$；钢与钢的滚动摩擦，$\mu=0.1$；而聚四氟乙烯，$\mu=0.03\sim0.08$，因而摩擦阻力很低，使得管道支架变小，降低了工程投资；②聚四氟乙烯材料耐腐蚀性能好，稳定可靠，而以钢为摩擦材料的支座因容易锈蚀，使得摩擦系数增加，造成系数运行时的摩擦阻力增大；③安全可靠，使用寿命长，聚四氟乙烯材料因具有自润滑性能，所以无论在水、油、粉尘和泥沙等恶劣环境下均能以很低的摩擦系数工作。

（2）结构措施 为防止高温烟气冷却后结露，在袋式除尘器内部结构设计时首先应尽量减少气体停滞的区域。含尘空气从箱体下部进入，而出口设备在箱体的上部，与入口同侧。此时，滤袋下部区域以及与出口相对的部位，气流会滞流，由于箱体壁面散热冷却就容易结露。为减少壁面散热，设计成在箱体内侧面装加强筋结构的特殊形式。箱体上用的环保型无石棉衬垫和密封材料，应选择能承受耐设定温度的材料。

3. 采用耐高温滤袋

耐高温滤袋品种很多，应用较广，如 Nomex、美塔斯、Ryton、PPS、P84、玻纤毡、特氟纶、Kerme 等。对于高温干燥的气体可用 Nomex 等，如果烟气中含有一定量的水分或烟气容易结露则必须选用不发生水解的耐高温滤布如 P84 等。

4. 保温措施

除尘器的灰斗不论怎样组织气流都难免产生气流的停滞，所以在设计中采取了保温措施。保温层结构按防止结露计算如下：

$$\delta = \lambda\left(\frac{t_i - t_k}{q} - R_2\right) \tag{5-7}$$

式中，δ 为保温层厚度，m；λ 为保温材料热导率，W/(m・℃)；t_i 为设备外壁温度，℃；t_k 为室外环境温度，℃；q 为允许热损失，W/m^2；R_2 为设备保温层到周围空气的传热阻，

$m^2 \cdot ℃/W$。

5. 滤袋口形式

用脉冲袋式除尘器处理高温烟气时，必须防止滤袋口的局部冷却结露。清灰用的压缩空气温度较低，待净化的烟气温度较高，当压缩空气通过喷吹管喷入滤袋时压缩空气突然释放，袋口周围温度急速下降，由于温度的差异和压力的降低，温度较高的滤袋口很容易形成结露现象；如果压缩空气质量较差，含水含油，则结露更为严重。

用 N_2 代替压缩空气，其优点是 N_2 质量好，可减轻结露可能；同时，滤袋口导流管也有利于避免袋口结露。

6. 高温涂装

用于高温烟气的袋式除尘器防腐涂装是不可缺少的。因为涂装不良，不仅影响美观，而且会加快腐蚀降低除尘器的使用寿命。针对这种情况，袋式除尘器应采用表 5-2 所列的或其他耐温的涂装方式。

表 5-2 高温条件下袋式除尘器涂装方式

除尘管道和设备(温度≤250℃)	颜色	漆膜厚度/μm		理论用量/(g/m²)	施工方法			
					手工刷涂	辊涂	高压无气喷涂	
系统说明		湿膜	干膜				喷孔直径/mm	喷出压力/MPa
WE61-250 耐热防腐涂料底漆	灰色	90	30	170	√	×	0.4～0.5	12～15
WE61-250 耐热防腐涂料底漆	灰色	90	30	170	√	×	0.4～0.5	12～15
WE61-250 耐热防腐涂料面漆	灰色	70	25	100	√	×	0.4～0.5	12～15
WE61-250 耐热防腐涂料面漆	灰色	70	25	100	√	×	0.4～0.5	12～15
	干膜厚度合计 110μm							
W61-600 有机硅高温防腐涂料底漆	铁红色	65	25	90	√	×	0.4～0.5	15～20
W61-600 有机硅高温防腐涂料底漆	铁红色	65	25	90	√	×	0.4～0.5	15～20
W61-600 有机硅高温防腐涂料底漆	淡绿色	60	25	80	√	×	0.4～0.5	15～30
W61-600 有机硅高温防腐涂料底漆	淡绿色	60	25	80	√	×	0.4～0.5	12～15
	干膜厚度合计 100μm							

注：√表示适用；×表示不适用。

二、防止粉尘爆炸技术

1. 粉尘爆炸的特点

粉尘爆炸就是悬浮物于空气中的粉尘颗粒与空气中的氧气充分接触，在特定条件下瞬时完成的氧化反应，反应中放出大量热量，进而产生高温、高压的现象。任何粉尘爆炸都必须具备这样 3 个条件：①点火源；②可燃细粉尘；③粉尘悬浮于空气中且达到爆炸浓度极限范围。

(1) 粉尘爆炸要比可燃物质及可燃气体爆炸复杂 一般地，可燃粉尘悬浮于空气中形成在爆炸浓度范围内的粉尘云，在点火源作用下，与点火源接触的部分粉尘首先被点燃并形成一个小火球。在这个小火球燃烧放出的热量作用下，使得周围临近粉尘被加热、温度升高、着火燃烧现象产生，这样火球就将迅速扩大而形成粉尘爆炸。

粉尘爆炸的难易程度和剧烈程度与粉尘的物理、化学性质以及周围空气条件密切相关。一般地，燃烧热越大、颗粒越细、活性越高的粉尘，发生爆炸的危险性越大；轻的悬浮物可燃物质的爆炸危险性较大；空气中氧气含量高时，粉尘易被点燃，爆炸也较为剧烈。由于水分具有抑制爆炸的作用，所以粉尘和气体越干燥，则发生爆炸的危险性越大。

(2) 粉尘爆炸发生之后，往往会产生二次爆炸 这是由于在第一次爆炸时，有不少粉尘沉积在一起，其浓度超过了粉尘爆炸的上限浓度值而不能爆炸。但是，当第一次爆炸形成的冲击波或气浪将沉积粉尘重新扬起时，在空中与空气混合，浓度在粉尘爆炸范围内，就可能紧接着产生二次爆炸。第二次爆炸所造成的灾害往往比第一次爆炸要严重得多。

国内某铝品生产厂 1963 年发生的粉尘爆炸事故的直接原因是排风机叶轮与吸入口端面摩擦起火引起的。风机吸入口处的虾米弯及裤衩三通气流不畅，容易积尘。特别是停机时更容易滞留粉尘，一旦启动，沉积的粉尘被扬起，很快达到爆炸下限，引起粉尘爆炸。

(3) 粉尘爆炸的机理　可燃粉尘在空气中燃烧时会释放出能量，并产生大量气体，而释放出能量的快慢即燃烧速度的大小与粉体暴露在空气中的面积有关。因此，对于同一种固体物质的粉体，其粒度越小，比表面积则越大，燃烧扩散就越快。如果这种固体的粒度很细，以至可以悬浮起来，一旦有点火源使之引燃，则可在极短的时间内释放出大量的能量。这些能量来不及逸散到周围环境中去，致使该空间内气体受到加热并绝热膨胀，而另一方面粉体燃烧时产生大量的气体，会使体系形成局部高压，以致产生爆炸及传播，这就是通常称作的粉尘爆炸。

(4) 粉尘爆炸与燃烧的区别　大块的固体可燃物的燃烧是以近于平行层向内部推进，例如煤的燃烧等。这种燃烧能量的释放比较缓慢，所产生的热量和气体可以迅速逸散。可燃性粉尘的堆状燃烧，在通风良好的情况下形成明火燃烧，而在通风不好的情况下可形成无烟火焰的隐燃。

可燃粉尘燃烧时有几个阶段：第一阶段，表面粉尘被加热；第二阶段，表面层气体，溢出挥发分；第三阶段，挥发分发生气相燃烧。

超细粉体发生爆炸也是一个较为复杂的过程，由于粉尘云的尺度一般较小，而火焰传播速度较快，每秒几百米，因此在粉尘中心发生火源点火，在不到 0.1s 的时间内就可燃遍整个粉尘云。在此过程中，如果粉尘已燃尽，则会生成最高的压强；若未燃尽，则生成较低的压强。可燃粒子是否能燃完，取决于粒子的尺寸和燃烧深度。

(5) 可燃粉尘分类　粉体按其可燃性可划分为两类：一类为可燃；另一类为非可燃。可燃粉体的分类方法和标准在不同的国家有所不同。

美国将可燃粉体划为Ⅱ级危险品，同时又将其中的金属粉、含炭粉尘、谷物粉尘列入不同的组。美国制定的分类方法是按被测粉体在标准试验装置内发生粉尘爆炸时所得升压速度来进行分类，并划分为三个等级。我国目前尚未见到关于可燃粉尘分类的现成标准。

2. 粉尘浓度和粒度对爆炸的影响

(1) 粉尘浓度　可燃粉尘爆炸也存在粉尘浓度的上下限。该值受点火能量、氧浓度、粉体粒度、粉体品种、水分等多种因素的影响。采用简化公式，可估算出爆炸极限，一般而言粉尘爆炸下限浓度为 20～60g/m^3，上限浓度介于 2～6kg/m^3。上限受到多种因素的影响，其值不如下限易确定，通常也不易达到上限的浓度。所以，下限值更重要、更有用。

从物理意义上讲，粉尘浓度上下限值反映了粒子间距离对粒子燃烧火焰传播的影响，若粒子间距离达到使燃烧火焰不能延伸至相邻粒子时，则燃烧就不能继续进行（传播），爆炸也就不会发生；此时粉尘浓度即低于爆炸的下限浓度值。若粒子间的距离过小，粒子间氧不足以提供充分燃烧条件，也就不能形成爆炸，此时粒子浓度即高于上限值。

从理论上讲，经简化和做某些假设后，可对导致粉尘爆炸的粉尘浓度下限值 C_L 计算如下。

在恒压时的下限值 C_{LP} 为：

$$C_{LP}=\frac{1000M}{107n+2.966(Q_n-\sum\Delta I)} \tag{5-8}$$

在恒容时的下限 C_{LV} 为：

$$C_{LV}=\frac{1000M}{107n+4.024(Q_n-\sum\Delta v)} \tag{5-9}$$

式中，C_{LP}、C_{LV} 分别为在恒压、恒容时粉尘爆炸浓度下限值，g/m^3；M 为粉尘的摩尔质量，g/mol；n 为完全燃烧 1mol 粉尘所需氧的物质的量，mol；Q_n 为粉尘的摩尔燃烧热，kJ/mol；$\sum\Delta I$ 为总的燃烧产物增加的热焓的值，kJ/mol；$\sum\Delta v$ 为总的燃烧产物增加的内能值，kJ/mol。

以上公式首先由 Jaeckel 在 1924 年提出，然后在 1957 年由 Zehr 做了改进，用上述公式算出的 C_{LV} 值与实测值比较列于表 5-3。

表 5-3 C_{LV} 计算值与实测值比较

粉尘	Zehr 式算出的下限值/(g/m^3)		文献值试验测定值/(g/m^3)
	恒容	恒压	
铝	37	50	恒压 90
石墨	36	45	在正常条件下并未观察到石墨-空气体系中火焰传播速度
镁	44	59	
硫	120	160	恒压,恒容 500～600
锌	212	284	
锆	92	123	
聚乙烯	26	35	恒容 33
聚丙烯	25	35	
聚乙烯醇	42	55	
聚氯乙烯	63	86	
酚醛树脂	36	49	恒压 33
玉米淀粉	90	120	恒压 70
糊精	71	99	
软木	44	59	恒压 50
褐煤	49	68	
烟煤	35	48	恒容 70～130

(2) 粉体粒度　可燃物粉体颗粒大于 400μm 时，所形成的粉尘云不再具有可爆性。但对于超细粉体当其粒度在 10μm 以下时则具有较大的危险性。应引起注意的是，有时即使粉体的平均粒度大于 400μm，但其中往往也含有较细的粉体，这少部分的粉体也具备爆炸性。

虽然粉体的粒度对爆炸性能影响的规律性并不强，但粉体的尺寸越小，其比表面就越大，燃烧就越快，压强升高速度随之呈线性增加。在一定条件下最大压强变化不大，因为这是取决于燃烧时发出的总能量，而与释放能量的速度并无明显的关系。

3. 粉尘爆炸的技术措施

燃烧反应需要有可燃物质和氧气，还需要有一定能量的点火源。对于粉尘爆炸来说应具备 3 个要素：①点火源；②可燃细粉尘；③粉尘悬浮于空气中，形成在爆炸浓度范围内的粉尘云。这 3 个要素同时存在才会发生爆炸，因此只要消除其中一个条件即可防止爆炸的发生。在袋式除尘器中常采用以下技术措施。

(1) 防爆的结构设计措施　本体结构的特殊设计中，为防止除尘器内部构件可燃粉尘的积灰，所有梁、分隔板等应设置防尘板，而防尘板斜度应小于 70°。灰斗的溜角大于 70°，为防止因两斗壁间夹角太小而积灰，两相邻侧板应焊上溜料板，消除粉尘的沉积，考虑到由于操作不正常和粉尘湿度大时出现灰斗结露堵塞现象，设计灰斗时，在灰斗壁板上对高温除尘器增加蒸汽管保温或管状电加热器。为防止灰斗篷料，每个灰斗还需设置仓壁振动器或空气炮。

1 台除尘器少则 2～3 个灰斗，多则 5～8 个，在使用时会产生风量不均引起的偏斜，各灰斗内煤粉量不均，且后边的灰量大。

为解决风量不均匀问题可以采取以下措施：①在风道斜隔板上加挡风板，如图 5-14 所示。挡板的尺寸需根据等风量和等风压原理确定；②再考虑到现场的实际情况的变化，在提升阀杆与阀板之间采用可调节结构，使出口高为变化值，以进一步修正；③在进风支管设风量调节阀，设备运行后对各箱室风量进行调节，使各箱室内量差别控制在 5%以内。

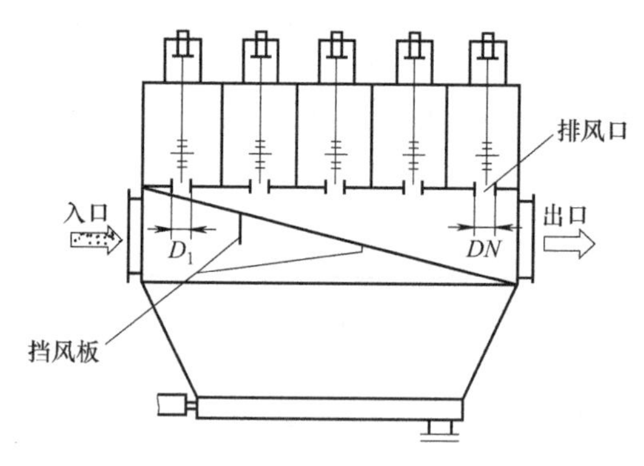

图 5-14　风道斜隔板加挡风板

(2) 采用防静电滤袋　在除尘器内部，由于高浓度粉尘随时在流动过程中互相摩擦，粉尘与滤布也相互摩擦产生静电，静电的积累会产生火花而引起燃烧。对于脉冲清灰方式，滤袋和涤纶针刺毡，滤袋布料中纺入导电的金属丝或碳纤维。在安装滤袋时，滤袋通过钢骨架和多孔板相连，经过壳体连入车间接地网。对于反吹风清灰的滤袋，已开发出 MP922 等多种防静电产品，使用效果都很好。

(3) 设置安全孔（阀）　为将爆炸局限于袋式除尘器内部而不向其他方面扩展，设置安全孔和必不可少的消火设备实为重要。设置安全孔的目的不是让安全孔防止发生爆炸，而是用它限制爆炸范围和减少爆炸次数。大多数处理爆炸性粉尘的除尘器都是在设置安全孔条件下进行运转的。正因为这样，安全孔的设计应保证万一出现爆炸事故，能切实起到作用；平时要加强对安全孔的维护管理。

破裂板型安全孔见图 5-15，弹簧门型安全孔见图 5-16。

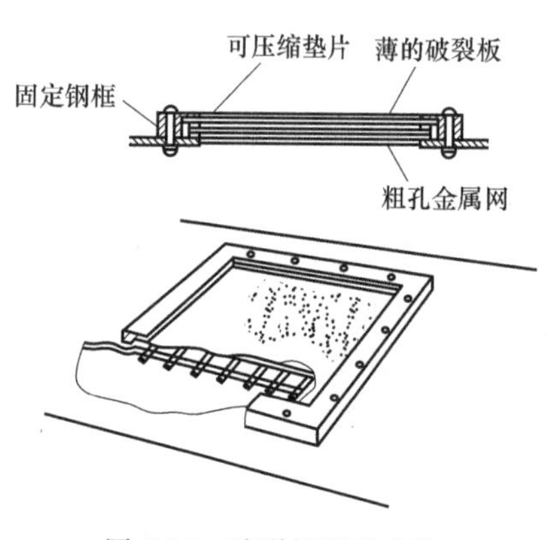

图 5-15　破裂板型安全孔

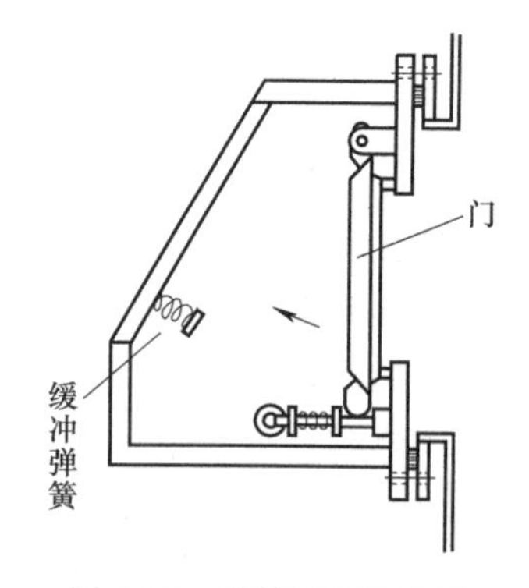

图 5-16　弹簧门型安全孔

破裂板型安全孔是用普通薄金属板制成。因为袋式除尘器箱体承受不住很大压力，所以设计破裂板的强度时应使该板在更低的压力下即被破坏。有时由于箱体长期受压使铝板产生疲劳变形以致发生破裂现象，即使这是正常的也不允许更换高强度的厚板。

弹簧门型安全孔是通过增减弹簧张力来调节开启的压力。为了保证事故时门型孔能切实起到安全作用，必须定期对其进行动作试验。

安全孔的面积应该按照粉尘爆炸时的最大压力、压力增高的速度以及箱体的耐压强度之间的关系来确定，但目前尚无确切的资料。要根据袋式除尘器的形式、结构来确定安全孔面积的大小。笔者认为对中小型除尘器安全孔与除尘器体积之比为1/10～1/30，对大中型除尘器其比值为1/30～1/60较为合适。遇到困难时，要适当参照其他装置预留安全防爆孔的实际确定。

1）防爆板。防爆板是由压力差驱动、非自动关闭的紧急泄压装置，主要用于管道或除尘设备，使它们避免因超压或真空而导致破坏。与安全阀相比，爆破片具有泄放面积大、动作灵敏、精度高、耐腐蚀和不容易堵塞等优点。爆破片可单独使用，也可与安全阀组合使用。

防爆板装置由爆破片和夹持器两部分组成，夹持器由Q235、16Mn或OCr13等材料制成，其作用是夹紧和保护防爆板，以保证爆破压力稳定。防爆板由铝、镍、不锈钢或石墨等材料制成，有不同形状：拱形防爆板的凹面朝向受压侧，爆破时发生拉伸或剪切破坏；反拱形防爆板的凸面朝向受压侧，爆破时因失稳突然翻转被刀刃割破或沿缝槽撕裂；平面形防爆板爆破时也发生拉伸或剪切破坏。各种防爆板选型见表5-4。

表5-4 各种防爆板选型

类型	代号	受压方向	最大工作压力/爆破压力/%	爆破压力/MPa	泄放口径/mm	是否有碎片	抗疲劳性能	介质相态
正拱普通型	LP		70	0.1～300	5～800	有(少量)	一般	气、液
正拱开缝型	LK		80	0.05～5	25～800	有(少量)	较好	气、液
反拱刀架型	YD		90	0.2～6	25～800	无	好	气
反拱锷齿型	YE		90	0.05～1	25～200	无	好	气
正拱压槽型	LC		85	0.2～10	25～200	无	较好	气
反拱压槽型	YC		90	0.2～0.5	25～200	无	好	气
平拱开缝型	BK		80	0.005～0.5	25～2000	有(少量)	较差	气
石墨平板型	SB		80	0.05～0.5	25～200	有	一般	气、液

除尘器选择防爆板的耐压力应以除尘器工作压力为依据。因为除尘器本体耐压要求8000～18000Pa，需按设定耐压要求查资料确定泄爆阀膜破裂压力（$P_{scat}=0.1$MPa），泄爆阀爆破板厚S可按下式计算。

$$S=\frac{P\phi}{3.5\sigma_{tp}} \tag{5-10}$$

式中，S为爆破板厚度，mm；P为爆破压力，MPa；ϕ为泄爆阀直径，mm；σ_{tp}为防爆板材料强度，MPa。

2）安全防爆阀设计。安全防爆阀设计主要有两种：一种是防爆板；另一种是重锤式防爆阀。前一种破裂后需更换新的板，生产要中断，遇高负压时，易坏且不易保温；后一种较前一种先进一些，在关闭状态靠重锤压，严密性差。上述两种方法都不宜采用高压脉冲清灰。为解决严密性问题，在重锤式防爆阀上可设计防爆安全锁，其特点是：在关闭时，安全门的锁合主要是通过此锁，在遇爆炸时可自动打开进行释放，其释放力（安全力）又可通过弹簧来调整。安全锁的结构原理见图 5-17。为了使安全门受力均衡，一般根据安全门面积需设置 4～6 个锁不等。为使防爆门严密不漏风可设计成防爆板与安全锁的双重结构，如图 5-18 所示。

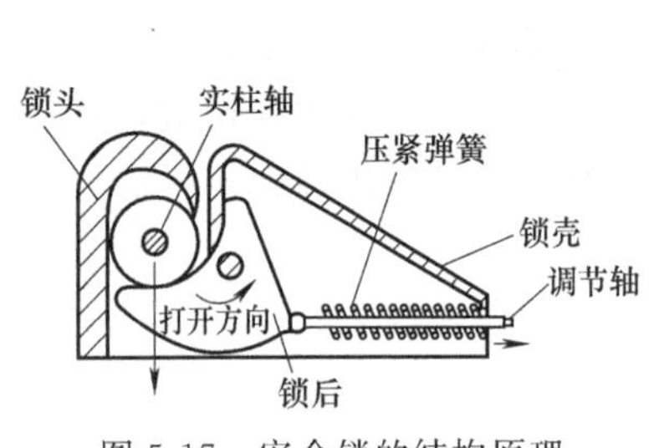

图 5-17　安全锁的结构原理

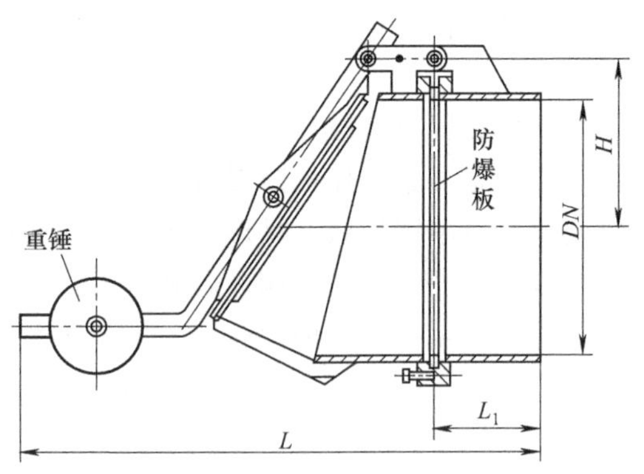

图 5-18　防爆板与安全锁的双重结构

(4) 检测和消防措施　为防患于未然，在除尘系统上可采取必要的消防措施。

1）消防设施。主要有水、CO_2 和惰性灭火剂。对于水泥厂主要采用 CO_2，而钢厂可采用氮气。

2）温度的检测。为了解除尘器温度的变化情况，控制着火点，一般在除尘器入口处灰斗上分别装上若干温度计。

3）CO 的检测。对于大型除尘设备因体积较大，温度计的装设是很有限的，有时在温度计测点较远处发生燃烧现象难于从温度计上反映出来。可在除尘器出口处装设一台 CO 检测装置，以帮助检测，只要除尘器内任何地方发生燃烧现象，烟气中的 CO 便会升高，此时把 CO 浓度升高的报警与除尘系统控制连锁，以便及时停止除尘器系统的运行。

(5) 设备接地措施　防爆除尘器因运行安全需要常常露天布置，甚至露天布置在高大的钢结构上，根据设备接地要求，设备接地避雷成为一项必不可少的措施，但是除尘器一般不设避雷针。

除尘器所有连接法兰间均增设传导性能较好的导体，导体形式可做成卡片式，也可做成线条式。线条式导体见图 5-19。卡片式导体见图 5-20。无论采用哪一种形式导体，连接必须牢固，且需表面处理，有一定耐腐蚀功能，否则都将影响设备接地避雷效果。

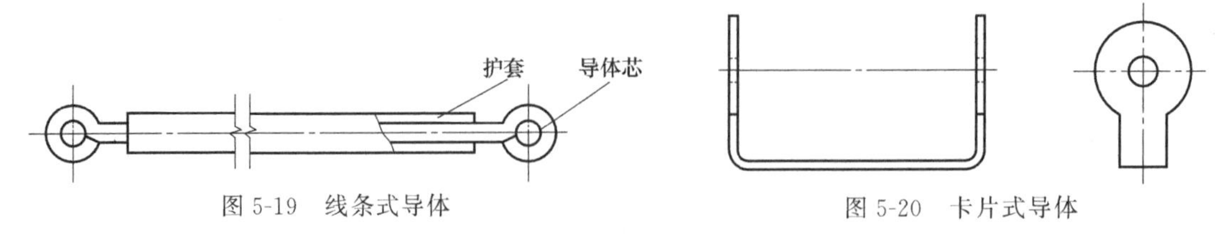

图 5-19　线条式导体

图 5-20　卡片式导体

(6) 配套部件防爆　在除尘器防爆措施中选择防爆部件是必不可少的。防爆除尘器切忌运行工况中的粉尘窜入电气负载内诱发诱导产生爆炸危险. 除尘器运行时电气负载、元件在电流传输接触时、甚至导通中也难免产生电击火花，放电火花诱导超过极限浓度的尘源气体爆炸也是极易发生的事，电气负载元件必须全部选用防爆型部件，杜绝爆炸诱导因素产生，保证设备运行和操作安全。例如，脉冲除尘器的脉冲阀、提升阀用的电磁阀都应当用防爆产品。

(7) 防止火星混入措施　在处理木屑锅炉、稻壳锅炉、铝再生炉和冶炼炉等废气的袋式除尘器中，炉子中的已燃粉尘有可能随风管气流进入箱体，而使堆积在滤布上的粉尘着火，造成事故。

为防止火星进入袋式除尘器，应采取如下措施。

1）设置预除尘器和冷却管道。图5-21为设有旋风除尘器或惰性除尘器作为预除尘器，以捕集粗粒粉尘和火星。用这种方法太细的微粒火星不易捕集，多数情况下微粒粉尘在进入除尘器之前能够燃尽。在预除尘器之后设置冷却管道，并控制管内流速，使之尽量低。这是一种比较可靠的技术措施，它可使气体在管内有充分的停留时间。

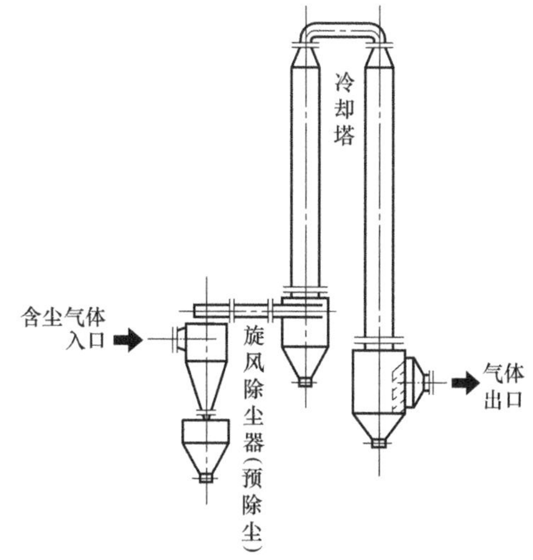

图5-21　预除尘器和冷却管道

2）冷却喷雾塔。预先直接用水喷雾气体冷却法。为保证袋式除尘器内的含尘气体安全防火，冷却用水量是控制供给的。大部分燃烧着的粉尘一经与微细水滴接触即可冷却，但是水滴却易气化，为使尚未与水滴接触的燃烧粉尘能够冷却，应有必要的空间和停留时间。

在特殊情况下，采用喷雾塔、冷却管和预除尘器等联合并用，比较彻底地防止火星混入。

3）火星捕集装置见图5-22。在管道上安装火星捕集装置是一种简便可行的方法。还有的在火星通过捕集器的瞬间，可使其发出电气信号，进行报警。同时，停止操作或改变气体回路等。

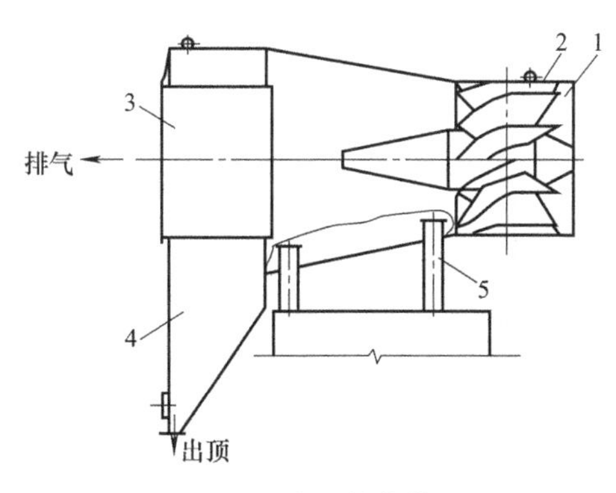

图5-22　火星捕集装置

1—烟气入口；2—导流叶片；3—烟气出口；4—灰斗；5—支架

火星捕集器设计要求如下：①火星捕集器用于高温烟气中的火星颗粒捕集时，设备主体材料一般采用15Mn或16Mn，对梁、柱和平台梯子等则采用Q235，火星捕集器作为烟气预分离器时除旋转叶片一般采用15Mn外，其他材料可采用Q235；②设备进出口速度一般在18～25m/s之间；③考虑粉尘的分离效果，叶片应有一定的耐磨措施和恰当的旋转角度；④设备结构设计要考虑到高温引起的设备变形。

(8) 控制入口粉尘浓度和加入不燃性粉料　袋式除尘器在运转过程中，其内部浓度分布不可避免地会使某部位处于爆炸界限之内，为了提高安全性，避开管道内的粉尘爆炸上下限之间的浓度。例如，对于气力输送和粉碎分级等粉尘收集工作中，从设计时就要注意到，使之在超过上限的高浓度下进行运转；在局部收集等情况下，则要在管路中保持粉尘浓度在下限以下的低浓度。

图 5-23 是利用稀释法防止火灾。在收集爆炸性粉尘时，由于设置了吸尘罩，用空气稀释了粉尘，在管道中浓度远远低于爆炸下限。从系统中间向管道内连续提供不燃性粉料，如黏土、膨润土等，在除尘器内部对爆炸性粉尘加以稀释，以便防止爆炸和火灾的发生。

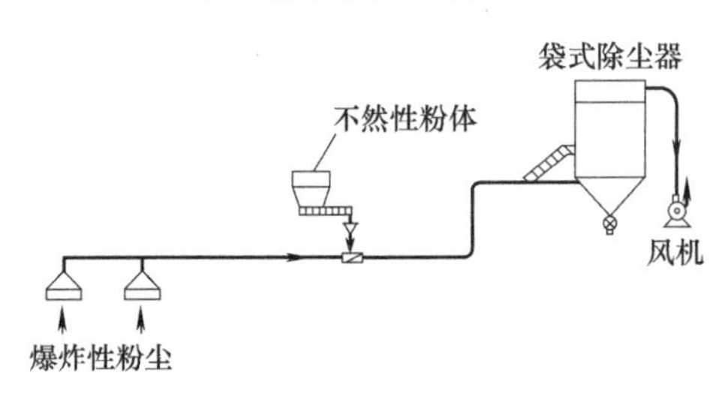

图 5-23 利用稀释法防止火灾

三、可燃气体安全防爆技术

处理含有大量 CO 和 H_2 或其他可燃易爆气体，必须做到系统的可靠密闭性，防止吸入空气或者泄漏煤气，以确保系统的安全运行。主要安全措施如下。

1. 管路安全阀

1）烟气管道尽量避免死角，确保管路畅通；提高气流速度，以防止发生燃气滞留现象。

2）在风机前管路上设置安全阀以便在万一发生煤气爆炸时可紧急泄压。安全阀的形式见图 5-24 和图 5-25。

图 5-24 为上部安全阀结构图，往往设在烟道顶部。正常生产时压盖扣下，以水封保持密封，水封高度为 250mm；万一烟道内发生激烈燃烧，压力大于压盖重量，即紧急冲开压盖，进行泄压。

图 5-25 为下部安全阀结构图，其设在机前。正常生产时，压盖在重锤的作用下关闭泄压孔。泄压孔内焊以薄铜板，万一发生爆炸，气体冲破铜板、打开压盖，进行泄压。

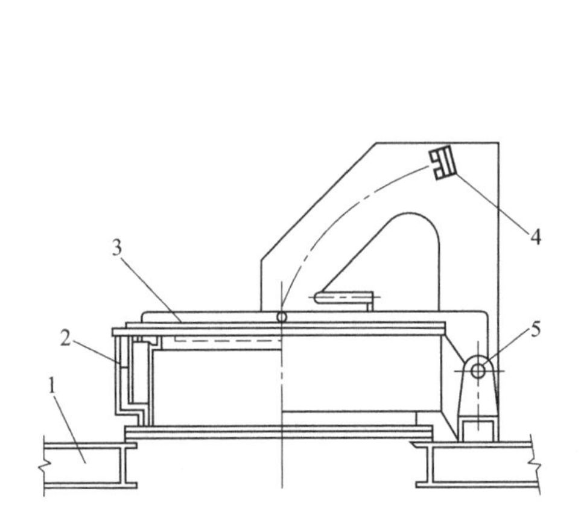

图 5-24 上部安全阀结构图

1—汽化冷却烟道；2—水封；3—压盖；4—限位开关；5—转轴

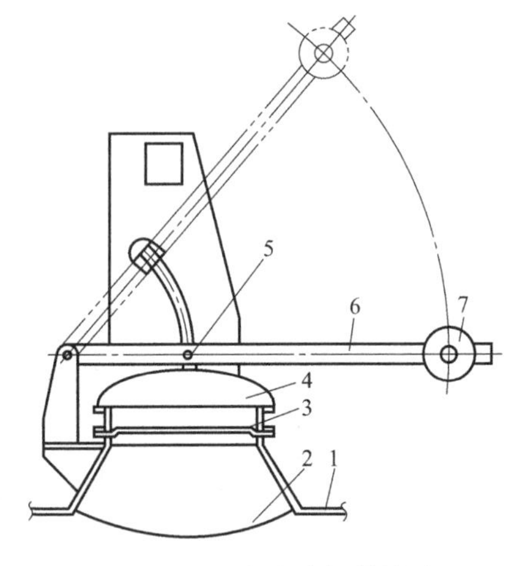

图 5-25 下部安全阀结构图

1—煤气管道；2—泄压孔；3—铜片；4—压盖；5—限位开关；6—压杆；7—重锤

2. 除尘器安全防爆措施

主要包括：①除尘器结构措施，用于处理可燃气体的袋式除尘器通常设计成圆筒形（详见煤气除尘器）；②其他措施同粉尘防爆措施。

四、处理腐蚀性气体的措施

在除尘工程中产生腐蚀性气体的场合有：重油燃料中形成的含硫酸气体；金属熔炼炉使用熔剂时产生的氯气和氯氧化合物及含氟气体；焚烧炉燃烧垃圾产生的含硫、氯、氟气体；木屑锅炉产生的木醋酸气体等。

腐蚀性气体遇有水分产生出盐类粉尘颗粒，属于第二位的腐蚀。粉尘的腐蚀与水分和温度有密切关系。对腐蚀性气体或粒尘处理应采取相应的技术措施。

1. 除尘器箱体的腐蚀

袋式除尘器的箱体材质，几乎都是 Q235 钢板。在制药、食品、化工等少数工业部门，虽也有使用不锈钢的，但其目的除了防腐蚀之外，也是为了防止铁锈混入产品或制品中。

对于由重油、煤炭等材料生成的硫氧化物，用普通钢板时应涂有耐温和耐酸的涂料。这种涂料多为硅树脂系或环氧树脂系等。腐蚀严重的地方用不锈钢板或者在钢板上涂刷耐热耐酸涂料外，再加局部表面处理。

对于强腐蚀性气体的情况，也可将袋式除尘器箱体内壁做上塑料、橡胶或玻璃钢内衬。袋式除尘器除了收集生产过程中的粉尘以外，腐蚀性气体的存在，大多数是由于高温处理而产生的。在这种情况下选用的塑料、橡胶必须同时耐高温。

2. 耐腐蚀性滤布

过滤材料根据耐腐蚀性的使用条件不同而各异，本节仅就这种材料的适用温度及其对耐腐蚀的影响简述如下：①聚丙烯滤布，一般耐腐蚀性较好，且价格便宜的滤布，但在有铅和其他特殊金属氧化物等条件下使用时，如遇高温可促进氧化，使耐腐蚀性能下降；②聚酯滤布是袋式除尘器使用最广泛的耐腐蚀滤布，使用在温度$<120℃$的干燥气体，效果很好；③耐热尼龙滤布，尼龙滤布是良好的耐腐蚀滤布，但在 SO_x 浓度较高的燃烧废气中使用寿命较短，它对磷酸性气体的抵抗性极差；④特氟纶滤布，耐腐蚀性方面是毫无问题的，但价格昂贵；⑤玻璃纤维滤布，耐腐蚀性方向问题不大，对耐热尼龙也有用氟树脂等喷涂以加强耐酸性的。

因为袋式除尘器以硫酸腐蚀或类似性质的腐蚀情形较多。所以，其工作温度在任何时候都需保持在各种酸露点以上。这就是说，对袋式除尘箱体的保温是非常有效的防腐蚀的手段；反之，如不对箱体保温，在强风和降雨之时，因遇冷温度下降，则袋式除尘器箱体之内难免有酸液凝结。防腐蚀和防止结露的措施相辅相成。

五、处理磨损性粉尘的措施

焦粉、氧化铝、硅石等硬度高的粉尘极易磨损滤布和袋式除尘器的箱体。由于这种磨损的程度取决于粉尘中粗颗粒所占比重及其在袋式除尘器中运动速度。因此，对此采取的相应措施则主要是减少粗颗粒的数量和降低含尘空气的流速。

1）设置预除尘器，即在粉尘进入袋式除尘器之前，预先除掉粉尘中较大较粗颗粒，这是极有效的防止袋式除尘器磨损的措施。这种预除尘器不需要很高的效率。所以，为减少动力费用和将摩擦作用集中于预除尘器，最好选择压力损失少而且结构简单的形式，其中动力除尘器是最常用的预除尘器。

2）防磨损袋式除尘器本体易受磨损的部位多为含尘空气入口处和灰斗部分以及受入口速度影响的滤布表面。

袋式除尘器入口形状与受到磨损的情况有直接关系。如图 5-26 所示的袋式除尘器入口形状是斜向下方，用减少对滤布的磨损，以便利用惯性使粗颗粒直接落入灰斗。图 5-27 是利用多孔板均匀入口速度加以缓冲的例子。

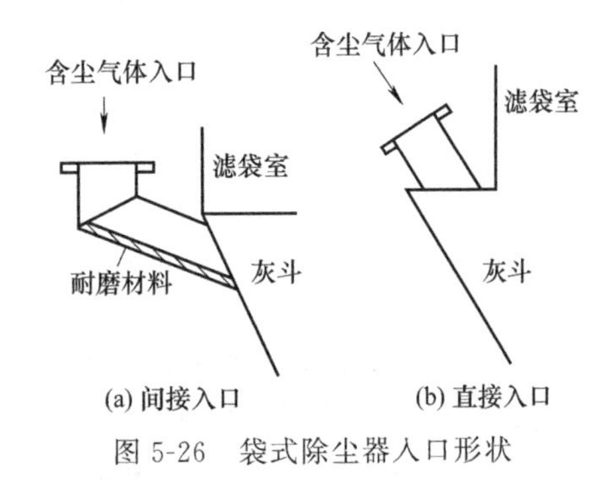

图 5-26 袋式除尘器入口形状

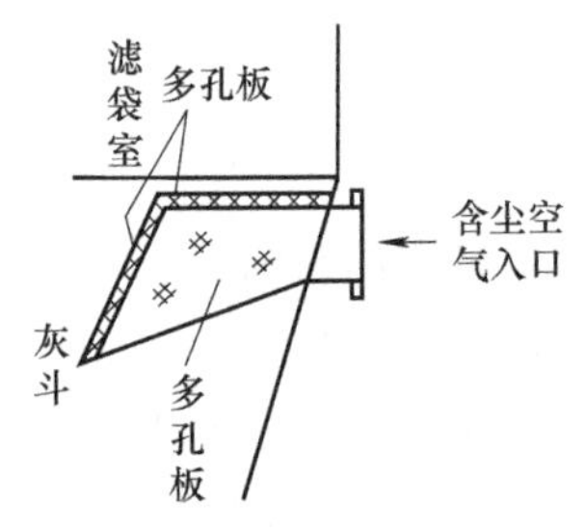

图 5-27 袋式除尘器利用多孔板均匀入口速度

对灰斗部分的耐磨措施，通常加大钢板的厚度，即制造灰斗所用的钢板应比袋式除尘器箱体的其他部分适当加厚。也有在灰斗内衬橡胶或采用耐磨钢板如 Mn 钢以及采用在结构上不易产生磨损的排灰装置等。

内表面过滤的圆筒形滤布，其下端也很容易受到磨损。在这一部位，含尘空气有一定的上升速度，从滤布上方抖落下来的粉尘也在此处有较多的磨损机会。

袋式除尘器处理磨琢性粉尘时，设计应采取的滤速时除考虑压力损失外，还必须考虑滤布下部的磨损。

六、处理特殊粉尘的措施

1. 吸湿潮解粉尘

吸湿性和潮解粉尘如 CaO、Na_2CO_3、$NaHCO_3$、NaCl 等易在滤布表面吸湿板结，或者潮解后成为黏稠液，以至造成清灰困难、压力损失增大，甚至迫使滤袋除尘器停止运转。在这种情况下，处理吸湿性、潮解性粉尘的一般注意事项列举如下。

1）采用表面不起毛、不起绒的滤布。如采用毡类滤料，则应进行表面处理。选用原则是：①化纤优于玻纤，膨化玻纤优于一般玻纤，细、短、卷曲性纤维优于粗、长、光滑性纤维；②毡料优于织物，毡料中宜用针刺方式加强纤维之间的交络性，织物中以锻纹织物最优，织物表面的拉绒也是提高耐磨性的措施；③表面涂覆，轧光等后处理也可提高耐磨性，对于玻纤滤料，硅油、石墨、聚四氟乙烯树脂处理可以改善耐磨、耐折性。

2）应采用离线清灰操作制度。在停止工作时间内充分清除掉滤布表面的粉尘。

3）不应当不管尘源设施是否运转一律连续开动袋式除尘器，应在尘源设施开动时才开动袋式除尘器。当滤布上堆积粉尘成层时不应使含湿空气通过。

许多干燥机的烧结窑炉的废气多属高温、高湿气体，当袋式除尘器停止运转时，温度下降而湿度升高，容易吸湿。为此，应在除尘设备上另装小型热风发生装置。这样，当停止尘源装置运转时，可以送入热风使袋式除尘器的内部温度保持原状。

采用预涂层方法，即在处理含尘浓度较低局部收尘情况下，可先在滤布上用其他粉料预涂一层，即只向管道中供给其他粉料，经运转一段时间，滤布上附着了一层该种粉尘以后再捕集需要收集的湿性粉尘。

2. 含焦油雾的含尘气体

用袋式除尘器处理仅含有焦油雾的气体是困难的，但是，气体中油雾不大而含粉尘量相当多时还可以过滤。例如，在沥青混凝土厂，以石料干燥机的烟气为主，加上运输机和其他排气中的粉尘都进入了袋式除尘器，此外，在拌和机和卸成品料处，由加热后的沥青混凝土产生的焦油雾也都进入了袋式除尘器。在这种情况下，滤布上积附的粉尘量远远超过油雾量，就可以防止发生油雾黏结的麻烦，保证了袋式除尘器的稳定运转。

在电极和成型碳素制品的制造中，在往热黏结剂中混入粉料的工序也产生焦油雾。此时，若以处理粉碎和运输过程中产生粉尘为主，只混入一部分焦油雾时才可以使用袋式除尘器。但是，如果是焦油炉上焦槽烟气中含焦油较多则应在烟气进入除尘器之间加进适量的焦粉以吸附焦雾则可获得满意效果。

如气体只含少量油雾，可单独处理。即在管道上添加适量粉料作助滤剂，则袋式除尘器是可以使用的。添加的粉尘吸收焦油雾后应尽可能返回制造过程而加以利用。

3. 含尘浓度高的气体

处理含尘浓度高的气体，可以安装旋风除尘器或重力除尘器作为预除尘，但是，这要增加系统的阻力和动力消耗。所以当粉尘或物料成品无需分级的情况下大多直接使用袋式除尘器。

并非所有的袋式除尘器都能处理高含尘浓度的气体。只有滤袋间距较宽、袋外面过滤形式装有连续清灰装置的袋式除尘器，才适于处理高含尘浓度的气体。

处理高含尘浓度气体时，在袋式除尘器的构造上应尽量使粉尘直接落入灰斗或加些挡板，以减少附着于滤袋上的粉尘量；防止滤布的摩擦损坏，不应使高速运动的粉尘直接冲击滤布。

关于袋式除尘器入口和入口挡板的形状构造如图 5-28 及图 5-29 所示。后者是以箱体中间一部分作为预除尘器，并兼作粉尘的动力沉降室和入口气体的分流室。

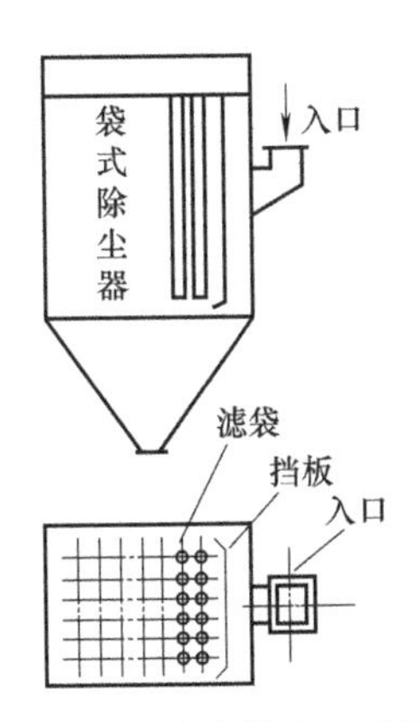

图 5-28　袋式除尘器入口形状构造

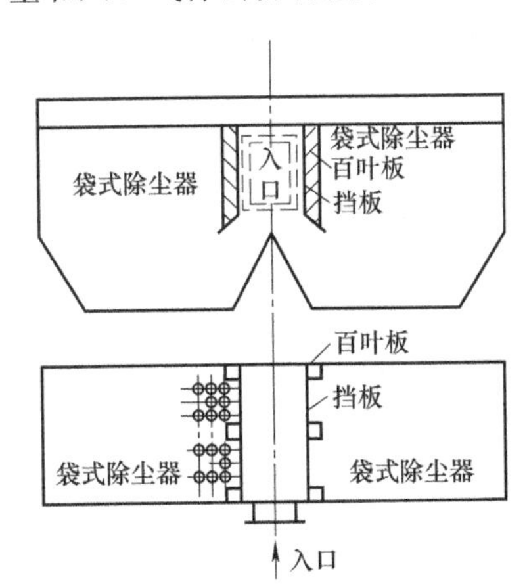

图 5-29　带粉尘沉降分流室的入口挡板形状构造

用于气力输送装置收集粉尘的袋式除尘器，虽然处理风量较少，粉尘浓度高，箱体要求耐压，故以圆筒形较多。有条件的企业可以用塑烧板除尘器替代袋式除尘器。

如图 5-30 所示的圆筒形箱体入口做成切线方向，使之具有分离作用，许多回转反吹袋式除尘器都是这种形式。有时将灰斗部分做成旋风除尘器的形式（见图 5-31）。气力输送系统的袋式除尘器，因为粉料数量多，灰斗容积和排灰口直径就要设计得大些，而且粉尘排出

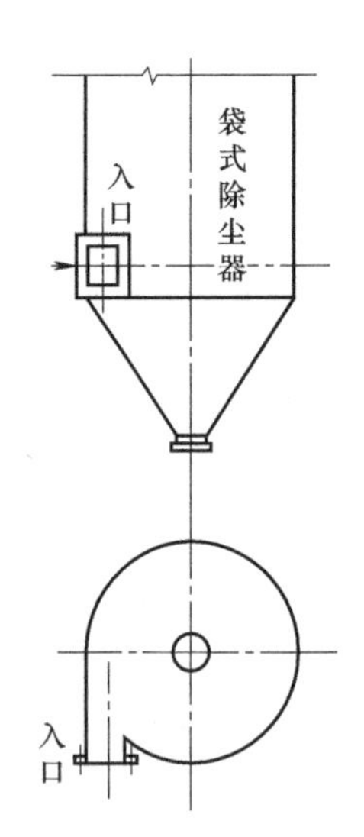

图 5-30 圆筒形箱体切线方向入口形状

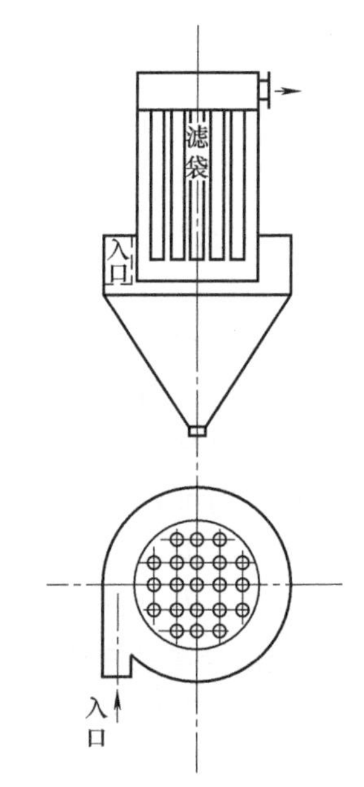

图 5-31 旋风除尘器灰斗形状

装置的能力也要留有充分余地，以免在灰斗内滞留粉料。

第三节 除尘设计禁忌

除尘设计不一定十全十美，但应在设计中避免不应犯的错误。在除尘设计中应适当留有裕度，设备和配件选型应参数合理、质量优良，管线配置合理，能满足工程需求。

一、忌除尘设计不留裕度

除尘设计留有裕度是环保和生产两方面的要求，不留裕度会造成环保或生产的被动局面。

1. 环保标准要求

鉴于我国标准的频繁修订，如果除尘设计无裕度会导致排放不达标。以燃煤电厂为例，1973 年的《工业“三废”排放试行标准》(GBJ 4—1973)，对燃煤电厂的烟尘排放以烟囱数量和烟囱高度共同来规定全厂小时排放量限值，电厂大部分采用旋风、多管等机械式除尘器，除尘效率一般低于 85%。

1991 年《燃煤电厂大气污染物排放标准》(GB 13223—1991)，以三电场电除尘、高效水力除尘器的技术水平确定排放限值，除尘效率大于 95%。

1996 年修订为《火电厂大气污染物排放标准》(GB 13223—1996)，开始以电厂建设或环评批复年为标志划分时段，以三电场、四电场除尘器技术水平确定排放限值，除尘效率大于 98%。

2003 年修订为《火电厂大气污染物排放标准》(GB 13223—2003)，重新调整时段，以四电场、五电场高效电除尘器、布袋除尘器的技术水平确定排放限值，除尘效率大于 99%。

2011 年修订为《火电厂大气污染物排放标准》(GB 13223—2011)，再次重新调整时段按五电场或更高的电除尘器、袋式除尘器的技术发展水平确定排放限值，同时考虑到湿法脱硫系统的部分除尘作用，除尘效率大于99.5%。近期实施超低排放（排放浓度≤10mg/m³）对除尘效率要求更高。

设计时若只考虑当时排放标准，没考虑标准修订的可能，后期则有排放不达标的风险。

2. 生产发展需要

有一些企业生产发展，产品产量有所提升，原有环保设备因为没考虑裕度不能适应生产需求。有的人认为为了环保要求，生产不应当任意提高产量。实际上，生产和环保二者兼顾才是上策。

二、忌除尘器或配件选型不当

一个袋式除尘是由多个高技术的独立系统配置而成，其中包括：除尘器的型式、气流均布装置；入口方式；滤料的选择与滤袋的加工；笼骨和花板的设计、加工质量；除尘清灰系统；润滑系统；电气控制系统；卸灰系统；风机系统；分流挡板和钢结构制作（包括采取露点保温、加热和密封措施）；除尘器报警安全系统等。袋式除尘器看似简单，但要做得好，用得好，仍是技术性很强的设备。所以，如果把除尘器作为家庭用品一样简单“选型”，如果选型不当也会在除尘设备的应用过程中经常产生各种败迹或问题。主要表现是：①滤料的工作寿命低于质量保证；②除尘器的阻力超过原来的设计值；③设备故障多，管理麻烦作业率低；④电气控制紊乱甚至无法工作等现象。例如，某煤气除尘器投入运行后，前20天比较稳定，20多天以后布袋出现破损，并且愈演愈烈，更换频率和数量急剧增加，一度造成布袋供应紧张。由于布袋破损严重，直接导致净煤气含尘量超标，最高达到60mg/m³以上。

箱体荒煤气入口挡板选型不合理，使得箱体内所安装的袋笼（尤其是外侧布袋）在气流的作用下，产生晃动，激烈碰撞，使布袋破损。

对14个箱体的入口导流板分5种形式逐个进行改造，在原有挡板中间开孔，挡板后增加1个导流板，导流板上沿增加盖板与原挡板连接，形成一组导流装置，很好地解决了煤气进入箱体后激烈冲撞布袋问题。新的导流装置使进入箱体的煤气流场更合理，缓解紊乱气流对布袋的激烈碰撞，延长布袋使用寿命，提高设备的可靠性，煤气含尘量基本达到5mg/m³以下，除尘器选用不当的另一个重要原因是参数选择不合理，过分相信厂家的不实宣传。有经验的设计者和用户都非常重视工程实践。

合理的过滤风速是除尘器选型的重要环节。

过滤风速的选取、对保证除尘效果，确定除尘器规格及占地面积，乃至系统的总投资，具有关键性的作用。

国内袋式除尘器的使用工况条件十分复杂，烟气参数多变，不同地区、不同工况、不同机组没有统一的标准。如何选择合理的过滤风速，实际上是一项较复杂的工作，与粉尘性质、含尘气体的初始浓度、滤料种类、清灰方式等都有着密切的关系。因此，设计时必须正确把握具体项目的具体设计条件，有针对性地确定过滤风速、制定设计方案和对特殊工况的应对措施。设计条件主要由业主提供，可以参考同类项目的相关资料，但是更应重视现场的调研与实际勘测。

以电站燃煤锅炉的袋式除尘器为例，讲究高效、低阻、长寿命，以确保机组安全、可靠、稳定运行，湿法脱硫系统前的袋式除尘器过滤风速一般选用0.9m/min左右为宜；半干法脱硫系统后的高浓度袋式除尘器过滤风速一般选用0.75～0.8m/min。

三、忌配套件质量差

与袋式除尘器配套的机电产品及材料，形式少、功能不齐全，如国产电磁阀，性能不好、寿命不长、气缸寿命短、动作缓慢。电动蝶阀电动头、电动推杆的故障率偏高，卸灰阀、输灰设备寿命不长，刮板输送机链条每1～2年就要更换一次。密封垫料，胶合料品种单一，抗老化性能差，缺乏特色产品；电器元件、仪器仪表产品质量差。微差压变换器及其显示仪表、料位计、粉尘浓度计、PLC控制器等还得依赖进口。

例如，某高炉煤气除尘用钟形阀和球阀问题。除尘系统投入运行后多次出现阀门、管道刷漏的情况。投产1个月时间内，箱体卸灰 *DN*300 钟形阀及下侧 *DN*300 管刷漏3次。

原因分析：球体耐磨性差；箱体卸灰过程中，钟形阀开，灰流呈一定角度，此段管的制作是使用6mm厚的普通卷焊管，自身偏薄，材质差，耐不住瓦斯灰的长时间磨损。

改进情况：分别试用多个厂家的 *DN*80 球阀和 *DN*300 钟形阀，根据试用球阀的使用情况、耐磨强度、使用寿命来确定 *DN*80 球阀的选型，增强了耐磨性能，延长了使用周期。为了提高 *DN*300 锥形管使用寿命，准备了耐磨复合管备件，出现问题随时更换。

又如在同样系统中，除尘器箱体入口插板阀的压紧松开机构齿轮传动连杆多次发生折断，阀板不动作，箱体投不上，无法起到备用作用，一度非常紧张。其中4号箱入口插板阀最为严重，最长搁置4个多月，不能作为备用。

原因分析：①箱体入口的工况条件比较恶劣，温度高，压力高，灰尘大，传感器经常坏，发出错误信号；②密封，大量灰尘进入阀箱，增大了阀板动作的阻力；③齿轮沾满灰尘，齿轮间接触面变小，驱动力减小。

改进情况：增加手动松开压紧装置，改变传感器安装位置，勤换密封垫，减少齿轮数量，增加咬合面积，在箱体内增加刮灰板。

四、集气罩设计禁忌

1）集气罩设计优劣对比见表5-5。

表5-5 集气罩设计优劣对比

对比	说明
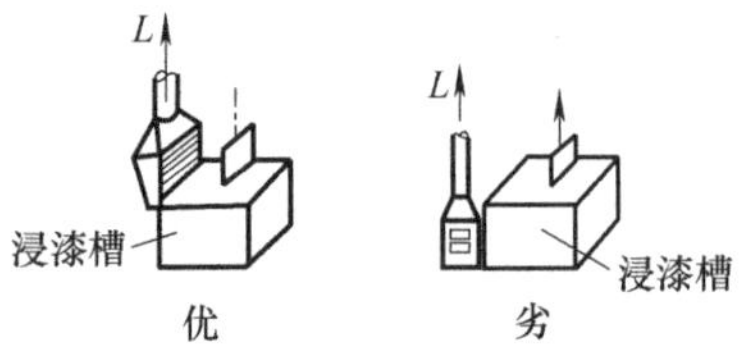 L 浸漆槽 优　L 浸漆槽 劣	应从散发有机溶剂浓度比较高的槽侧直接排风
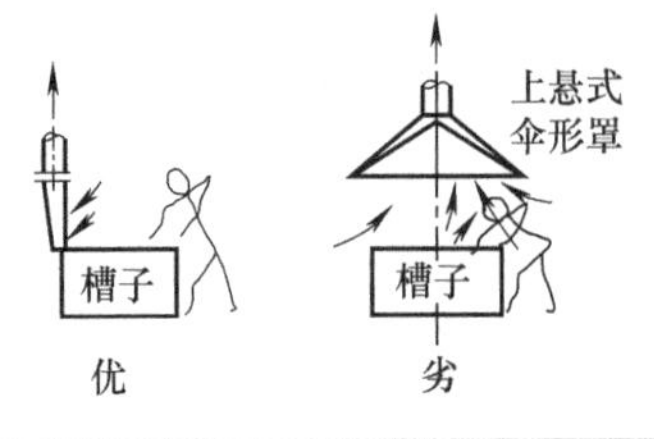 槽子 优　上悬式伞形罩 槽子 劣	采用条缝侧吸罩使操作人员不接触有害物。如用上部伞形罩，则有害物首先经过操作人员的呼吸区

续表

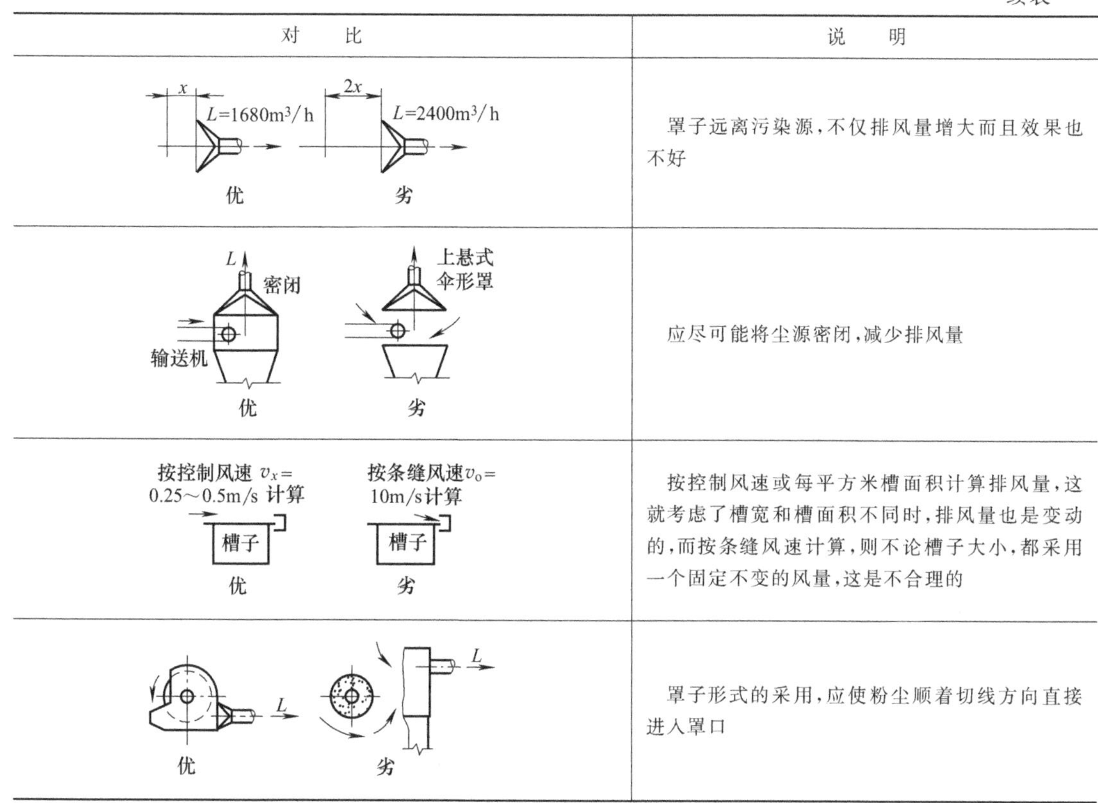

对　比	说　明
x L=1680m³/h 优；$2x$ L=2400m³/h 劣	罩子远离污染源，不仅排风量增大而且效果也不好
L 密闭 输送机 优；上悬式伞形罩 劣	应尽可能将尘源密闭，减少排风量
按控制风速 v_x=0.25～0.5m/s 计算 槽子 优；按条缝风速 v_0=10m/s 计算 槽子 劣	按控制风速或每平方米槽面积计算排风量，这就考虑了槽宽和槽面积不同时，排风量也是变动的，而按条缝风速计算，则不论槽子大小，都采用一个固定不变的风量，这是不合理的
L 优；L 劣	罩子形式的采用，应使粉尘顺着切线方向直接进入罩口

2）排风罩的吸气气流方向应尽可能与污染气流运动方向一致。

3）已被污染的吸入气流不允许通过人的呼吸区。设计时要充分考虑操作人员的位置和活动范围。

4）局部排风罩的配置应与生产工艺协调一致，力求不影响工艺操作。

5）要尽可能避免和减弱干扰气流和穿堂风、送风气流等对吸气气流的影响。

五、风管连接设计禁忌

1）管件的制作、风管的连接、风管与通风机的接口都有一定要求，优劣比较参见图 5-32、图 5-33。

2）不允许在风管上安装或在风管内安装电线、煤气管道、热源管道、热水管等。

3）为调整、检查测定除尘系统及各吸风点的参数，应在各支管及除尘器、通风机前后处设测孔，测孔位置尽可能远离异形管件，以减少涡流影响，测孔位置不要打在风管的上方，以免影响测定。

4）钢制风管水平安装时，当管径不超过 360mm 时，其固定件（卡箍、吊架、支架等）的间距不大于 4m；管径超过 360mm 时其固定件的间距不大于 3m；当垂直安装时，其固定件的间距不大于 4m，拉绳和吊架不允许直接固定在风管的法兰上。

5）防止可燃物在通风系统中的局部地点（死角）积聚。排除有爆炸性气体时，不允许采用伞形罩或能使该气体积聚不散的装置。

6）在操作伴有爆炸性气体的除尘系统时，同样要注意不使该气体在风管或设备内积聚。在系统运转中，不要在管道上切割和焊接，以防管道中气体爆炸。

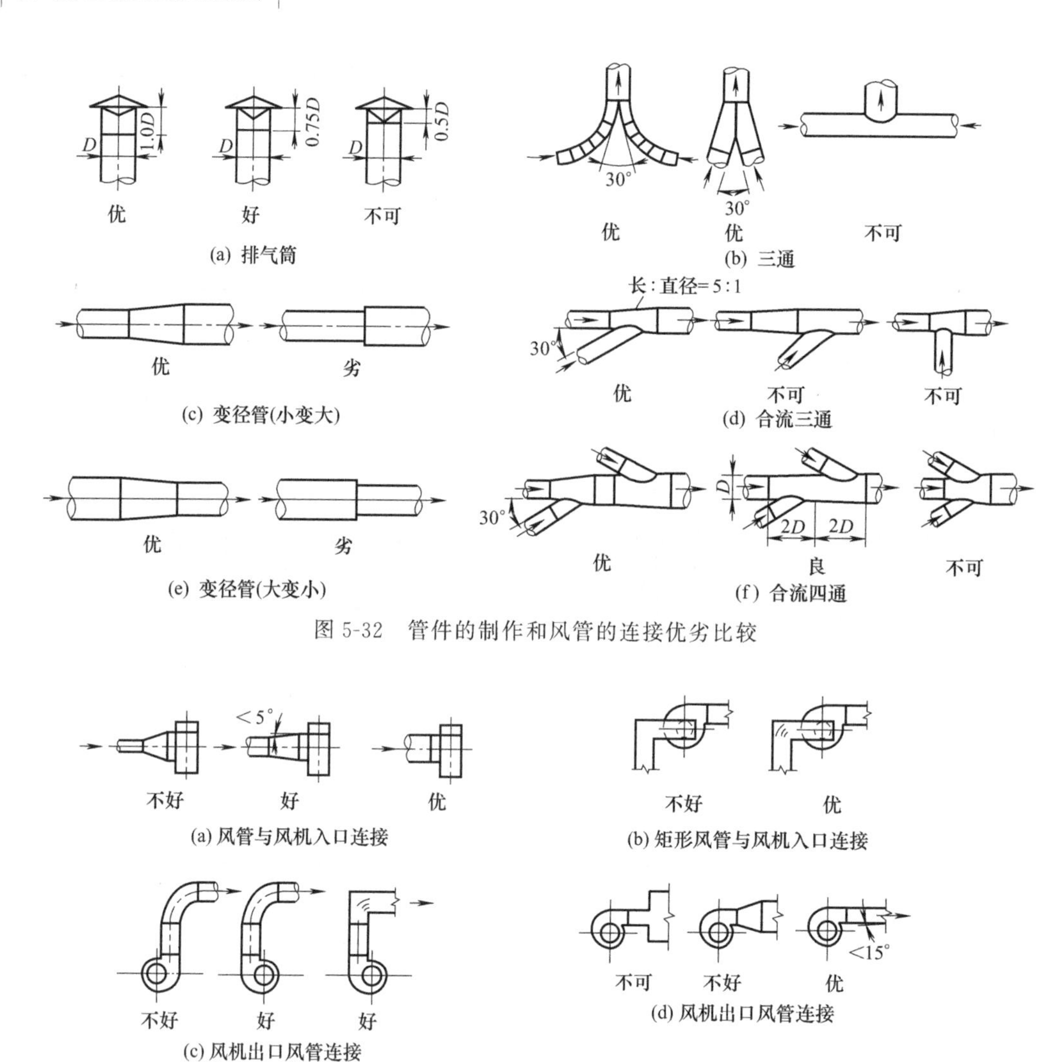

图 5-32　管件的制作和风管的连接优劣比较

图 5-33　风管与通风机的接口优劣比较

7）选用防爆通风机，并采用直联或轴联传动方式，如采用三角皮带传动时，为了防止静电产生火花，可用接地的方法。

第六章

袋式除尘器结构设计

除尘器结构是除尘器的重要组成部分，它构架了除尘工艺流程与空间的主体，是组织与完成工业气体除尘净化的主要构件之一。按除尘工艺的需要，除尘器主体结构形式可分为骨架式和圆筒式。少数板式构件多属于骨架式结构，作为围护结构存在。除尘器壳体结构多数以钢结构为主，少数为钢筋混凝土构成的混合结构。

除尘器结构设计包括荷载分析、结构形式确定、材料选用、设计要点和设计计算等，计算中一般情况下可参照国家现行规范及配套的标准规范进行，其中与工艺有关的荷载参数应根据除尘器运行的具体条件分析确定。

第一节　设计原则和设计范围

一、除尘器结构分类

1. 骨架式结构

随着环境保护法规的日益严格和环境保护标准的提升，工业除尘装置日趋大型化，多以户外型存在。以箱形结构为除尘空间的除尘器壳体多为骨架式钢结构。除尘器壳体不仅要形成高效除尘功能，还要具有先进的承载结构与安全经济的运行条件。例如，长袋低压脉冲除尘器、分室反吹风袋式除尘器、卧式静电除尘器等都是典型的骨架式钢结构。

骨架式钢结构多由柱、梁、板、支撑、围护结构和支座（架）等组成，除尘工艺装置的荷载分布与体系科学分解，由梁与柱传递至设备基础。骨架式钢结构要保证壳体钢结构的强度与稳定性，支持除尘工艺装置完成气体除尘与净化功能，承担除尘器支承、安装和安全防护。

2. 圆筒式钢结构

基于除尘机理、结构科学和运行安全的需要，特别是具有爆炸性威胁的气体除尘与净化，依其力学特性的优越性，多采用圆筒式钢结构，并以户外型为主。

圆筒式钢结构多由圆筒式筒身、封头、灰斗、进出口、支架（座）和超压泄放设施等组成。在保证除尘器在有爆炸性威胁的工况下，圆筒式钢结构要支持除尘器安全地完成工业气体除尘与净化功能，承担除尘器的支承和安装与安全防护。

二、除尘器结构设计原则

除尘器壳体钢结构设计服务于除尘工艺的结构设计，主要设计原则如下。

1. 满足除尘工艺需要

除尘器壳体钢结构设计，首先应满足除尘工艺的需要。包括：除尘工艺流程与设施，荷载分布与特性，运行管理，安全防护设施，保温与涂装。

(1) *采用科学先进的除尘工艺与设施* 瞄准国内外先进水平，结合工业除尘与净化工程的实际工况，优选科学先进的除尘工艺与方法，设计合理的烟气除尘与净化流程，配套相应的除尘与净化设施。

(2) *科学分析除尘器的荷载分布与特性* 科学分析除尘设备的荷载分布与特性，采用相适应的主体结构和附属设施，做到技术先进、结构优化、设计合理、经济适用、防护可靠。

(3) *建立与健全符合除尘器运行管理的法规* 建立与健全除尘器运行管理的法规，是保证工业除尘与净化装置科学运行，谋取最佳去除效能的组织保证措施，至少应当包括除尘器操作说明书、运行管理规程、检修规程、安全操作规程和重大设备事故预案。

(4) *同步配设安全防护设施* 贯彻“安全第一、预防为主”的方针，按职业安全与卫生防护的需要，相应设计与安装人孔、操作平台、走台、护栏和防爆设施，科学组织安全生产，提升设备完好率，保证除尘器安全运行。

(5) *做好设备保温与涂装* 按除尘器设计要求，在除尘器试验（试压）合格后，及时做好设备保温与涂装，降低热损失，防止设备腐蚀，保证除尘器按额定技术条件组织运行。

2. 结构设计配套先进

除尘器壳体钢结构设计尽量采用先进技术，力求结构新颖、造型艺术、设计规范、经济适用、安全可靠；壳体内部除尘工艺设施另行配套设计。

(1) *科学确定除尘器设计参数* 应按除尘器设计参数确定科学先进的除尘工艺，优化除尘设施烟气流程和构造尺寸。

(2) *科学组织除尘器壳体钢结构设计* 按除尘器荷载分布与特性，建立除尘器荷载体系，科学设计除尘器结构尺寸、支承形式与外形尺寸；进一步组织除尘器壳体钢结构设计和安全性校核。

(3) *同步配套附属设施* 按除尘器安装与检修的需要，设计必要的设备支架、人孔、平台、护栏、超压泄放装置和其他附属设施。

3. 适应工厂制作、现场安装

为了适应工厂分体制作、现场组合安装，设计时需要做到以下几点。

(1) *制订除尘器分体制作、现场组合安装方案* 按除尘器壳体钢结构形式和钢结构制作、安装能力，设计时应科学规划工厂分体制作、现场组合安装方案。

(2) *符合除尘器分体制作、现场组合安装要求* 除尘器壳体钢结构设计时，应做到分体灵活、组合方便，预设必要的吊装设施，推荐必要的防止钢构件变形的技术措施和组织措施。

(3) *保证钢构件分体制作时运输不超限* 除尘器钢结构设计时，还应满足钢构件分体时运输不超长、不超宽、不超高、不超重，推荐必要的钢构件再分解与复原措施。

4. 符合安全环保规定

在设计时，还要符合安全、职业卫生和环保规定。

(1) *安全生产* 优化方案，正确处理主体与配套的关系，同步设计与安装走台、扶梯、栏杆及其他安全防护设施，保证安全生产。

(2) *职业卫生* 坚持工业企业设计卫生标准，严格按职业危害因素接触限值规定，采取工艺合理、技术先进、运行可靠的技术组织措施，建立职业健康的劳动条件，保持劳动者健康。

（3）环境保护　严格执行环境保护标准，运行过程产生的有害物质及其废弃物，不再二次污染环境，且符合循环经济运行准则。

三、除尘器结构设计范围

1. 箱体

除尘器箱体框架包括密封箱体、支柱、梯子、平台等，主要由钢结构组成，包括各种型号的钢板和型钢。它是除尘器的主要支撑结构，负责承担自身和除尘器其他各部分的荷载。

除尘器的箱体分为上箱体、中箱体、下箱体。上箱体包括上盖、储气包、脉冲阀、提升气缸、开关蝶阀等；中箱体包括花板、中箱体检查门、进风管、出风管等；下箱体包括灰斗、螺旋输送机及传动电机、出灰口、支腿等。

箱体是整个除尘器的外壳，多为钢制，基本采用多元组合结构装配，包括花板、进风口、出风口、灰斗（收集过滤下来的物料）等，具有“高效、密封、强度、刚度”兼容的功能。根据地域或厂区空气质量的不同，北方地区在结构上应增设防风雪、防树叶等杂物混入的防护设施。

箱体的形状有圆形和方形，箱体结构与承压有关系，圆形的承压能力比方形的好，也比方形的下料顺畅，但方形的布置方便，且容易加支撑筋。卧式的滤筒除尘器一般都用方形结构。在箱体的设计中主要确定壁板和花板，壁板设计要进行详细的结构计算，花板设计除了参考同类产品，基本是凭设计者的经验。花板是指开有相同安装滤筒孔又能分隔上箱体和中箱体的钢隔板。在花板设计中主要是布置滤筒孔的距离，该间距与滤筒内径、长度、过滤速度等因素有关。

为了提高袋式除尘器的效率，可考虑在箱体中加设气流分布装置，最常见的气体分布有百叶窗式、多孔板、分布格子、槽型钢分布板和栏杆型分布板等。为避免一方面入口处滤袋由于风速较高造成对滤料的高磨损，另一方面距离入口较远的滤袋又不能充分利用，为此采用导流板或者气流分布板就很有必要。目前除尘器选用多种气流分布板，以有利于气流分布稳定和均匀，有利于气流的上升及粉尘的下降。

2. 进、出风管

进风管和出风管设置要合理，一个是将外界空气引入除尘器内，一个是将过滤后的空气排出除尘器，这都将影响除尘器的除尘效率。

进风装置由下风管、风量调节阀和矩形进风管组成。对进风装置进行设计，主要是考虑风管壁板的耐负压程度。风量调节阀可以作为厂通件，其内的阀板一般采用 5mm 厚度的 16Mn 钢板制作。此外，进风装置的合理布置也很重要，应保证烟尘在经过进风装置时，烟气流向合理，对管壁的冲刷降低到最低。为防止高浓度含尘气体对中箱体内滤袋及壁板的冲刷，烟气离开进风装置，通过矩形进风管的风速一般控制在 10m/s 以下。

3. 灰斗

灰斗用来收集过滤后的粉尘以及进入除尘器的气体中直接落入灰斗的粉尘。因为灰斗中的粉尘需要排出，所以灰斗要逐渐收缩，四壁是便于粉尘向下流动的斜坡，下端形成出口，它的设置也不能太小，太小往往会引起堵塞，而太大容易导致粉尘撒在外面。因此，要根据实际情况进行设计灰斗。

灰斗上部与中箱体焊接，下部接输灰装置。设计灰斗时，除根据工艺要求确定灰斗的容积和下灰口尺寸，还要对其强度进行计算。灰斗组件同进风装置、中箱体和上箱体一样，属于负压装置。对其强度计算的目的是保证其在规定的最大负压（或规定最大正压）下能满足除尘器的正常运行，不会发生压瘪（凹陷）的现象。灰斗壁板的厚度一般为4～5mm。

对下进风除尘器而言，为使入口气流均匀，一般要设置灰斗导流板。导流板由若干组耐磨角钢板（材料为Q345A）组成，一般交错布置在灰斗进风口。它的主要作用是均衡烟气流，同时使烟气中大颗粒粉尘通过碰撞导流板减缓速度沉降于灰斗底部，减轻滤袋过滤的负荷。导流板一般按经验进行布置，其布置也可以通过专业软件对烟气流的理论模拟而确定。

4. 框架

框架包括梁、柱、设备支架等，由于大型袋式除尘器本体以及重量都比较大，所以框架设计必须要有足够的牢度、刚度和强度，保证整个除尘器安全运行，并对紧急意外（如地震）等突发情况进行防范。

框架设计还包括走梯、平台、栏杆等。

第二节　袋式除尘器荷载分析

袋式除尘器的结构设计应考虑的作用（荷载）主要包括自重荷载、气体压力、温度、积灰荷载、风荷载、雪荷载、地震荷载以及其他相关设施传递给除尘器结构的直接或间接作用。

一、除尘器自重荷载作用

除尘器自重作用应考虑的范围包括除尘器结构自重、壳体保温层自重、粉尘收集与清除装置自重、各种附属的检修设备、检修操作平台、管道及电缆桥架等。

除尘器自动荷载标准值应根据材料种类、规格尺寸、重力密度等基本参数进行统计，其中，除尘器上安装的一些定型设备可根据铭牌标示值采用。

二、壳体内气体压力作用

除尘器壳体内气体压力作用应分别考虑正常运行工况和偶然故障工况。

在正常运行工况下，即正常生产及不停机检修工况，壳体内气体压力作用标准值可按照除尘器工艺设计的最不利状态采用，应分别确定正压和负压的不利状态。对于反吹风袋式除尘器，应确定正常运行状态下除尘器壳体内压力变化的平均幅值。

在偶然故障工况下，如烟道被堵塞、烟气爆炸等，壳体内气体压力作用标准值可按照系统内风机的最大静压值或泄压阀设计压力值采用。

三、温度作用

温度对除尘器结构的作用包括高温对结构材料力学性能的影响和温度变形对结构受力的影响两个方面。

高温对结构材料力学性能的影响，应按照生产运行状态下，烟气进入除尘器壳体时可能的最高温度，经热传导分析确定。钢材及焊缝强度设计值及弹性模量的温度折减系数可按表6-1、表6-2确定。

表 6-1　钢材及焊缝强度设计值的温度折减系数

钢　号	作用温度/℃						
	≤100	150	200	250	300	350	400
Q235、Q345	1.00	0.92	0.88	0.83	0.78	0.72	0.65

注：温度为中间值时，可采用线性插入法计算。

表 6-2　钢材弹性模量的温度折减系数

钢　号	作用温度/℃						
	≤100	150	200	250	300	350	400
Q235、Q345	1.00	0.98	0.96	0.94	0.92	0.88	0.83

注：温度为中间值时，可采用线性插入法计算。

温度变形对结构受力的影响应按极端温差（即除尘器壳体可能的最高温度和极端最低大气温度之差）分析。

四、积灰荷载作用

积灰包括灰斗积灰、除尘器壳体内死角积灰、滤袋黏附的粉尘以及除尘器顶盖可能产生的积灰。

(1) *灰斗积灰*　灰斗积灰应分别考虑正常运行工况和偶然故障工况。所谓正常运行工况是指正常生产、不停机检修及灰斗高灰位报警后例行处置等状态；所谓偶然故障工况是指触发灰斗积灰超载应急程序，或者由于积灰超载等非正常状态导致除尘器系统停止工作的状态。

在正常运行工况下，灰斗积灰荷载应根据产灰量、灰斗容量、不停机检修持续时间以及灰斗灰位控制与出灰制度等，按下列几种情况合理确定。

1）灰斗内设置的高灰位计报警后，由除尘器运行管理人员，依既定的正常程序进行例行处置时，灰斗积灰荷载（Q）应根据高灰位计触发条件下灰斗内可能的积灰量确定。

2）对于设有自动出灰输灰系统的除尘器，在灰斗积灰情况检查（点检）周期内可能出现的灰斗积灰荷载（Q）可按下式确定：

$$Q=Q_0+(q_h-q_l)t \tag{6-1}$$

式中，Q_0 为防止卸灰阀漏气影响系统密封性能在灰斗内长期留存的积灰量，系统未设置低灰位控制时可取灰斗下部 1.0m 或运行管理（点检）人员定时检查所查及范围的积灰量，kg；q_h 为除尘器系统单灰斗单位时间内最大产灰量，kg/h；q_l 为除尘器系统单灰斗单位时间内平均产灰量（或最小出灰量），kg/h；t 为灰位检查周期，h。

3）对于设有自动出灰输灰系统的除尘器，在除尘器不停机状态下对出灰输灰系统进行维修或检修过程中可能出现的灰斗积灰荷载（Q）可按下式确定：

$$Q=Q_0+q_ht \tag{6-2}$$

式中，Q_0、q_h 意义同式（6-1）；t 为除尘器不停机状态下对出灰输灰系统进行维修或检修的允许持续时间，按运行手册规定确定（一般情况可取 8h）。

4）对于定时卸灰，灰斗兼作储灰仓的除尘器，正常运行工况下灰斗积灰荷载（Q）可按式（6-2）计算。此时的 t 应为定时卸灰的时间周期 h。

在偶然故障工况下，灰斗积灰荷载应根据触发积灰越载应急程序时灰斗内可能产生的最大积灰量确定；如果除尘器系统设计没有相应的积火超载应急控制程序，一般应按照灰斗满灰位或者烟气入口被积灰淤塞时的灰斗灰位确定。

灰斗积灰荷载标准值可根据灰斗内积灰灰位分布状况、灰斗几何尺寸、灰尘的堆积密度计算确定。灰尘的堆积密度应根据除尘工艺设计提供资料确定。

(2) 除尘器壳体内死角积灰　可根据粉尘堆积密度、内摩擦角、死角尺寸等计算确定，当壳体加劲肋设在壳体外时可不计该荷载项。

(3) 滤袋黏附的粉尘　可根据粉尘堆积密度及滤袋可能黏附粉尘的厚度计算确定；当缺少资料时可按照滤袋面积 $0.05kN/m^2$ 计算。

(4) 除尘器顶盖可能产生的积灰　可根据除尘器周围的粉尘源情况，参照国家现行标准《建筑结构荷载规范》(GB 50009) 有关规定确定。

五、风荷载作用

基本风压应根据建设场地的气象资料统计分析确定；当缺少统计资料时，可根据国家现行标准《建筑结构荷载规范》(GB 50009) 有关规定确定。

1) 当计算除尘器框架、支架、基础结构及连接时，垂直于除尘器表面上的风荷载标准值可按下式确定

$$W_k=\beta_z\mu_s\mu_z W_0 \tag{6-3}$$

式中，W_k 为风荷载标准值，kPa；β_z 为高度 z 处的风振系数（当高度不大于 30m 时可近似取 1.0）；μ_s 为风荷载体型系数（迎风面 $\mu_s=0.8$，背风面 $\mu_s=-0.5$，顶面 $\mu_s=-0.7$）；μ_z 为风压高度变化系数（按表 6-3 取用）；W_0 为基本风压，kPa。

表 6-3　风压高度变化系数

离地面高度/m	地面粗糙度类别				离地面高度/m	地面粗糙度类别			
	A	B	C	D		A	B	C	D
5	1.17	1.00	0.74	0.62	20	1.63	1.25	0.84	0.62
10	1.38	1.00	0.74	0.62	30	1.80	1.42	1.00	0.62
15	1.52	1.14	0.74	0.62	40	1.92	1.56	1.13	0.73

注：A 类——近海海面和海岛、海岸、湖岸及沙漠地区；B 类——田野、乡村、丛林、丘陵以及房屋比较稀疏的乡镇和城市郊区；C 类——有密集建筑群的城市市区；D 类——有密集建筑群且房屋较高的城市市区。

2) 当计算壳体壁板、加劲肋等类似结构及连接时，垂直于除尘器表面上的风荷载标准值可按下式确定

$$W_k=\beta_{gz}\mu_s\mu_z W_0 \tag{6-4}$$

式中，W_k 为风荷载标准值，kPa；β_{gz} 为高度 z 处的阵风系数（按表 6-4 取用）；μ_s 为风荷载体型系数（迎风面 $\mu_s=0.8$，背风面 $\mu_s=-1.0$，顶面 $\mu_s=-0.7$）；其他符号意义同前。

表 6-4　阵风系数

离地面高度/m	地面粗糙度类别				离地面高度/m	地面粗糙度类别			
	A	B	C	D		A	B	C	D
5	1.69	1.88	2.30	3.21	20	1.58	1.69	1.92	2.39
10	1.63	1.78	2.10	2.76	30	1.54	1.64	1.83	2.21
15	1.60	1.72	1.99	2.54	40	1.52	1.60	1.77	2.09

六、雪荷载作用

基本雪压应根据建设场地的气象资料统计分析确定；当缺少统计资料时，可根据国家现行标准《建筑结构荷载规范》(GB 50009）有关规定确定。雪荷载不与顶盖活荷载组合。

屋面水平投影面上的雪荷载标准值，应按下式计算

$$S_k=\mu_r S_0 \tag{6-5}$$

式中，S_k 为雪荷载标准值，kPa；μ_r 为除尘器顶面积雪分布系数（根据除尘器顶面形状，取 0.8～1.4，凸起区域取低值，凹陷区域取高值)；S_0 为基本雪压，kPa。

七、地震荷载作用

建造于地震区的除尘器，计算除尘器框架、支架、基础结构及连接时应考虑地震作用。

除尘器地震作用可根据国家现行标准《建筑抗震设计规范》(GB 50011）或《构筑物抗震设计规范》(GB 50191）有关规定确定。

八、其他荷载作用

1）检修荷载，对于检修平台（包括除尘器顶盖）无设备区域的操作荷载，包括操作人员、一般工具、零星原料和成品的重力，可按均布活荷载考虑，采用 2.0kPa。

2）烟道荷载，包括重力（管道自重、保温、管道内积灰等）作用和可能产生的（温度、地震、风等）水平力作用，应根据除尘器与烟道的连接情况合理确定。

3）检修吊车荷载，除尘器的检修吊车一般安装在壳体顶部，用于吊装阀门、检修门、滤袋、检修工具等，会产生竖向及纵向和横向水平荷载作用。检修吊车荷载只对直接承担吊车作用的构件及连接考虑。

第三节　袋式除尘器结构形式

除尘器壳体结构形式，可分为板式结构、骨架式结构及圆筒结构，在板式和骨架式壳体结构基础上的轻钢壳体结构也已经在工程中应用。

一、板式壳体结构

除尘器壳体由平板构件（单元）围成。这种结构形式的箱体，其优点在于可在制造厂预先定制，犹如民用建筑上的装配式结构，然后在施工现场用临时螺栓拼装，再将拼缝焊封，如果运输及起吊条件允许，尽可能放大板型的尺寸，以减少现场焊缝，加快施工进度。

袋式除尘设备的板式结构，通常在高度方向，如布袋长度在 6m 以下，可一块到顶，如采用 10m 长的布袋则可分成两段，一般箱体内部应加撑。每个箱体的四个内直角必须用三角形板加强，如图 6-1 所示。为防止箱体变形，三角板每隔 1500～2000mm 设一个。滤袋的吊挂可在板上焊接牛腿来支承吊挂梁。

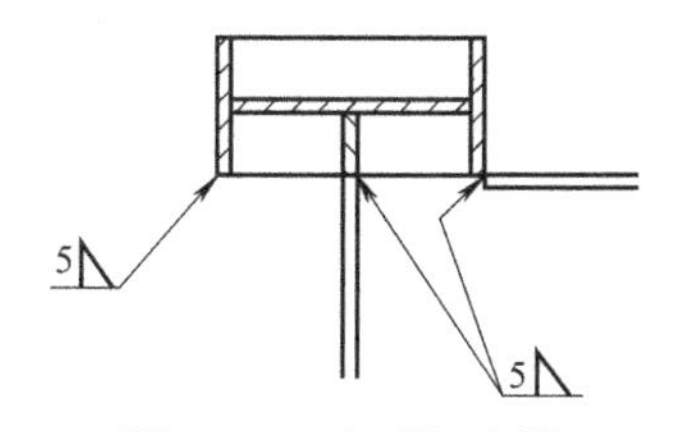

图 6-1　三角形板支撑

箱体板的壁板用 4.5mm 的钢板。紧贴板的结构可采用冷弯型钢，其四周为槽型冷弯钢 LS⊏150×75×4，中间两根横挡截面相同，板肋用 LS⊏100×50×3，板上检修门人孔开洞处采

用带弯钩的槽型钢 LS⊏100×50×20×3。当然也可以用普通热轧槽钢代替，但质量会增加很多，大约为10%～15%。当前很多建设单位在除尘设备中的钢结构以重量计算造价，也无耗钢量的控制指标，承建单位利益所驱，往往使轻钢结构的推广受阻。

计算板式箱体时，由于壁板四周有支撑，板与板之间焊接可近似假定板为四边简支，其垂直荷载是顶部传播的设备或管道自重（管道带灰）、带灰布袋的重量及板本身自重；水平荷载则是内压（正压或负压），在外侧须加上风载；在内隔板则考虑一室有压另一室无压状态，一般在接近灰斗顶的板带受力最大。

二、骨架式壳体结构

此类结构的滤袋室箱体由立柱及横梁构成，箱体四周设立柱，立柱间有多道横梁连接，再同壁板贴在梁柱上形成封闭箱体的围护。过去梁柱式结构多用于反吹风式的除尘器设备中，由于屋顶排风管、反吹风管及换向三通阀等设备，又要悬吊许多滤袋，所以在箱体顶部做一个大桁架，上弦支承屋顶设备，下弦吊挂滤袋。多道横梁则承受内压及外部风载，将工字形梁卧放，箱体柱则将屋面及滤袋的垂直荷载传到下部大立柱去。

这种上部箱体结构形式优点是箱体内部不设支撑，可以多布置滤袋，滤袋间的净空较大，透气性好，检查也较方便。整个箱体较结实，刚度也较大，但其缺点是耗钢量较大，增加设备重量，而且壁板裁成块现场施焊，很费工时。

这种结构形式可从以下几方面降低钢耗：①顶上的大桁架宜改成板梁，现在的桁架斜杆要和封壁板的加劲重叠，难处理；②立柱和横梁通过精确计算求得，既保证强度、刚度，又保证安全的经济截面，降低耗钢量；③比较壁板加劲是采用⊏8及⊏10还是采用-50×6，因为两者质量相差（⊏8=8.04kg/m，⊏10=10kg/m，-50×6=2.36kg/m）3.8倍，在计算板时，采用槽钢可作为嵌固边，而采用扁钢条则只能作为简皮边，可继续做些工作，以求得最优化，如有条件最好做些试验来验证。这种试验很简单，焊几块构造不同的板加荷（用块铁红砖都可以），贴上电阻片测应力，板下放千分表测刚度。

一般除尘设备的使用寿命大致为25～40年，随着科技的进步，工艺流程的革新，今后除尘设备的更换期可能会缩短。

三、轻钢壳体结构

这种形式的结构往往采用冷弯薄型钢作箱体骨架，滤袋室四周用4～5mm的薄钢板作封闭式围炉，薄板靠冷弯方管加强与壁板相贴用间断焊焊上，在垂直方管的方向用扁钢将壁板分割成小块，使之能满足在设计内力下的强度和挠度的要求，箱体内部在纵横两个方向也用方管作支撑杆，支撑杆在平面上的布置及箱体高度方向设几道，要视箱体的大小、内压的高低而定，从一些工程实例中可看出多种布置的端貌。如果设备的内部负压正常运转为5kPa，事故时可达8kPa（风机故障或操作故障）。

冷弯型钢是采用薄钢板冷弯成型，先弯成槽形，再成方形，然后用高频电焊机焊接封口，冷弯型钢也有角钢和槽形钢，还有带卷边的C形钢，工程用的大部分为方形和长方形钢，其优点是刚度大，两端封上是单面锈蚀，除尘设备一般受力不大，采用这种轻质刚强的材料能发挥其优点。

如果除尘设备的一个滤袋箱体长5.66m、宽4.17m、高6.7m，用4.5mm钢板作围护，箱体内部用80×80、50×50、70×70三种冷弯方钢支撑加强，为了便于运输及安装，在高度方向分三段，1.9+2.4+2.4（如果条件许可也可分为两段），箱体全部在工厂制作好，甚至涂装也基本完成（只留最后一道在安装现场刷，以及焊口附近的补漆）。

这种形式的结构，质量轻、钢耗量低、现场焊接量小，可加快安装速度，缩短工期。采用冷弯型钢＋薄壁箱体围护，根据使用的经验，冷弯型钢的壁厚不宜小于 3mm（在南方）或 2.5mm（在北方）。宜尽量使用封闭型使之单向锈蚀，除尘设备的使用寿命 30 年左右，可以保证不会因锈蚀而产生使用问题。

四、圆筒形结构

从结构科学和运行安全考虑，特别是在耐压的场合把除尘器壳体设计成圆筒形是最合理的。从现状看，小型袋式除尘器和净化可燃气体的袋式除尘器往往设计成圆筒形，如高炉煤气用袋式除尘器等。

五、除尘器结构形式展望

近些年来我国在建筑材料上增加了许多新产品，与除尘器钢结构有关的就有薄壁冷弯型钢（代替旧工、槽、角钢）及轧制 H 型钢（代替三块板接的工型钢），连接上有高强度螺栓（代替部分焊接连接）等。这些新产品，国外已使用多年，但国内普及时间较短。

根据发展情况看，今后除尘设备的结构可以用冷弯型钢做上部结构即箱体及箱体以上，下部框架及操作平台等可以用轧制工字型钢，并采用高强螺栓连接，这样上面箱体可以拼好后吊装，下面框架横梁平台用螺栓一紧，大大提高了建设速度。有一台引进的设备，在安装现场全部螺栓连接，可以不动焊特别是高空焊。当然用的不是普通国内的安装螺栓，而是高强螺栓，如果再加上除尘设备的定型化，制造安装的队伍专业化，那就会大大加快建设进度，节省大量投资。现在仅仅是用设备的耗钢量作为结算设备制造安装的费用（设计费也是取制造费用的某个比例）的做法，不利于改进设计，不利于创新出更经济合理的结构形式。

六、材料选用

除尘器设备中钢结构约占整个设备重量的 70%以上，因而正确合理地选用钢结构的材质（钢种）和规格，对设备的投资、工程质量与建设进度，都有很大的影响。

1. 材料材质

在工业与民用建筑业，对钢结构材质的要求，在各种规范、规程设计手册中都有比较详细具体的规定，结合这些年来科学的实践经验基础上制定的规定来考虑除尘设备的选材是合适的。首先除尘设备没有很大的垂直荷重，且比一般的工业建筑要小得多，也没有高层建筑巨大的水平风力和地震力，也不会产生在使用期间达几百万次的疲劳应力和频率很高的振动力；大型除尘设备内无论是正压式或负压式最大不超过 7～8kPa，连低压容器也够不上，设备能承受带尘气体温度都小于 300℃，再大则须增设冷却器，或加混合冷风装置，否则布袋也受不了。鉴于以上情况，除尘设备中的钢结构可采用一般常用的碳素钢 Q235 钢即可。

Q235 钢又分为 A、B、C、D 4 个等级，除尘设备采用 A 级或 B 级即可；A 级和 B 级的化学成分和力学性能基本相同，区别是 A 级不要求做冲击试验，而 B 级要进行常温冲击试验及 V 形缺口试验，主要是控制其韧性。从冶炼脱氧方法上又可分成三种不同的钢即沸腾钢（F）、半镇静钢（B）及镇静钢（Z）。

镇静钢的优点是强度、韧性、冷脆敏感性、可焊性均优于沸腾钢，可在冲击荷载及低温区域（当地最低设计气温在−15℃以下）使用。

沸腾钢脱氧未净，塑性较好，可以用碱性焊条施焊。我国近年来冶炼方法不断提高改进，在除尘结构中使用是可以保证安全的。

选择除尘设备的钢种要考虑的问题：在多个滤袋室的设备中其室和室、室和外界的隔板会受到压和无压的两种状态，使壁板及加强构件产生反复应力，灰斗中也会有类似影响。此外在室外设计温度较低的地区（我国北方）宜采用B类钢。

根据经验，一般钢板材厚度不超过20mm，工字钢、槽钢、角钢厚度不超过12mm，在钢结构设计规范（GB J17—1988）中属于第一类，设计强度不准减。除尘器各部位选用的钢种钢号：①滤袋室箱体壁板、灰斗壁板、箱体与灰斗间的承上启下的承重梁，采用Q235B（B、Z）钢更好一些；②滤袋中的立椎、梁、内撑杆、壁板内外加劲杆或肋，灰斗内外加劲杆，内撑杆以及支承滤袋室的下部框架、立柱、柱间支撑、平台梁、梯子、铺板等均可采用Q235A（F、B、Z）钢；③地脚螺栓，一般属于设备附件，与设备一起供货，采用Q235B钢，其标准见GB 799—1988。

2. 材料规格

近年来国民经济持续快速发展，冶金工业在产品数量及质量上有很大提高，产品的规格和品种也增多不少，过去在除尘设备的钢结构中常用普通的工、槽、角、板来制作，现在可用轧制的H型钢和冷弯型钢替代，这些产品在市场上可以随时买到。

轧制H型钢比过去用3块板焊接而成的所谓焊接H型钢，其优点是省去4条主焊缝，焊接残余应力小，无需焊缝质量检验，无须焊后矫直变形，制作成本可节省30%左右，在除尘设备中可广泛用在下部框架之立柱、横梁、平台次梁及滤袋室中的立柱及横梁等部位。

冷弯型钢在我国生产已有数十年的历史，过去不被认识，近年来已有发展。冷弯型钢壁薄，做成封闭方形或矩形，刚性好，抗扭性好，两头一封使之单面腐蚀，单面涂装，其开口型钢可用作滤袋室壁板的加劲、检修门及门框等。其闭口型钢可用于滤袋室内支撑及灰斗支撑等。国外甚至用大型闭口方钢来做下部框架的立柱及柱间支撑。冷弯薄壁型钢比原有普通型钢可节省钢材量15%～25%。

冷弯型钢如遵照规范设计的构件，通常是以薄板局部失稳而达到破坏极限，故不必使用强度较高的钢种，仍采用Q235A或Q235B钢为宜，其技术条件见GB 6725，但必须做冷弯弯心试验。制作时需制定合理的焊接工艺。

3. Q235钢的主要技术性能

（1）钢的牌号和化学成分（熔炼分析）应符合表6-5规定。

表6-5 Q235钢牌号和化学成分

牌号	等级	化学成分(w)/%					脱氧方法
		C	Mn	Si	S	P	
				≤			
Q235	A	0.14～0.22	0.30～0.65①	0.30②	0.050	0.045	F、B、Z
	B	0.12～0.20	0.30～0.70①		0.045		
	C	≤0.18	0.35～0.80		0.040	0.040	Z
	D	≤0.17			0.035	0.035	Tz

① Q235A、Q235B级沸腾钢锰含量上限为0.60%。

② 沸腾钢硅含量≤0.07%；半镇静钢硅含量≤0.17%，镇静钢硅含量下限值为0.12%。

（2）力学性能　钢材的拉伸和冲击试验应符合表 6-6 的规定。

表 6-6　钢材的拉伸和冲击试验

牌号	等级	拉伸试验													冲击试验	
		屈服点 σ_{RY}/MPa						抗拉强度 σ_b/MPa	伸长率 σ_s/%						温度/℃	V形冲击功（纵向）/J
		钢材厚度(直径)/mm							钢材厚度(直径)/mm							
		≤16	16～40	40～60	60～100	100～150	>150		≤16	16～40	40～60	60～100	100～150	>150		
Q235	A	≥235	≥225	≥215	≥205	≥195	≥185	375～460	≥26	≥25	≥24	≥23	≥22	≥21	—	—
	B														20	≥27
	C														0	
	D														−20	

注：设计时，采用的工、槽、角、板或者是冷弯型钢凡使用于承重结构时，都必须保证抗拉强度、伸长率、屈服点、冷弯试验合格和碳、硫、磷的极限含量，并匹配相应的焊接材料，至于其他对材质的要求可见多种建筑方面的规范。例如在低温地区不宜采用沸腾钢等。

第四节　除尘器结构设计要点

一、柱网布置要点

柱网的间距尺寸取决于布袋的布置，一般布袋的直径为 ϕ110mm～160mm，布袋与布袋之间的距离为 50～80mm，如布袋长度大于 6m，布袋的间距宜大于 60mm。布袋与周边结构（横梁或加劲杆）的间距应大于等于 50mm。如距离过小，布袋外皮沾上灰后，整个箱体内透气性很差，影响过滤效率，并且安装时布袋如有较大偏差则反吹风或脉冲时，布袋会互相碰撞、摩擦、降低布袋寿命。在脉冲式除尘器中，用高品质的脉冲阀每根脉冲管喷吹的布袋最多为 18 根，即一排布置 18 个布袋。如布袋长度超过 6m，则还应适当减少。

布袋布置好以后，柱网的尺寸大体上就确定了。除尘设备是环保方面的辅助设备，一般其总图位置不能随心所欲，如所给总图位置呈条形则除尘器设计为单排（即横向有两根立柱），如所给位置为方形或长方形则设计为双排（即横向四根立柱有两个滤袋室箱体及两个灰斗）。最终按所需的过滤面积来定。

柱子的截面形式常用的是工字型，过去是用 3 块板焊接而成，又称焊接 H 型钢（见图 6-2），现可在市场上买到轧制 H 型钢。另外在设备较轻、柱网尺寸小的除尘器也可以用冷

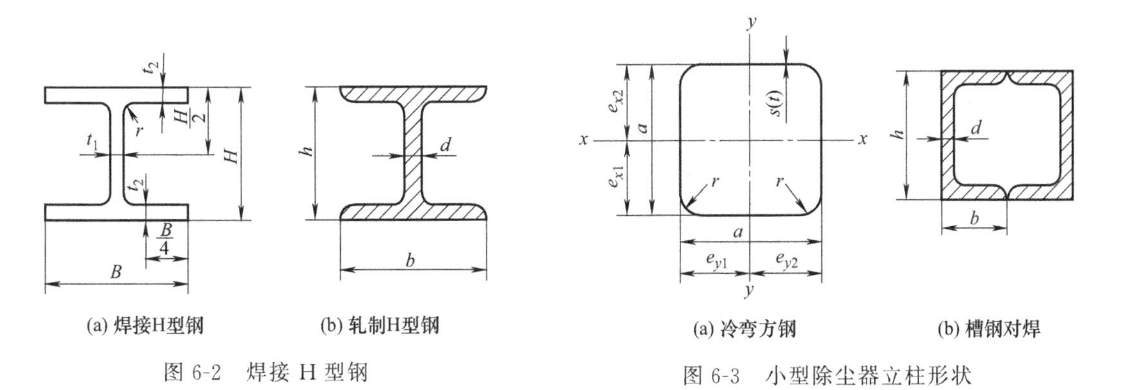

(a) 焊接H型钢　(b) 轧制H型钢

图 6-2　焊接 H 型钢

(a) 冷弯方钢　(b) 槽钢对焊

图 6-3　小型除尘器立柱形状

弯方钢，或两个槽钢对焊来做立柱（见图 6-3）。这种形式呈闭合状，各方面刚度都好，但其尺寸不宜过大，否则柱间支撑及大梁连接处容易引起局部失稳，因为柱子里面无法加横隔。

二、柱间支撑的设置

除尘设备的结构基本上由上部滤袋室箱体及下部支承钢架组成。支承刚架又由立柱、横梁及柱间支撑构成，柱间支撑是保证刚架稳定的必不可少的部件，它承担着整个设备的水平荷载能传递到柱脚及基础。水平荷载是指风荷载及地震产生的地震力，除尘设备中一般没有工艺设备产生的水平力。

柱间支撑的布置，在横向（设备短方向，有单跨或双跨之分）一般每排柱都要设支撑。设备纵向（设备长方向，一般有若干个箱体及灰斗）则视具体情况而定，可以空开一个柱间设置支撑，使纵向入流物流能畅通无阻，也可减少温度应力。

通常在除尘设备下部刚架柱高范围内会设置数层操作平台，如输灰刮板机平台、进风风量调节阀平台、灰斗人孔、料位计、振捣器或空气炮平台等。因此支撑将被平台横梁分割成几层，在没有平台梁处则设置柱间连系杆，以保证立柱在平面内外的稳定。

柱间支撑设置的位置还必须考虑到支撑杆件要躲开设备，并保证平台通道畅通，更不能堵塞走梯的出入口。同时几层支撑与柱子的交汇点在纵横四个方向最好在一个平面上，这样柱子受力最好，但有时很难照顾到各个方面。

柱间支撑的形式如图 6-4 所示，这几种形式以图 6-4（a）为最好，其余几种都是因为要躲开设备或通道不得已而为之，其中图 6-4（c）最弱。

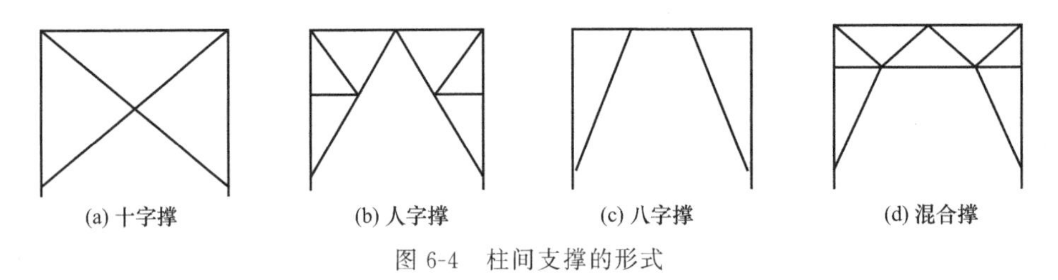

图 6-4　柱间支撑的形式

支撑杆的断面通常都是单根或双根角钢做成，受力较大的也可以用单角钢或双槽钢、钢管、方形闭口冷弯型钢等，如图 6-5 所示。

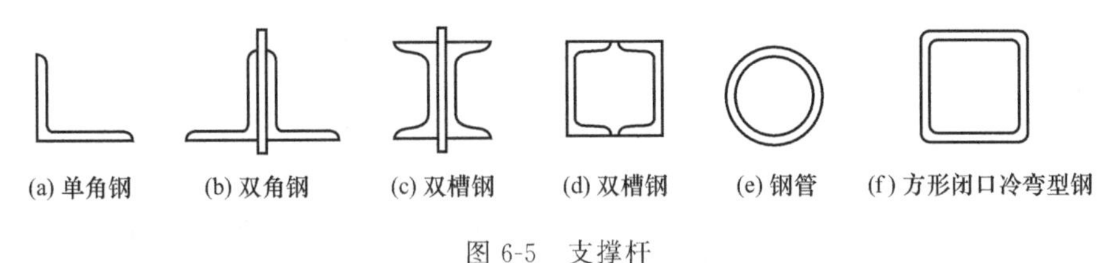

图 6-5　支撑杆

支撑与柱用连接节点板，开口杆件只需夹住节点板施焊，闭口杆件可在端部开槽口插入节点板施焊。然后将杆两端头用小钢板封死，使之单面腐蚀，延长使用寿命。

三、滤袋室箱体结构设计要点

布袋除尘设备中滤袋室箱体包括顶部净气室，其是设备的主体，它是一台除尘设备能否有效地过滤烟尘的关键。首先箱体的外形尺寸在前面柱网布置中已提到是由布袋的外径、数量、布袋间的间距、布袋与四周结构的净空等因素决定的，这是设计箱体的前提。当前有两种不同的布袋除尘方式，即反吹风式和脉冲式，它们对箱体内的构造各不相同，下面分别介绍。

1. 反吹风袋式除尘器

反吹风袋式的布袋，上端悬挂在结构梁上，过去用弹簧卡在梁上以便拉紧布袋使之垂直绷紧，后改用链条锁在梁上的一个卡具内，链条是一节节的，也可以用来调节拉紧，比弹簧简单实用。布袋的下端是用箍卡紧在灰斗顶花板上的短管上，带尘气体由进风管进入灰斗上部通过导流板进入布袋内，因此箱体内应是净化气体，大部分灰尘落入灰斗中，箱体顶部是用钢板封闭的，板上面放置三通换气阀和用支座托起的排风管及反吹风管，靠底端及顶端各设一个检修门，门外设走道，它用来检查布袋使用情况及更换布袋所用。

反吹风式的构造一般在顶部设立一个桁架，上弦支承屋面钢板及屋面外的管道，下弦则架设次梁，吊挂一排排的布袋，如箱体横向跨度较小也可以用板梁，不设桁架，通常这种结构在箱体内四角设柱，柱的高度是布袋长加上净气室的高度，如布袋用 6m 长，则柱高约 7.5～8m，沿柱子每隔 1.5～2m 设横梁若干道，梁上贴围护钢板封闭箱体，两侧开检修门供人进出，门尺寸为 0.6mm×1.2mm，门上必须要加密封条密封，门外在箱体上焊三脚架牛腿做通道，宽度不小于 1m，在通道两头设落袋管，一直通到地坪，是换布袋时用的，使满灰的旧布袋顺管滑下，不致灰尘乱飞。

构造的箱体内不设撑杆，四周的梁和柱足以保证箱体的刚度，因此箱内全部空间可用来布置布袋。这种梁柱式的箱体，因四角有柱做骨架，又有多道横梁相围形成牢固的框架，整个箱体刚度较好，立柱做成工字形或方形均可，但截面不会像下部钢架立柱那么大，所以施焊时应注意其变形。横梁主要抗箱体的内压力，如采用工字形应水平放即腹板平行地面，绝缘垂直地面。如采用封闭方形或长方形也可，本形式的箱体壁板是贴在柱和横梁上的，要现场施焊，所以现场安装周期长，整个设备的耗钢量也比较大。每个箱体之间必然会有一些安装缝隙，为了达到各室独立密闭，这些小缝隙必须给以焊补。

反吹风式的布袋是固定在灰斗花板上焊在短管上，布袋上端吊挂在梁上，为了达到布袋中心垂直，安装时在吊挂梁顶面用激光仪对准短管中心，以此来定吊挂点（一个有缺口的角钢）的位置，然后焊牢。

2. 脉冲袋式除尘器

脉冲袋式除尘器的结构形式，可以采用梁柱式，也可以采用无柱无梁而用冷弯型钢作支撑的结构形式。

脉冲除尘器的箱体顶部与反吹风式不同，顶盖上满铺检修门，门侧放置脉冲阀及分气包，如果是双跨双排箱体则分气包在两跨中间，如果单排则分气包在边上，检修人员只能在检修门盖上走动，否则要在箱体外再悬挑平台。由于箱体内滤袋排列很紧凑，没有太多的空隙余地，而顶上的检修门要插入或拔出滤袋，检修门的洞口必须与滤袋对齐，所以门盖的尺寸要求制造时要精确，否则会盖不上。门的尺寸也不能过大（如采用大型检修门，则要用自动吊门机构配套）。重量要控制在 40kg 以下，两名检修工能抬起。一般设计时分割成小块，门上要设硅橡胶密封条及压紧螺栓（如 1.7m×0.5m 的门，用 8 个螺栓），螺栓宜用不锈钢，以免日久生锈打不开。喷吹管由屋面从滤袋一侧下来呈水平状，每个喷嘴对准一个布袋，喷吹管要考虑前后左右能微调，即在管端部的固定处采用可调螺栓，脉冲喷吹时水平管与垂直管会引起反坐力，并有微量震动，因此管必须有支座夹住，夹具设计成可卸的，抽换布袋时必须将管卸开。

有的喷嘴两侧带有斜管，高压空气从喷嘴喷出可将周围空气一起带入袋内提高清灰效果。

分气包是一个低压容器，其设计及制造按脉冲喷吹类袋式除尘器用分气箱标准进行。其容积要求由除尘设备设计者根据计算或经验确定。

喷吹管与分气包连接处及垂直管与水平管弯头处要设置两个活动接头，以便检修时装卸，管段、接头的设计要考虑易拆卸又不漏气。

脉冲式除尘器与反吹风式相反，滤袋里面是净化气体，箱体内是带尘气体。滤袋的固定端也与反吹风式向反，固定在布袋上端的花板上，花板上开了许多固定布袋的孔，为保证花板的刚度和强度，在孔与孔之间的板下方设扁钢加劲（见图 6-6），制作时要仔细考虑焊接工艺，避免引起花板焊接过大变形。

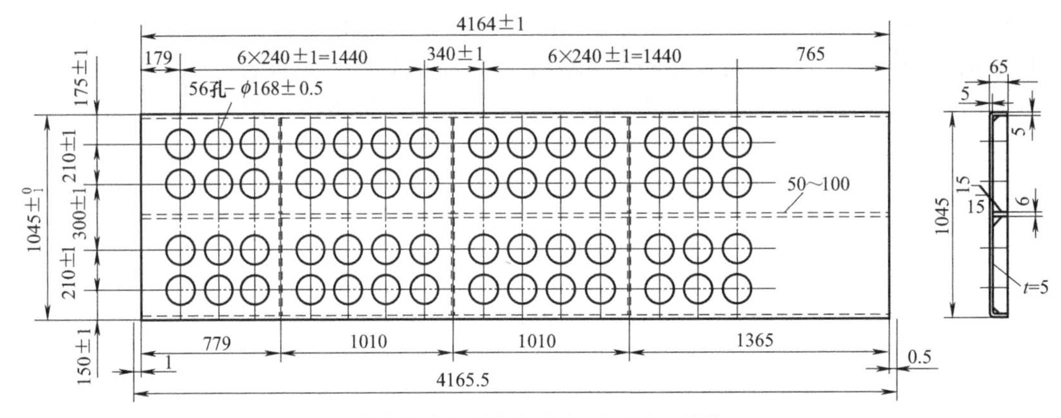

图 6-6 脉冲式除尘设备的花板平面图（单位：mm）

无梁无柱式的箱体壁板用薄钢板作围护，要求密封焊，壁板在箱体里侧用方形冷弯型钢支撑，箱体外侧以扁钢加劲。支撑杆与地面平行，可设若干道，扁钢与地面垂直，两者将壁板分割成小块，在验算板的强度、挠度时以此为计算单元。

箱体内的撑杆外皮与滤袋外表之间必须留有 50mm 以上的间隙，以免磨损。撑杆的壁厚宜不小于 4mm。杆与杆焊牢，杆与箱体壁板可采用间断焊。壁板外的扁钢加劲也可以用间断焊，但加劲的两端必须有焊肉，不得跳开。如果箱体内压力过大（一般＞5kPa），可将扁钢改成冷弯槽钢或方形加劲。

箱体的高度一般由滤袋长度而定，滤袋较长者可将箱体分成几段，段与段之间用法兰连接。法兰通常用角钢做成，用安装螺栓固定，然后密封焊。

无梁无柱式的箱体结构，其优点是质量轻，耗钢量小，并且滤袋室可以在工厂分段制造好到现场安装。现场只施焊其连接法兰的焊缝，而不像梁柱式的壁板，要一块块地在现场焊到梁柱上去，可以提高现场施工的进度。

四、灰斗设计要点

灰斗上口尺寸的大小取决于滤袋室的大小。一台袋式除尘设备的除尘能力是以其过滤总面积（即布袋总面积）来衡量的。同样的过滤面积可以设计成小滤袋室小灰斗，而室数多；也可设计成大滤袋室大灰斗，而室数少。灰斗尺寸较大时，斗内应设导流板，即进入灰斗上部的带尘气体通过导流板使之较均匀的进入滤袋式箱体（脉工）或（反吹风式）布袋中，导流板的结构要简单，斗内焊接量要减少。灰斗构造如图 6-7 所示。

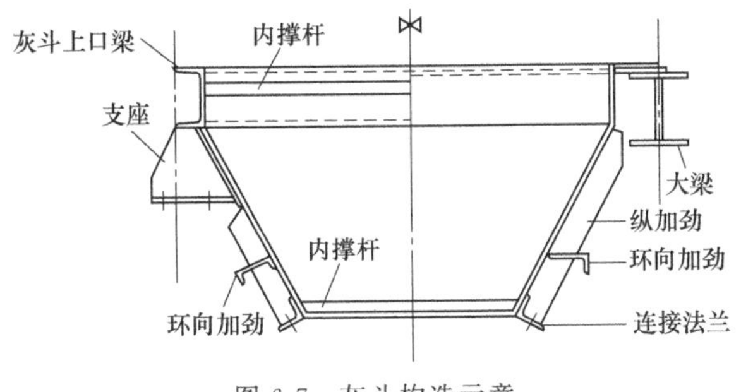

图 6-7　灰斗构造示意

灰斗上一般有许多配件，有振动器、料位器、检修人孔或空气炮，一般都在灰斗的下方。灰斗下口连接卸灰阀。灰斗的斜壁与地面的夹角要大于斗内散状体的自然休止角。灰斗与下部钢架的立柱，可以有各种连接方法，有的立柱顶四周设大梁，灰斗上口的壁板直接焊接在大梁上，有的灰斗上口四角设支座，直接座在柱头上。这种灰斗上口四周壁板要加强也要做成梁式，上承滤袋箱体重，下承灰斗中的灰重，这种结构形式一般用在上部箱体较轻的除尘设备中，在支座与立柱头顶板的连接螺栓孔可以处理成椭圆孔，设备温度升高时，可以有微量的移动以消除温度的影响。

灰斗设计成正方形或近似正方形为宜，一般上口尺寸约为 3m 时壁板厚采用 4～5mm。如上口尺寸为 4～6m 时，壁板厚采用 6～8mm。考虑到磨损及腐蚀，太薄会影响使用寿命。灰斗外壁有环向加劲，用槽钢或角钢制作。环向加劲之间还有竖向加劲，用角钢或扁钢制作，斗壁薄则加劲密，斗壁厚加劲可以稀一些，需根据灰斗的大小及灰的密度计算确定。灰斗上口尺寸及高度大于 5m 的灰斗，有时在斗内增设几层支撑，支撑用圆钢管制作。一般灰斗壁板上口的直段较小，下面的斜壁段很长，而且是悬空的，要考虑其刚度，过长时可将灰斗分节，以利于制造、运输、安装，节与节之间用法兰连接，法兰可用角钢制作。

五、平台、栏杆和梯子设计要点

平台、栏杆和梯子的设置应根据工艺操作的需要，设备维修的方便，人、物流的畅通来考虑。如果说设备服务于生产，那么平台、梯子是服务于人的，应考虑以人为本的设计原则，在现代化企业中是不可忽视的。

1. 平台

除尘设备一般有几层平台，用链式刮板机作输灰设备的要设操作维修平台，一般在刮板机两侧各设宽 800～1000mm 的平台，此平台也可作检修卸灰阀用；在灰斗下口向上 1m 左右设平台是维修、操作灰斗料位器、振动器、空气炮以及进入灰斗人孔用；再向上控制进入灰斗的风管风量的调节阀需设操作平台；此外在滤袋式箱体两侧有检修门的，一般在箱体上下端各设一道长平台，其宽度不小于 1m。

脉冲式除尘器的箱体顶有时也要在设备两端设平台，不然满铺的检修门和长条的分气包使维修人员无法跨越。一般平台设计负荷为 200～300kg/m^2。当平台梁跨度小于 5m 则[10 即可。平台铺板可采用钢板网（见图 6-8）或钢格板（见图 6-9）。如采用 8mm×40mm×100mm 的钢板网（8mm 是网筋的高度），则网的跨度也就是平台梁的间距，最好不大于 500mm，这样人踩上去不致下挠太大，否则网下还要加劲。如采用钢格板则其规格甚多，

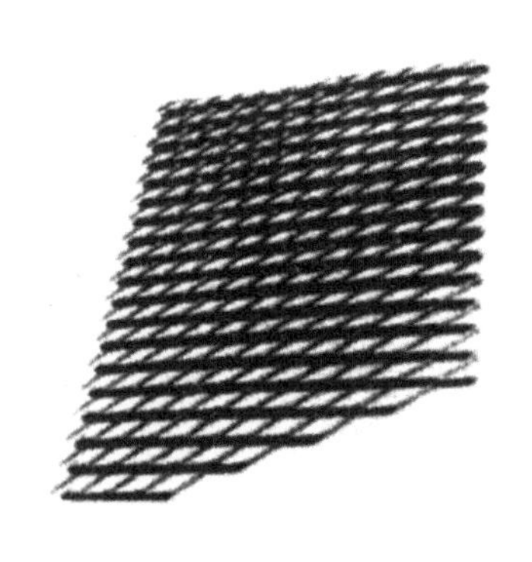

图 6-8　钢板网

图 6-9　钢格板

可不受跨度的限制。这两种铺板都不易积灰，而且目前价格已较接近。过去钢格板要贵很多，但网板订货是像钢板一样成张供应，现场可任意切割铺在梁上两侧点焊即可，比较简单。钢格板要绘分隔板型图，不能任意切割，遇到穿管开孔还要另行焊补，比较麻烦。

在平台的宽度范围内不允许有任何阻碍物，如支撑杆及其连接板，两层平台之间的净高必须保证 2.1m，使戴着安全帽的员工行走有安全感。

2. 栏杆

凡是有平台的四周必须设有栏杆，全面封死，不得有缺口。栏杆高度在设备箱体标高以下为 1.1m，以上为 1.2m。

扶手采用焊接钢管 $DN32$（ϕ42.5mm×3.25mm）。立柱采用角钢∟50mm×6mm，间距不大于 1m。横杆采用圆钢 ϕ16mm，间距不大于 380mm，栏板采用扁钢－5mm×100mm，离铺板上表面 20mm。

扶手在转弯处必须圆弧过渡，不得有尖角。

栏杆与平台槽钢梁的连接有如图 6-10 所示 3 种方式。

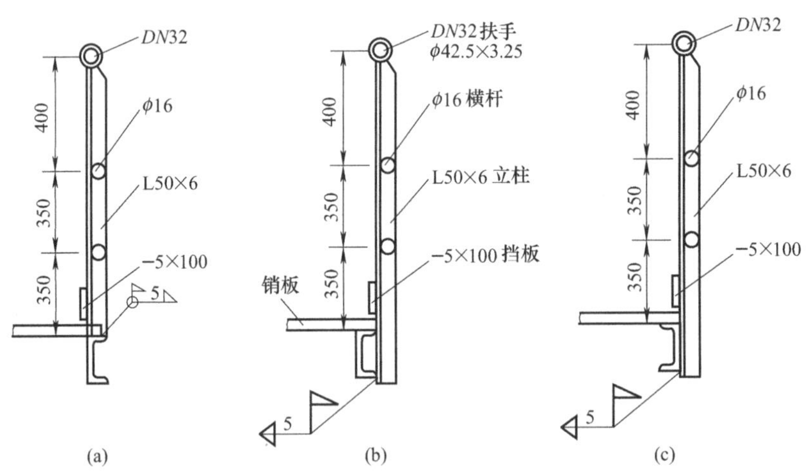

图 6-10　栏杆与平台槽钢梁连接的方式（单位：mm）

3. 梯子

大中型袋式除尘器的高度在 12～25m 之间，至少有一道梯子直通设备顶部，通常设置在设备一端的外侧，梯子使用频繁，所以都设计成斜梯与水平成 45°，宽为 700～800mm，它从地面起步，位置要紧靠设备，要求通到各层平台，然后沿箱体向上直达顶部。斜的支承三脚架只能焊在立柱上，或滤袋室箱体上（注意要焊在箱体的加劲肋上，不要焊在围护板上），一道梯子要满足各方面条件尚需动些脑筋。

斜梯的主梁采用[18，因为往往为了凑到柱上的支承三脚架，梯子要做沿长平台（见图6-11）。主梁如用扁钢则刚度不够，而且45°斜梯主梁[18的水平宽度为254mm，正好是踏步的宽度250mm，踏步之间的高度在200mm左右。由于各平台的高度不同，梯高不同，踏步高度往往不是整数。

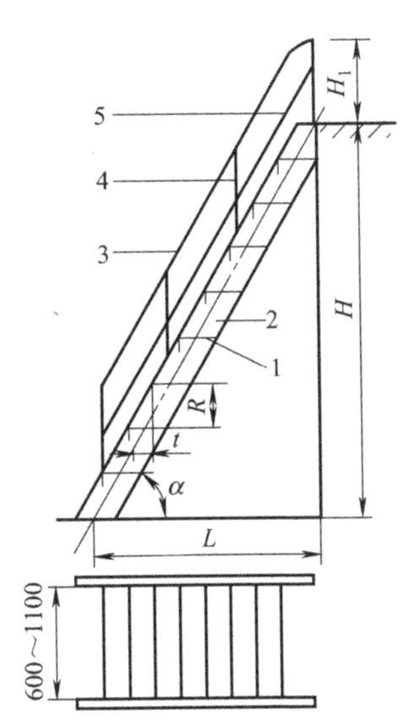

α	30°	35°	40°	45°	50°
R/mm	160	175	185	200	210
t/mm	280	250	230	200	180
α	55°	60°	65°	70°	75°
R/mm	225	235	245	255	265
t/mm	150	135	115	95	75

图6-11　斜梯设计示例

1—踏板；2—梯梁；3—扶手；4—立柱；5—横杆；

H—梯高；H_1—扶手高；R—踏步高；t—踏步宽；L—梯投影长

不经常上去的操作平台，如果位置不够可做成大于45°的斜度，但不得超过60°；宽度也可减小到600mm。

斜梯长度如超过5m则必须设过渡平台。

第五节　结构极限状态设计计算

一、极限状态及其设计一般公式

《工程结构可靠度设计统一标准》（GB 50153）规定，整个结构或结构的一部分超过某一特定状态就不能满足设计规定的某一功能要求，此特定状态即为该功能的极限状态。

袋式除尘器结构的极限状态可分为承载能力极限状态和正常使用极限状态两类。

1. 承载能力极限状态

这种极限状态对应于结构或结构构件达到最大承载能力或不适于继续承载的变形。当结构或结构构件出现下列状态之一时即认为超过了承载能力极限状态：①整个结构或结构的一部分作为刚体失去平衡（如倾覆、滑移）；②结构构件或连接因超过材料强度而破坏（包括疲劳破坏），或因过度变形而不适于继续承载；③结构转变为机动体系；④结构或结构构件丧失稳定（如压曲等）。

2. 正常使用极限状态

这种极限状态对应于结构或结构构件达到正常使用或耐久性的某项规定限值。当结构或结构构件出现了下列状态之一时，即认为超过了正常使用极限状态：①影响正常使用或外观的变形；②影响正常使用或耐久性能的局部损坏（包括裂缝）；③影响正常使用的振动；④影响正常使用的其他特定状态。

3. 结构构件的极限状态设计表达式

根据各种极限状态的设计要求，采用有关的荷载代表值、材料性能标准值、几何参数标准值以及各种分项系数等表达。

（1）承载能力极限状态设计表达式　除尘器结构构件的承载能力极限状态设计表达式如下所列：

$$\gamma_0 S \leqslant R \tag{6-6}$$

式中，γ_0 为结构重要系数，一般情况下取 1.0；S 为荷载效应设计值，按式（6-7）确定；R 为结构构件的抗力（承载能力）设计值；按国家现行有关结构设计规范确定，如《钢结构设计规范》（GB 50017）、《冷弯薄壁型钢结构技术规范》（GB 0018）等。

承载能力极限状态设计表达式中的荷载效应设计值应按下式计算

$$S=\gamma_G S_{G_K}+\gamma_{Q_i} S_{Q_{iK}}+\sum_{i=2}^{n} \gamma_{Q_i} \psi_{ci} S_{Q_{iK}} \tag{6-7}$$

式中，γ_G 为永久荷载的分项系数；γ_{Q_i} 为第 i 个可变荷载的分项系数；S_{G_K} 为按永久荷载标准值 G_K 计算的荷载效应值；$S_{Q_{iK}}$ 为按可变荷载标准值 Q_{iK} 计算的荷载效应值 $S_{Q_{iK}}$ 在各可变荷载效应中起控制作用；ψ_{ci} 为可变荷载 Q_i 的组合值系数；n 为参与组合的可变荷载数。

（2）正常使用极限状态设计表达式　除尘器结构构件正常使用极限状态设计表达式如下所示

$$S_d \leqslant C \tag{6-8}$$

式中，S_d 为变形荷载效应设计值，按式（6-9）确定；C 为设计对变形规定的相应限值，工艺设计无明确要求时可按表 6-7 采用。

表 6-7　袋式除尘器结构构件允许变形值

项次	类　别	允许变形值	项次	类　别	允许变形值
1	壳体侧壁板、顶板弯曲变形	1/200	5	壳体主框架水平侧移	1/800
2	壳体灰斗壁板弯曲变形	1/200	6	台架柱水平侧移	1/400
3	壳体肋梁(次梁)弯曲变形	1/200	7	附属设施平台梁	1/250
4	壳体主框架梁、柱弯曲变形	1/500	8	附属设施平台板	1/150

注：对于反吹风除尘器，其壳体的变形应为正向变形与反向变形之和，并且，允许变形值应适当减小。

正常使用极限状态设计表达式（6-8）中的变形荷载效应设计值应按下式计算

$$S_d=S_{G_K}+S_{Q_{iK}}+\sum_{i=2}^{n} \psi_{ci} S_{Q_{iK}} \tag{6-9}$$

式中，S_{G_K} 为按永久荷载标准值 G_K 计算的荷载效应（变形）值；$S_{Q_{iK}}$ 为按可变荷载标准值 Q_{iK} 计算的荷载效应（变形）值，其中 $S_{Q_{iK}}$ 在各可变荷载效应中起控制作用；ψ_{ci} 为可变荷载 Q_i 的组合值系数；n 为参与组合的可变荷载数。

（3）结构构件的截面抗震验算　结构构件的截面抗震验算设计表达式如下所列：

$$S \leqslant R/\gamma_{RE} \tag{6-10}$$

式中，S 为荷载效应设计值，同式（6-6）；R 为结构构件的抗力（承载能力）设计值，同式（6-6）；γ_{RE} 为承载力抗震调整系数，可按表 6-8 采用。

表 6-8　承载力抗震调整系数

项次	结构构件	γ_{RE}	项次	结构构件	γ_{RE}
1	柱、梁	0.75	3	节点板件，连接螺栓	0.85
2	支撑	0.80		连接焊缝	0.90

注：当仅计算竖向地震作用时，各类结构构件承载力调整系数取为 1.0。

二、壳板结构设计计算

1. 骨架式（框架）结构侧板

骨架式（框架）结构的受力特点是不考虑壳体侧板承受沿板平面的压力（或拉力），仅考虑垂直于板面的荷载作用。

侧板设计应考虑的荷载作用包括壳体内烟气压力、壳体外风压；对于反吹风除尘器还应考虑滤尘与反吹风过程壳体内气体压力变化的平均幅度值。结构自重作用、地震作用不计。壳板荷载作用效应分项系数及组合系数见表 6-9。

表 6-9　壳板荷载作用效应分项系数及组合系数

序号	类　别	烟气压力作用效应		壳体外风压作用效应		反吹风压力变化作用效应幅值
		分项系数	组合系数	分项系数	组合系数	分项系数
1	正常运行工况强度 1	1.3～1.4	1.0	1.4	0.6	
2	正常运行工况强度 2	1.3～1.4	0.7	1.4	1.0	
3	正常运行工况疲劳	—				1.0
4	偶然故障工况强度	1.05～1.3	1.0	0.0	0.0	
5	正常运行工况变形	1.0	1.0	1.0	0.6	

壳体侧板的受力分析，包括内力计算和变形计算，可根据板肋的布置情况，按承受均布面荷载的单向板或四边支承双向板计算。

（1）单向板可按简支连续梁模型计算　单向板单位宽度板横截面最大弯矩可按下式计算

$$M = \alpha q l^2 \tag{6-11}$$

式中，q 为均布荷载，kN/m；l 为板跨度，m；α 为弯矩系数，见表 6-10。

表 6-10　简支连续梁弯矩系数

系数	单跨板	双跨板	三跨板	四跨板	五跨板
α	0.125	−0.125	−0.100	−0.107	−1.105

注：负值为支座处弯矩，正值为跨中弯矩。

单向板的挠度可根据结构力学有关公式计算。

（2）双向板可近似按四边固定板计算　四边固定板截面最大弯矩和挠度可分别按式（6-12）和式（6-13）计算：

$$M = \alpha P a^2 \tag{6-12}$$

$$v = \beta (P a^4 / E t^3) \tag{6-13}$$

式中，P 为均布面荷载，kN/m^2；a 为双向板短边长度，m；E 为钢材的弹性模量，kPa；t 为钢板厚度，m；α 为弯矩系数，见表 6-11；β 为挠度系数，见表 6-11。

表 6-11　四边固定板弯矩和挠度系数

	a/b	0.5	0.6	0.7	0.8	0.9	1.0
	α	0.0829	0.0793	0.0735	0.0664	0.0588	0.0513
	β	0.0276	0.0258	0.0230	0.0199	0.0167	0.0139

注：b 为双向板长边长度。

2. 骨架式（框架）结构顶板

骨架式（框架）结构顶板受力特点与侧板类似，不考虑承受沿板平面的压力（或拉力），仅考虑垂直于板面的荷载作用。

顶板设计应考虑的荷载作用包括：自重、壳体内烟气压力、顶面检修荷载、顶面积灰荷载、雪荷载；对于反吹风除尘器还应考虑滤尘与反吹风过程壳体内气体压力变化的平均幅度。地震作用不计。壳体顶板荷载作用效应分项系数及组合系数取值见表 6-12。

表 6-12　壳体顶板荷载作用效应分项系数及组合系数

序号	类　别	自重	烟气压力作用效应		顶面检修荷载作用效应		顶面积灰荷载作用效应		顶面雪荷载作用效应		反吹风压力变化作用效应
		分项系数	分项系数	组合系数	分项系数	组合系数	分项系数	组合系数	分项系数	组合系数	分项系数
1	正常运行工况强度 1	1.2	1.3～1.4	1.0	1.4	0.7					
2	正常运行工况强度 2	1.2	1.3～1.4	1.0			1.4	0.9	1.4	0.7	
3	正常运行工况疲劳										1.0
4	偶然故障工况强度	1.2	1.05～1.3	1.0			1.4	0.9			
5	正常运行工况变形		1.0	1.0			1.0	0.6	1.0	0.6	

壳体顶板的受力分析，包括内力计算和变形计算，可根据板肋的布置情况，按承受均布面荷载的单向板或四边支承双向板计算。

3. 骨架式（框架）结构壳板加劲肋及小梁

骨架式结构中，壳板加劲肋及小梁一般按简支梁计算弯矩及剪力，有时候小梁还承担着相邻侧板传递来的压力（或拉力）。

加劲肋及小梁所受的荷载作用及荷载作用效应设计值计算有关系数与相应壳板结构相同。

4. 板式结构壳板

壳板的类型分为肋板和压型板，其受力特点为同时承受垂直于板面的横向荷载作用和沿板平面的压力（或拉力）作用。其中的肋板，根据板肋的布置方式又分为单向板和双向板，板面和板肋协同工作；压型板均为单向板，与板跨度垂直方向的作用力另设骨架结构承受。

板式结构壳板所受的荷载作用及荷载作用效应设计值计算有关系数与骨架式结构相同。

板式结构壳板的受力分析，一般宜对壳板进行整体建模计算；采用手工计算时，也可进行弯曲受力和沿板面的压（或拉）受力分别计算，结构强度验算时按照单向或双向偏压（或偏拉）计算。

三、壳体骨架结构设计计算

袋式除尘器壳体由侧板、顶板围成，壳体内净气室与粉尘气室之间（壳体上部）布置有水平花板，虽然说顶板、花板均开有大量的空洞，但除平面为狭窄长条状布置除尘器外，其空间刚度还是很好的，因此，壳体骨架多按无侧移结构进行内力计算与分析。

壳体骨架最简单的结构形式是对横梁和柱子分别进行计算分析，一般情况下，采用门式钢架（排架）或支撑框架结构；平面为狭窄长条状的除尘器壳体骨架只能采用支撑框架结构。

壳体骨架设计应考虑的荷载作用包括：自重、壳体内烟气压力、壳体外风荷载、顶面检修荷载、顶面积灰荷载、雪荷载；对于反吹风除尘器还应考虑滤尘与反吹风过程壳体内气体压力变化的平均幅度。对于烟气温度较高，温度梯度变化较大时，还应考虑温度应力的影响。地震作用可不计。荷载作用效应设计值应针对横梁和立柱分别计算，壳体骨架横梁和立柱荷载作用效应分项系数及组合系数有关系数取值见表 6-13。

表 6-13　壳体骨架横梁和立柱荷载作用效应分项系数及组合系数

序号	类　别	自重	烟气压力作用效应		风荷载作用效应		顶面检修荷载作用效应		顶面积灰荷载作用效应		顶面雪荷载作用效应		反吹风压力变化作用效应
		分项系数	分项系数	组合系数	分项系数	组合系数	分项系数	组合系数	分项系数	组合系数	分项系数	组合系数	分项系数
1	正常运行工况强度 1	1.2	1.3～1.4	1.0	1.4	0.6	1.4	0.7					
2	正常运行工况强度 2	1.2	1.3～1.4	1.0	1.4	0.6			1.4	0.9	1.4	0.7	
3	正常运行工况疲劳												1.0
4	偶然故障工况强度	1.2	1.05～1.3	1.0	1.4	0.6			1.4	0.9			
5	正常运行工况变形		1.0	1.0	1.0	0.6			1.0	0.6	1.0	0.6	

四、灰斗结构设计计算

灰斗一般为矩形或方形浅仓，采用肋板结构。当灰斗体量较大时，灰斗内部一般布置撑杆，以减小肋板的计算跨度。灰斗设计应分别考虑有积灰和无积灰两种情况。

灰斗无积灰状况下的设计同壳体侧板结构。

灰斗有积灰状况设计应考虑的荷载作用包括：自重、灰斗积灰荷载、壳体内烟气压力；对于反吹风除尘器，壳体内烟气压力应分别考虑滤尘与反吹风状况下的气体压力。壳体外风荷载作用，地震作用可不计。灰斗结构荷载作用效应分项系数及组合系数取值见表 6-14。

表 6-14　灰斗结构荷载作用效应分项系数及组合系数

序号	类　别	自重	灰斗积灰荷载作用效应		烟气负压力作用效应		反吹风烟气正压力作用效应	
		分项系数	分项系数	组合系数	分项系数	组合系数	分项系数	组合系数
1	正常运行工况强度 1	1.2	1.3～1.4	1.0	1.3～1.4	0.7		
2	正常运行工况强度 2	1.2	1.3～1.4	1.0			1.3～1.4	0.7
3	偶然故障工况强度	1.2	1.05～1.3	1.0				
4	正常运行工况变形		1.0	1.0				

灰斗壁板承受的荷载应分解为垂直于板面的法向力和平行于板面的切向力。

灰斗积灰荷载在壁板表面产生的法向力可按式（6-14）计算（见图 6-12）

$$P_{nk}=\rho h(\cos^2\alpha+k\sin^2\alpha) \tag{6-14}$$

式中，P_{nk} 为斗壁单位面积上的法向应力标准值，kPa；ρ 为积灰的重力密度，kN/m^3；h 为计算点积灰的厚度，m；α 为斗壁对水平面的夹角；k 为积灰侧压力系数，$k=\tan^2(45°-\varphi/2)$；φ 为内摩擦角。

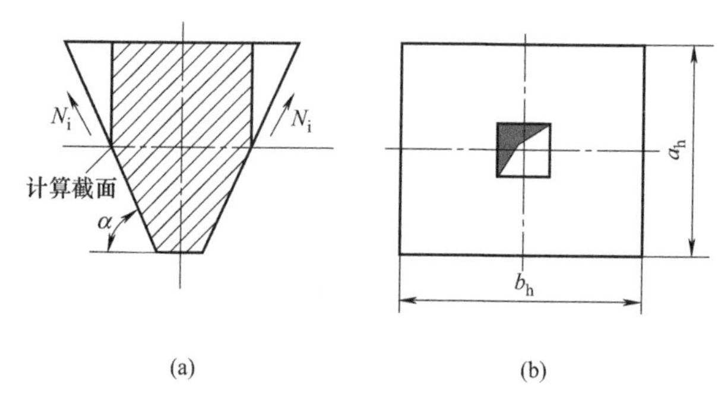

图 6-12　灰斗积灰荷载在壁板表面产生的法向力计算示意

灰斗积灰荷载在壁板表面产生的切向力可按下式计算：

$$P_{tk}=\rho h(1-k)\sin\alpha\cos\alpha \tag{6-15}$$

式中，P_{tk} 为斗壁单位面积上的切向应力标准值，kPa。

对于与斜壁板对称的灰斗，积灰荷载在壁板水平截面单位宽度上的斜向拉力（N_i）可按下式计算

$$N_i=(Pa_hb_h+G)/2/(a_h+b_h)/\sin\alpha \tag{6-16}$$

式中，P 为计算截面以上积灰荷载压力标准值，kPa；G 为计算截面以下灰斗及悬挂设备自重和积灰荷载之和，kN；a_h、b_h 分别为计算截面处灰斗的长度和宽度，m。

斜壁板承受的弯矩及变形计算，可根据板肋的布置情况，按承受均布面荷载的单向板或四边支承双向板近似计算。

骨架式结构中，壁板加劲肋（包括水平板肋和竖向板肋）一般按简支梁计算弯矩及剪力，其中水平板肋还承担着相邻侧板传递来的拉力（或压力）。

板式结构中，一般对灰斗进行整体建模（包括斗口圈梁）计算，这一过程通常需要借助计算机来完成。

五、台架结构设计

袋式除尘器台架，可采用钢筋混凝土框架结构，也可采用支撑钢框架结构，后者应用较多，且台架的顶面横梁、壳体骨架的底梁、灰斗斗口梁共用，称作圈梁。

台架设计应考虑的荷载作用包括自重、灰斗积灰荷载、风荷载、顶面检修荷载、顶面积灰荷载、雪荷载。台架结构荷载作用效应分项系数及组合系数取值见表 6-15。

对于修建于地震区的除尘器，应对台架结构进行抗振设计验算，一般可参照《建筑抗震设计规范》（GB 50011）和《构筑物抗震设计规范》（GB 50191）进行。

计算水平地震作用时可采用底部剪力法或振型分解法进行计算。

表 6-15　台架结构荷载作用效应分项系数及组合系数

序号	类　别	自重	灰斗积灰作用效应		风荷载作用效应		顶面检修荷载作用效应		顶面积灰荷载作用效应		顶面雪荷载作用效应	
		分项系数	分项系数	组合系数	分项系数	组合系数	分项系数	组合系数	分项系数	组合系数	分项系数	组合系数
1	正常运行工况强度 1	1.2	1.3～1.4	1.0	1.4	0.6			1.4	0.9	1.4	0.7
2	正常运行工况强度 2	1.2	1.3～1.4	1.0			1.4	0.7				
3	正常运行工况强度 3	0.8			1.4	1.0						
4	偶然故障工况强度	1.2	1.05～1.3	1.0	1.4	0.6			1.4	0.9		
5	正常运行工况变形				1.0	1.0						

质点的重力荷载代表值应取除尘器自重标准值和可变荷载组合值之和。地震作用可变荷载组合值系数取值见表 6-16。

表 6-16　地震作用可变荷载组合值系数

序号	可变荷载种类	组合值系数	序号	可变荷载种类	组合值系数
1	灰斗积灰	0.9	3	检修活荷载(或雪荷载)	0.5
2	壳体内布袋积灰	0.5	4	顶面积灰荷载	0.5

在地震作用下，台架结构荷载作用效应分项系数及组合系数取值见表 6-17。

表 6-17　地震作用下台架结构荷载作用效应分项系数及组合系数

序号	类别	自重	水平地震作用效应		竖向地震作用效应	
		分项系数	分项系数	组合系数	分项系数	组合系数
1	抗振验算 1	1.2	1.3	1.0		
2	抗振验算 2	1.2			1.3	1.0
3	抗振验算 3	1.2	1.3	1.0	1.3	0.5

由于壳体受温度影响产生膨胀（或收缩），应进行专门的计算分析，在极限状态设计中一般不进行其他活荷载组合计算。

第七章 除尘器气流组织均布和设计

袋式除尘器内的流场情况像电除尘器一样需要进行气流的组织和均布，这是对大中型袋式除尘器必须重视的问题。关于袋式除尘器内需要均布的气流包括进风管、灰斗、滤袋室、洁净室、排气管等部分。进行气流的组织和均布的方法是以相似理论为基础，进行试验室实物模拟或计算模拟，而后在设计中采取技术措施用于工程实践。

第一节　气流分布的作用和设计要点

一、气流分布的重要性

随着袋式除尘器结构的大型化，气流分布装置成为袋式除尘器的重要组成部分。其主要作用有以下几点：①控制流向袋束的气流速度，避免含尘气流直接冲刷滤袋，防止滤袋的摆动和碰撞，保障滤袋长寿命；②引导除尘器内含尘气流的流向，避免或削弱上升气流，利于粉尘沉降；③促使除尘器不同区域的过滤负荷趋于均匀；④降低除尘器的结构阻力。

二、气流分布的技术要求

主要技术要求包括：①气流分布装置的设计应尽量在气流分布试验的基础上进行；②气流分布试验应结合除尘器的上游烟道形状、流动状态、进风和排风方式、除尘器结构进行；③气流分布试验应包括相似模拟试验和现场实物校核试验两部分，有条件时可以进行计算机模拟试验，模拟试验的比例尺寸宜为（1∶5）～（1∶7）；④气流分布试验按大烟气量时的流动状态和速度场进行模拟；⑤对正面流向滤袋束的气流以及在滤袋之间上升的气流，其速度控制以不冲刷滤袋和不显著阻碍粉尘沉降为原则；⑥气流分布板需设置多层，并保证一定的开孔率，以实现气流分布均匀，避免局部气流速度过高；⑦各过滤仓室的处理风量与设计风量的偏差不大于10%；⑧袋束前200mm处迎风速度平均值不宜大于1m/s；⑨滤袋底部下方200mm处气流平均上升速度不宜大于1m/s；⑩气流分布速度场测试断面按行列网格划分，测点布置在网格中心，模拟试验网格尺寸不宜大于100mm×100mm，现场实物测试网格尺寸不宜大于1000mm×1000mm。

三、气流分布装置的设计原则

静电除尘器气流分布的主要目的是提高除尘器效率，而袋式除尘器气流组织和均布的主要目的在于降低除尘器结构阻力，同时延长滤袋使用寿命，保证稳定良好的除尘效果。

1）理想的均匀流动按照层流条件考虑，要求流动断面缓变及流速很低来达到层流流动，但要使层流成为可能，则在气流系统中任何一点的雷诺数都必须小于2000。对于气体来说，这意味着管道非常狭窄，气流速度又很低，这两个条件在工厂中都不能实现，即使在最好的情况下也是难以实现的。为此要采用控制措施，确保气流均布。

主要控制手段是在袋式除尘器内依靠导向板和分布板的恰当配置，使气流能获得较均匀分布。但在大断面的袋式除尘器中完全依靠理论设计配置的导流板是十分困难的，因此常借助一些模型试验，在试验中调整导流板的位置和形式，并从其中选择最好的条件作为设计的依据。

2）在考虑气流均布合理的同时，要把袋室内滤袋布置与气流流动状况统一考虑，满足既降低设备阻力又保证除尘效果的作用。

3）袋式除尘器的进出管道设计应从整个工程系统来考虑，尽量保证进入除尘器的气流分布均匀，多台除尘器并联使用时应尽量使进出管道在除尘系统的中心位置。

4）为了使袋式除尘器的气流分布达到理想的程度，有时在除尘器投入运行前，现场还要对气流分布板做进一步的测定和调整。

四、气流组织和均布的部位

袋式除尘器的流场是所有除尘器中最复杂最不均布的。正因为如此，组织好袋式除尘器内流场就显得特别重要。应当注意以下几个方面。

1. 入口管

袋式除尘器的入口管一般都装有风量调节阀。如果风量调节阀安装的方向和位置不当，就会严重影响入口管的气流流动状况，使入口处风量调节阀加速磨损，失去调节作用。除尘器入口管是阻力损失大小的重要部位之一，气流好坏应予注意。

2. 灰斗

从灰斗气体入口到滤袋之前的空间是袋式除尘器气流组织最重要的部位。许多学校和科研部门对此做过气流分布方面深入的研究。

灰斗内的导流板有许多种形式（见图7-1），这些导流形式和配置都可以通过模拟方式来实现，以确保分配到滤袋室的气流是均匀的。

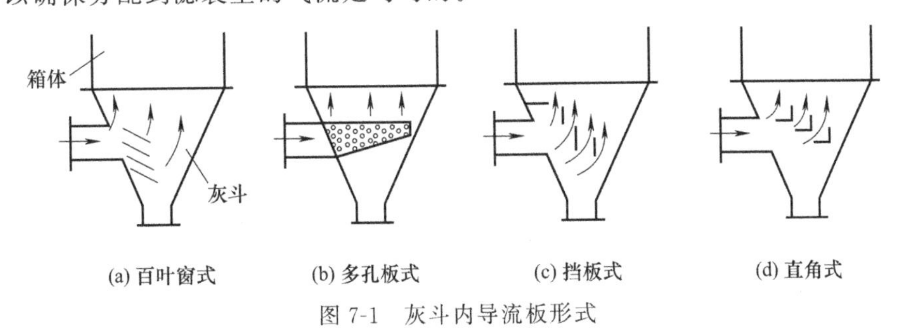

图7-1　灰斗内导流板形式

3. 洁净室

洁净室的气流一般流速较低，流动状态相对比较平稳缓和。如果是大型除尘器则需要对气流运动方向进行适当组织，以减少该部分气流的阻力。

4. 滤袋室

不管是哪种清灰方式的袋式除尘器，滤袋室的气流状况都是很重要的。

滤袋室内均匀的气流上升速度是滤袋配置的重要内容，许多中小型除尘器气流上升速度分布不均匀，造成滤速较高部分的滤袋过早损坏或清灰困难。

5. 总风管

从总风管分配到支风管的风量是否均匀是影响设备阻力的重要部分。尽管除尘器管道设计中许多是按等量送风设计的（见图 7-2），但是实际运行表明，近离风机（负压操作）的袋室风量往往偏大，气体含尘浓度较高，滤袋破损较快。这都是各室气量不等造成的。

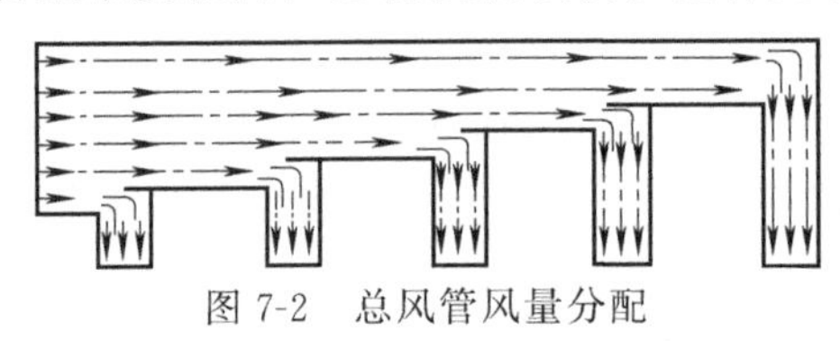

图 7-2　总风管风量分配

五、导流装置

要实现气流的合理流动通常用导流装置。图 7-3 和图 7-4 表明管道截面突然变化和管道方向的突然改变都会引起气流分离，产生涡流和强紊流现象生成。使用正确设计的导流板能够大大避免这些不利的影响。当气流经过一个急弯或管道截面的突然变化之后，导流板就可以保持气流的形态见图 7-5。所以导流板的作用不是改变气流形态，而是保持气流分布，维持原有状态。

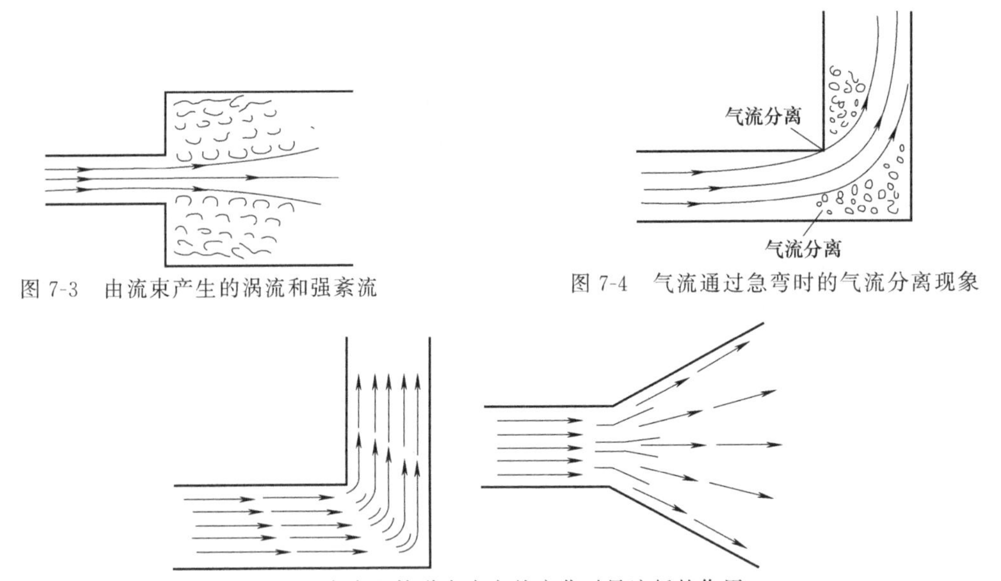

图 7-3　由流束产生的涡流和强紊流

图 7-4　气流通过急弯时的气流分离现象

图 7-5　90°弯头和管道大小突然变化时导流板的作用

其实，导流板的作用并不是百分之百的有效，在紧跟着导流板之后仍会有一定程度的紊流。不过，只要紊流程度不大，在经过一个短暂的时间后它们就会衰退下来，因而实际上对操作并无什么影响。为了给气流提供足够的接触面以便使动量的必然变化不致引起强度太大的紊流，使用间距较小的导流板是很重要的。因为惯性力的作用，气流通过较小的间隙时稍有偏斜，而气流流经较大的空间时，则其惯性将超过导流板的作用。

窄间距与宽间距导流板的作用比较如图 7-6 所示。宽间距导流板只能部分地改变气流方向。在每块导流板间都会发生气流分离和紊流。窄间距导流板几乎能使气流完全改变方向而

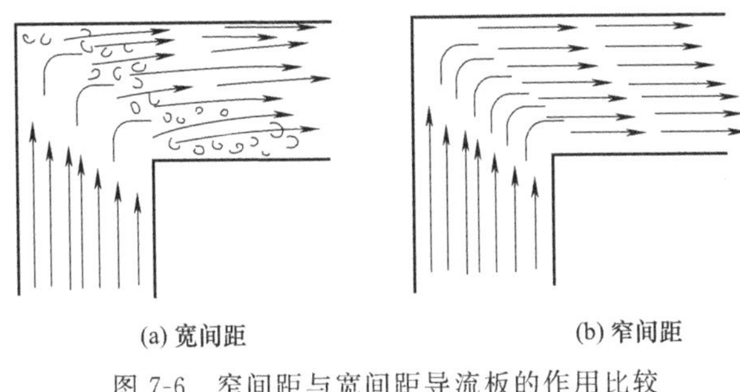

图 7-6 窄间距与宽间距导流板的作用比较

不致发生气流分离和紊流。紧靠着导流板处气流速度形态的微观结构显示出有局部的紊流，不过紊流程度很小，而且由于黏滞力的作用，紊流强度也会迅速衰减。从导流板所产生的压力降可以看出导流板总的作用效果或导流板的效率的数量关系。

六、科学优化内部流场

1. 总体布置优化

脉冲袋式除尘器的进、出口接口形式最常用的是平进平出。进、出口分布总管布置在两排袋式除尘器的中间，按同程式等静压原理设计，确保进分室的阻力平衡、流量均匀，在各进分室的支管上设置调节阀，可实现人工微调，一般从灰斗上部或中箱体底部接入。图 7-7 为灰斗进风的结构形式，图 7-8 为中箱体底部进风的结构形式。不管何种结构形式，都必须设置气流分布板。含尘气体进入滤袋区域前，通过与导流板之间的惯性撞击，大颗粒粉尘落入灰斗，起到预沉降作用。但两者之间还有所区别。中箱体底部进气，除了设置导流板之外，导流板与箱体封板之间形成一个缓冲预沉降区，一般控制流速不大于 3m/s，这样可大大减少滤袋的过滤负荷。同时导流装置能有效解决含尘烟气对滤袋的直接冲刷。

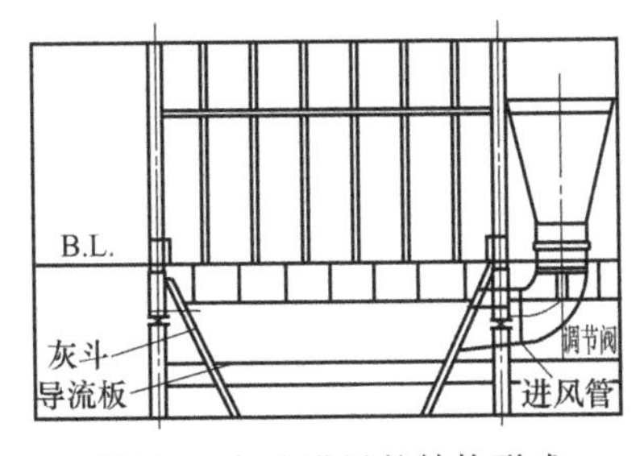

图 7-7 灰斗进风的结构形式

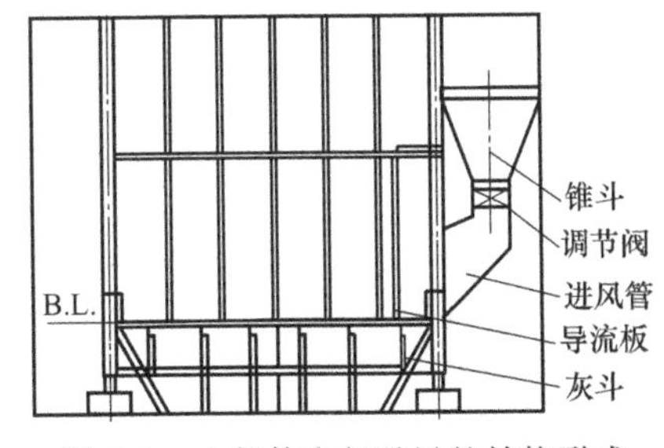

图 7-8 中箱体底部进风的结构形式

2. 支管优化

如图 7-7、图 7-8 所示，含尘烟气从母管、锥斗、调节阀、进风管进入过滤袋区，各个部件的截面面积都有差异，含尘烟气进入不同的部件时速度与方向都发生了显著的变化，而每一次速度与方向的变化，都将大量消耗含尘气流的能量。从图 7-9、图 7-10 可以发现，锥斗与进风管之间的直管段阻力很大，在满足安装与检修空间的前提下，要尽量缩短此部分的长度。除尘器的阻力由固有阻力与运行阻力两部分组成。固有阻力是由设备的各个烟气流通途径造成的，换句话说，阻力是不可避免的，但是，白白增加的阻力将直接压缩除尘器长期、稳定、安全运行的空间。进袋区前的变径管与直管部分，流速非常高，结构阻力与流速的三次方成正比，因此，合理优化烟气流通途径是显著降低除尘器固有阻力的主要途径。设计注意以下2点：①简化除尘器结构，特别是进风的结构，减少含尘气流在除尘器内流速和方向的变化次数；②扩大除尘器入口和出口管段及阀门断面，适当降低风速，例如除尘器进、出口管道的风速≤14m/s，停风阀的风速≤12m/s。

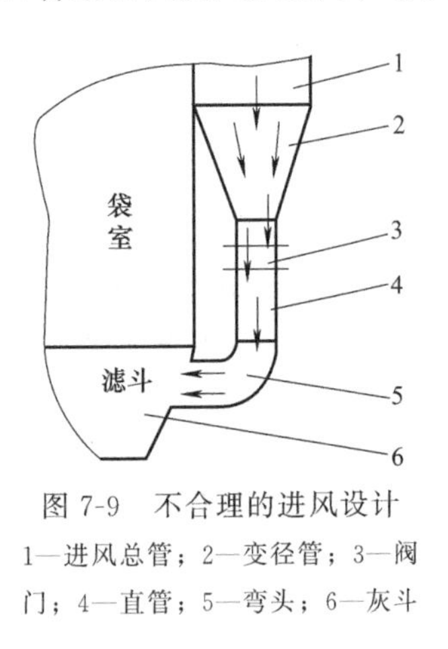

图 7-9　不合理的进风设计

1—进风总管；2—变径管；3—阀门；4—直管；5—弯头；6—灰斗

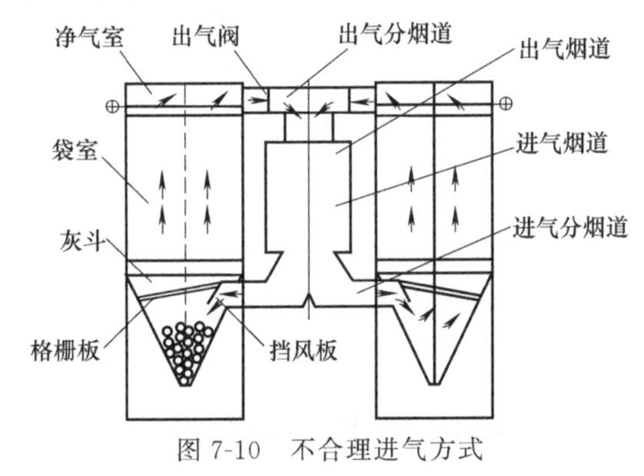

图 7-10　不合理进气方式

3. 均流装置设计条件

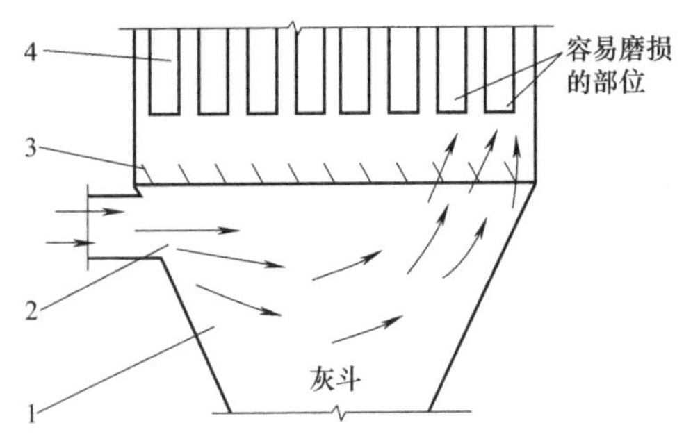

图 7-11　含尘气流冲刷滤袋

1—灰斗；2—进风管；3—导流板；4—滤袋

图 7-11 表明，采用下进气方式而不加均流装置，会在灰斗内形成涡流区，这将对清灰效果与滤袋寿命产生负面的影响，严重时可导致袋式除尘器失效。因此，科学优化内部流场，使气流均布于每个滤袋，合理设置气流分布板，使其不但具有均流作用，同时具有沉降作用，将压力损失和布袋的磨损减至最小。

除尘器进风管口均流板设置的条件：①气流速度≤10m/s 时可不设均流板；②气流速度＞10m/s 时宜设均流板；③为达到满意的气流分布效果，一般都应进行试验室试验或计算模拟后才能用于工程设计。

第二节　相似理论和模拟试验

一、相似理论基础

1. 几何相似

相似的概念首先出现在几何学里。几何相似的性质，以及利用这些性质进行的许多计算都是大家所熟知的。例如，两个相似三角形，其对应角彼此相等，对应边互成比例，则可以写成下列关系式

$$\frac{l''_1}{l'_1}=\frac{l''_2}{l'_2}=\frac{l''_3}{l'_3}=C_1 \tag{7-1}$$

式中，C_1 为几何比例系数或称为相似常数。

由此可以看到，表示几何相似的量只有一个线性尺寸。

2. 力的相似

在几何相似系统中对应的近质点速度互相平行，而且数值成比例，则称此为运动相似。令实物中某近地点的速度为 v'，模型中对应近质点的速度为 v''，则可写成

$$\frac{v''}{v'}=C_v \quad 或 \quad \frac{l''}{l'}\frac{\tau'}{\tau''}=C_v \tag{7-2}$$

式中，C_v 为速度比例系数；τ 为时间。

所谓动力相似就是作用在两个相似系统中对应质点上的力互相平行，数值成比例。在实物中，作用力 f'引起近质点 M'产生运动；在模型中，相似质点 M''受力 f''的作用而产生相似运动，则作用力 f 和 f''相似，可以写成

$$\frac{f''}{f'}=C_f \tag{7-3}$$

为了得到力的相似常数 C_f 值，需要利用力学基本议程。所有运动物体，不论是通风厂房内的空气运动，还是管道中水的流动以及固体颗粒在气流中的运动等都遵守牛顿第二定律。该定律的数学表达式为

$$f=ma \tag{7-4}$$

因为加速度值难以从试验中测定，因而把上式中的加速度用速度对时间的微分 $a=\frac{dv}{d\tau}$来代替。如果时间间隔是有限的，那么 a 值作用力 f 值是该时间内的平均值，当 $d\tau$ 无限小时，f 则是瞬间的作用力。这样，运动议程的形式为

$$f=m\frac{dv}{d\tau} \tag{7-5}$$

在实物中任意一质点 M'，其速度、质量、作用力和时间的数值为 v'、m'、f'和 τ'，其运动议程为

$$f'=m'\frac{dv'}{d\tau'} \tag{7-6}$$

在相似的模型中，对应一质点 M''，其各项取同一单位值，分别为 v''、m''、f''和 τ''，其运动议程为

$$f''=m''\frac{dv''}{d\tau''} \tag{7-7}$$

再把这两个相似系统中的议程变为相对坐标，为此将实物系统的运动议程相应除以 f'_0、m'_0、v'_0和 τ'_0，为了保持恒等必须乘相同的数值，得到

$$f'_0\left(\frac{f'}{f'_0}\right)=m'_0\left(\frac{m'}{m'_0}\right)\frac{v'_0}{\tau'_0}\frac{\left(\frac{dv'}{v'_0}\right)}{\left(\frac{d\tau'}{\tau'_0}\right)} \tag{7-8}$$

或者

$$f'_0F=\frac{m'_0v'_0}{\tau'_0}m\frac{dv}{d\tau}$$

再把所有常数归并到议程式左边，得到

$$\frac{f'_0\tau'_0}{m'_0v'_0}F=M\frac{dv}{d\tau}$$

用同样方法，模型系统中的运动议程经过变换，能得类似的议程式。因为运动是相似的，所以两个议程式中左边项系数应该是相等的，其结果是

$$\frac{f'_0\tau'_0}{m'_0v'_0}=\frac{f''_0\tau''_0}{m''_0v''_0} \tag{7-9}$$

此数组称为力的相似常数，亦称牛顿数（Ne）。

为实用方便，用速度代替线性尺寸和时间值，即 $v=\frac{l}{\tau}$，代入公式中，最后得到

$$Ne=\frac{fl}{mv^2}=常数 \tag{7-10}$$

这就是牛顿定律，说明在两个力相似系统中，对应点的作用力与线性尺寸的乘积，除以质量和速度的平方的数组应为常数值。

牛顿定律是表示物体运动的一般情况，下面分别研究黏性流体运动的个别情况。对于滴状流体或气体有三种作用力：第一种是质量力（重力 f_g），可以认为它是作用于颗粒的重心上；第二种是压力，它作用于颗粒表面并垂直于表面；第三种是接触力（摩擦力 f_m）。

如果考虑策略作用，那么作用于立方体上的重力为质量乘重力加速度，即 $f_g=mg$，将 f_g 代入牛顿数议程中得到

$$Ne=\frac{gl}{v^2} \tag{7-11}$$

弗劳德数取其倒数值的形式

$$Fr=\frac{v^2}{gl} \tag{7-12}$$

弗劳德数表示的是表面重力与惯性力的比值。

如果是由于浮力产生的运动，就可以用浮力所产生的加速度 $a=g\frac{(\rho-\rho_0)}{\rho}$ 代替式（7-12）中的重力加速度，则得到阿基米德数

$$Ar=\frac{gl}{v^2}\frac{\rho-\rho_0}{\rho} \tag{7-13}$$

如果密度差是由于温度不同而产生的，则 $\frac{\rho-\rho_0}{\rho}=\frac{\Delta T}{T}$，阿基米德数将变为下列形式

$$Ar=\frac{gl}{v^2}\frac{\Delta T}{T} \tag{7-14}$$

对于压力作用情况，取流体中任意一微小立方体质量，其边长为 δl，压力垂直作用其上，假设两对面的压力差为 $p_1-p_2=\Delta p$，则作用于立方体上的总压力差 $f_{\Delta p}=\delta l^2\Delta p$，小立方体流体质量 $m=\delta l^3\rho$（ρ 为该处的流体密度）。将 $f_{\Delta p}$ 和 m 代入牛顿数公式中，可得到欧拉数

$$Eu=\frac{\Delta p}{\rho v^2} \tag{7-15}$$

欧拉数表示流体压力降与动能之比。

下面研究摩擦力的作用情况。实际流体均有内摩擦或者黏性，因此当流动时产生摩擦力。取流体单元体积，其立方体每边长为 δl，假设平行的两侧面的气流是平行的，流过上表面的气流速度大于流过下表面的气流速度，由于摩擦的作用，使上表面和下表面产生的摩

擦力为 f_1 和 f_2。根据牛顿定律，作用单位面积上的摩擦力 f'_m 正比于速度梯度，则

$$f'_m=\eta\frac{\delta v}{\delta l} \tag{7-16}$$

比例系数 η 称为内摩擦系数。作用于立方体下部界面上的阻力

$$f_{m1}=\delta l^2 f'_m=\delta l^2\eta\frac{\delta v}{\delta l} \tag{7-17}$$

而作用于上部界面的摩擦力为 $f_{m2}-f_{m1}$，按照替换规则可以用 f_{m1} 代替它，并代入牛顿数公式中得到

$$Ne=\frac{\eta}{l\rho v} \tag{7-18}$$

雷诺数取其倒数值

$$Re=\frac{l\rho v}{\eta} \tag{7-19}$$

又经常将 $\frac{\rho}{\eta}$ 表示为运动黏性系数 ν，这样便得到常用的形式

$$Re=\frac{lv}{\nu} \tag{7-20}$$

雷诺数表示的是惯性力与黏性力的比值。

这样可以说，在力的相似系统中，以应点的 3 个相似数 Eu、Fr 和 Re 的数值相同，则流体是相似运动。

3. 热相似

热相似的意义是指温度场的相似和热流的相似。这里所研究的相似换热过程是简化的情况：假设其辐射换热很小，它与对流换热相比可以略而不计；还假设换热是稳定的，即热表面温度与周围介质的温度不随时间而变化。

温度场相似和换热相似必须在几何相似系统中以及工作流体的动力相似的情况下才能实现。因此，在热相似的条件中，当然要包括力的相似条件，即上述所研究的力的相似数 Eu、Fr 和 Re 值必须相等。

下面进一步研究热相似的其他条件。在相似的换热体系中，取一微小的立方体（见图 7-12），其各边长为 δl，所研究的流体与界面平等运动，而传热则与气流方向垂直。通过立方体界面，单位时间通过的流体量等于 $\rho v\delta l^2$，由于换热其温度降低 Δt，因而相应的热交换为

$$q=c\rho v\delta l^2\Delta t \tag{7-21}$$

式中，c 为流体的比热容，J/(kg·K)。

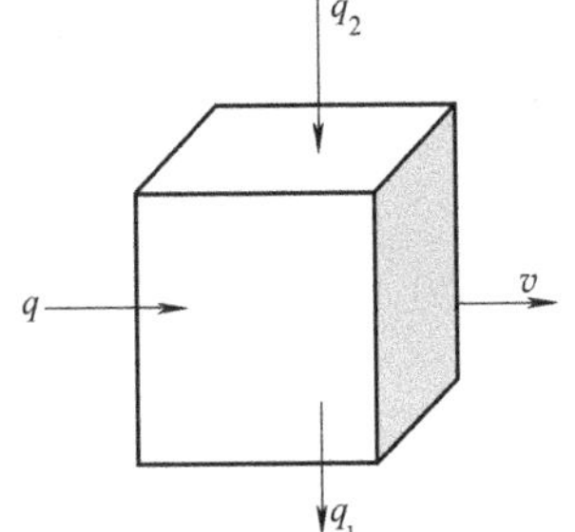

图 7-12　微小立方体换热体系示意

根据傅里叶公式，单位时间靠导热所带走的热量为

$$q=-F\lambda\frac{\mathrm{d}t}{\mathrm{d}l} \tag{7-22}$$

式中，λ 为流体的热导率，W/(m·K)；F 为导热的面积，m^2；$\frac{\mathrm{d}t}{\mathrm{d}l}$ 为流体在传热方向上的温度梯度，K/m。

假设单位时间从微小立方体底界面向它接触的流体给出的热量为

$$q_1=-\delta l^2\lambda\frac{\mathrm{d}t_1}{\mathrm{d}l} \tag{7-23}$$

而单位时间经立方体顶面从它所接触的流体得到的热量为

$$q_2=-\delta l^2\lambda\frac{\mathrm{d}t_2}{\mathrm{d}l} \tag{7-24}$$

那么立方体同周围介质换热量为二者之差

$$q_2-q_1=\delta l^2\lambda\left(\frac{\mathrm{d}t_2}{\mathrm{d}l}-\frac{\mathrm{d}t_1}{\mathrm{d}l}\right) \tag{7-25}$$

通过立方体的流体所损失的热量与导热传递的热量彼此相等，然后化简得

$$c\rho v\Delta t=\lambda\left(\frac{\mathrm{d}t_2}{\mathrm{d}l}-\frac{\mathrm{d}t_1}{\mathrm{d}l}\right) \tag{7-26}$$

$$v\Delta t=a\left(\frac{\mathrm{d}t_2}{\mathrm{d}l}-\frac{\mathrm{d}t_1}{\mathrm{d}l}\right)$$

式中，$a=\frac{\lambda}{c\nu}$为导温系数，m^2。

同样，取相对值$V=\frac{v}{v_0}$，$L=\frac{l}{l_0}$，$A=\frac{a}{a_0}$，$T=\frac{t}{t_0}$，代入上式并经简化整理得到

$$\frac{v_0 l_0}{a_0}V\Delta T=A\left(\frac{\mathrm{d}T_2}{\mathrm{d}L}-\frac{\mathrm{d}T_1}{\mathrm{d}L}\right) \tag{7-27}$$

由此可得出贝克来数

$$Pe=\frac{vl}{a} \tag{7-28}$$

贝克来数表示传热与导热的比值。贝克来数还可以用 Re 数与 Pr 数的乘积表示

$$Pe=\frac{vl}{a}=\frac{vl}{\nu}\ \frac{\nu}{a}=RePr \tag{7-29}$$

Pr 为普朗特数，用 $RePr$ 代替 Pe 是比较方便的，雷诺数是流体力学相似的一个数，而 Pr 数仅与工作流体的物理性质有关。对于原子价相同的气体 Pr 是常数，对于单原子气体 $Pr=0.67$，对于双原子气体 $Pr=0.72$，对于三原子气体 $Pr=0.8$，对于四原子以上的气体 $Pr=1$。

下面再研究另一个热相似数，它是由界面与直接接触的边界层之间的热交换求得。通过边界层，以导热方式计算单位面积单位时间传递的热量

$$q=-\lambda\frac{\mathrm{d}t}{\mathrm{d}l} \tag{7-30}$$

从另一方面，以对流方式计算单位面积单位时间传热量

$$q=K(t-t_{界}) \tag{7-31}$$

式中，K 为对流传热系数，$W/(m^2\cdot K)$；t 为流体的平均温度，K；$t_{界}$ 为界面的平均温度，K。

以导热方式传递的热量与对流方式的传热量相等，再以同样的方法整理得

$$\left(\frac{K_0 l_0}{\lambda_0}\right)\mathrm{d}(T-T_{界})=-A\frac{\mathrm{d}T}{\mathrm{d}L} \tag{7-32}$$

由此求得努塞尔数

$$Nu=\frac{Kl}{\lambda} \tag{7-33}$$

由上述一系列推导可以得出，如果两个系统是热相似的，那么除保持几何相似条件外，还必须保持 Re、Er、Eu、Pr 和 Nu 5 个数的数值相等。

以上只解决了相似理论中的相似条件问题，即彼此相似的现象必定具有相同的数。但是要进行试验还必须解决建立数之间的关系式问题。

在工程中，经常遇到要用试验方法确定构件的阻力这种情况，这属于等温的强制流动，相似数之间的关系为

$$Eu=f(Re) \tag{7-34}$$

在研究对流换热的放热系数 K 值时，在稳定的条件下，数之间的关系式为

$$Nu=f(ReGrPr) \tag{7-35}$$

如果是强制流动，可以忽略 Gr 的影响，则数之间的关系变为

$$Nu=f(GrPr) \tag{7-36}$$

二、近似模拟试验方法

要实现相似理论中所提出的所有相似条件是非常困难的，有时甚至是根本办不到的，但是由于近似模拟方法的发展，模拟试验才得以实现。

近似模拟试验是根据黏性流体的特性，即稳定性和自模性。

所谓稳定性就是黏性流体在管道中流动，管道截面上的速度分布有一定的规律。速度分布图形与雷诺数、管道形状、所研究的截面与入口的距离有关。试验指出，当流体在直管段中流动时，经入口流过一定长度后各截面上的速度图形相同。

自模性就是流体的流型也有一定的规律。在直管段中流动的流体，当其流型属于层流运动时，管道截面上的速度图形呈抛物线状；当紊流运动时，管道截面上的速度图形亦呈一种特定的形状，而且流体阻力和压力分布图形保持不变，即不取决于雷诺数的改变，也就是不必遵守雷诺数相等的条件。这就为近似模拟试验提供了方便的条件。

根据什么来判断是否达到自模条件呢？可以选择下面 3 种判断方法中的任意一种：①所研究的截面上速度分布为固定形状，或者说截面上任意两点的速度比值为常数，即 $\frac{v_1}{v_2}=C_v=$常数；②所研究管段的压力分布曲线为固定的形状，或者说管段中任意两点的压力比值为常数，即 $\frac{p_1}{p_2}=C_p=$常数；③Eu 数或局部系数 ξ 值为常数，因而符合阻力平方定律。

这 3 种判断方法中以第 3 种为最方便。因为在进行试验中，测量设备的阻力比较方便，而且是经常需要进行的工作，所以能够很容易地判断是否已达到自模条件。

气流分布构件的几何形状越复杂，极限流速越低，对于直的水力光滑管的极限雷诺数 $Re_{极}=2200$，这就是它的自模范围的起点。

如果实际过程不是紊流情况，需要用模型精确地研究构件中在等温强制流动时的速度分布的话，则必须使模型中的雷诺数等于实物中的雷诺数，即 $Re_m=Re_{sh}$。

若在模型中采用的工作流体与实物中的流体相同，那么 $\gamma_m=\gamma_{sh}$，当模型的几何尺寸取为实物的 1/10 时，在上述条件下，模型中的流速应该比实物中的流速增大 10 倍。

自由对流传热过程的决定准数是 $GrPr>2\times10^7$ 时，换热过程与几何尺寸无关，其温度

场和流速场等不随 $GrPr$ 值的大小而变化。这样，就可以用几何相似的缩小模型来研究自由对流过程，而不要求 $GrPr$ 值相等，只要 $GrPr>2\times10^7$ 就可以了。这里必须强调指出，所研究的实际过程首先必须是在自模范围内，才能利用这个规律。

气流分布过程包括流体力学过程与传热过程。要进行模型试验的必要和充分条件可以归结以下几点。

(1) 几何相似　一般来说这点是容易做到的，按照实物比例缩小即可。如果所研究的过程是在构件内部发生的，那么应该强调内部尺寸的几何相似。

(2) 入口条件和边界条件相似　由于流体的稳定性和自模性，当超过极限雷诺数时，就能够自然地达到入口处的动力相似条件。至于说边界条件相似，将在以后的模型设计计算中对热源和外围结构的传热进行相应的研究。

(3) 实现系统中物理量相似　这里的物理量相似是指实物和模型中对应点的介质密度、黏性系数、热导率以及比热容等的比值是常数。如果是绝热过程，那么这个条件就顺利地达到了。对于非绝热过程，由于这些物理量都与介质的温度有关，如果保证了温度场相似，也就创造了物理相似条件。

(4) 起始状态的相似　为了简化，一般都把气流分布过程看作稳定过程，所以需要考虑这个条件。

三、气流分布试验实例

有一台袋式除尘器做气流分布模拟试验。按设计在除尘器为：侧部灰斗进气侧部排气，进气侧装气流分布板，分布板采用梯形板，以利气流均匀分布和捕集部分细尘。试验要求使入口气流速度的相对均方差值达到 $\sigma\leqslant0.5$。在模拟试验中，根据相似理论建立试验装置，通过试验求出相似准则之间的函数关系，再将其推广到实际设备上，从而得到实际的工作规律。

1. 相似与计算

几何相似需要模型与实型的结构相似，包括除尘器本体及管道，其布置形式应一样，相应的各部分尺寸成同样的比例。根据计算，试验中模型与实型的几何比例为 6∶1。动力相似要求模型与实型中流体相应点所受的力相似，即模型与实型中相应点的两个无因次参数雷诺数和欧拉数应相同，其中雷诺数是主要的，是保证条件，而欧拉数是自适应条件。

为了保证测量数据的可用性，在试验前先要确定自模区。首先是利用风量调节阀从小到大逐渐调节风量，测试模型进出口静压差，同时在截面上的测孔采集各点的风速，然后取各点风速的平均值作为该工况下截面的平均风速。然后根据公式计算出欧拉数 Eu 和雷诺数 Re，再根据测试结果画出 Eu-Re，根据曲线中 Eu 基本不随 Re 变化的临界值确定临界风速，只要保证试验时流速不小于临界风速，即可判定试验是在自模区的环境下进行的。计算准数如下

$$Re=\frac{vl}{\nu} \tag{7-37}$$

$$Eu=\frac{\Delta p}{\rho v^2} \tag{7-38}$$

$$D=d_{\mathrm{H}}=\frac{4A}{S} \tag{7-39}$$

式中，D 为当量直径，m；d_H 为水力直径，m；A 为流体截面积，m^2；S 为流体湿周长，m。

当 $t=30℃$ 时，空气的密度 ρ 为 $1.165kg/m^3$，运动黏度 ν 为 $16.6\times10^{-6}m^2/s$，水力直径 d_H 为 0.894。当 $Re>6.25\times10^{-4}$ 后，Eu 基本为一常数，曲线的趋势趋向于水平。此时模型内气流速度为 1.16m/s，即气流的流动已进入自模区。因此当流速 v 大于 1.16m/s 时，模型与原型内部流场的流动状况相似。试验是在平均流速大于 1.16m/s 的情况下进行的。

2. 试验设备

试验装置如图 7-13 所示。

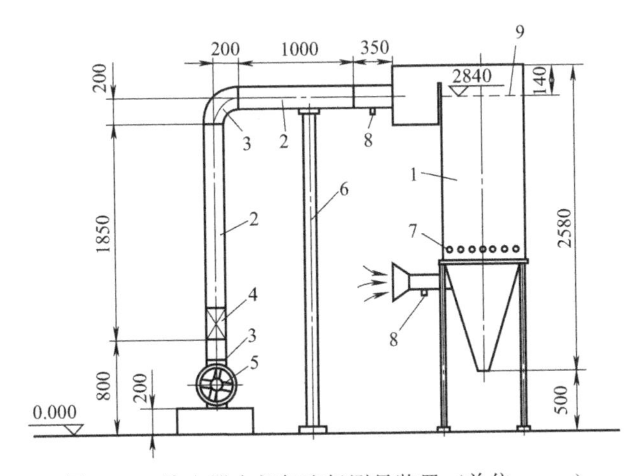

图 7-13 除尘器内部气流场测量装置（单位：mm）

1—除尘器箱体；2—风管；3—弯头；4—风量调节阀；5—风机；6—支撑杆；7—速度侧孔；8—测压孔；9—花板

（1）风机 用于制造连续的运动气流，通过压力阀调节流量大小，设备型号为 T35-2.8，流量 $2167m^3/h$，转速 2900r/min，全压 1720Pa。

（2）风速测孔和传感器 风速仪选用 ZQRF-30 型智能热球风速仪，该传感器具有反应快、灵敏度高等优点，它是通过借助于风速的作用转化为电信号从仪表上读出。

（3）风量调节阀 通过调节风量调节阀，调节进入除尘器箱体内部的气流流量。

（4）测压孔和 U 形管压力计 用于测量气流进口处的压差，进而算出进口的气流雷诺数。

模型中设计梯形导流板主要是为了让气流从进风口进入除尘器内部后，在导流板的作用下，改变气流运动方向，同时使流场在除尘器内部分布均匀。在试验中，通过改变导流板的板数和导流板之间的距离，来进行优化选择。梯形导流板按高度从 140mm 至 340mm 不等，如图 7-14 所示。

气流的测定断面选择在除尘器的滤袋室与灰斗相接处，因为该断面的气流均布性能代表了气流能否均匀进入每个滤袋。

为了布置测量断面上的测点，将断面划分为若干个方格，测点设在每个方格的中心。测点布置按模型截面每 $0.01m^2$ 设一个测点进行布置，为均匀布点。本装置按 $7\times10=70$ 个测点布置，详见图 7-15。

3. 气流均布性的判定和试验结果

（1）气流均布性判定 脉冲喷吹袋式除尘器内部断面各点的气流速度不可能完全相同，因此对除尘器内部气流的均布性要有一个比较的标准。关于均布性的测定标准比较多，通过

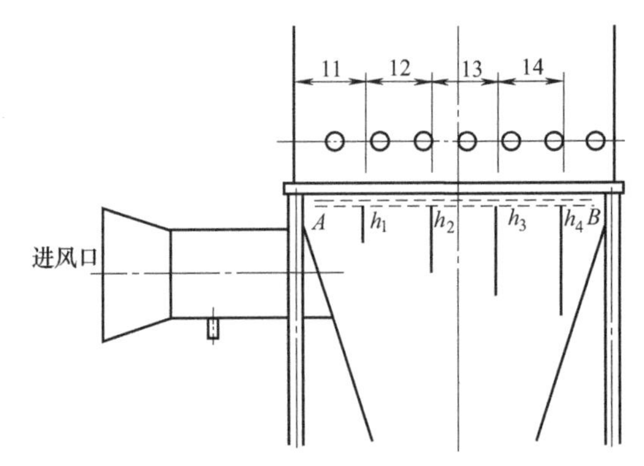

图 7-14　梯形导流板在除尘器内示意（单位：mm）

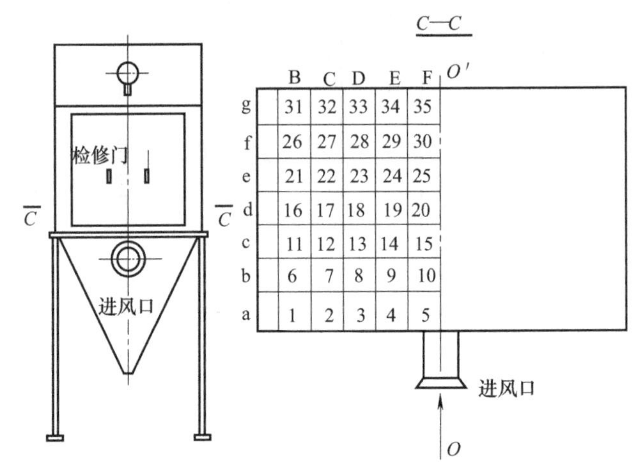

图 7-15　测点布置

比较决定采用相对均方根法。其判定公式为

$$\sigma=\sqrt{\frac{1}{n}\sum_{i=1}^{n}\left(\frac{v_i-\overline{v}}{\overline{v}}\right)^2} \tag{7-40}$$

式中，v_i 为测点上的流速，m/s；$\overline{v}$ 为断面平均流速，m/s；n 为断面上的测定点数。

这个标准的特点是对速度场的不均匀值反应比较灵敏，便于评定气流均布性质量的好坏。

（2）试验结果　通过改变导流板的个数和各个导流板的高度来确定整个导流板系统的具体布置形式。通过比较速度分布曲线和速度分布均方根值最后确定，在导流板板数为 4 条，各个导流板之间的间距为 140mm，各个导流板的高度分别为 160mm、180mm、200mm、280mm 时，除尘器内部的流场分布达到了较优的均布效果。此时模型中的平均风速为 0.60m/s，均方根值为 0.37，根据试验结果可以计算出实际袋式除尘器气体导流板各部位的相应尺寸和流场数据。

第三节　计算机数值模拟

实物模型试验是利用缩小的实物模型，虽然在理论上可以达到模拟实物内部流场的目的。但在试验过程中，由于试验条件和器材被引入到除尘器的内部流场，不可避免地会对测量结果产生影响。

利用计算机数值模拟的方法对袋式除尘器内部的流场分布情况进行模拟，在模拟时建立的计算机模型为实物大小，这样可以避免由于尺寸缩放所造成的误差。另外，计算机模拟时，外部的条件是确定的，从而可以保证结论的对比是在相同的基础上。

一、数值模拟理论

理论分析、物理模型试验与CFD数值模拟试验组成了研究流体流动问题的完整体系。

1. 计算流体动力学

计算流体动力学（Computational Fluid Dynamics，CFD）是通过计算机数值计算和图像显示，对流体流动和热传导等物理现象进行分析的一门学科。

CFD的基本思想可以归纳为：把原来在时间域和空间域上连续的物理量的场，如速度和压力场，用一系列有限个离散点上的变量值的几何来表示，通过一定的原则和方式（控制方程）建立起关于这些离散点场变量之间关系的代数方程组，然后求解代数方程组并获得场变量的近似值。

CFD数值分析方法可以看作是在流体基本方程（质量守恒方程、动量守恒方程、能量守恒方程）控制下对流动的数值模拟。通过这种数值模拟可以得到极其复杂问题的流场内各个位置上的基本物理量（如速度、压力、温度、浓度等）的分布以及物理量随时间的变化情况，了解各系统的压力损失、流量分配等情况。

CFD是研究各种流体流动问题的数值计算方法。以离散化方法建立各种数值模型，并通过计算机进行数值计算和数值试验，得到时间和空间上的离散数据组成的集合体，最终获得定量描述流场的数值解。CFD的应用能解决某些由于试验技术所限难以进行测量的问题，它是研究各种流动系统和流体现象，以及设计、操作的有力工具。

首先，流动问题的控制方程一般是非线性的，自变量多，计算域的几何形状任意、边界条件复杂，这使很多流动问题是无法用数学分析的方法求得解析解，但采用数值计算则能很好地解决此类问题；其次，可利用计算机进行各种数值试验，例如可选择不同的流动参数进行数值试验，或进行物理方程中各项的有效性和敏感性试验，以便进行各种近似处理等。它不会受到物理模型试验规律的限制，从而大大地缩短了设计时间，节省了设计费用，有较强的灵活性。因此，国内外在工程开始较多地采用数值模拟与试验相结合的方法。

2. 数值模拟步骤

将袋式除尘器气流分布数值计算与物理模型试验进行反复的对比、验证，确定数值计算模型中的各种简化方法及边界条件，建立袋式除尘器气流分布数值计算试验方法，可使物理模型试验次数减少，甚至不用进行试验，分析袋式除尘器内气流分布及压力损失，为袋式除尘器的优化提供依据。

数值模拟过程主要包括：数值模型建立、确定控制方程、建立几何模型、划分计算网格、定义边界条件、设置解控参数、求解离散方程、结果处理8个步骤。其流程如图7-16所示。

二、气相流场计算模型

为了确定计算机模型，先要确定内部流场的流动状态。取原型袋式除尘器在标准工作状

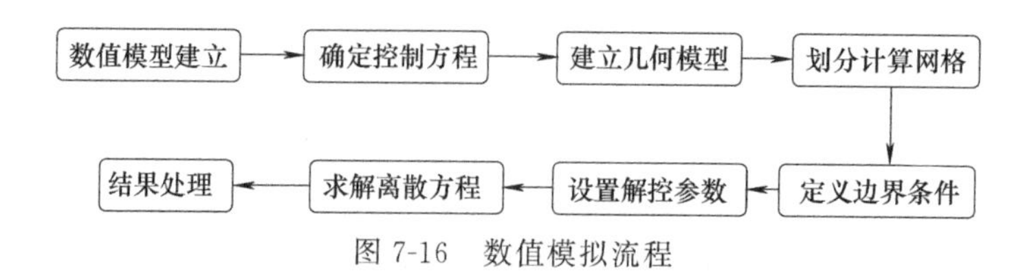

图 7-16　数值模拟流程

态下的流动参数为依据，计算出内部流场的雷诺数，并由此判断其内部流场状态。

袋式除尘器的内部构形比较复杂，以目前条件还无法用直接数值模拟（DNS）和大涡模型（LES）进行计算，所以一般采用湍流模式理论进行计算。湍流模式理论中应用最广泛的模型是 k-ε 系列模型。在该系列模型中又以标准 k-ε 模型最著名，标准 k-ε 模型是个半经验公式，主要是基于湍流动能和扩散率。k 方程是个精确方程，ε 方程是个由经验公式导出的方程。k-ε 模型假定流场完全是湍流，分子之间的黏性可以忽略。标准 k-ε 模型只对完全湍流的流场有效。

标准 k-ε 模型的方程：湍流动能方程 k 和扩散方程 ε。

$$\frac{\partial}{\partial t}(\rho_k)+\frac{\partial}{\partial x_i}(\rho_k u_i)=\frac{\partial}{\partial x_i}\left[\left(\mu+\frac{\mu_i}{\sigma_k}\right)\frac{\partial k}{\partial x_f}\right]+G_k+G_b-\rho_\varepsilon-Y_M+S_k \tag{7-41}$$

$$\frac{\partial}{\partial t}(\rho_\varepsilon)+\frac{\partial}{\partial x_i}(\rho_\varepsilon u_i)=\frac{\partial}{\partial x_j}\left[\left(\mu+\frac{\mu_i}{\sigma_\varepsilon}\right)\frac{\partial \varepsilon}{\partial x_j}\right]+C_{1\varepsilon}\frac{\varepsilon}{k}(G_k+C_{3\varepsilon}G_b)-C_{2\varepsilon}\rho\frac{\varepsilon^2}{k}+S_\varepsilon \tag{7-42}$$

式中，G_k 表示由层流速度梯度而产生的湍流动能；G_b 为由浮力产生的湍流动能；Y_M 为在可压缩湍流中过渡的扩散产生的波动；$C_{1\varepsilon}$、$C_{2\varepsilon}$、$C_{3\varepsilon}$ 为常数；σ_k 和 σ_ε 分别为 k 方程和 ε 方程的湍流 Prandtl 数；S_k 和 S_ε 是用户定义的。

湍流速度模型：湍流速度 v_t 由下式确定

$$v_t=\rho C_\mu\frac{K^2}{\varepsilon} \tag{7-43}$$

式中，C_μ 是常量，模型常量 $C_{1\varepsilon}$、$C_{2\varepsilon}$、$C_{3\varepsilon}$、ρ_k、ρ_ε 由试验得来。湍流模型适用于气相模拟。可以用此模型作为袋式除尘器内部流场的计算模型。

三、数值模拟实例

有一袋式除尘器过滤面积为 $226m^2$，处理风量为 $17660m^3/h$；袋室箱体：长 4.5m，宽 1.83m，高 2.75m；船形灰斗：长 3.7m，宽 0.4m，高 1.4m；进风管位于灰斗端面中心偏上位置（距底面 0.8m），直径 0.5m，伸入箱体中 0.45m；末端设置叶片向下 45°的百叶窗导流装置，箱体设置 10 组滤袋，每组 2 排，每排 9 条滤袋，滤袋直径 ϕ160mm，长 2.5m，吊装在上箱体顶部支撑花板上，滤袋出口为净气室，净气室经排风管与引风装置相连，袋式除尘器气流分布不良，通过数值模拟改进。

袋室结构改造方案为扩大进风管直径和灰斗中布置导流装置改进措施，前者是为了降低入射气流速度，后者的目的在于导引气流形成均匀的纵掠滤袋流动，经过多次尝试和调整，确定了如图 7-17 所示的袋室结构改进方案。

1. 数值方法和边界条件

气相流动模拟采用 k-ε 湍流模型，进风口为速度边界条件，气流以向下 45°方向入射，滤袋出口为压力边界条件，压力值取为 0Pa，对称面取为对称边界条件，固体壁面的无滑移

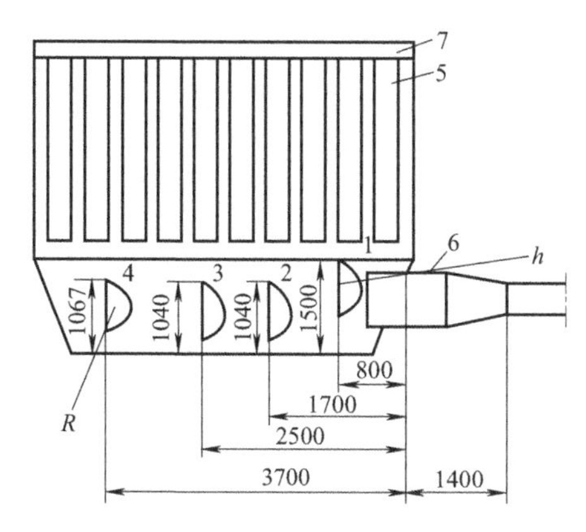

图 7-17 改进型袋室结构剖视图（单位：mm）

1—导流装置 1，$R=600$mm，$h=1040$mm；2—导流装置 2，$R=500$mm，$h=916$mm；3—导流装置 3，$R=500$mm，$h=916$mm；4—导流装置 4，$R=400$mm，$h=774$mm；5—滤袋组；6—进风管，粗端直径 800mm，长度 1000mm，细端直径 500mm，中间过滤段长 800mm；7—净气室；R—导流装置截面曲边曲率半径；h—导流装置截面直边长度，导流装置沿横向贯通下箱体

条件，采用双向耦合拉格朗日方法计算了颗粒轨迹，颗粒相总的质量流率 W_{in} 取 0.002kg/s，颗粒相在固体壁面取为弹性反射条件，在过滤介质表面和出口取为穿透条件。

2. 计算工况

该除尘器的工业原型用于收集喷涂工艺尾气中的氧化铅粉尘，过滤介质是 208 工业涤纶布，采用脉冲喷吹清灰方式，考虑到实际运行条件的变化和将研究结果推广到其他应用场合，在比较宽广的范围内，模拟了不同处理风量和过滤介质渗透率条件下的气固两相流动，计算工况参数见表 7-1。

表 7-1 计算工况参数

工况编号	Q_{in}/(m^3/h)	c/[m/(Pa·s)]	v_f/(m/min)	v_c/(m/min)
1	7062	2.69×10^{-4}	0.52	24
2	14130	2.69×10^{-4}	1.04	48
3	17660	2.69×10^{-4}	1.3	60
4	21195	2.69×10^{-4}	1.56	72
5	28260	2.69×10^{-4}	2.08	96
6	17660	4.47×10^{-4}	1.3	60
7	17660	1.79×10^{-4}	1.3	60
8	17660	1.34×10^{-4}	1.3	60
9	17660	8.94×10^{-5}	1.3	60

注：过滤速度和滤袋间隙速度的最大允许值分别为 $v_f=2.07$m/min，$v_c=68$m/min。

3. 气相流场的基本特征

流体运动轨迹如图 7-18 所示。图 7-18（a）为原型袋室的流体运动轨迹，气体由进风管以倾斜向下 45°射入袋室空间后，在主流上方形成了一个比较大的回流区，几乎完全占据了灰斗中部空间，抑制流体向上运动，在回流区的“压迫”下，主流沿下箱体底面流向后端，在后端壁附近折转向上流向后端滤袋组，部分流体从滤袋间隙流向前端，使袋室内部流动在总体上形成了回流特征，进一步分析原型袋室的模拟结果，发现上箱体前端压力较低，后端压力较高。

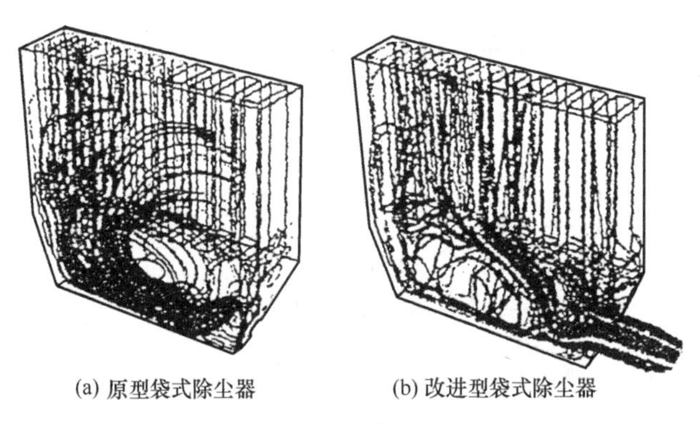

(a) 原型袋式除尘器　　(b) 改进型袋式除尘器

图 7-18　流体运动轨迹

可以看出，原型袋室的内部流动并不满足袋室压力场均匀和流体均匀进入滤袋的情况，后端滤袋组的实际过滤速度超过设计平均值 2 倍以上，由于滤袋横向间隙总面积不足纵向间隙的 1/4，因此实际间隙速度将大大超过设计值，在这样条件下一方面滤袋间隙速度过高，使滤袋表面沉积的颗粒被再次夹带到气流中，滤袋表面难以形成对过滤细小颗粒起重要作用的滤饼，另一方面过滤速度过高，使细小颗粒更容易穿透过滤介质，降低了分离效率，高速气流诱发滤袋振动，加速滤袋根部磨损，容易使滤袋发生破坏。检修中发现，后端滤袋大量积灰，部分滤袋根部损坏。形成了短路流动，总体分离效率远远低于设计要求，符合数值计算结果所表明的特征。

图 7-18（b）为改进型袋式除尘器的流体运动轨迹，在导流装置导引作用下，气流被分为三股主流，分别流向前端、中部和后端的滤袋组；从进风口起的第 1 个导流装置将主流一分为二，其中少部分折转向上流向前端滤袋组，其余大部分从导流装置下方流向第二个导流装置，在此又被一分为二，其中大部分从导流装置上方流向中部滤袋组，少部分从导流装置下方沿下箱体底部流向后端，再折转向上流向后端滤袋组。第二、第三个导流装置用于抑制前方导流装置后部的回流，进一步“托起”主流流向中部滤袋组。

图 7-19 为改进型袋式除尘器的对称面压力等值线，在第一、第二导流装置的下方，由于动静压转换形成了局部高压区，其后方形成了局部低压区，上箱体中的压力分布比较均匀，可以推知，各滤袋组的过滤速率也比较均匀，上箱体中的流体以纵掠滤袋流动为主，这对于降低滤袋间隙速度是有利的，改进型袋式除尘器上箱体到对称面不同距离的平行截面上的速度分布，除了中部下沿和后端壁附近局部区域流速略高以外，速度分布比较均匀，绝大部分区域流速小于 1m/s，小于滤袋间隙速度的最大允许值。

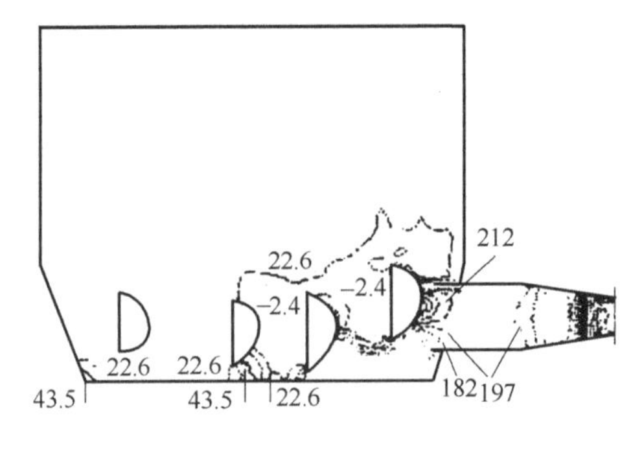

图 7-19　改进型袋式除尘器的对称面压力等值线（单位：Pa）

4. **设备阻力**

除尘的运行阻力是设备性能的一个重要参数，图 7-20 比较了改进型除尘器和原型除尘器在不同渗透率和处理风量条件下的总压损失 p_t，改造后不仅工作负荷的均匀性优于原有结构，而且除尘器阻力也大大除低，可以预期，除尘器的运行能耗将大大下降，也为进一步采用分离效率提供了可能；灰斗改造后，避免了局部过高的过滤速度和滤袋间隙速度造成的附加压力损失，同时消除了灰斗内的大范围回流流动，减小了紊流耗散，这是除尘器运行阻力降低的两个主要原因。

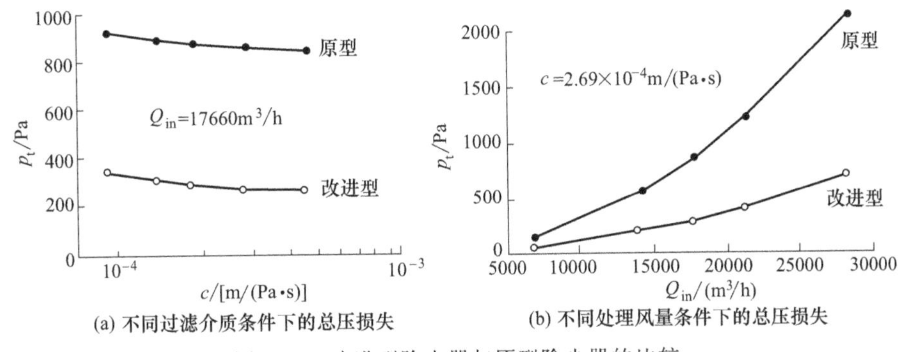

(a) 不同过滤介质条件下的总压损失　(b) 不同处理风量条件下的总压损失

图 7-20　改进型除尘器与原型除尘器的比较

第八章

袋式除尘器升级改造设计

随着我国经济的发展和国家环保标准的日趋严格，原有的一些除尘工程已不能满足新标准要求，除尘工程升级改造势在必行。本章介绍除尘工程升级改造原则、技术途径、实施方法和设计注意事项。

第一节　除尘工程升级改造总则

环保是企业发展生产技术和实现生产目标的基础。除尘设备的技术性能和技术状态不但直接影响环境质量，还关系工时、材料和能源的有效利用，同时对企业的经济效益也会产生深远影响。除尘设备的技术改造和更新直接影响企业的技术进步。因此，从企业产品更新换代、降低能耗、提高劳动生产率和经济效益的实际出发，进行充分的技术分析，有针对性地用新技术改造和更新现有设备，是提高企业素质和市场竞争力的一种有效方法。

一、除尘工程升级改造的重要意义

除尘工程升级改造是节能减排的必然要求，是少投资多办事的必由之路，对环保事业来说具有重要意义。

1. 满足国家标准要求

国家污染物排放标准的不断修订和日趋严格，例如燃煤电厂，GB 13223—1991 排放标准要求最大 2000mg/m^3，GB 13223—1996 改为最大 600mg/m^3，GB 13223—2003 降为最大 200mg/m^3，GB 13223—2012 进一步降为最大 30mg/m^3，其他工业部门大体也是这样。所以，一些正在使用的除尘设备难以满足不断更新修订的国家污染物排放标准的要求，除尘工程升级改造是环保事业发展的必然趋势。

2. 节能的重要途径

节能减排有许多办法和途径，环保设备节能有巨大潜力。通过除尘工程升级改造节约能源非常重要。

3. 适应生产发展需要

还有一些企业生产发展，产品产量提升，原有环保设备为适应生产需求，亦有待技术改造。有人认为为了环保要求，生产不应当任意提高产量。实际上，生产和环保二者兼顾才是上策。

4. **设备寿命预期**

除尘设备设计寿命一般是15～30年，重视环境保护是改革开放开始以后的事，正是一些除尘设备到了预期寿命，据此，除尘设备亦需要更新改造。

二、升级改造分类和目标

按除尘改造规模大小升级改造可分为大修理改造、一般技术改造和更新改造。

1. **大修理改造**

因设备寿命或提升设备性能等，对原有除尘设备的主要部件采取更换性修理或全新的改造工程，称为修理改造。

按其内容，大修又分为复原性大修和改造性大修。复原性修理不能称为改造，因为复原性大修，只允许按原有型号和结构组织大修更新；改造性大修则可按全新技术组织对除尘工程进行设计与改造，甚至可以易地改造。

改造工程是固定资产增值的建设工程，其资金投入应按国家或企业规定组织审批。如：静电除尘器全部更新沉淀极和电晕极的工程；长袋低压脉冲除尘器更换滤袋、脉冲喷吹系统、出灰系统的一次性工程等。

2. **一般技术改造**

一般技术改造指除尘工程的设备、配件、参数、指标不能适应生产和环保要求进行的改造。如除尘工程集气方式改造、除尘器性能改造等。技术改造的规范和范围因除尘工程不同差异很大，能列为技术改造工程项目的只有大中型除尘工程。

3. **更新改造**

更新改造是指采用新的设备替代技术性能落后、环境效益差的原有设备。设备更新是设备综合管理系统中的重要环节，是对有形磨损和无形磨损进行的综合补偿，是企业走内涵型扩大再生产的主要手段之一。

设备更新关系到企业经济效益的高低，决定设备综合效能和综合管理水平的高低，因此设备更新时既要考虑设备的经济寿命，也要考虑技术寿命和物资寿命。这样就要求我们必须做好更新改造的规划和分析。

对于陈旧落后的除尘设备，即耗能高、性能差、使用操作条件不好，排放污染严重的设备，应当限期淘汰，由比较先进的新设备予以取代。

4. **升级改造的目标**

(1) *保护环境提效减排*　由于环境标准日趋严格，有许多原先达标排放的除尘器不能达到新标准的要求。此时应对除尘器进行提效升级改造，满足环保要求。

(2) *提高设备运行安全性*　对影响人身安全的设备，应进行针对性改造，防止人身伤亡事故的发生，确保安全生产。对易燃易爆易出事故的除尘设备，从安全运行考虑进行改造。

(3) *节约能源*　通过除尘设备的技术改造提高能源的利用率，大幅度地节电、节煤、节水，在短期内收回设备改造投入的资金。和生产设备相比，除尘设备节能有巨大潜力和可行性。

三、升级改造的原则

1. **针对性原则**

除尘工程改造要从实际出发，按照除尘工艺要求，针对其中的薄弱环节，采取有效的新技术，结合设备在工艺过程中所处地位及其技术状态，决定除尘设备的技术改造措施。例如以下情况：①除尘器选型失当或先天性缺陷，参数偏小，电场风速或过滤风速偏大，阻力大，排放不能达到国家标准；②主机设备改造，增风、提产、增容；③主机系统采用先进工艺，原除尘设备不适应新的入口浓度及处理风量的要求；④国家执行环保新标准的实施，原有除尘器难以满足新的排放要求；⑤国家执行新的节能减排政策，原有除尘设备不符合要求；⑥原有除尘设备老化经改造尚可使用。

2. 适用性原则

由于生产工艺和除尘要求不同，除尘设备的技术状态不一样，采用的技术标准应有区别。要重视先进适用，不要盲目追求高指标，又要功能适应强。主要如下：①满足节能减排要求；②切合工厂改造设计实际，注意原有除尘器状况、技术参数、操作习惯、允许的施工周期、空压机条件具备气源等；③适应工艺系统风量、阻力、浓度、温度、湿度、黏度等方面的参数。

便于现场施工，外形尺寸适应场地空间，设备接口满足工艺布置要求，施工队伍有作业条件。

3. 经济性原则

在制定技改方案时，要仔细进行技术经济分析，力求以较少的投入获得较大的产出，回收期要适宜。

投资相对合理（初次投资与综合效益）；并核算工程项目建设费、运行费，社会效益和环境效益。

4. 可行性原则

在实施技术改造时，应尽量由本单位技术人员和技术工人完成；若技术难度较大本单位不能单独实施时，亦可请有关生产厂方、科研院所协助完成，但本单位技术人员应能掌握，以便以后的管理与检修。主要如下：①有可行的方案和可靠的技术；②现场条件许可，现场空间允许；③原除尘器尚有可利用价值分析。

第二节　除尘工程升级改造的实施

一、升级改造的技术条件

1. 立项原则

因设备主体部分长期运行损伤严重，设备性能明显下降，排放不达标具有重大安全隐患，不能继续带病运行的设备，必须申报立项，科学组织。

2. 改造项目资料准备

改造项目除第二章的条件外，还需收集以下资料：①原除尘器总图、基础荷载图、各部件图纸、原除尘器设计参数；②近期原除尘器满负荷工况效率测试报告及设备使用情况；③除尘器入口历史运行最高温度及持续时间；④原引风机系统裕量、空气压缩机裕量（附属设备校核，以判断是否需同步改造）；⑤输灰系统原始设计参数（附属设备校核，以判断是否需同步改造）。

二、可行性研究

在方案比较的基础上开展可行性研究。可行性研究的深度要求按设计规范的内容进行。

大型的、复杂的和某些涉外的项目，需先进行可行性研究。

可行性研究要求从技术上、经济上和工程上加以分析论证，必须准确回答3个主要问题：①技术上是否先进可靠；②经济上是否节省合理；③工程上是否有实施的可能性。

此外，还要考虑如何与主生产线的搭接和适配等。将这些问题论述清楚，形成完整的设计文件——可行性研究报告，上报主管部门审批。

可行性研究要按照可行性研究阶段的设计深度要求进行。超越深度或达不到深度的，均为不当。可行性研究的最终目的是提出可行的技术方案和相对准确的投资估算。可行性研究包括三个方面的内容：一是技术可行性；二是经济可行性；三是工程可行性。

（1）技术可行性　是指技术不仅先进，而且成熟可靠。不能为了追求先进，就把实验室的装置任意放大，或不经中试而直接用于大型工程。当然，也不应为了成熟可靠而一味墨守成规，在新技术面前不敢越雷池一步。工程是不允许失败的，如何保证不失败呢？那就是必须充分尊重科学和工程规律，做到万无一失，世界上失败的工程也并不鲜见，总结起来大多失误在冒进和急功上，留下了深刻的教训。不过，在稳妥的前提下，对前人和别人做过的基础工作熟视无睹，非自己从头尝试一遍不可的做法也是不可取的。

（2）经济可行性　是指投资运行费用除尘成本和效益等符合国情厂情外，也需国力厂力所能及。必须同社会生产力水平和企业的技术装备水平相匹配。资金不是无限的，一定要用在必要处。万不可因强调环境效益、社会效益而完全忽略经济因素，任意扩大投资费用和不计成本。

（3）工程可行性　则是与施工安装和运行条件以及社会地理环境有关，例如有的项目，技术上和经济上是可行的，然而，现场的工程施工无法进行，外部不具备条件或根本不允许建造，便成了工程不可行性。这样的事例在旧厂改造时经常会遇到。

可行性研究完成之后，要通过论证和审批，方可开展初步设计。在初步设计之前，还要进行工程项目的环境影响预评价。预评价报告同样要通过论证和审批。这些都应纳入规范的设计程序。

在可行性研究阶段，必须认真调查研究，对各种工艺方案进行充分的比选、分析和论证。可以确定或推荐一个方案，供决策部门审定。

按照上述思路和原则，以本地区、本企业的具体条件和特点为依据，经市场调查，在法规和政策允许的前提下先选定两个以上的工艺流程。

工艺流程选定后，制订相应的方案，并开展方案比较，进行综合技术经济分析，然后推荐首选方案供主管部门审定决策。

三、升级改造的实施

1）编制和审定设备改造申请单。设备改造申请单由企业主管部门根据各设备使用部门的意见汇总编制，经有关部门审查，在充分进行技术经济分析论证的基础上，确认实施的可能性和资金来源等方面情况后，经上级主管部门和厂长审批后实施。

设备改造申请单的主要内容如下：①升级改造的理由（附可行性研究报告）；②改造设备的技术要求，包括对随机附件的要求；③现有设备的处理意见；④订货方面的商务要求及要求使用的时间。

2）对旧设备组织技术鉴定，确定残值，区别不同情况进行处理。对报废的受压容器及国家规定淘汰设备不得转售其他单位，只能作为废品处理。

目前尚无确定残值的较为科学的方法，但它是真实反映设备本身价值的量，确定它很有意义。因此残值确定的合理与否，直接关系到经济分析的准确与否。

3）积极筹措设备改造资金。

4）组织或委托改造项目设计。

5）委托施工。

6）组织验收总结。

第三节　袋式除尘器升级改造

袋式除尘器是指利用纤维性滤袋捕集粉尘的除尘设备。袋式除尘器的突出优点是：除尘效率高，属高效除尘器，除尘效率一般>99%，运行稳定，不受风量波动的影响；适应性强，不受粉尘比电阻值限制。因此，袋式除尘器在应用中备受青睐。袋式除尘器是除文氏管除尘器外运行阻力最大的除尘器。所以，袋式除尘器的升级改造主要是降阻节能改造，同时也有达标排放和安全运行改造。

一、袋式除尘技术发展趋势

1. 进一步降低袋式除尘器的能耗

袋式除尘器在降低阻力方面已经取得很大的进步，从“节能减排”的大目标，以及今后袋式除尘器越来越广的应用局面考虑，仍需加强研究，以进一步降低袋式除尘器的阻力和能耗。

在役袋式除尘器的阻力和能耗较大，其原因并不是袋式除尘技术本身的问题，也不是袋式除尘技术解决不了的问题。标准规定反吹风袋式除尘器阻力2000Pa，脉冲袋式除尘器阻力1500Pa，从业者都执行标准。一旦标准有降低阻力和能耗的新要求，相信袋式除尘器的阻力和能耗一定会大幅降低，因为降低能耗是袋式除尘器技术的发展趋势。而且现在已有相当数量的袋式除尘器运行阻力在1000Pa以下。

2. 净化微细粒子的技术

袋式除尘器虽然能够有效捕集微细粒子，但以往未将微细粒子的捕集作为技术发展的重点。随着国家针对微细粒子控制标准的提高，袋式除尘技术需要进一步提高捕集效率、降低阻力和能耗。针对$PM_{2.5}$粉尘的捕集，还要研究和开发主机控制、滤料、测试及应用技术。

细颗粒物（PM_{10}、$PM_{2.5}$）是危害人体健康和污染大气环境的主要因素，减排$PM_{2.5}$已经成为国家的环保目标，$PM_{2.5}$细颗粒由于粒径小，其运动、捕集、附着、清灰、收集等方面都有特殊性，针对TSP大颗粒粉尘捕集的常规过滤材料和除尘技术难以适应超细粒子的问题，一些企业研发的$PM_{2.5}$细粒子高效捕集过滤材料，对粒径$PM_{2.5}$以下的超细粒子，有较高的捕集效率。可以说，目前只有袋式除尘技术才能够有效控制$PM_{2.5}$等微细粒子的排放。

需要指出的是，袋式除尘器实现更低的颗粒物排放并不意味提高造价，只要严格按照有关标准和规范设计、制造、安装和运行，就能获得好的效果。

3. 高效去除有害气体技术

袋式除尘器能够高效去除有害气体；电解铝含氟烟气的净化是依靠袋式除尘器实现的；含沥青烟气的最有效的净化方法是以粉尘吸附并以袋式除尘器分离；煤矿开采、焚化炉一些特殊行业的烟尘排放也依靠袋式除尘器来解决。

在垃圾焚烧烟气净化中，袋式除尘器起着无可替代的作用，垃圾焚烧尾气中含有多种有害气体，袋式除尘器“反应层”的特性对垃圾焚烧烟气中的 HCl、SO_2、重金属等污染物的去除具有重要作用。垃圾焚烧尾气中二噁英的净化方法，是用吸附剂吸附再以袋式除尘器去除，且不会产生新生成的问题。

试验结果表明，在干法和半干法脱硫系统中，采用袋式除尘器可比其他除尘器提高脱硫效率约 10%。滤袋表面的粉尘层含有未反应完全的脱硫剂，相当于一个“反应层”的作用。若滤袋表面粉尘层厚度 2.0mm，过滤风速为 1m/min，则含尘气流通过粉尘层的时间为 0.12s，可显著提高脱硫反应的效率。

铁矿烧结机的机头烟气采用“ESP（电除尘）+CFB（脱硫）+BF（袋除尘）”组合的脱硫除尘一体化处理技术，已有成功应用的实例，应扩大袋式除尘技术在烧结机头烟气脱硫除尘系统的应用。

4. 在多种复杂条件下实现减排

袋式除尘器对各种烟尘和粉尘都具有很好的捕集效果，不受粉尘成分及比电阻等特性的影响，对入口含尘浓度不敏感，在含尘浓度很高或很低的条件下，都能实现很低的粉尘排放。

近年来袋式除尘技术快速发展，在以下诸多不利条件下都能成功应用和稳定运行：①烟气高温，在≤280℃下已普遍应用；②烟气高湿，如轧钢烟气除尘、水泥行业原材料烘干机和联合粉磨系统等尾气净化；③高负压或高正压除尘系统，一些大型煤磨袋式除尘系统的负压达到 $(1.4\sim1.6)\times10^4$Pa；大型高炉煤气袋滤净化系统的正压可达 0.3MPa；而某些水煤气袋滤净化系统的正压更高达 0.6～4.0MPa；④高腐蚀性，例如垃圾焚烧发电厂的烟气净化，燃煤锅炉的烟气除尘，烟气中含 HCl、HF 等腐蚀性气体；⑤烟气含易燃、易爆粉尘或气体，如高炉煤气、炭黑生产、煤矿开采、煤磨除尘等；⑥高含尘浓度，水泥行业已将袋式除尘器作为主机设备，直接处理含尘浓度为 $1600g/m^3$ 的含尘气体，收集产品，并达标排放；还可直接处理含尘浓度 $3\times10^4g/m^3$ 的气体（例如仓式泵输粉），并达标排放。

5. 适应严格的环保标准

袋式除尘技术作为微细粒子高效捕集的手段，有力地支持了国家更加严格的环保标准。最近几年，一些工业行业的大气污染物排放标准多次修订。新修订的《火电厂大气污染物排放标准》（GB 13223—2011），规定新建、改建和扩建锅炉机组烟尘排放限值为 $30mg/m^3$。国家三部委要求垃圾焚烧厂必须严格控制二噁英排放，规定“烟气净化系统必须设置袋式除尘器，去除焚烧烟气中的粉尘污染物”。水泥行业排放标准再次修订，粉尘排放限值将改为 $20\sim30mg/m^3$。钢铁行业的污染物排放标准已颁布，其中颗粒物排放限值低于 $20mg/m^3$。超低排放的实施排放限值进一步降低，规定固体颗粒物排放限值低于 $10mg/m^3$，对固体颗粒物减排起到巨大的作用。对于袋式除尘器而言应无问题。设计良好的袋式除尘器其出口排放浓度多在 $3\sim10mg/m^3$。

二、袋式除尘器缺陷改造

除尘器设计和制造过程中，为了追求先进指标，降低造价，触犯了除尘器的一些禁忌，导致使用后改造。

1. 进风管道的气流速度优化

在许多沿着总管—支管—阀门—弯管进风的除尘器中，有的将管道内的风速设计为 16～18m/s，甚至更高。带来的后果是除尘器的结构阻力过高，有的甚至达到设备阻力的 50%以上。

除尘器的进风总管下部一般都有斜面，支管通常垂直安装，即使水平安装其长度也很短。而在流动着的含尘气体中，与气体充分混合的粉尘具有类似流体的流动性，只要有少许坡度即可流动，不会在管道内沉积。因此，完全可以将总管和支管内的风速适当降低，这对减少结构阻力具有显著的作用。计算表明，将风速从 18m/s 降至 14m/s，阻力可降低 40%；而将风速从 16m/s 降至 14m/s，阻力可降低 24%。

推荐除尘器进风总管的风速≤12m/s；支管的风速 8～10m/s 为宜，≤8m/s 最佳；停风阀的风速≤12m/s。

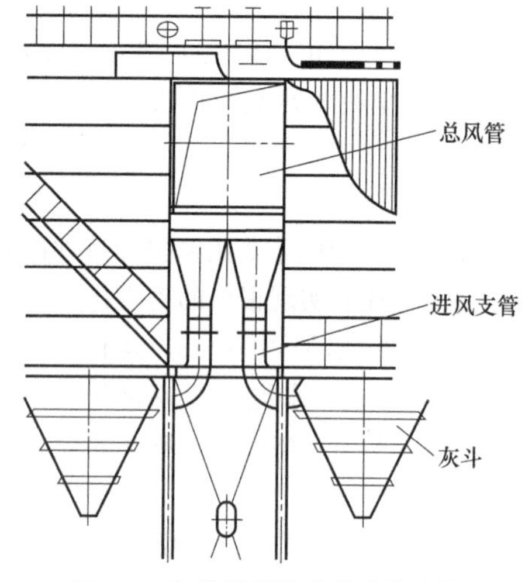

图 8-1　长袋低压脉冲袋式除尘器

一些袋式除尘器被设计成下进风方式，即从灰斗进风。这种进风方式可节省占地面积和钢耗，但进风速度高，容易引发设备阻力过高、滤袋受含尘气流冲刷等问题。

图 8-1 所示为一台长袋低压脉冲袋式除尘器，设计成多仓室结构，含尘气流从灰斗进入。投入运行之初便发现设备阻力高达 1700Pa，很快升至 2000Pa 以上。超过国家标准规定的≤1500Pa。

下进风除尘器经常出现的另一问题是，运行时间不长（1～2 个月，甚至数天）即出现滤袋破损。破损滤袋多位于远离进风口一侧，或靠近进风口处。滤袋破损部位多在滤袋下部（对于外滤式滤袋，位于袋底，对于内滤式滤袋，位于袋口），或者在靠近进风口的部位。滤袋破口部位周边的滤料，其迎尘面的纤维多被磨去，露出基布，而背面的纤维则相对完好。这种破袋的原因在于气流分布不当，部分滤袋直接受到含尘气流的冲刷。

为避免上述情况，在条件许可时，尽量不采用灰斗进风。若不能避免灰斗进风，图 8-2 所示的气流分布装置是一种可供选择的方案，即在灰斗中设垂直的气流分布板，置于含尘气流之中，使之正面迎向含尘气流，以削弱过高的气流动压。同时，垂直的气流分布板长短不一，布置成阶梯状，使含尘气流均匀分散并向上流动。实践证明，这种装置有效地避免了含尘气流对滤袋的冲刷。

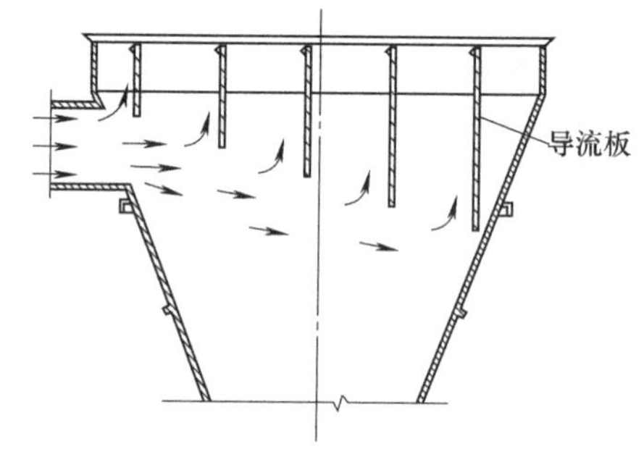

图 8-2　一种可供选择的气流分布装置

图 8-3（a）所示进风方式，含尘气流从灰斗的

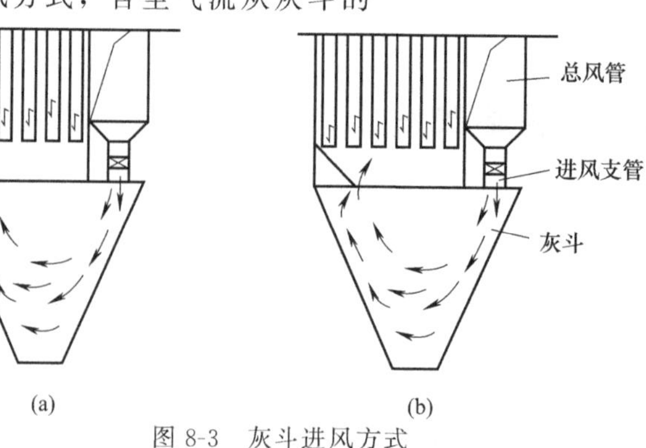

图 8-3　灰斗进风方式

一侧垂直向下进入，设计者希望灰斗的容积和断面积可以使含尘气流充分扩散。但是，气流有保持自己原有速度和方向的特性，进入灰斗后含尘气流沿着灰斗壁面流向底部，并沿着远端的壁面向上流动，其速度没有足够的衰减，导致远端第一、第二排滤袋底部受冲刷而破损。

采取内滤方式的袋式除尘器多从灰斗进风，当气流分布效果不好，或入口风速过高时，部分滤袋的袋口风速将会过高（例如超过 2～3m/min），导致袋口附近受到冲刷而磨损避免含尘气流冲刷滤袋的方法是，将进风口设于除尘器侧面，但尽量避免灰斗进风，宜使含尘气流从中箱体侧面进入，内部加挡风板形成缓冲区，并使导流板与箱板之间具有足够的宽度，从而使含尘气流向两侧分散，并以较低的速度沿缓冲区流动。

2. 排气通道气流速度优化

许多除尘器的排风装置也存在风速过高的问题，同样会导致阻力增加。在排气通道中，风速过高主要出现在两个环节：一是除尘器净气室风速大，特别是净气室与风道交界处，该处有横梁和众多脉冲阀出口弯管，迫使气流速度提高；二是提升阀处，或提升阀提升高处不够，或提升阀阀板面积小，排气口处气流速度过高，气流涡流区大，阻力大。

3. 过滤风速优化

过滤风速是表征袋式除尘器处理气体能力的重要技术经济指标。可按下式计算：

$$v_F = L/(60S) \tag{8-1}$$

式中，v_F 为过滤风速，m/min；L 为处理风量，m^3/h；S 为所需滤料的过滤面积，m^2。

在工程上，过滤风速还常用比负荷 q_S 的概念来表示，是指单位过滤面积单位时间内过滤气体的量 [$m^3/(m^2 \cdot h)$]。

$$q_S = Q/A \tag{8-2}$$

式中，Q 为过滤气体量，即处理风量，m^3/h；A 为过滤面积，m^2。

显然

$$q_S = 60v \tag{8-3}$$

式中，v 为过滤风速 [$m^3/(m^2 \cdot min)$，即 m/min]。

过滤风速有的也称气布比，其物理意义是指单位时间过滤的气体量（m^3/min）和过滤面积（m^2）之比。实质上，这与过滤风速及比负荷意义是相同的。

过滤风速的大小，取决于粉尘特性及浓度大小、气体特性、滤料品种以及清灰方式。对于粒细、浓度大、黏性大、磨啄性强的粉尘，以及高温、高湿气体的过滤，过滤风速宜取小值，反之取大值。对于滤料，机织布阻力大，过滤风速取小值，针刺毡开孔率大，阻力小，可取大值；覆膜滤料较针刺毡还可适当加大。对于清灰方式，如机械振打、分室反吹风清灰，强度较弱，过滤风速取小值（如 0.5～1.0m/min）；脉冲喷吹清灰强度大，可取大值（如 0.6～1.2m/min）。

选用过滤风速时，若选用过高，处理相同风量的含尘气体所需的滤料过滤面积小，则除尘器的体积、占地面积小，耗电量也小，一次投资也小；但除尘器阻力大，耗电量也大，因而运行费用就大，且排放质量浓度大，滤袋寿命短。显然高风速是不可取的，设备制造厂在产品样本中推介的过滤速度一般偏高，设计选用应予注意；反之，过滤风速小，一次投资稍大，但运行费用减小，排放浓度质量小容易达标，滤袋寿命长。近年来，袋式除尘器的用户对除尘器的要求高了，既关注排放质量浓度，又关注滤袋寿命，不仅要求达到 5.0～20mg/m^3 的排放质量浓度，还要求滤袋的寿命达到 2～5 年，要保证工艺设备在一个大检修周期（2～4 年）内，除尘器能长期连续运行，不更换滤袋。这就是说，滤袋寿命要较之以往1～2年延长至3～5年。因此，过滤风速不宜选大而是要选小，从而阻力也可降低，运行能耗低，相应延长滤袋寿命，降低排放质量浓度。这一情况，一方面促进了滤料行业改进，提高滤料的品质，研制新的产品，另一方面也促使除尘器的设计者、选用者依据不同情况选用优质滤料，选取较低的过滤风速。如火电厂燃煤锅炉选用脉冲袋式除尘器，排放质量浓度为10～30mg/m^3，滤袋使用寿命4年，过滤风速为0.6～1.2m/min，较之过去为低。笔者认为，改造工程的过滤风速应低些。

选用过滤风速时，若采用分室停风的反吹风清灰或停风离线脉冲清灰的袋式除尘器，过滤风速要采用净过滤风速。按下式计算：

$$v_n = L/[60(S-S')] \tag{8-4}$$

式中，v_n为净过滤风速，m/min；L为处理总风量，m^3/h；S为按式（8-1）计算的总过滤面积，m^2；S'为除尘器一个分室或两个分室清灰时的各自的过滤面积，m^2。

4. 供气系统优化

有些脉冲袋式除尘器供气系统管路过小，例如：一台中等规模的除尘器供气主管直径小于DN50mm，甚至只有DN40mm。清灰时，压缩气体补给不足，除第一个脉冲阀外，后续的脉冲阀喷吹时气包压力都不足，有的在50%额定压力下进行喷吹，以致清灰效果很差，设备阻力居高不下。

大量工程实践证明，供气主管宜选用直径较大的管道，一般不应小于DN65mm。大型袋式除尘设备最好采用DN80mm管道。增大管道而增加的造价微不足道，而清灰效果却得到保障。

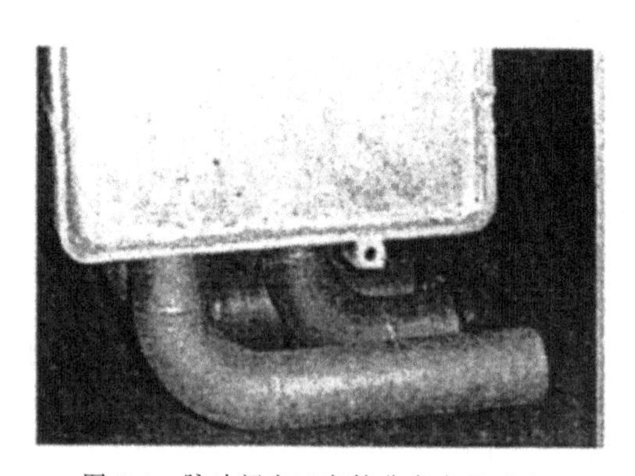

图8-4　脉冲阀出口弯管曲率半径过小

（1）脉冲阀出口弯管曲率半径过小　许多脉冲阀出口弯管采用钢制无缝弯头（见图8-4），虽然省事，但其曲率半径过小，DN80无缝弯头的曲率半径只有220mm。有些除尘器采用此种弯头后，出现喷吹管背部穿孔的现象。

对于曲率半径过小的弯管，如果喷吹装置或供气管路内存在杂物，喷吹时气流携带杂物会从弯管内壁反弹，对喷吹管背面构成冲刷（见图8-5），导致该处出现穿孔。除此之外，曲率半径过小的弯管自身也容易磨损，并对喷吹气流造成较高阻力，影响清灰效果。

避免上述情况的有效途径是，加大脉冲阀出口弯管曲率半径。对于DN80的脉冲阀，其弯管曲率半径宜取R=350～400mm。此外，袋式除尘器供气系统安装结束后，在接通喷吹装置之前，应先以压缩气体对供气系统进行吹扫，将其中的杂物清除干净。喷吹装置的气包制作完成后应认真清除内部的杂物，完成组装出厂前，应将气包所有的孔、口全部堵塞，防止运输过程中进入杂物。

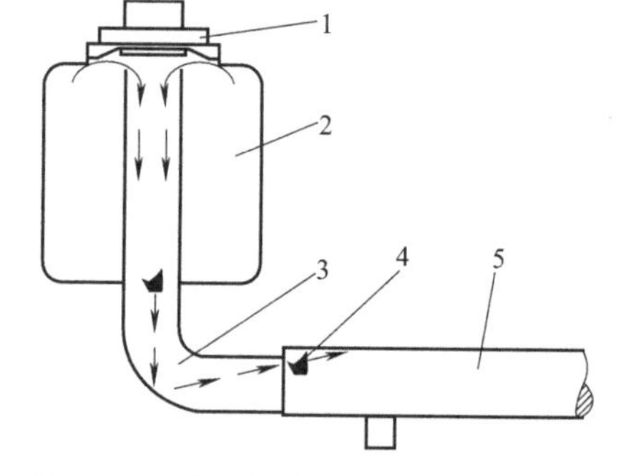

图8-5　杂物从弯管反弹冲刷喷吹管背面

1—脉冲阀；2—稳压气色；3—弯管；4—杂物；5—喷吹管

(2) 喷吹管或喷嘴偏斜　喷吹管或喷嘴偏斜是脉冲袋式除尘器常见的问题，其后果是清灰气流不是沿着滤袋中心喷吹，而是吹向滤袋一侧（见图 8-6），滤袋在短时间（往往数日）内便破损。

如果喷嘴偏移预定位置，滤袋会严重破损，花板表面会被粉尘污染。喷吹管整体偏斜，会导致一排滤袋大部分破损。

避免喷嘴与喷吹管偏斜应从提高制造和拼装质量入手。喷吹管上喷孔（嘴）的成型，喷吹装置与上箱体的拼装，一定要借助专用机具、工具和模具，并由有经验的人员操作。在条件许可时，尽量将喷吹装置和上箱体在厂内拼装，经检验合格后整体出厂，并在现场整体吊装，避免散件运到现场拼装。

(3) 喷吹制度的缺陷　一台大型脉冲袋式除尘器，曾将电脉冲宽度定为 500ms，认为这样可以有足够大的喷吹气量，从而获得良好的清灰效果。

除尘器投运后，发现空气压缩机按预定的一用一备制度运行完全不能满足喷吹的需要，两台空气压缩机同时运行仍然不够用。随后，将电脉冲宽度缩短为 200ms（受控制系统的限制而不能再缩短），两台空气压缩机才勉强满足喷吹的需要。

图 8-7 所示为脉冲喷吹气流的压力波形。当同时满足以下 2 个条件时脉冲喷吹才能获得良好的清灰效果：①压力峰值高；②压力上升速度快（亦即压力从零上升至峰值的时间短）。大量实验和工程实践证明，对脉冲喷吹清灰而言，重要的是压缩气体快速释放对滤袋形成的强烈冲击，伴随压力峰值形成的这一冲击实现之后，本次清灰过程即结束。此后，若脉冲阀继续开启，对于清灰已经没有任何作用。所以，脉冲喷吹最理想的压力波形是一个方波，如图 8-7 中 *abcd* 所示；而波形中斜线覆盖的部分则对清灰不起作用，只要尽量改善脉冲阀的开关性能，以获得短促而强力的气脉冲。试验表明，脉冲阀的电信号以不超过 100ms 为宜。

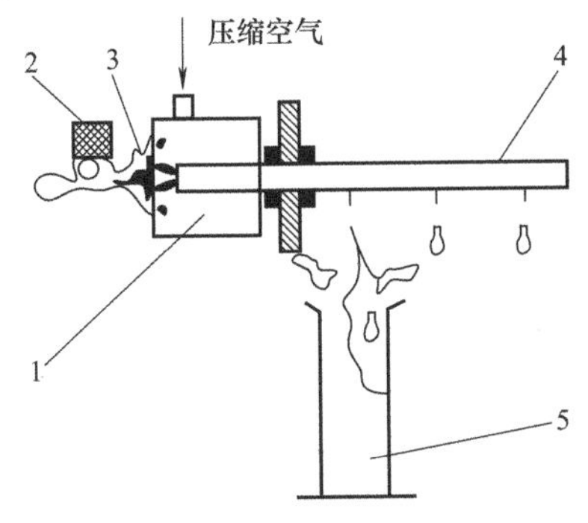

图 8-6　喷吹气流偏斜直接吹向滤袋侧面

1—分气箱；2—电磁阀；3—脉冲阀；4—喷水管；5—滤袋

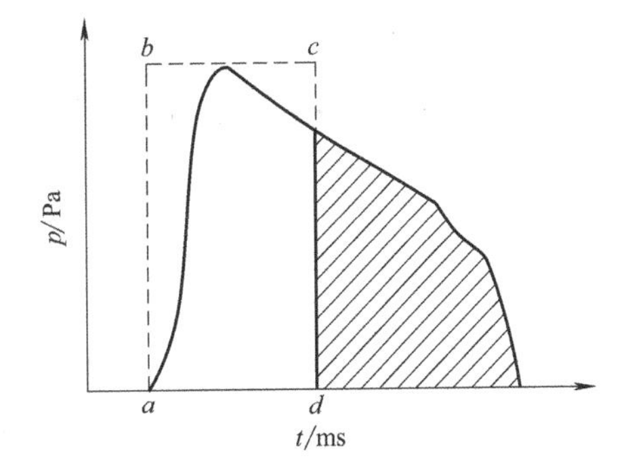

图 8-7　脉冲喷吹气流压力波形

三、袋式除尘器扩容改造

袋式除尘器扩容改造的主要任务是增加过滤面积。增加过滤面积的途径有并联新的除尘器，把原有的除尘器加高、加宽、加长，改变滤袋形状，把滤袋改为滤筒等。扩容改造可以满足生产需要，降低除尘设备阻力，使除尘系统稳定运行。

1. 并联新的袋式除尘器

在扩容改造中，如果场地等条件允许，并联新的同类型除尘器是常用的方法。并联新除尘器要注意管路阻力平衡。

2. **把袋式除尘器加高**

把除尘器加高也是袋式除尘器扩容改造最常用的方法。袋式除尘器加高，首先是把除尘器壳体加高，同时将滤袋延长后，除尘器扩容很容易实现。

加高袋式除尘器后，除尘器的荷载加大，因此需对除尘器壳体结构和基础进行验算，以便预防事故发生。

3. **改变滤袋形状**

用改变波袋形状的方法增加除尘器过滤面积是袋式除尘器改造中比较简单的方法。改形状可以改变滤袋的直径，把大直径的滤袋改为小直径滤袋，把圆形滤袋改为菱形滤袋或扁袋等。把反吹风袋式除尘器改造为脉冲袋式除尘器，可以增加过滤面积，实质是把反吹风除尘器直径较大的滤袋（150～300mm）改变为脉冲除尘器直径较小的滤袋（80～170mm）。

利用褶皱式滤袋和袋笼扩容为现有布袋除尘器适应超细工业粉尘特别是 PM_{10} 和 $PM_{2.5}$ 超细粉尘的控制和收集提供了可行解决方案，是现有除尘器改造成本最低、最简单易行的选择：无须对除尘器箱体改造，按需要提高过滤面积 50%以上，从而降低系统压差、能耗和粉尘排放。

褶皱式滤袋和袋笼如图 8-8 所示。

(a) 褶皱式滤袋

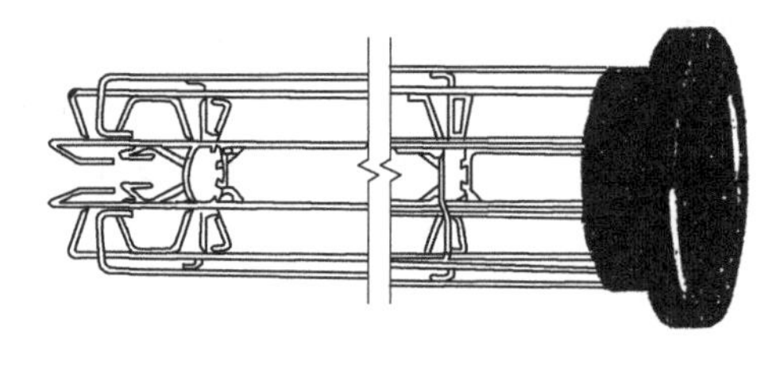
(b) 袋笼

图 8-8 褶皱式滤袋和袋笼

褶皱式滤袋特点如下。

(1) 大幅度提高现有除尘器的风量　使用易滤褶皱滤袋对现有除尘器改造，不需要对除尘器本体进行改造，直接更换现有滤袋和袋笼，可增加系统过滤面积 50%～150%，是提高除尘系统生产效率和容量的最佳改造方案。

(2) 提高除尘器对粉尘特别是 $PM_{2.5}$ 的捕集效率　使用易滤褶皱滤袋替代普通圆或椭圆滤袋可提高过滤面积，直接降低气布比，降低系统压差和脉冲喷吹频率，从而大幅度降低系统的粉尘排放特别是超细粉尘的排放。

(3) 降低系统运行能耗和维护成本　使用易滤褶皱滤袋代替普通圆或椭圆滤袋，系统压差大幅度降低，风机能耗大幅度下降；喷出频率显著降低，因而压缩空气使用量显著降低，喷吹系统部件损耗也大大下降。

(4) 延长布袋使用寿命　使用易滤^{TM}褶皱滤袋代替普通圆或椭圆滤袋，独特的滤袋和袋笼组合完全避免了普通袋笼横向支撑环对滤袋的疲劳损伤，加之较低的运行压差和喷吹频率，滤袋疲劳损伤大幅度降低，寿命大幅度延长。

对一般中小型袋式除尘器来说，把普通圆形滤袋改为除尘滤筒，可以较多地增加除尘器过滤面积，所以在袋式除尘器升级改造工程中应用较多。但是在大型袋式除尘器升级改造工程中较少采用。

四、袋式除尘器节能改造

袋式除尘器除尘效率高、运行稳定、适应性强，所以备受青睐，但它的设备能耗是文氏管除尘器之外所有的除尘器中最高的，或者说是能耗最大的。所以通过升级改造，做到节能又减排，因此降低袋式除尘器能耗是大势所趋。

1. 降低能耗的意义

袋式除尘器降低能耗意义重大，这是因为它的设备能耗是文氏管除尘器之外所有的除尘器中能耗最大的，而节能的手段是成熟的，节能的潜力是很大的，大幅度降低能耗是可能的。设计合理的袋式除尘器，节能 25%～30%是完全可以做到的。节能除尘器还有如下好处：除尘器出口气体含尘浓度降低，设备运行稳定，故障少，作业率高，滤袋寿命延长，除尘器可随生产工艺设备同期检修。

2. 袋式除尘器能耗分析

(1) 袋式除尘器阻力组成　袋式除尘器阻力指气流通过袋式除尘器的流动阻力，当除尘器进出口截面积相等时可以用除尘器进出口气体平均静压差度量。设备阻力 Δp 包括除尘器结构阻力 Δp_j 和过滤阻力 Δp_L 两部分，过滤阻力又由洁净滤料阻力 Δp_Q、滤料中粉尘残留阻力 Δp_c（初层）和堆积粉尘层阻力 Δp_d 三部分组成，即：

$$\Delta p=\Delta p_j+\Delta p_L \tag{8-5}$$

$$\Delta p_L=\Delta p_Q+\Delta p_c+\Delta p_d \tag{8-6}$$

对于传统结构的脉冲袋式除尘器，其设备阻力分布大致如表 8-1 所列（以电厂锅炉、炼钢电炉烟气净化为例）。

表 8-1　脉冲袋式除尘器设备阻力分布

项目	结构阻力 Δp_j	洁净滤料阻力 Δp_Q	粉尘残留阻力 Δp_c	堆积粉尘层阻力 Δp_d	设备阻力 Δp
阻力范围/Pa	300～600	20～100	140～500	0～300	1000～1500
最大值/Pa	600	100	500	300	1500
比例/%	40	7	33	20	100

由表 8-1 可以看出，袋式除尘器设备结构阻力和滤袋表面残留阻力是设备阻力的主要构成，也是节能降阻的重点环节。

(2) 袋式除尘器结构阻力分析　除尘器本体（结构）阻力占其总阻力比重 40%，值得特别重视。该阻力主要由进出风口、风道、各袋室进出风口、袋口等气体通过的部位产生的摩擦阻力和局部阻力组成，即为各部分摩擦阻力和局部阻力之和，简易公式表示为：

$$\Delta p_g=\sum K_m v^2+\sum K_g v^2 \tag{8-7}$$

式中，K_m 为摩擦综合系数；K_g 为局部阻力综合系数；v 为气体流经各部位速度。

可见，欲减小 Δp_g，首先减小局部阻力系数和降低气体流速度。

由公式（8-7）看出，阻力的大小与气体流速大小的平方成正比，因此，设计中，应尽可能扩大气体通过的各部位的面积，最大限度地降低气流速度，减小设备本体阻力损失。

由于阻力与流速的平方成正比，故降低气体流速更为有效。降低速度的关键是进出风口，进出风口气流速度高，降速潜力大。

再加上流体速度的降低，把结构阻力降为300Pa是完全可能的。

(3) 袋式除尘器滤料阻力分析

1) 洁净滤料阻力 Δp_j。洁净滤料的阻力计算式可用下式表示：

$$\Delta p_j = Cv_f \tag{8-8}$$

式中，Δp_j 为洁净滤料的阻力，Pa；C 为洁净滤料阻力系数；v_f 为过滤速度，m/min。

《袋式除尘器技术要求》(GB/T 6719—2009) 规定滤料阻力特性以洁净滤料阻力系数 C 和动态滤尘时阻力值表示，见表8-2。

表 8-2 滤料阻力特性

项目＼滤料类型	非织造滤料	机织滤料
洁净滤料阻力系数 C	≤20	≤30
动态滤尘时阻力值 Δp/Pa	≤300	≤400

注：摘自 GB/T 6719—2009。

滤袋阻力与滤料的结构、厚度、加工质量和粉尘的性质有关，采用表面过滤技术（覆膜、超细纤维面层等）是防止粉尘嵌入滤料深处的有效措施。

2) 滤袋残留粉尘阻力 Δp_c。滤袋使用后，粉尘渗透到滤料内部，进行“深度过滤”，但随着运行时间的增长，残留于滤料中的粉尘会逐渐增加，滤料阻力显著增大，最终形成堵塞，这也意味着滤袋寿命终结。

袋式除尘器在运行过程中主要是防止粉尘进入滤料纤维间隙，如果出现糊袋（烟气结露、油污等）则过滤状态会更恶化。

一般情况下，滤料阻力长时间保持小于400Pa是理想的状况，如果保持在600～800Pa也是很正常的。

残留在滤料之中粉尘层阻力经验计算式如下：

$$\Delta p_c = Kv_f^{1.78} \tag{8-9}$$

式中，Δp_c 为残留在滤料中粉尘层阻力，Pa；K 为残留在滤料中粉尘层阻力系数，通常在100～600之间，主要与滤料使用年限有关；v_f 为过滤速度，m/min。

滤袋清灰后，残留在滤袋内部的粉尘残留阻力也是除尘器过滤的主要能耗。残留粉尘阻力大小与粉尘的粒径和黏度有关，特别是与清灰方式、滤袋表面的光洁度有关。在保障净化效率的前提下，应尽量减小残留粉尘的阻力，相关措施如下：①选择强力清灰方式或缩短清灰周期，并保证清灰装置正常运行；②强化滤料表面光洁度，如轧光后处理，或采用表面过滤技术，如使用覆膜滤料、超细纤维面层滤料；③粉尘荷电，改善粉饼结构，增强凝并效果。

通过覆膜、上进风等综合措施，滤袋表面残留粉尘阻力可从目前500Pa降到250Pa左右，下降50%。

3) 堆积粉尘层阻力 Δp_d。堆积粉尘层阻力 Δp_d 与粉尘层厚度有关，经验式为：

$$\Delta p_d = B\delta^{1.58} \tag{8-10}$$

式中，Δp_d 为堆积粉尘层阻力，Pa；B 为粉尘层阻力系数，在2000～3000之间，与粉尘性质有关；δ 为粉尘层厚度，mm。

一定厚度的粉尘层，经清灰后，粉尘抖落后重新运行。经过时间 t 之后，在过滤面积

A（m^2）上又黏附一层新粉尘。假设粉尘的厚度为 L，孔隙率为 ε_p 时沉积的粉尘质量为 M_d（kg），那么 $M_d/A=m_d$ 为粉尘负荷或表面负荷（kg/m^2）。负荷相对应的压力损失就是堆积粉尘层的阻力。

堆积粉尘层阻力大于等于定压清灰上下限阻力设定压差值，清灰前粉尘层阻力达到最大值，清灰后粉尘层阻力降到最小值或等于零。除尘器型式和滤料确定后，堆积粉尘层阻力是设备阻力的构成中唯一可调部分。对于单机除尘器，粉尘层阻力反映了清灰时被剥离粉尘的量，即清灰能力和剥离率；对于大型袋式除尘器，则体现了每个清灰过程中被喷吹的滤袋数量。

堆积粉尘层阻力（即清灰上下限阻力设定差值）主要与粉尘的粒径、黏性、粉尘浓度和清灰周期有关。粉尘浓度低时，可延长过滤时间；当粉尘浓度高时，可适当缩短清灰周期。

刻意地追求低的粉尘层阻力是不合适的，一般认为增加滤袋喷吹频度会缩短滤袋的寿命，但是运行经验表明，除玻纤袋外，尚无因缩短清灰周期而明显影响滤袋使用寿命的案例。根据工程经验，粉尘层阻力选择 200Pa 为宜。

（4）*理想的袋式除尘器设备阻力*　基于以上分析，若采用脉冲袋式除尘器结构和表面过滤技术，对于一般性原料粉尘和炉窑烟气，当过滤风速 1m/min 时，现提出理想的袋式除尘器设备阻力和分布，如表 8-3 所列。

表 8-3　理想的袋式除尘器设备阻力和分布

项目	结构阻力 Δp_j	清洁滤料阻力 Δp_Q	滤袋残留阻力 Δp_c	堆积粉尘层阻力 Δp_d	设备阻力 Δp
正常值/Pa	300	80	300	120	800
最大值/Pa	300	80	400	220	1000

可见，采取降阻措施后，理想的袋式除尘器阻力比传统的袋式除尘器阻力大约可降低 25％～30％，节能效果十分显著。如果再适当调低过滤速度能耗还可以进一步降低。

3. 节能改造的途径

（1）*改变袋式除尘器的形式*　改变袋式除尘器的形式，把振动式袋式除尘器、反吹风袋式除尘器、反吹-微振袋式除尘器改造成脉冲袋式除尘器，除尘器的能耗可以大幅度降低。

（2）*适当调低过滤速度*　袋式除尘器的过滤速度是决定除尘器能耗的关键因素。随着袋式除尘器技术的发展，认识越来越深刻。1970～1980 年，脉冲袋式除尘器的过滤速度取 2～4m/min，1990～2000 年，过滤速度取 1～2m/min。2010 年，过滤速度取 1m/min 左右已成为多数业者共识。在袋式除尘器节能升级改造工程中，过滤速度降为＜1m/min 是合理的。

（3）*使用低阻滤袋*　为了节能，许多袋式除尘器滤料厂家生产出低阻滤料，如覆膜滤料等，选用时应当注意。

（4）*改进结构设计*　袋式除尘器优化结构设计对降低阻力，节约能源有很大潜力。

（5）*完善操作制度*　袋式除尘器运行操作制度有较大的弹性，除尘器工艺设计和电控设计应当统一考虑，不断完善，做到简约操作，节能运行。

五、袋式除尘器改造为滤筒除尘器

普通袋式除尘器改造为滤筒除尘器，把过滤袋改为滤筒可以增加过滤面积，降低设备阻力，提高除尘效果。

滤筒除尘器适用于工业气体粉尘质量浓度在 $15g/m^3$ 以下的工业气体除尘，以及高粉尘浓度气体的二次除尘。具体应用详见表 8-4。

表 8-4 脉冲滤筒除尘技术在工业气体除尘技术改造的应用

序号	应用领域	图号	存在问题	技术改造措施
1	料仓顶通风用除尘器——使用滤袋/袋笼	图 8-9	(1)风量 $4077m^3/h$； (2)48 袋，过滤面积 $56m^2$，风速 1.2m/min，气布比 4∶1； (3)压差 1520Pa； (4)滤袋寿命短； (5)压缩空气耗量大	采用褶式滤筒后： (1)风量 $4757m^3/h$，提高 20%； (2)48 滤筒，过滤面积 $165m^2$，风速 0.49m/min； (3)压差 760～1060Pa； (4)杜绝减压阀超压； (5)显著减少压缩空气耗量
2	气动输送系统——使用普通滤袋	图 8-10	(1)25 个滤袋，过滤面积 $23m^2$； (2)高压差 2520Pa； (3)滤袋寿命 2～3 月； (4)粉尘泄漏； (5)输送系统堵塞，输送效率低	采用褶式滤筒后： (1)25 个滤筒，过滤面积 $36m^2$； (2)过滤面积增加 $63m^2$； (3)压差降低一半，1270Pa； (4)滤袋寿命大大延长； (5)风量增加
3	除尘器进风入口磨损——使用滤袋/袋笼	图 8-11	(1)过滤风速过大； (2)入口气体粉尘磨蚀滤袋； (3)粉尘泄漏； (4)糊袋； (5)滤袋寿命短	采用褶式滤筒后： (1)增加过滤面积，降低过滤风速； (2)降低表面速率； (3)滤筒缩短，避开入口高磨损区； (4)滤袋寿命延长
4	将振打除尘器改为脉冲滤筒除尘器——使用普通滤袋	图 8-12	(1)240 个滤袋； (2)清灰效果差； (3)压差偏高； (4)除尘效率低； (5)不易发现泄漏	采风褶式滤筒后： (1)过滤风速 0.91m/min； (2)除尘效率 99.99%； (3)只用 120 个滤袋，减少 50%； (4)安装顶部清灰装置； (5)更换快捷方便； (6)减少总体维护费用
5	机械回转反吹除尘器技术改造	图 8-13	(1)传动装置时有故障，清灰效果差，风量不足； (2)除尘效率低； (3)滤袋寿命短	采用褶式滤筒后： (1)利用已有壳体、安装花板，取消传动机构； (2)改为脉冲清灰； (3)清灰好，除尘效率提高； (4)免除停机维修、滤袋寿命长
6	气箱式脉冲除尘器技术改造	图 8-14	(1)单点清灰效果差、压差高、易结露； (2)提升阀密封不严、易损坏、影响除尘效率； (3)要求喷吹压力高； (4)不能满足增产 20%水泥的生产要求	(1)将原箱体改造为顶装式 BHA 型脉冲滤筒； (2)过滤面积提升为 $3600m^2$，处理能力 $125000m^3/h$，过滤风速 0.59m/min； (3)满足水泥增产 20%需要，初始浓度 900～$1300g/m^3$

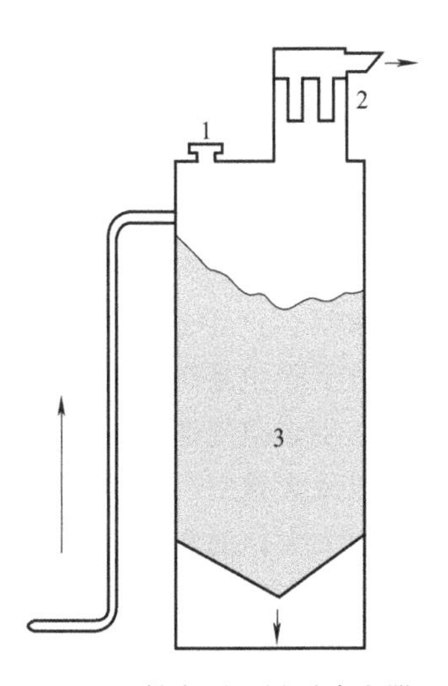

图 8-9　料仓顶通风用除尘器

1—减压阀；2—除尘器；3—料库

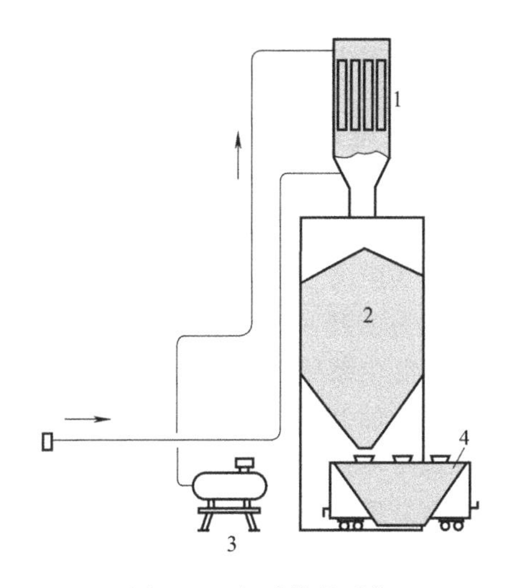

图 8-10　气动输送系统

1—过滤接收器；2—料仓；3—压缩机；4—料车

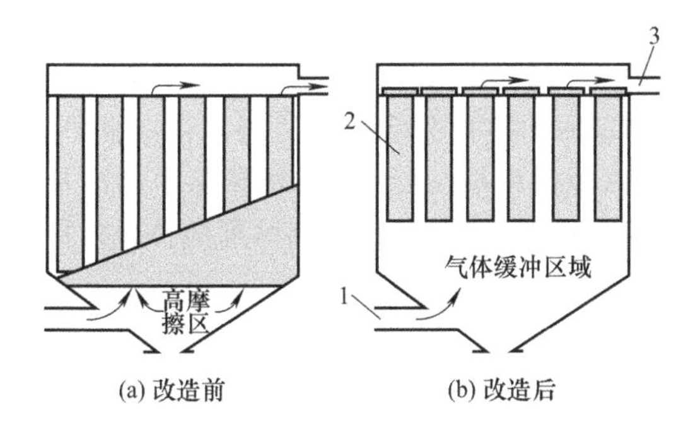

图 8-11　除尘器进风入口磨损

1—含尘气体入口；2—滤筒；3—清洁气体出口

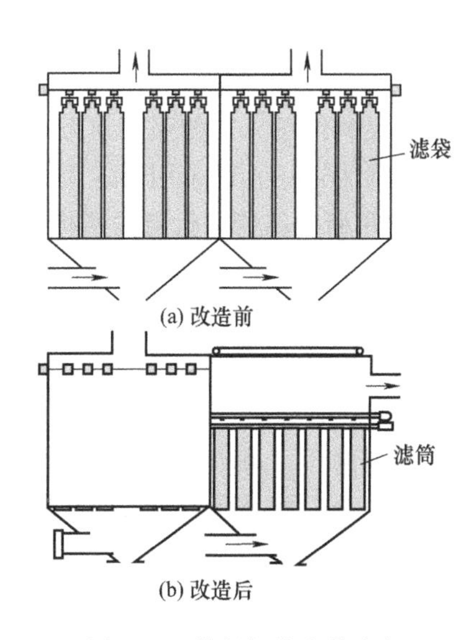

图 8-12　将振打除尘器改为脉冲滤筒除尘器

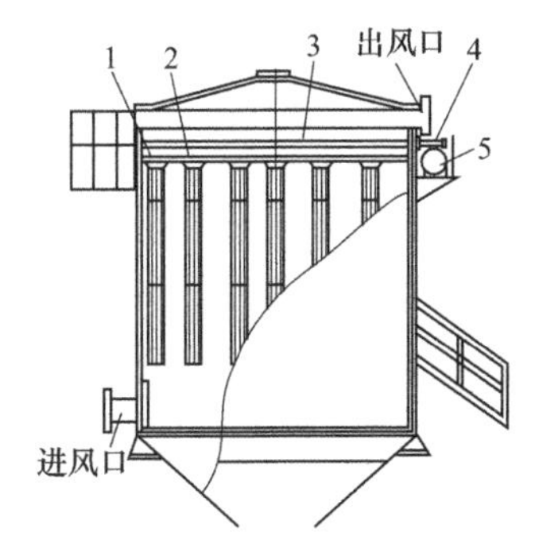

图 8-13　机械回转反吹除尘器技术改造

1—花板；2—TA625 滤筒；3—喷吹管；4—脉冲阀；5—气包

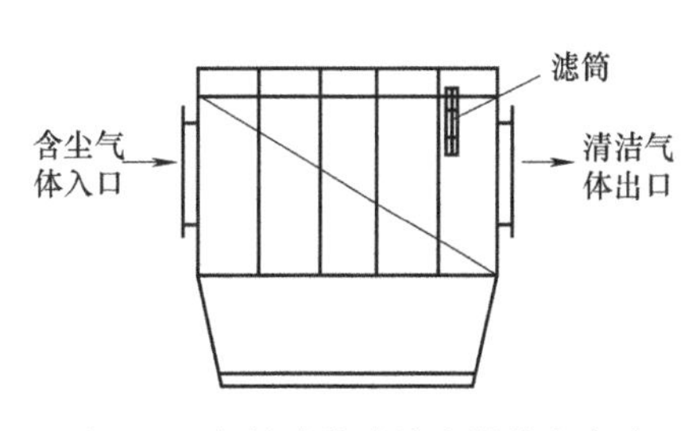

图 8-14　气箱式脉冲除尘器技术改造

六、清灰装置改造

1. 清灰装置的重要作用

袋式除尘器在过滤含尘气体期间，由于捕集的粉尘增多，以致气流的通道逐渐延长和缩小，滤袋对气流的阻力便逐渐上升，处理风量也按照所用风机和通风系统的压力-风量特性而下降。当阻力上升到一定程度以后，如果不能把积灰及时清除就会产生这样一些问题：①由于阻力上升，除尘系统电能消耗大，运行不经济；②阻力超过了除尘系统设计允许的最大值，则除尘系统不能满足需要；③粉尘堆积在滤袋上后，孔隙变小，空气通过的速度就要增加，当增加到一定程度时，会使粉尘层产生“针孔”和缝隙，以致大量空气从阻力小的针孔和缝隙中流过，形成所谓“漏气”现象，影响除尘效果；④阻力太大，滤料易损坏。

清灰装置的重要作用在于通过清灰使除尘器高效、低阻、连续运行。如果出现问题就要对清灰装置进行检修或改造。进行改造有更换清灰方式，采用新型结构和优化清灰装置等途径。

2. 更换（强化）清灰方式

主要方式有：①用高能型脉冲清灰取代中能型机械摇动及低能型反吹清灰，提高处理（风量、浓度等）能力；②采用“水天兰”牌除尘器，用一台风机同时承担抽风和反吹清灰功能，结构简单，功能强、动力大，它采用圆形电磁铁控制阀门，不用气源，在供气不便的地方，尤为适用；③采用管式喷吹方式取代箱式喷吹清灰方式。

3. 用新型结构取代老式结构

老式的ZC和FD等机械回转反吹袋式除尘器存在清灰强度弱，且内外圈清灰不均，清灰相邻滤袋粉尘的再吸附及花板加工要求严等诸多缺点。新型HZMC型袋式除尘器为圆筒形结构、扁圆形滤袋，只用一只高压脉冲阀即可实现回转定位分室脉冲清灰，它克服了ZC和FD的上述缺点，吸收了回转除尘器结构紧凑、占地面积小以及分箱脉冲袋除尘器清灰强度大、时间短、清灰彻底的优点。该除尘器能直接处理较高含尘浓度和高黏度的粉尘，特别适用于生料磨和水泥磨采用回转反吹除尘器的改造。

4. 优化清灰装置

清灰装置的优化包括设计优化和制造优化。

（1）设计优化　清灰装置的设计优化主要是指清灰部件匹配合理，例如，脉冲袋式除尘器的分气箱、脉冲阀、喷吹管、导流器等一定要科学配置。

（2）制造优化　清灰装置的制造优化主要指清灰装置整体出厂，从而避免现场拼装出现问题。福建龙净环保股份有限公司、苏州协昌环保科技股份有限公司积累了这方面的经验。

参考文献

[1] 张殿印，张学义．除尘技术手册．北京：冶金工业出版社，2002.

[2] 张殿印，王纯，俞非漉．袋式除尘技术．北京：冶金工业出版社，2008.

[3] 张殿印，王纯．除尘工程设计手册，（第三版）．北京：化学工业出版社，2019.

[4] 张殿印，刘瑾．除尘设备手册，（第二版）．北京：化学工业出版社，2019.

[5] 张殿印，王纯．除尘器手册，（第二版）．北京：化学工业出版社，2015.

[6] 王晶，李振东．工厂消烟除尘手册．北京：科学普及出版社，1992.

[7] 姜凤有．工业除尘设备．北京：冶金工业出版社，2007.

[8] 郭丰年，徐天平．实用袋滤除尘技术．北京：冶金工业出版社，2015.

[9] 刘伟东，张殿印，陆亚萍．除尘工程升级改造技术．北京：化学工业出版社，2014.

[10] 刘伟东，沈恒根．袋式除尘器脉冲清灰喷管气流组织分析．全国袋式除尘技术研讨会论文集，2009，4.

[11] 刘伟东，沈恒根．袋式除尘器清灰气源设计与脉冲阀性能探讨．全国袋式除尘技术研讨会论文集，2009，4.

[12] 陆亚萍，江家辉，钟小林．影响喷吹管距滤袋口之间的距离的因素．全国袋式除尘技术研讨会论文集，2007，4.

[13] 许武平．立窑脉冲袋式除尘系统的高低温自动控制．全国袋式除尘技术研讨会论文集，2005，4.

[14] 陈隆枢，陶辉．袋式除尘技术手册．北京：机械工业出版社，2010.

[15] 胡学毅，薄以匀．焦炉炼焦除尘．北京：化学工业出版社，2010.

[16] 王永忠，张殿印，王彦宁．现代钢铁企业除尘技术发展趋势．世界钢铁，2007，(3)：1-5.

[17] 刘后启，等．水泥厂大气污染物排放控制技术．北京：中国建材工业出版社，2007.

[18] 李倩倩，张殿印．防爆袋式除尘器设计要点．冶金环境保护，2010，(6)：28-31.

[19] 吴凌放，张殿印，等．袋式除尘技术现状与发展方向．环保时代，2007，(11)：19-22.

[20] 陈鸣宇，刘瑾，李俊峰，等．防爆产品在袋式除尘行业的应用．全国袋式除尘技术研讨会论文集，2011，10.

[21] 齐学超，陆亚萍，石建超，等．导流管的结构及喷吹管与花板距离实验．全国袋式除尘技术研讨会论文集，2013，4.

[22] 鲁华火，陆亚萍．袋式除尘器的清灰系统在设计和应用中需考虑的因素．全国袋式除尘技术研讨会论文集，2013，4.

[23] 顾庆生．单片机技术在袋式除尘器行业大有作为．江苏环保产业，2004，5.

[24] 王维清．除尘器的压差控制．江苏环保产业，2004，5.

[25] 刘建华，贾云升，汪家辉．脉冲袋式除尘器清灰及检测技术介绍．江苏环保产业，2008，(9)：34-37.

[26] 刘建华，汪家辉，邱娟．多节式袋笼的连接方式介绍．江苏环保产业，2008，(1)：32-33.

[27] 陈鸣宇，刘伟东，刘广莲．粉尘爆炸及粉尘防爆在袋式除尘系统中的重要性．全国袋式除尘技术研讨会论文集，2015，9.

[28] 沈丹妮，刘建华，殷伟峰．袋式除尘技术与电力行业可持续发展．全国袋式除尘技术研讨会论文集，2015，9.

[29] 刘建华，陆亚萍．长袋脉冲除尘器在 10 吨阳极铜冶炼炉上的应用．江苏环保产业，2008，(1)：25-26.

[30] 贾云升，陆亚萍．袋式除尘器喷吹系统对电磁脉冲阀喷吹效果影响的分析．除尘·气体净化，2008 庆贺刊.

[31] 陆亚萍，刘建华，江家辉，等．我国电磁脉冲阀的进行，2009 全国燃煤电厂除尘技术论坛，

2009，12.

[32] 刘瑾，鲁华火，沈阳．袋式除尘器清灰系统用分气箱的设计及监造．全国袋式除尘技术研讨会论文集，2015，9.

[33] 石建超，鲁华火，陆亚萍，等．脉冲袋式除尘器用分气箱的安全性．全国袋式除尘技术研讨会论文集，2013，4.

[34] 李俊峰，陈鸣宇，刘广莲．单片机抗干扰技术在清灰控制系统中的应用．全国袋式除尘技术研讨会论文集，2013，4.

[35] 陆亚萍，刘建华，江家辉，等．电磁脉冲阀先导装置受力解析．全国袋式除尘技术研讨会论文集，2019，4.

[36] 江家辉，钟小林．DCF-Z-40S电磁脉冲阀与国外某公司同类型阀的性能分析与比较．江苏环保产业，2008，(1)：30-31.

[37] 苏州协昌环保科技有限公司．电磁脉冲阀的保温隔音技术及应用．全国袋式除尘技术研讨会论文集，2011，10.

[38] 陆亚萍，刘瑾，齐学超，等．DMY型超低压大口径电磁脉冲阀的研究与应用．全国袋式除尘技术研讨会论文集，2011，10.

[39] 刘建华，邱娟，陈鸣宇．新型弹性夹式卡盘的技术分析与研究．全国袋式除尘技术研讨会论文集，2011，10.

[40] 刘建华，贾云升，姜涛．ZM型电磁脉冲阀使用介绍．江苏环保产业，2008，(1)：27-29.

[41] 乌索夫BH．工业气体净化与除尘器过滤器，李悦，徐图译．哈尔滨：黑龙江科学技术出版社，1984.

[42] 胡鉴仲，隋鹏程，等．袋式收尘器手册．北京：中国建筑工业出版社，1984.

[43] 杨建勋，张殿印．袋式除尘器设计指南．北京：机械工业出版社，2012.

[44] 张殿印，王海涛．袋式除尘器管理指南．北京：机械工业出版社，2013.

[45] 刘瑾，张殿印，陆亚萍．袋式除尘器配件选用手册．北京：化学工业出版社，2016.

[46] 福建龙净环保股份有限公司．电袋复合除尘器．北京：中国电力出版社，2015.

[47] 郭松青，周婧．长袋低压脉冲袋式除尘器总体优化的研究．中国环保产业，2013，(7)：56-61.